陕西出版资金资助项目

和而不同

历史时期域外农业科技的引进及其本土化

朱宏斌 邓启刚 著

西北农林科技大学出版社

图书在版编目(CIP)数据

和而不同：历史时期域外农业科技的引进及其本土化 / 朱宏斌，邓啟刚著—杨凌：西北农林科技大学出版社，2017.6

ISBN 978-7-5683-0317-0

Ⅰ. ①和… Ⅱ. ①朱… ②邓… Ⅲ. ①农业技术—技术史—中国—古代 Ⅳ. ①S-092

中国版本图书馆 CIP 数据核字(2017)第 138594 号

和而不同：历史时期域外农业科技的引进及其本土化

朱宏斌 邓啟刚 著

出版发行	西北农林科技大学出版社		
地　　址	陕西杨凌杨武路3号	**邮　编**:	712100
电　　话	总编室:029-87093105	发行部:	87093302
电子邮箱	press0809@163.com		
印　　刷	陕西天地印刷有限公司		
版　　次	2017年6月第1版		
印　　次	2017年6月第1次		
开　　本	787mm×1092mm　1/16		
印　　张	20.5		
字　　数	474千字		

ISBN 978-7-5683-0317-0

定价：56.00元

前言

科技文化交流在人类文明史进程中一直具有举足轻重的影响，古今中外概莫能外。在中国万余年的农业历史进程中，亦不乏持续而丰富的科技文化交流，因此，从不同层次和角度系统梳理其主要内涵及变化过程，不失为解读中国古代文明的重要路径。

笔者所在的西北农林科技大学中国农业历史研究所，前身为20世纪50年代初所成立的古农学研究小组，辛树帜、石声汉、夏玮瑛等诸多先贤响应“古为今用”和“整理祖国文化遗产”之号召，不惟在中国传统农业历史文献的搜集、整理等领域取得了辉煌成就，而且从构建学科之高度，提出了“古农学”的学科概念，开创了农史学科建设之先河。在这一过程中，石声汉先生率先关注历史时期的农业科技文化交流及其影响，在《中国农学遗产》一著中，石先生不仅梳理了传统农业发展时期科技文化交流的历史进程，还以域外引种作物名称作为切入点，用胡、番、海、洋四个字高屋建瓴地对其时代内涵和基本路径进行了经典性的总结概括：凡是名称前冠以“胡”字的植物，大多为两汉两晋时由西北引入；凡冠以“海”字的植物，大多为南北朝后由海外引入；冠以“番”字的植物，大多为南宋至元明时由“番舶”引入；冠以“洋”字的植物，则大多由清代乃至近代引入的。20世纪80年代以后，在农史学科蓬勃发展的过程中，西北农林科技大学中国农业历史文化研究所在张波、樊志民等教授率领下，立足西部大开发、一带一路建设等新形势，持续从不同视角关注历史时期域外农业科技文化，使这一领域逐渐成为特色研究领域之一。

笔者 1997 年甫入农史研究之初，即在导师樊志民教授指导下涉足农业科技文化交流史领域之研究，从战国秦汉时期的中外农业科技文化交流着手，再到秦汉时期区域农业开发，最后确定了从本土化视角解读历史时期的域外农业科技文化交流的新尝试，这一过程，大致勾勒了笔者基本的学术思路。

2015 年以来，国家审时度势，提出了“一带一路”战略构想，使得丝绸之路历史研究再次成为了学术热点，短短几年时间，成果斐然。立足农史学科，从本土化的视角解读以丝绸之路为核心的科技文化交流史，或有一定的学术及现实意义。

朱宏斌

2017 年 6 月于杨凌

项目资助

农业部农业遗产保护重点实验室阶段性成果

陕西省高校哲学社会科学重点研究基地阶段性成果
“中国农业历史文化研究中心”

教育部人文社会科学研究一般项目：
“历史时期域外农业科技文化的引进及其本土化进程研究”
（项目编号：11YJA770074）

基本科研业务费重点项目：
“中外农业科技文化交流史研究”（项目编号：2014RWZD03）

2014年度陕西省出版资金精品项目

目录

CONTENTS

第一章　和而不同:农业进程中本土化

第二章　域外粮食作物的引进及其本土化历程

第五章　域外引种及其本土化进程中特殊地区

第一章

和而不同：农业进程中本土化

在中国万余年的农业历史之中，科技文化交流是其不可或缺的主要内容。在漫长的历史进程中，既有中国农业科技文化的海外传播，也包括了对域外农牧科技文化的引进。前者是中国农业的世界贡献，后者则是中国吸纳世界农业文明为我所用。对于后者，美国东方学者劳费尔在《中国伊朗编》中曾高度称赞：中国人向来乐于接受外人所能提供的好事物，“采纳许多有用的外国植物以为己用，并把它们并入自己完整的农业系统中去”①。这一过程，是“采纳和吸收”的过程，既包括了农业进程中的“拿来主义”，也包括最终实现内化和本土化过程中，其实质为“和而不同”，它对于中国农业的自我更新与发展产生了举足轻重的作用。

1.1 何谓内外：空间维度的“内”与“外”

中国幅员辽阔，基于各地区不同的自然禀赋和人文历史环境，不仅境内自古以来就生存衍息着众多的民族，他们的生产与生活方式、经济与社会结构以及思想文化虽然各具特色但却又联系密切，在历史时期存在着持久性交流与交往，共同构筑了中国古代文明的辉煌，即所谓“多元交汇”②或“多元一体”③；而且，中国境内各民族还通过各种方式和途径，与周边甚至远距离的国家和地区

①［美］劳费尔：《中国伊朗编：中国对古代伊朗文明史的贡献》林筠因译，北京：商务印书馆，1964。

②李根蟠：《中国农业史上的“多元交汇”——关于中国传统农业特点的再思考》，《中国经济史研究》1993(1)：1－20。

③费孝通：《中华民族多元一体格局》，北京：中央民族学院出版社，1989：4。

产生了各种各样的联系，这一过程也是贯穿中国历史始终。因此，关注这一问题，应该涉及三个方面：一是中外交流，即中国与域外民族、地区的交流交往；二是中国境内不同地区、民族之间的交流；三是这二者之间的关系问题。

就中外而言，首先要明晰“中”与“外”的界限问题，即何谓“中”、何谓“外”？这一问题在今天来看似乎并不复杂，虽然目前中国与周边许多国家之间仍然存在疆界的争议，但大体而言有一个基本的、现实的界限，即边界线的存在。但如果把这一问题放置在整个历史时期来看，则要复杂得多。其一，中国自古即为多元族群之国家。因此，在历史发展进程中，伴随民族的融合与变迁，“中国”一词的内涵也处在不断发展变化中，由最初所指的华夏民族聚居之处的中原，发展到超越单一民族界限而具有了政治统治空间内涵的“中国”；而且众所周知，具有近现代国体意义“中国”一词的出现，则完全是在鸦片战争以后的事情。其二，在漫长的历史进程中，由于国家实力强弱之差异、控制理念之变迁等内外因素影响，不同时段、不同朝代的疆域显然是不尽相同的；而且，研究历史上有关疆域的词汇，如“疆”、“境”、“域”、“国”、“边”、“界”、“塞”、“关”等的内涵所指，我们亦可以发现中国与域外的分野其实甚为复杂，不一定是界限清晰的一条线，也可能是一片“隙地”，或一个缓冲国（带）。[①] 其三，正是由于地理疆域的变化以及由此所引起的连锁反应，从长时段的视角来审视，我们还可以发现中外界限的内涵更为丰富，除了上述这样的政治意义疆界外，还包括了经济乃至文化意义上的疆界，即“经济中国”和“文化中国”之疆域，其范围可能更广阔，内涵亦更为复杂[②]。也因为如此，在理念的层次上，人们对这些问题的认识与理解也不可避免地带有明显的时代性，或谓之与时俱进的发展。对这一问题的处理，历来颇多争议。但对第一个问题，在中国史学界基本上达成了共识，即以现在中国的版图为基本原则，来考量古代历史的中与外问题。正如费孝通先生所强调指出的，“某一历史时期的中国边界不等于这一时期中原王朝的疆界”，“而是应该包括边疆其他少数民族建立的政权的边界”，这是我们应该树立的中国历史观和历史疆域观[③]。近年来，中国与东亚、东南亚诸国关系的微妙变化，除了现代国际因素外，也不能排除历史、文化因素的干扰，尤其是文化心理层面的瓜葛。

---

①杨联陞：《从历史看中国的世界秩序》，《国史探微》，台北：联经出版事业公司，1983：1－19。

②郝延平：《中国与域外：近代国史上的内与外》，陈国栋主编：《汉文化与周边民族（第三届国际汉学会议论文集历史组）》，台北：“中央研究院历史语言研究所”，2003：25－64。

③费孝通等：《中华民族多元一体格局》，北京：中央民族学院出版社，1989：4。

界线问题之后，就是中外交流的自身内涵问题。从空间或地理方位的概念来理解，以中国为中心，历史时期中国与域外科技文化的交流，大致包括以下几个方面：中国与西方（包括早期的西域地区、中亚、西亚和欧洲）、中国与东方（包括东亚诸国，也包括明清以后美洲地区）、中国与东南亚、中国与南亚。可以看出，不同方位在不同时段、通过不同的路径形成了不同内涵与特质的科技文化交流，也产生了不同层次与程度的影响。典型如中西之间，汉唐时期凭借丝绸之路，鼎盛之至，主要侧重于畜牧、园艺品种与技术的引进；近代以来，随着西方实验农学的崛起，以海路交通为主线，所引进的内涵则更为丰富，涉及器物、制度乃至思想文化等各个方面，具有了"西风压倒东风"的态势。

在科技文化交流的历史进程中，囿于交通条件和政治壁垒等因素制约，同域外文化的交流实质上远不及域内不同地区、民族之间的交流；而且，中国大一统理念和中央集权政治体制，也强化了区域间科技文化交流的力度、广度和深度。因此，研究中国古代农业科技文化交流，域内各民族、各地区之间的交流更不容忽视，应该说这才是古代科技文化交流史的主体，而且其内涵最为复杂、影响最为深远。从这一角度而言，古代农业科技文化的区域之间的交流以中原地区为轴，主要包括两大块：其一为南北之间，涉及两种不同类型农耕文化——旱作农业文化与稻作农业文化之间的交流与交往；其二为东西之间，实质为农耕文化与农牧文化之间的交流，涉及内容更为广泛，既包括生产工具、生产方式等经济内涵，还包括了民族对峙与融合、文化碰撞与整合等方面的内涵。在中国农业历史发展进程中，这二者之间具有相当显著的风格和内涵差异。比如农牧之间，在历史进程中往往涉及不同民族政权的对决，故而伴随着战争这一重要方式，节奏紧凑，规模辉煌一时；其中还有一点很值得注意，就是即使在战争对决的过程中，双方的科技文化交流也是绵延不绝；而南北之间，基本上排除了强劲对手逐鹿中原的威胁，而且经过长期的磨合后，双方的认同感明显强于农牧之间，因此，科技文化交流的进程平缓而持久，范围和程度自然也与前者不可同日而语。除了这两个主要的方面之外，不同区域内部也同样存在着各式各样的农业科技文化交流，其以郡县治所为核心地带，形成了多个科技文化传播的主中心和次中心，它们以政治经济联系为纽带，相互联系，最终构筑起了传统科技文化交流的网络体系，共同完成了中国传统农业科技文化的传承与创新。因此，区域文化交流成为研究中国经济史、民族史以及政治文化史不能回避的主要议题。

厘清域外交流与境内交流之间的联系，也是研究农业科技文化交流史的重要命题之一。众所周知,中外和境内科技文化交流并不是永远井水不犯河水,很多情况下二者具有相当密切的联系。很多学者都注意到传统时代科技文化交流的接力棒式传递的特点,注意到了边界地区和民族的桥梁、纽带作用。除此之外,在更深的层次上二者也存在一个相互促进、相互影响的关系,可以说既相互营造了环境和氛围,也在一定程度上提供了动力和条件。

研究中国古代农业科技文化史还应该注意交流主体之间的互动问题。所谓的科技文化交流,自然涉及不同文化主体间的关系问题,虽然不可避免存在强与弱、主动与被动等差别,但历史进程中科技文化的交往、交流历来都不是单向,即使在强势文化强势植入的过程中,弱势文化也会在潜层次给强势文化打上烙印。因此,研究科技文化交流必须注意互动的问题。比如研究传统时代的中外农业科技文化交流,既需要站在以中国为中心或主轴的视野中审视,也需要以输入地为轴心来审视,从而构建一个完整的"中心——周边"研究分析体系。再比如域内的农牧文化之间的交流,也是如此,虽然表面上表现为农耕文化对游牧文化的一种蚕食、鲸吞,但细细梳理中国农耕文化和农业经济发展的历史轨迹,我们不难发现事实并非如此简单。笔者在分析西北农牧关系时对这一问题曾经有所涉猎,认为其间存在多层次的互动关系①:表层是一个以农牧分界线变迁为表征的历史过程,其深层次则表现为一个农牧文明交互影响、交互渗透的动态过程;具体而言,就是农耕文明在思想、操作和现实三个层次上不同形式与特点的主导性推进,以及游牧文明在显性层次上的被动退守和潜性层次上的回应与逆向渗透。

1.2 "胡化"的农业与生活:农业进程中的拿来主义

中国农业历史的发展进程大致分为三个历史阶段,即原始农业阶段、传统农业阶段和近现代农业阶段。与之相适应,中国的域外农业科技文化引进历史也大致可以分为三个阶段,每一个阶段的内涵、特点、范围以及方式等方面也自然具有显著差异。

在原始农业阶段,尽管受制于农业科技文化本身的发展水平、农业区域点状分布的特征,以及交通等诸多条件的制约,使得这一时期的科技文化交流总

①朱宏斌、郭向平:《历史上西北地区农牧交互关系探析》,《内蒙古大学学报(社科)(汉)》,2003(1):44-48。

体而论尚处于初始阶段；但是，在近乎万年的漫长历史过程中，我们先民们也在这一方面创造了一系列奇迹。研究表明，起源于西亚、最终遍及世界各地的麦作农业文化，其跨洋越海、翻山越岭的传播之路，就是在这一时期所基本完成的，这不能不说是一个典范。牛、羊等畜牧训育品种的传播亦是如此。当然，由于缺乏充裕的资料和有力的证据，要厘清这一时期农业科技文化传播交流的情况，显然并非易事，只能寄希望于未来科技考古的突破。

在传统时期，随着农业生产技术的不断进步，农业经济逐渐发展成为社会经济的支柱产业，且愈来愈受各界之重视。在此背景下，农业科技文化的交流也就成为对外交流的主要内容之一，形成了以对外传播为主体的、包括域外引进、互动交流在内的农业科技文化交流的蔚然大观；而域外农业科技文化的引进不可不谓是其中一道靓丽的风景线，深刻影响了中国农业各个方面，甚至整个社会生活的方方面面也打上了“胡化”的烙印。此处仅以这一时期的域外引种为例做一简单梳理。

我国古代从域外引进的作物相当丰富，亦是一个持续不断的历史过程。通常所谓的三次引种高潮，即秦汉时期、唐宋时期、明清时期。由于不同时期的社会发展需求、国际秩序等因素的差异，故引种作物的侧重点与引入路径亦有不同。于此，著名植物生理学家、农史学家石声汉先生曾以域外引种作物名称作为切入点，用胡、海、番、洋做出了基本的概括：凡是名称前冠以“胡”字的植物，大多为两汉两晋时由西北引入；凡冠以“海”字的植物，大多为南北朝后由海外引入；冠以“番”字的植物，大多为南宋至元明时由“番舶”引入；冠以“洋”字的植物，大多由清代乃至近代引入的①。

秦汉时期以汉民族为主体的多民族统一国家格局形成，中外经济文化科技交流得以长足发展。尤其是以丝绸之路为主要通道，创造了对中国农业历史发展进程中对外交流的第一高潮。这一时期的域外引种，主要涉及两个方面：一是优良畜牧品种。史载，为适应军事与生产的需要，秦汉政权一直致力于良畜之引入，并广设牧师苑进行大规模选育和改良。如秦人从漠北引进蒙古马，汉武之时则由西域引入大宛马和乌孙马。以此为背景，农牧之间的交流亦渐及高潮，驴、骡、骆驼等“奇畜”衔尾入塞，大量进入中原地区②。此外，为了保证农区畜牧业发展，汉武帝时期还从西域引入优质牧草——苜蓿，开始在京师宫苑试

①石声汉：《中国农学遗产》，北京：农业出版社，1981。

②〔汉〕桓宽撰，王利器校注：《盐铁论校注》，天津：天津古籍出版社，1983。

种,后又在宁夏、甘肃等农牧交错地带推广,形成了大面积的牧场和饲料基地。优良畜牧品种的引进,不仅促进了秦汉畜牧技术的进步和经济结构的调整,而且产生了更为广远的影响,即如清初王夫之所谓“汉唐之所以能张者,皆唯畜牧之盛也”。第二个方面,即果蔬品种的引进。与前者大张旗鼓的有所不同,此类品种之引进流传,多赖民间力量完成。据考证,这一时期引进的园艺作物主要有黄瓜(胡瓜)、大蒜(葫)、芫荽(胡荽)、芝麻(胡麻)、核桃(胡桃)、葱(胡葱)、石榴(安石榴)、蚕豆、豌豆、豇豆(胡豆)、葡萄(蒲桃)等。据有人统计:秦汉蔬菜二十余种,一半以上是汉代才有人工栽培的明确记载,而有相当一部分则是从域外或少数民族地区引入的,足见域外引种之影响①。

唐宋时期的域外引种。唐宋时期,随着商品经济和城市经济的发展,人们的消费结构和观念发生了一定的变革,以此为背景,农业科技文化交流之内涵也发生了诸多微妙的变化,可以说园艺作物种类和品种大量增加,是这一时期域外引种作物的显著特点。唐宋间引入中国的园艺作物大致有无花果(阿驵)、茉莉(末利)、槟榔、杨桃(五敛子)、柰(绵苹果)、莴苣、莙荙(甜菜)、菠菜、西瓜、海枣(波斯枣)、扁桃(巴旦杏)、阿月浑子、齐暾果等。大量果蔬花卉品种的引入,不仅极大丰富了国人固有的餐饮内涵②,而且深刻影响了社会文化生活的方方面面,促进了士大夫文化、市井文化的发展,具有十分重要之意义。

以海交之路开通和新大陆发现为背景,明清时期出现了中国历史上的第三次引种高潮。这一时期的作物引进,大致包括三个方面:一是与人口激增相联系的高产作物的引进,如玉米、番薯、马铃薯等;二是适应商品经济发展趋势而引进的经济作物,如烟草、花生等;三是菜蔬作物,如16世纪下半叶至17世纪末,辣椒、番茄、菜豆、洋葱、南瓜等蔬菜在中土的推广种植。明清时期作物引进和推广影响甚为巨大,如高产作物的引入推广,不仅对缓解粮食供应矛盾发挥了积极作用③,也引发了我国作物布局的重大变化,使我国现代作物、果蔬种类

①梁家勉主编:《中国农业科技史稿》,北京:农业出版社,1989。

②中原地区固有的果蔬品种大致有梨、枣、栗、桃、李、杏、梅、柑、橙、柿、葵、韭、姜、瓠等。《战国策·韩策》在谈到当时中原人民生活时,亦有“民之所食,大抵豆饭藿羹”的记载。藿即豆叶,以藿为羹,或能见蔬菜品种之匮乏。研究亦表明,《四时纂要》中记载的三十五种蔬菜中有1/4的种类是隋以前所没有。

③据估计,粮食产量明代约比宋代增长50%,清代比明代增长达二倍以上。这其中除原有作物生产量提高外,很大程度上得力于引进高产作物的迅速推广与扩展。详见周明生:《中国古代宏观经济管理研究》,南京:江苏科技出版社,1989:482。

结构基本定型。而经济作物的引进推广，不仅直接促进了社会经济的繁荣，更从深层次加速了中国农业产业分化与农业商品化趋势，成为孕育滋生中国资本主义萌芽的主要因素之一。

进入近代以来，随着工业革命在西方的崛起，与其相适应的近现代农学与农业也应运而生。与其相比较，传统农业的诸多优势风光不再。因此，以世界政治、经济与科技文化格局的变化为背景，这一时期的中外农业科技文化交流呈现出显著不同的内涵与特征：一是由中国输出为主转而输入为主；二是输入内容由技术进而制度乃至农学思想理论，深刻而全面；三是途径更趋多元化。在这一进程中，肇始于明清时期中国近现代农业变革诸多萌芽因子，在西方科技的大量传入的冲击下以新的方式渐及发扬光大，中国农业开始了漫长而艰辛的转型过程：经验农学开始向实验农学转变，有机农业向无机农业转变，新型材料与技术替代传统工艺，农用动力由畜力向机械化过渡，中国农业开启了近现代化的进程。

当然，关注域外农业科技引进的时段性还有一点必须注意，即：域外引种之内容虽然具有明显的时段性，但并不意味着一种作物凭借一次引种就可以完成，还存在多次引种的可能；而且即使是同一种作物，不同时段引入也不一定是同一个品种，也可能存在着品种之差异。

1.3 发展视野中深度问题：以本土化为核心

科技文化交流必然还涉及一个深度问题，这是这一社会文化现象效应的最终体现。对这一问题的研究，大体可以从两个方面考虑：第一个方面是交流内容的深度问题，笔者在研究秦汉时期中外农业科技文化交流时曾经有所涉及①：可以看出，与交往及控制方式相联系，秦汉时期的对外交流大致可以概括为立体移植型、辐射渗透型及远接互化型三种类型；以交往、控制的方式和强弱的差异为基础，农业科技文化的传播交流及其影响亦呈现出相应不同的一些特征，基本上表现为这样的一种发展趋势：随着交往密切程度和控制程度的弱化，农业科技文化传播交流的方式途径、层次内涵以及影响呈现出同步的弱化发展；与之同时，则是交流色彩的强化和传播成分的减弱以及影响范围的不断拓展。

①朱宏斌：《战国秦汉时期中外农业科技文化交流的类型与模式》，《西北农林科技大学学报（社科版）》，2006(3)。

第二个方面，就是影响的程度问题。不可否认，无论是在科技文化交流如此漫长的进程中，还是在科技文化交流如此广袤的范围内，并不是所有的科技文化交流都会在历史上留下印痕并足以载入史册：一些科技文化因子，风云际会，对输入地社会经济文化发展产生了极为重要的影响；但更多的现象则是数量众多的科技文化因子，或根本就没有引起注意，或是早就淹没在社会发展的历史尘埃之中。解读这一现象，有一个极为关键的问题值得关注，即本土化问题。

众所周知，在科技文化传播交流的进程中，必然存在一个文化采借的过程，也就是说，对待外来的科技文化因子，存在一个立足本土环境与文化对其认可接纳过程，既包括了认可、解读、选择性接纳、文化重塑和发展等具体的过程。也因为如此，许多科技文化因素在传入地经过长期的发展之后最终发生了迥异性的变化，甚至完全衍生为第三种文化。农业科技文化的本土化，就其实质也是一个文化采借的过程，即这些文化因子进入传入地之后，与该地区固有的地理环境、社会经济以及文化环境相结合，经过长期的磨合之后，不断继承创新，最终为原有文化体系所接纳，甚至内化为一种自己的文化特征。农业科技文化本土化的内涵一般包括风土适应与调整、技术改造、社会容纳和文化接纳濡化等主要环节，下面分而论之。

1.3.1 自然的选择与适应：外来物种的风土适应

所谓的风土适应，意即引进的农牧嘉种在传入地自然环境下的属性的自我适应及调整变异，也就是说起码包括两个层次意思或两个阶段的发展。首先，是引进物种与自然环境的适应问题。每一种物种的起源和最初发展，均与一定的自然地理环境密切相关，这是其自然属性，亦决定一般引种所遵循的第一个原则——相似性原则，即传入地与起源地自然环境的相同或相类，否则极有可能产生功能退化、异化或甚至不能存活等现象，如所谓的“橘生淮南则为橘，生于淮北则为枳”，而汉武帝在上林苑专设扶荔宫种植荔枝失败的经历，同样可以反映这一问题。

其次，则是引进物种的自身调整问题，生物自身亦具有一定的自我适应、自我调节的能力，进入新环境以后，随着各种因素刺激，包括水、热、温、寒等自然因素的变化、传入地相关物种的杂交，也包括了人为技术因素的介入，亦使得引进物种自身发生一些变化甚至变异，有些变化恰恰放大了其利用价值，达到了某种效益。这一点在动植物领域均有体现，动物领域典型如汉唐时期，通过丝绸之路引进了大批的西域优良马种，经过改良，形成了许多新的优良品种，“既杂胡种，马乃益壮”[1]。据专家考证，随唐太宗纵横驰骋的昭陵六骏，即多为引进或杂交之优良马种[2]。农作物领域的例子更是不胜枚举，如域外引进作物在中国不同地区所产生的各种带有明显地域性的新品种，如嫁接技术在域外引进园艺作物栽培中的广泛利用，等等。

1.3.2 无微不至的技术改造

中国自古即以农立国，围绕着农业生产，不仅形成了素称发达的精耕细作技术体系，而且延伸到加工、储存、烹饪等诸多领域，是一个农业百科全书式的综合技术体系。同时，也包括了诸如“三才”、“三宜”等形而上层面的农业思想和观念。因此，对于域外引进的物种而言，或因地位特殊，或因时势所需而进入中国，故进入之初即很快被纳入中国的科技体系，可以说是受到了无微不至的关照。

其一，选择适宜的土壤和播种期。经过长期的探索和总结，人们对一个物种的生物习性逐渐有了较为清晰的认识，了解其适宜于什么样的土、肥、水等条件，知道其适宜于什么时节播种与收获，即所谓的“三宜”。找到适宜的生长发育的环境，是保证丰产丰收的基本前提。而根据输入地环境条件，适当做一些调整，也往往会使域外引进物种在中国产生更为重要的影响，典型如宿麦的推广，即可能得益于播种期的调整：麦类作物最初的栽培方法可能与粟、黍等相同，春种秋收，当它们逐渐进入中原后，栽培环境发生很大变化。在中原地区如果继续实行春播，即使水肥条件非常适宜，小麦的生长也会一直停留在分蘖丛生的状态，不能抽穗结实。中原地区大概只有秋、冬、春季的相对温、湿度与小麦原生地的情形比较接近，于是，汉唐期间中原农区利用小麦苗期的耐寒特性，利用冬季低温期逐渐普及与推广了宿麦。宿麦栽培是适应中原自然条件进行的重大技术改造，也是小麦在中国扩张最具有革命意义的一步[3]。

其二，系统的技术改造。汉晋时期，中国已经形成了以北方旱作农业为中心的精耕细作技术体系。唐代中叶以后，随着大量人口南迁和经济中心的南移，在吸收北方旱作农业技术体系诸多因子的基础上，结合江南地区地理、气候

---

①〔宋〕欧阳修、宋祁：《新唐书》，北京：中华书局，2003。

②葛承雍：《唐昭陵六骏与突厥葬俗研究》，《中华文史论丛》第60辑，1999。

③樊志民：《农业进程中的“拿来主义”》，《生命世界》2008(7)：36－41。

等农业生产环境亦产生了南方稻作农业技术体系①，其后粗转精，精细化程度甚至远远超过北方。中国南北的精耕细作技术体系，从耕地、整地开始，到育苗、播种、中耕、施肥，再到收获、储藏，环环相扣，而且每一环节都有非常精细而明确的技术要求，从《齐民要术》对耕地这一环节记载就可以看出这一点。《齐民要术》记载的耕地方式就有数种：按操作季节，有春耕、夏耕和秋耕之分；以操作程序，则有初耕、转耕；以耕翻深度而言，则有深耕、浅耕之分；以翻耕方向，则有纵、横、顺、逆之差别。而且对耕地时机掌握也颇为考究，既要考虑作物、播种期、茬口、季节等因素，更要考虑土壤墒情，“凡耕高下田，不问春秋，必须燥湿得所为佳”，“湿耕坚垎，数年不佳”，“湿耕泽锄，不如归去”等等。域外农作物进入中国以后，必然被纳入这一体系，或重视水肥，或精细化耕作管理，通过这些系统性技术介入和改造，或提高其产生量，或提升其适应能力，或产生出新品种。这里仅举一例，即嫁接技术在石榴种植中的运用，明代杨溥的《水云录》云：“三月移……其栽插，取嫩枝如枝大者，斩长一、二尺，枝头以指甲刮去一、二寸皮，深插于背阴地中，其榴无有不活。若以白榴枝插于红榴枝上，其花粉红。”除了这种近缘嫁接之外，还有远缘的嫁接，如《格物粗谈》的“木樨接石榴，花必红”之谓。通过嫁接，一定程度上改进了作物本身的某些生物性状和习性，也不仅有利于增强植株的抗病能力，更能满足人们某些方面需求。

其三，加工及烹饪技术的改造。域外引进物种怎么为人所用？其社会接纳程度如何？这些问题还取决于一个关键环节，即加工的技术环节。如小麦的推广和地位提升，石转磨（硙）的发明不可不谓至关重要的因素之一。小麦可能史前即已进入中国，但至汉武帝时当时的关中地区依然“俗不好麦”，主要原因的小麦种皮坚硬，“粒食”品质比不上粟、稻。而碾硙把小麦加工成面粉后，其食用品质则大大改善，由“粒食”转变为“面食”，小麦在五谷中的地位迅速上升。再比如玉米、马铃薯等美洲高产作物，在引进中国之后，之所以很快在中国社会经济占据重要一席之地，除了自身优势和当时特殊的时势背景外，也得益于传统烹饪方式与方法对其全方位的开发，可以通过煎、炒、烹、炸、焖、炖、溜、熬、蒸、卤、烧、酱、烩、炝等，制作出多种多样的小吃，烹饪出众多脍炙人口的美味佳肴。

---

①朱宏斌：《汉唐间北方农业技术的南传及在江南地区的本土化发展》，《中国农史》2011(4)：48－55。

1.3.3 功用主义突出的社会接纳

众所周知，中国传统农业生态系统是“小而全”的结构单元，物质封闭循环，几乎所有的副产品都被循环利用，通过废弃物循环再利用，实现无废物生产，是中国传统农业的重要特征和核心价值之一。在这一理念下，对于引进的域外物种，在其风土适应和技术改造的过程中，国人就开始了对其资源进行全方位地发掘，并尽可能达到物尽其用之程度。

小麦、玉米等粮食作物，除了跻身中国主要粮食结构体系，成为老百姓赖以生存的衣食之源外，国人还用其做醋、制酱、酿酒，其附属品，如秸秆、麸皮之类，亦绝非废物，或为家畜养殖之重要饲料来源，或为农家日常薪火之用，或为制作农家肥之重要资源，或经巧手加工成为草编日常用品或工艺品。

石榴、葡萄等园艺作物，最初大多是作为观赏植物引进中原的，故其绿化、美化之功能历来为世人所重视，并呈现出不断精细化和层位下移之趋势。随着传播日广和人们对其生物习性的掌握，其食用功能和与之相伴生的商品性则得到了进一步地发掘，或成为老百姓喜爱的重要果品，或加工成果酒等饮料，亦是多元化的利用。

经济作物亦如此，如棉花传入之后，渐及全国，“车转轻雷秋纺雪，弓弯半月夜弹云，夜裘卒岁吟翁暖，机杼终年织妇勤。”①很快取代了葛、麻等传统纤维植物，“天下无不衣棉之人，无不宜棉之土”②，成为“衣被天下”的主要来源，而且其棉籽亦被用来榨油，或作为灾荒之年疗饥之佳品。

另外值得注意的是，这些域外物种为中国社会经济所接纳，还有一个很重要的表征，即为中国传统医药学所吸收。梳理不同时期引进的域外农业作物的传播史，不难发现这一基本规律，即进入中原之初，即有医家对其药性、禁忌有所阐发，随着传播日广，对其的认识更为广泛而准确，也使其在中医系统中的使用有所增加。

1.3.4 潜移默化的文化濡化

输入的域外文化元素被本土文化所接受、认同、理解，甚至通过用本土自身文化理念的阐释，使之衍化为本土文化的一个重要构成，这就为文化濡化的过

①〔南宋〕艾可叔：《木棉》。
②〔清〕李拔：《种棉说》。

程。在引进域外作物本土化的过程中,文化濡化则可视为最为关键的一个环节。从命名而始,再到进入中国传统文学艺术领域,最后直到渗透到宗教、民俗,这一过程亦颇为微妙而曲折。

对于外来物种的命名,既有音译之属,如葡萄,也有来源地之信息,如石声汉先生总结的“胡”、“番”、“海”、“洋”之类;既有文人雅士之雅称,如苜蓿曾有“怀风”、“光风”、“连枝草”之名,也有乡土性的称谓,如对于马铃薯,即出现诸如“洋芋”、“土豆”、“山药蛋”、“土卵”等带有浓郁草根性和乡土气息的名称。而同一作物在不同地区的不同称谓,则反映了对于域外作物命名的地域性特征。但从其总体趋势而言,则具有中国化元素渐多、乡土气息渐浓之特征。

对域外引进作物文化接纳,也包括了其成为文人墨客文学艺术创作的重要对象和题材,即入诗、入词、入画,这一点在园艺作物表现尤为突出。如石榴、葡萄,无论汉晋赋文、唐诗宋词、明清小说等主要文学载体,还是水墨画、工笔画、民间工艺等艺术表现形式,均有反映。这一现象既体现了一种社会接纳和文化认同,而且由于文人墨客作为社会与文化精英的特殊身份,这些以域外物种为对象的作品,除了带着中华文化的视野描述其“颜值”之外,亦往往托物言志,表达一种情怀,而这一过程恰恰也是一种文化重塑过程。如明代画家徐渭流世的《榴实图》亦为托物言志之艺术珍品,画面气韵生动,下垂折枝,绿叶稀疏,缀托着一颗肥硕的大石榴。榴实绽露,似有一触即落之势。画面并题:“山深熟石榴,向日便开口。深山少人收,颗颗明珠走。”实质上作者是以深山石榴自喻,抒发了怀才不遇的失落心情。再如明代内阁大学士岳正对葡萄之描述:“予尝论其(葡萄)干瘿者,廉也;节坚者,刚也;枝弱者,谦也;叶多荫者,仁也;蔓而不附者,和也;实中果可啖者,才也;味甘平无毒入药力胜者,用也;屈伸以时者,道也。其德之全有如此者,宜与菊、兰、梅、竹并驰而争先可也。”显然是赋予了葡萄文化诸多新的内涵。

随着域外引进作物的传播,其与普通老百姓逐渐有了较为亲密的接触,促使了其在民俗层面的认同和吸纳,非常典型的一个例子,就是石榴。众所周知,石榴源自中亚地区,秦汉时期随丝路开凿而进入中国,因其果实味道鲜美、色泽艳丽而备受国人喜爱,不仅渐入文人骚客歌咏之范畴,而且与中国红红火火、多子多福等理念连为一体,成为中国传统民俗文化中象征富贵的重要符号,频频出现于婚嫁、寿礼之中。再如辣椒,传入中国之后很快流行,不仅仅被越来越多的人食用,而且也被赋予豪爽、刺激、热烈、干练等文化内涵,辣椒的形象对于中国人来讲，也开始意味着红火、丰收、喜庆，形成了独特的一种辛辣文化[①]；不仅如此，辣椒在不同地区亦衍生出不同的文化内涵，如所谓陕西之"酸辣"、两湖地区之"干辣"、川渝之地的"麻辣"、云南地区的"糊辣"[②]，等等。不难看出，这一过程中也包括了民间层次对域外引进作物文化的解读和重塑。值得注意的是，在这一过程中，还出现了一些探索域外引进作物来源的民间传说，虽然荒诞不经，且不占主流，但从另外一个视角来看，则可视为中国化民族记忆之重塑，是为文化濡化和本土化一个极为重要的表征。

总而言之，对于域外引进的农业科技文化，国人不仅把其纳入了自己的科技体系和社会经济体系，而且通过不断的文化解读和塑造，使之最后真正变成了中国文化的重要组成，正如樊志民先生所指出的，"我们经常以保守、封闭概括农业文化的特征，但中国作为一个古老的农业大国，却从来没有在作物引种问题上保守、封闭过。中国人在作物引种方面的开放精神与博大胸怀，实在令人赞叹，很有些"拿来主义"的意味。尤其是汉唐以来我国的作物在"拿来"中变得更加多种多样、丰富多彩，不仅突破了传统五谷、五果、五菜的既定范畴，也极大地丰富了中华民族的生产、生活内涵。"[③]

---

①蓝勇：《中国辛辣文化与辣椒革命》，载于《南方周末》2002 年 1 月 25 日。

②张艺凡、朱宏斌：《辣椒传入中国的地域文化影响》，《农业考古》2013(1)：221－224。

③樊志民：《农业进程中的"拿来主义"》，《生命世界》2008(7)：36－41。

第二章 域外粮食作物的引进及其本土化历程

"民以食为天",粮食是人类赖以生存的最基本保障。因此,从农业诞生伊始,在整个农业结构体系中粮食作物就占据了举足轻重的地位。尤其是在传统中国这一以农耕业为主体的历史阶段,更是尤为重视粮食作物的生产。追溯农业发展的历史进程亦不难看出,围绕着粮食作物的培育,展现了两个最主要的过程与趋势:一是由广谱种植到集中训育的过程,体现了集中这一基本趋势。从原始农业诞生始,先民们基于原始采集的经验,就开始了漫长的探索,最终形成了较为适应本土环境的主要粮食作物结构,反映在中国,即所谓的从"百谷"到"五谷"的早期农业发展历史。二是由于人口增加的客观压力和人类不断追求的精神驱动,则表现为不断扩容的过程与趋势,即以高产、抗灾、优质等因素为出发点,不断引进域外粮食作物,在中国农业历史进程中的三次引种高潮中,亦不乏这样的范例。

2.1 国内外研究概况

粮食作物在农业发展中位于主体地位,因而关于历史时期域外粮食作物的引进、传播及本土化的梳理与探索,也是农业历史研究重点领域之一。尤其是对于目前众所周知的主要粮食作物,学术界基于文献的基本记载和现代考古的不断突破,围绕着起源地、引入时间、传播路径等核心问题开展了深入的讨论,取得了颇为丰硕的成果。

2.1.1 国内研究概况[①]

从国内学者的研究成果来看，主要涉及两个方面，下面分而述之。

（1）关于域外农作物的引进、传播的路线和时间的研究

这一方面的成果非常丰富，内容涉及小麦、玉米、马铃薯、甘薯等目前人们熟悉的各类粮食作物。

首先是关于小麦的引进和传播的研究。曾雄生（2001）认为起源于西亚的小麦在我国种植稻、粟四千至六千年乃至更晚之后才进入中国，经历了自西向东、由北南来的传播历程，并探讨了原始农业对中华文明的影响[②]。李裕（1997）认为我国的小麦在5000多年前由西亚引入[③]；赵志军（2015）提出最晚在距今4000年以前，小麦已经传入中国境内，分为欧亚草原通道和绿洲通道两种传播路线实现了在中国的传播[④]。

其次，是关于玉米的引进及其传播问题。从现有的成果来看，主要是围绕传入路径和传入时间展开了讨论。关于传入路径的讨论，大致形成了六种不同的看法，分别是：由西北方向陆路引入的观点、由东南方向海路引入的观点、由西南方向陆路引入的观点、由西南方向陆路结合东南方向海路引入的观点、由西北方向陆路结合西南方向陆路引入的观点，以及多方向多线路引入的观点。这六种观点看法虽然不尽相同，但有一点是共通的，就是各位学者都认可玉米传播的大方向，即并非由美洲大陆直接进入我国，而是经历了由欧洲到西亚或东南亚再进入中国的辗转传播路径，争议点主要出现在欧洲是通过西亚还是东南亚传到我国，玉米进入我国是最先到达西北地区还是西南地区。关于这一

---

①该部分内容参考了诸多现有的综述性研究成果，如张波的《我国农史研究的回顾与前瞻》（《中国农史》，1986年第1期：20－26），李根蟠、王小嘉的《中国农业历史研究的回顾与展望》（《古今农业》，2003年第3期：70－85），王思明的《20世纪农史研究的回顾与展望》（《中国农史》，2002第4期：6－13），曹玲的《明清美洲粮食作物传入中国研究综述》（《古今农业》，2004年第2期：95－103），李昕升与王思明的《近十年来美洲作物史研究综述（2004－2015）》（《社会经济史研究》，2016年第1期：99－107）等成果，这里一并致谢。

②曾雄生：《麦子在中国的本土化历程——从粮食作物结构的演变看原始农业对中华文明的影响》，The Influence of Agriculture Origin on Formation of Chinese civilization——Proceedings of CCAST (World Laboratory) Workshop. 2001。

③李裕：《中国小麦起源与远古中外文化交流》，《中国文化研究》1997(3)：51－58。

④赵志军：《小麦传入中国的研究——植物考古资料》，《南方文物》2015(3)：44－52。

点，笔者认为，在当时的贸易环境和交通基础的条件下，玉米的引入并非一蹴而就，有可能经历了多次不同的引入过程，经历了上述的不同路线才最终实现全面引入，因此上述观点可能具有多种都是成立的，只是研究角度有所不同而已。另外，关于玉米传入我国的时间也有争议①，罗尔纲先生将玉米引入中国的时间限定在16世纪中叶，万国鼎先生认为玉米早在15世纪末就已经进入中国，游修龄先生则把玉米引种到国内的时间提前到15世纪中叶。与传播路径的多元化相联系，也可能存在由于路径的差异导致在不同地区有着不同的时间记录的情况。

其次，关于马铃薯引种及其传播路径的研究。目前学术界关于马铃薯传入中国的时间和具体路径尚无定论，存在以下几种观点②：一是万国鼎先生提出的17世纪中叶由海路传入台湾和东南沿海地区说；二是18世纪由传教士引入中国说（谷茂，信乃铨1999）；三是1800年前后以陆运的方式由新疆地区逐步传入山西等内地省份说；四是翟乾祥先生提出的16世纪末直接传入中国京津地区说，他的主要依据为明万历年间《长安客话》中“土豆”的文字记载，可能有待进一步佐证；五是王毓瑚先生提出的“好像进入19世纪末才由英、法从印、缅引入”的观点；六是翟乾祥后来提出的多渠道、多次引种说。

最后，是关于番薯的引种及其传播路径的研究。在厘清番薯和中国原产薯

---

①罗尔纲：《王蜀黍传入中国》，《历史研究》，1956(3)；陈树平：《玉米和番薯在中国传播情况研究》，《中国社会科学》1980(3)：187－204；郭松义：《玉米、番薯在中国传播中的一些问题》，《清史论丛》1985(7)：80－110；游修龄：《玉米传入中国和亚洲的时间途径及其起源问题》，《古今农业》1989(2)：1－10；曹树基：《玉米、番薯传入中国路线新探》，《中国社会经济史研究》，1988(4)：62－66。

②万国鼎：《五谷史话》，北京：中华书局，1961；谷茂、马慧英、薛世明：《中国马铃薯栽培史考略》，《西北农业大学学报》1999(1)：77－81；谷茂、信乃铨：《中国引种马铃薯最早时间之辨析》，《中国农史》1999(3)：80－85；尹二苟：《马首农言中“回回山药”的名实考订——兼及山西马铃薯引种史的研究》，《中国农史》1995(3)；翟乾祥：《华北平原引种番薯和马铃薯的历史》，《中国古代农业科技》，北京：农业出版社，1980；佟屏亚、赵国磐：《马铃薯史略》，北京：中国农业科技出版社，1991；王毓瑚：《我国自古以来的重要农作物》，《农业考古》1982(1)：13－20；翟乾祥：《马铃薯引种我国的初步探索》，《中国农史》2001(2)：91－92。

蓣争议的基础上①,目前专业领域内对于番薯引种研究主要集中在以下几个方面②。一是引入时间,大致有两种观点,即万历(1573—1620年)年间说和洪武(1368—1398年)年间说。其中万历年间说为主流,虽然具体的年代有争议,但均认为番薯引种出现在明朝中后期的万历年间,其大面积的种植以及与其相关的栽培技术方面的革新与丰富也主要出现在这个阶段。明初洪武年间说由华侨大学教授李天锡提出,他根据1914年所修的《朱里曾氏房谱》(朱里,现福建晋江市安海镇赤店),考证得出番薯是明朝人苏得道于明洪武二十年(1387年)从明清时期的藩属国苏禄传回福建泉州的。二是传播路径,大致有两种说法:陆路和海路。陆路说,认为番薯经由印度、缅甸进入我国云南和西藏,再渐及中原;海路说又有三,一说经由菲律宾进入福建,一说由越南进入广东,一说由文莱引入台湾省。

(2)关于域外引种粮食作物对我国社会经济文化影响的研究

域外粮食作物进入中国之后,对中国的经济、社会和文化等诸多方面产生了广泛而深刻的影响。因此,论及域外引种,必然会对其影响有所涉及,故在这一领域内成果最为丰硕。其中有两个方面的力量及其贡献尤为值得注意:一是历史地理大家史念海先生曾经领衔的历史农业地理学派在这一方面所取得的系列成果,以区域为单位,系统梳理每一区域内每一种农作物的分布发展情况,自然涉及域外粮食作物在该地域的方方面面影响。虽然史念海先生已经故去

---

①番薯又名甘薯,但中国传统文献中亦多有甘薯之名称,故引起了学术界关于番薯出身之争议。经丁颖、石声汉、夏鼐、吴德铎以及胡锡文诸先生之考辨梳理,已大致清晰,古代所谓甘薯,实为"薯蓣",与后世所传入的番薯(实为甘薯)实际上是"异科、异种的两类薯类植物"。详见:夏鼐:《略谈番薯与薯蓣》,《文物》1961(8);胡锡文:《甘薯来源和我们祖先的栽培技术》,《农业遗产研究集刊(第二册)》,北京:中华书局,1958。

②梁家勉、戚经文:《番薯引种考》,《华南农学院学报》1980(3);周源和:《甘薯的历史地理——甘薯的土生、传入、传播与人口》,《中国农史》1983(3):75-88;陈树平:《玉米和番薯在中国传播情况研究》,《中国社会科学》,1980(3):187-204;郭松义:《玉米、番薯在中国传播中的一些问题》,《清史论丛》,1985(7):80-110;曹树基:《玉米、番薯传入中国路线新探》,《中国社会经济史研究》1988(4):62-66;李天赐:《华侨引种番薯新考》,《中国农史》1998(1):107-112;章楷:《番薯的引进和传播》,《农史研究》(第二辑),北京:北京出版社,1982;张箭:《论美洲粮食作物的传播》,《中国农史》2001(3):89-95。

多年,但这一学派的积淀影响依然存在①。二是以南京农业大学王思明教授为首的农史团队近些年在这一领域的诸多探索,其以明清时期域外引进的作物为中心,吸收社会科学的一些理论和方法,系统探讨了美洲的农作物对中国传统粮食结构、经济结构和饮食文化结构的影响②。此外,陈树平、闵宗殿等学者对海外农作物进入中国以后所产生的影响的系统分析,赵冈等学者对玉米、番薯引进之初对明代和清初粮食亩产增加的作用以及其引种对环境破坏后所引发的清后期粮食亩产下降后果的对比分析③,曹树基、葛剑雄、王育民等学者对美洲高产粮食作物引进和明清人口激增之间关系的分析④,等等。此外,还有很多学者从具体的区域着手,分析了某一域外粮食作物进入该地区以后对区域社会经济的影响。如王双怀对海外作物对华南农业生产影响的分析,梁四宝等学者对玉米传入山西后对粮食增产和手工业发展的研究,李映发对玉米和甘薯对四川农技变化和经济发展的分析等等⑤。由于这一方面的成果数量众多,这里不再逐一赘述。可以说,这些成果,从不同学科、不同层面和不同视角推进这一领域研究的深入,也表现出诸多新的特色与趋势,“进入 90 年代后,除了继续对美

---

①历史农业地理学由史念海先生率先提出,并做了诸多开拓性工作。1985 年以来,其以历史农业地理作为研究方向设计博、硕士论文,推进了该领域的研究进展,现已出版的有郭声波的《四川历史农业地理研究》(四川人民出版社,1993)、韩茂莉的《宋代农业地理》(山西古籍出版社,1993))和《辽金农业地理》(社会科学文献出版社,1999)、吴宏岐的《元代农业地理》(西安地图出版社,1997) 、龚胜生的《清代两湖农业地理》(华中师范大学出版社,1996)、耿占军的《清代陕西农业地理研究》(西北大学出版社,1997)、陈国生的《明代云贵川农业地理研究》(西南师范大学出版社,1997)、马雪芹的《明代河南农业地理》(台湾洪业文化事业有限公司,1997)、周宏伟的《清代两广农业地理》(湖南教育出版社,1998)、萧正洪的《环境与技术选择——清代中国西部地区农业技术地理研究》(中国社会科学出版社,1998)、王社教的《苏皖浙赣地区明代农业地理研究》(陕西师范大学出版社,1999)、李心纯的《黄河流域与绿色文明——明代山西河北的农业生态环境》(人民出版社,1999)、李令福的《明清山东农业地理》(台湾五南图书出版公司,2000)、吕卓民的《明代西北农牧业地理》(台湾洪业文化事业有限公司,2000)等十四部之多。

②王思明:《美洲作物在中国的传播及其影响研究》,三峡出版社,2010。

③赵冈、刘永成、吴慧、朱金甫、陈慈玉、陈秋坤:《清代粮食亩产量研究》,北京:农业出版社,1995。

④曹树基著:《中国人口史》第四卷《明时期》,上海:复旦大学出版社,2000;葛剑雄著:《中国人口史》第五卷《清时期》,上海:复旦大学出版社,2001;王育民:《中国人口史》,南京:江苏人民出版社,1995。

⑤李映发:《清初移民与玉米甘薯在四川地区的传播》,《中国农史》2003(2):6－12;梁四宝、王云爱:《玉米在山西的传播引种及其经济作用》,《中国农史》2004(1):51－56。

洲粮食作物的传入、传播问题深入探讨外，学术界逐渐出现了一种新的研究态势，开始关注外史研究，将美洲粮食作物问题置于整个社会环境中予以考察，逐渐走出偏重史料考证的限制，多角度、多层次、综合全面地研究问题。”[①]

(3)关于域外粮食作物传播及其影响因素的研究

在这一方面，诸多围绕着小麦在中国的推广及其影响因素问题，学术界也形成了诸多新的成果。彭卫在《关于小麦在汉代推广的再探讨》一文中分析了小麦在汉代得到大规模推广的原因[②]；韩茂莉就黄河流域植麦区形成与冬小麦向南方扩展两个重要问题，全面研究了冬小麦在中国空间扩展历程及其影响因素[③]。赵淑玲和昌森探讨了汉代冬小麦在我国北方的推广和普及，并分析了这一过程中的诸多影响因子[④]。惠富平和荆峰探讨了汉代黄河流域麦作发展的环境因素和对农业技术创造产生的影响[⑤]。卫斯认为小麦的引种成功受制于多方面因素，不仅与农业设施的更新有关，而且受到水利灌溉技术提高的恩泽，也与耕作及抗旱的人工水平有着很大的关系，当然也不能脱离社会大环境，经济的不断发展和增加的人口对食物的需求也是其成功的重要影响因素[⑥]。类似的研究还有李成结合黄河流域小麦的种植与推广历程、特点对其制约因素的探讨[⑦]。

(4)关于域外引进粮食作物本土化的研究

较早关注域外粮食作物本土化的国内学者为曾雄生先生，在央视百家讲坛《麦子在中国的本土化历程》中，首先明确提出了麦子的本土化问题。其后，樊志民先生则从风土适应、技术改造、文化接纳等方面系统阐述了域外引种本土化的基本内涵，构建了域外引种本土化研究的基本框架体系[⑧]。蓝勇的《明清美

---

①曹玲:《明清美洲粮食作物传入中国研究综述》,《古今农业》2004年(2):95-103。

②彭卫:《关于小麦在汉代推广的再探讨》,《中国经济史研究》2010(4):63-71。

③韩茂莉:《论历史时期冬小麦种植空间扩展的地理基础与社会环境》,《历史地理》2013年第1期:178。

④赵淑玲、昌森:《论两汉时代冬小麦在我国北方的推广普及》,《中国历史地理论丛》1999(2):37-46。

⑤惠富平、荆峰:《汉代黄河流域麦作发展的环境因素与技术影响》,《中国历史地理论丛》2007(04):24-27;惠富平:《汉代麦作推广因素探讨——以东海郡与关中地区为例》,《南京农业大学学报(社会科学版)》2001(04):63-66。

⑥卫斯:《我国汉代大面积种植小麦的历史考证——兼与西嶋定生先生商榷》,中国农史,1988(4):22-30。

⑦李成:《黄河流域史前至两汉小麦种植与推广研究》,西北大学,2014。

⑧樊志民:《农业进程中的“拿来主义”》,《生命世界》2008(7):36-41。

洲农作物引进对亚热带山区结构性贫困形成的影响》则重点从批判性的视角分析了域外引种作物在本土化过程中造成的负面影响,认为其是山区结构性贫困形成的主要原因之一①。

2.1.2 国外研究概况

(1)综合性的研究

国外学者对于域外农作物的引种及其本土化研究,最引人注目的当属德裔美籍汉学家劳费尔先生。劳费尔的《中国伊朗编》立意高远,旨在"把植物学知识、东方学知识、语言学知识和历史知识通通结合起来",书写一部一千五百年古代亚洲"植物传播运动"。虽然令人遗憾的是这一目标最终并没有完成,正如邵循正1962年作的《中国伊朗编》《中译本序》所指出的,作者既没有达到"写出关于人工栽种植物的一部最完备的历史"这一目的,也没有对其所主张的一千五百年"植物传播运动"给予详细描写,"而更缺乏的是对植物品种的实地调查",因此,作者只是做了文献资料的初步整理工作,而对每一植物具体历史的研究还有待中国学者做更切实的调查研究的工作。尽管如此,但劳费尔及其《中国伊朗编》的意义不容低估,具体到本文主题方面,最起码有两个方面值得进一步的关注:一是较早的关注到了中国人对域外植物的吸纳和消化,即本土化,"采纳许多有用的外国植物以为己用,并把它们并入自己完整的农业系统中去";二是特别强调了植物传播运动背后的文化问题,"我的目的不是概述某一个植物的历史,我是希望介绍一幅综合广泛的图画,说明伟大而独特的植物移植也是一种文化运动"②。

除此之外,综合性的研究成果还有李约瑟主编的《中国科学技术史稿》,其中《总论卷》、《农学卷》以及《生物卷》也对这一问题有所涉猎。日本学者星川清亲的《栽培植物的起源与传播》也值得关注,其对世界主要栽培植物的起源及其传播历史进行了较为系统的梳理,具有一定参考意义③。

---

①蓝勇:《明清美洲农作物引进对亚热带山区结构性贫困形成的影响》,《中国农史》2001(4):3-14。

②[日]西嶋定生著,冯佐哲、邱茂、黎潮合译:《中国经济史研究·碾硙和种植小麦的关系》,北京:农业出版社,1984。

③[日]星川清亲著,段传德、丁法元译:《栽培植物的起源与传播》,郑州:河南科技出版社,1981年。

(2)关于粮食作物引进及其传播的研究

费正清在他的《美国与中国》一书中,也对中国小麦的引进问题有所关注,他认为中国的小麦是从近东经由中亚路线传入到黄河流域[①]。关注中国古代的农业科技一直是日本、韩国一些学者的传统,在这一方面,他们也形成了颇为丰硕的成果。日本学者西嶋定生先生研究我国开始大面积种植小麦的时间,他提出中国唐代农业最大的成就与创新点便是小麦的广泛种植以及发展了小麦的研磨技术,并最终使得小麦在种植和贸易的发展过程中既加入了城市化的元素,又体现出了明显的区域特征,两全其美,“小麦种植量的增加,作为碾硙经营的一个特点,是因为碾硙经营多附属于庄园经营。……庄园经营者兼做碾硙经营虽然也是为了用于自家消费的加工制面,但是具有更大经济意义的是为了将庄园收租的小麦加工制面并出售而获得巨利。……种植小麦增多的起因在于当时最显著的两种倾向。即:一是城市的发展,二是庄园经营的发展。”[②]日本学者篠田统则认为,小麦是由西汉张骞出使西域时带回的物种[③]。此外,在20世纪40至60年代,日本学者的中国饮食史研究热潮中,也出现了一些关于粮食作物引进传播的成果,如青木正儿《中国的面食历史》(《东亚的衣和食》,京都,1946年)、篠田统的《向中国传入的小麦》(《东光》第9集,1950年)、《五谷的起源》(《自然与文化》第2集,1951年)、《欧亚大陆东西栽植物之交流》(《东方学报》第29卷,1959年)、《中世食经考》(收于薮内清《中国中世科学技术史研究》,1963年)和《宋元造酒史》(收于薮内清编《宋元时代的科学技术史》,1967年),天野元之助的《中国臼的历史》(《自然与文化》第3集,1953年)和《明代救荒作物著述考》(《东洋学报》第47卷,1964年)、北村四郎《中国栽培植物的起源》(《东方学报》第19卷,1950年)等等。

对于美洲作物在中国的传播及其影响的研究,虽然早在1906年西方著名汉学家和人类学家劳费尔(Berthold Laufer)就曾撰《玉蜀黍传入东亚考》,较早涉猎这一领域,但芝加哥大学华裔何炳棣教授的成果则最具有影响力。其1955年发表于《美国人类学家》的《美洲作物传华考》和1979年在《世界农业》发表的系列长文《美洲作物的引进、传播及其对中国粮食生产的影响》中,讨论了从

---

①[美]费正清著,张理京译:.《美国与中国》,北京:商务印书馆,1973:22-23。

②[日]西嶋定生著,冯佐哲、邱茂、黎潮合译:《中国经济史研究·碾硙和种植小麦的关系》,北京:农业出版社,1984。

③[日]篠田统:《中国食物史研究》(原载日本《自然与文化》1957年2号)北京:中国商业出版社,1987:3。

美洲引进的农作物在中国分散播种的情形及所产生的重要意义,并且开创性地提出并证实了番薯是从云贵川地区逐渐传播到国内其他地区的新看法,也证实了番薯在国内顺利引入和逐步推广过程中造成影响的其他因素。他认为美洲农业作物引进到中国的几百年时间里,对于土地资源的充分利用以及杂粮种植的类型拓展具有极为关键的意义,是“中国土地利用、粮食生产的第二次革命”。何炳棣教授认为在这样的条件下来引进和传播域外的作物,能放大作物栽培的实践意义,也能对世界范围内的其他国家地区域外引种事业提供有价值的参考。

2.1.3 研究述评

关于域外粮食作物问题的研究,学术界已经进行了较为深入地探讨,也取得了颇为丰硕的成果。当然,由于受资料、技术手段以及研究思路的一些制约,还有一些问题研究还处在诸多进一步深入的空间:一是随着新资料、新证据的不断发现和现代科技手段的介入,包括小麦、玉米等在内的粮食作物的起源和传播过程中的时间问题尚有待进一步的准确化和清晰化;二是虽然总体而言这一方面的研究体现了多学科、多维度深入研究的趋势,但依然存在思路单一的偏颇;三是虽然注意到本土化的思路及其基本内涵,但具体化不够,等等。本文在充分吸收现有研究成果的基础之上,以小麦、玉米、番薯、马铃薯作为域外引进粮食作物的代表,力求详尽描述域外农作物的引进、传播情况及其本土化历程。

2.2 小麦的引种及其本土化历程

2.2.1 小麦的引进及传播

(1)小麦的起源与早期发展

关于小麦的起源中心问题,学界颇有争议,大致有西亚说、中国原产说以及多中心起源说等,且各有证据,但主流观点认为小麦起源于西亚地区,包括叙利亚、伊拉克、约旦、土耳其、伊朗、阿富汗等国家,即所谓的“新月形沃地”。这一地区不仅至今还广泛分布有野生一粒小麦、野生二粒小麦及普通小麦粗山羊草等小麦的野生祖本,也曾相继发现了相关的早期遗存,其中包括野生和栽培的小麦小穗、籽粒,炭化麦粒、麦穗和麦粒在硬泥上的印痕。从小亚细亚到伊朗的中东地区,特别是伊朗西南部、伊拉克西北部和土耳其东南部地区,是栽培一粒小麦和提莫菲维小麦最早被驯化之地。以色列西北部、叙利亚西南部和黎巴嫩东南部是野生二粒小麦的分布中心和栽培二粒小麦的起源地。普通小麦的出现晚于一粒小麦和二粒小麦，一般认为约在8000年前。据有些学者考证，历史上某一时期，当伊朗西部某地栽培二粒小麦被带到粗山羊草分布地区后，发生了自然杂交，其杂种经染色体自然加倍后产生了普通小麦。其演化的过程，按传统的观点是：具AA染色体组的野生一粒小麦与具BB染色体组的拟斯卑尔脱山羊草自然杂交，产生了野生二粒小麦（染色体组AABB）；野生二粒小麦驯化为栽培二粒小麦，再与具DD染色体组的粗山羊草自然杂交，才产生了普通小麦（染色体组AABBDD）。

小麦在原始人类文化遗物中年代最早的发现是在叙利亚和伊拉克一带，继而在埃及，以后才出现在欧洲。已知最早碳化的穗轴易折断的二倍体小麦籽粒，是在叙利亚北部史前人类居住地发现的，鉴定为公元前8000年的遗存。公元前7000年以后在各地先后发现有许多碳化的、特别干燥的或泥化的麦粒或麦穗。文献中最早记载的小麦种，是公元前2世纪罗马人加图在所著《农业志》中明确提到的斯卑尔脱小麦。

随着小麦栽培技术的逐渐提升和人类交往交流的不断发展，在漫长的原始农业发展时期，小麦这一主要粮食作物逐渐向周边国家和地区进行传播。《中国国家地理》在2007年第10期根据日本学者星川清亲的《栽培植物的起源和传播》和中科院自然科学史所研究员曾雄生《麦子在中国的本土化历程》的研究成果，绘制出了《小麦的起源与传播路线示意图》，基本勾勒出了小麦的起源、传播的基本情况，详见图2-1。

图2-1 小麦的起源与传播路线示意图[①]

①李根蟠、耿艺：《胡化的餐桌》，《中国国家地理》2007(10)：228-241。

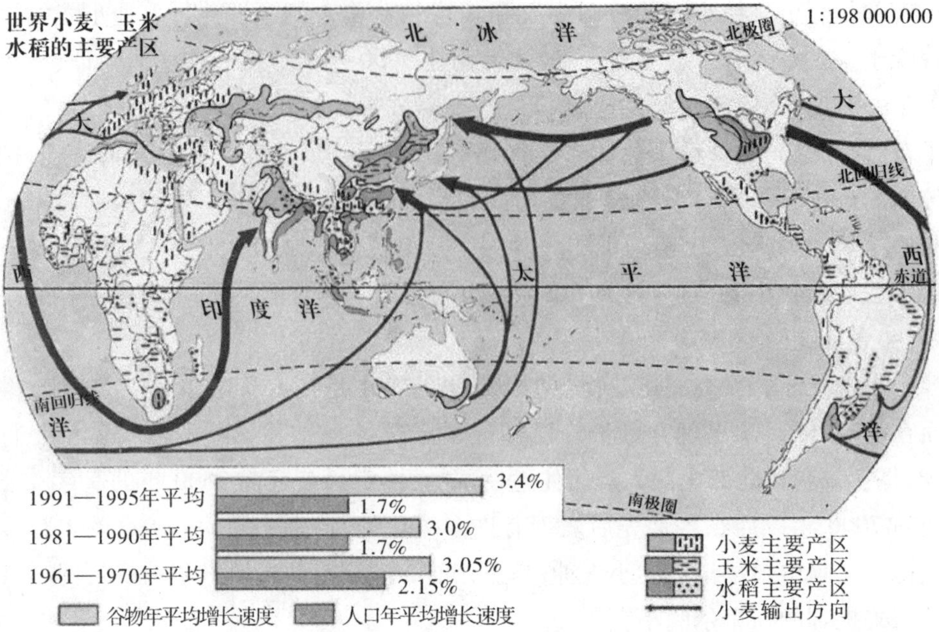

图 2－2 目前世界小麦、玉米、水稻主要产区分布图

(2)小麦在中国的传播

小麦最早具体什么时间引进中国，由于缺乏足够证据支撑尚难下结论，但对小麦在中国早期传播的路线及其基本情况，学术界则根据现代考古发现和历史文献记载勾勒出了大致的脉络。

目前在中国境内所发现早期小麦遗存的原始文化遗址大致有①：新疆北部地区的石人子沟新石器遗址、新疆南部的孔雀河上游新石器晚期遗址、甘肃天水西山坪遗址（距今约 4800 年）、甘肃民乐县的东灰山新石器遗址（距今约 5000—4000 年）②、陕西武功赵家崖（距今约 4400—4000 年）、岐山周原、山东聊城校场铺遗址小麦遗存等。从这些考古发现的麦类作物遗存的时空分布来看，大致有三个特点：一是龙山文化时代突然增多，二是多集中在西北和中原地区，三是西部地区小麦遗存的年代早于东部地区。根据这些考古发现及其特征，学术界关于小麦在中国的早期传播问题也得出了基本的结论：其一，至迟在距今 5000 年前，小麦已传入中国；其二，小麦是大体沿着西亚—新疆、青海—河

①靳桂云：《中国早期小麦的考古发现与研究》，《农业考古》2007 年(4)：11－20。

②李璠、李敬仪、卢晔、白品、程华芳：《甘肃省民乐县东灰山新石器遗址古农业遗存新发现》，《农业考古》1989(1)：56－69。

西走廊—陕西—中原—山东的途径自西向东的传播路径。

目前所发现属于夏商周时期麦作遗存有二里头文化的河南登封王城岗、洛阳皂角树、偃师二里头（二里头文化三期），商代的河南偃师二里头、陕西岐山周原、西藏昌果沟，周代的安徽亳县钓鱼台、青海丰台等。现有的考古资料显示，从龙山时代开始，黄河流域的小麦种植活动就已经比较普遍了，二里头文化、商周时期，小麦种植可能保持了一个持续发展的势头①。

图 2－3　小麦及小麦粒实物图

除了目前的考古发现外，在我国早期文字和文献中也有关于麦作的一些片言只语，亦可以为我们探寻小麦在我国内地的传播路径留下历史线索。

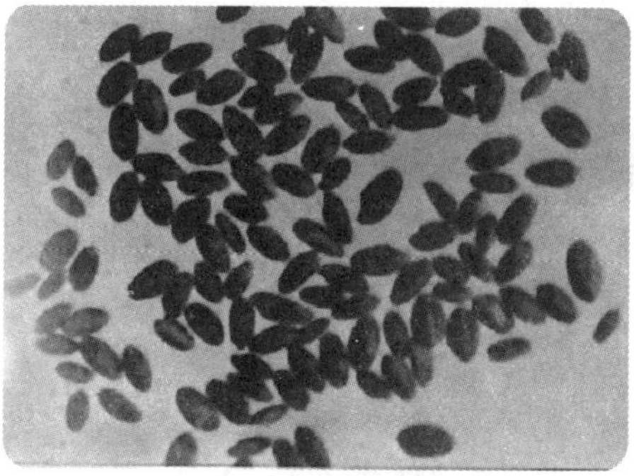

图 2－4　新疆孔雀河出土发现的新石器时代炭化小麦

甲骨文是我国目前发现最早、亦是比较成熟的文字，甲骨文中已有不少关于麦作的文字和信息。甲骨文中被诠释为麦类作物的有“麦”和“来”，这二字与禾或黍字的主要区别是在茎的中部画有两个下垂的叶（也许是穗）。古文字学家对这个字的看法基本一致，认定其为麦。有的学者认为“来”在甲骨文中已经有了往来的含义，或从语义上可以证明麦类作物为域外引进的外来品种。此外，在甲骨文记载中，还有“告麦”的字样，或可说明麦在当时已经占据一席之地。

除了甲骨文等早期文字外，在先秦时期的历史文献中也包含了不少关于麦作的信息，如《诗经》的不同篇章中就有麦的一些记载。《鄘风·桑中》载：“爰采麦矣，沬之北矣”；《魏风·硕鼠》载：“硕鼠硕鼠，无食我麦”；《豳风·七月》载：“黍稷重穋，禾麻菽麦”；《周颂·思文》记载：“贻我来牟，帝命率育”；《鲁颂·閟宫》言：“黍稷重穋，植樨菽麦”。麦作直入文献，可以说明先秦时期麦子已在我国得到种植，并且受到人们一定程度的重视。

①靳桂云：《中国早期小麦的考古发现与研究》，《农业考古》2007 年(4)：11－20。

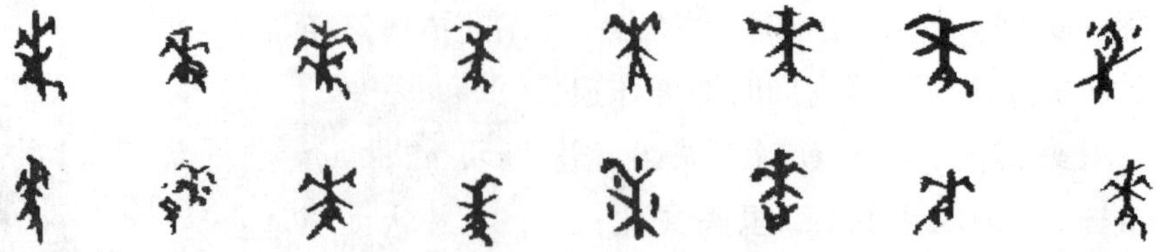

图 2-5 甲骨文中的“麦”字

小麦在中国的传播，除了上文所谈到的早期经历了自西而东的历程之外，自汉代而始，还经历了一个由北向南的过程。小麦最先被我国的北方地区所引入，于汉代以后开始大面积进行种植（卫斯 1988）[①]。经过汉代的种植和推广，小麦在粮食作物中的地位得以提高，成为战争中双方重点争夺的战略物资。两晋时期进一步扩大了小麦的栽培面积，成为影响国计民生的重要粮食作物，《晋书 · 五行志》记载：“无麦禾，天下大饥”，小麦的收成情况成为影响老百姓的生存条件的重要因素。唐朝时期，麦在北方地区的地位仅次于粟，成为多数人的主要口粮。南宋时期，“靖康之变”导致大量北方人口南迁，与此同时带去的是北方人民长期食用的粮食作物——麦，小麦在南方达到了空前的种植规模。

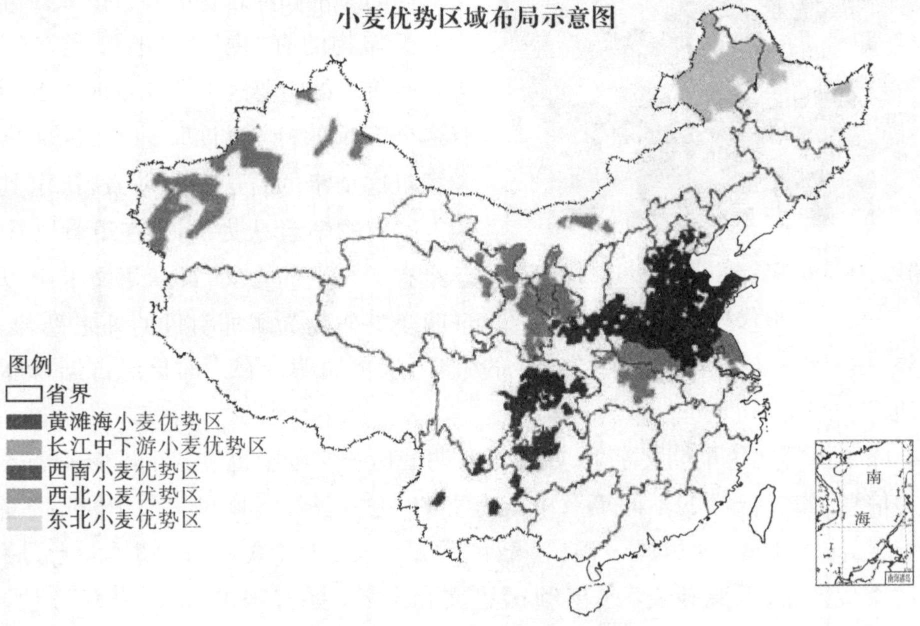

图 2-6 中国小麦主产区图

①卫斯：《我国汉代大面积种植小麦的历史考证——兼与（日）西嶋定生先生商榷》，《中国农史》1988（4）：22-30。

2.2.2 小麦的本土化历程

小麦的本土化历程经过风土适应、技术改造、社会融合和文化接纳四个环节的洗礼，最终在我国粮食作物中占据重要地位，与本土起源的稻、粟一并在“五谷”中占据了一席之地。并且随着石墨盘的普遍应用，小麦也从最开始的“粒食”转变为更符合中国人民饮食习惯的“面食”，深受我国北方人民的喜爱，面食文化也成为传统饮食文化中的重要内容。

(1)风土适应：由“旋麦”到“宿麦”的重要转变

风土适应，指外来农牧嘉种在传入地自然环境下的属性的自我调适及与本土物种杂交后的变异，其包括两层含义：一是环境适应，二是适应过程中的外来物种自身品种及质量的发生的调整或变异。具体到小麦而言，要真正实现的本土化，同样面临着适应和调整这两个问题。

首先的适应问题。一般来说，作为农作物，其自然属性决定，引种地与种源地间自然、气候条件较为接近的，引种就容易获得成功。我国大部分地区与小麦原产地均属于温带大陆性气候。因此，在小麦进入中国之初，基本的环境适应问题不是非常的突出，没有出现诸如“橘生淮南则为橘，生于淮北则为枳”的灾难，这是一个方面。但另一方面，进入中国的小麦在最初的发展中也面临因环境改变而带来的诸多的尴尬：一是在最初的传播地西北地区，由于该地区全年干燥少雨，年温差较大，小麦抗寒却不耐旱的特点被逐渐发现；二是由于气候条件的限制，使得初入中国的小麦一直处于产量低、种植规模小的发展态势，因此，即使在西北，长期以来也很难撼动粟黍在种植结构中的地位；三是因为小麦最初的品种为春小麦，即古人所谓的“旋麦”，虽然其可以适应中国西北地区春种秋收、一年一熟的种植习惯，但品质很难凸显其优势，所以也很难脱颖而出。在这一方面，当然也包括了小麦被推广到南方地区之后所面临更大的风土适应问题。

其次是调整，这一方面最突出的是实现了由“旋麦”到“宿麦”的重要转变，也最终为小麦的大范围推广创造了自身的优势。进入文明时代以后，人口增加和社会经济发展所带来粮食需求的不断增加和精耕细作农业技术体系的出现和发展，为进入中国的小麦的调整变化创造了诸多条件。考古发现及历史文献表明，大约在三代时期，小麦的主产区主要集中在黄河中下游地区。该地区大部分地区属于暖温带半湿润地区，秋雨较多且集中。因此，在小麦传入中原之后，人们开始结合小麦的生长习性和区域自然条件，对小麦种植进行环境适应性改造,即调整了小麦的播种期,由春种秋收改为秋种夏收。这虽然是人为技术因素所主导的调整,但也使小麦自身的品种发生类似质的变化,并最终完成了从“旋麦”向“宿麦”的转变。[①] 由春小麦转变为冬小麦,从生产的角度讲,避免了与其他的粮食作物争地之矛盾,且秋种夏熟之时,正值青黄不接之际,故预防饥馑、“续绝继乏”之用彰显,大大增加了纳入经营的机会;从生长的角度讲,既充分利用了这一地区的水光热条件,也合理避开夏季的洪涝灾害,趋利避害,有效保障了收成;从品种提升的角度讲,由于其生长周期的延伸,遍历春夏秋冬四季,吸纳天地之精华,品质显著提升。这些调整适应,为以后小麦在中国大面积推广种植创造了基本条件。

关于适应不同生产环境小麦自身的调整问题,南北小麦的品质差异或也能有所佐证。从小麦在南方的传播来看,大致经历了这样的基本脉络:西晋“永嘉南渡”之后,随着大量民众的南迁,北方的小麦种植技术在南方有了较为规模的发展;唐代“安史之乱”后,小麦在南方得到了大规模的种植;到了“靖康之变”之后,随着再一次大规模的北人南迁,小麦的大规模种植也在此时达到了高潮,江南稻麦两熟制逐步形成。但受自然环境之影响,南北小麦在品质上有所差异,如《本草纲目》“北人种麦漫撒,南人种麦撮撒。北麦皮薄面多,南麦反此。”此外,科技考古的研究还表明,在小麦进入中国以后,除了出现“旋麦”与“宿麦”、南麦与北麦的区别变化外,还发生了诸多的变异。

普通小麦作为一个物种,不是在中国形成的,但传播到中国后出现了很多变异,这是适应环境的结果,这些变异包括“云南小麦”(*T. aestivum* ssp. *Yunnanense* King)、“西藏半野生小麦”(田间杂草)(*T. aestivum* ssp. *Tibetanum* Shao)、“新疆小麦”(*T. aestivum* ssp. *Petropavlovshyi* Dong)等。物种的起源中心和变异中心是两个不同的概念;起源中心是指物种形成的地方,而当一个物种在新的环境条件下、经过长期自然选择和人工栽培,可能会形成很多新的变异,产生一些新的物种,这种变异性十分丰富的地方,被称为变异性中心,也叫多样性中心或者是次生起源中心。中国普通小麦的变种也是世界之最,中国是普通小麦的变异中心、多样性中心和次生起源中心。”[②]

---

①曾雄生:《论小麦在中国之扩张》,《中国饮食文化》2005 年第 1 期:99 - 133。

②靳桂云:《中国早期小麦的考古发现与研究》,《农业考古》2007 年(4):11 - 20。

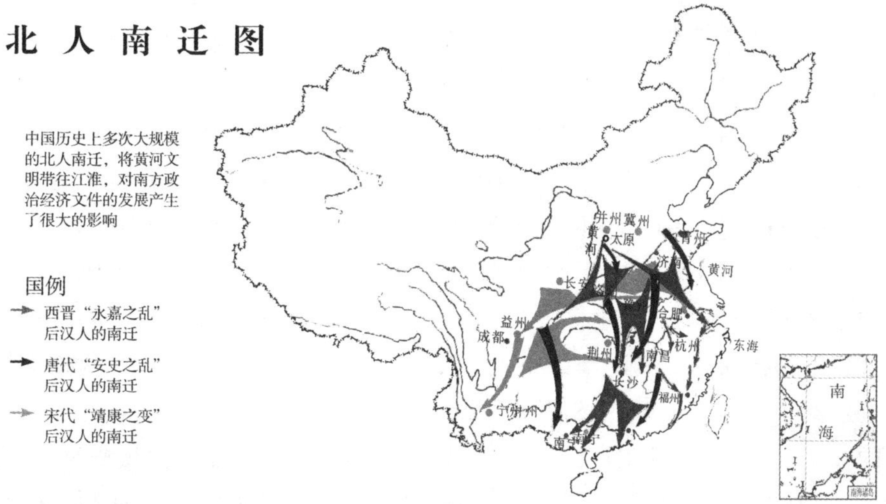

图 2－7　历史上的北人南迁图

(2)技术改造

如前文所述,追溯小麦进入中国之历史,不可不谓久矣,但小麦在中国的推广进程,亦不能不谓难矣,历经约 3000 年之久,至汉武帝时,作为京畿所在之地的关中依然“今俗不好麦”。这一结果的出现,除了自然、文化等因素的制约影响之外,还有非常重要的一点,就是域外而来的小麦和中国传统农业技术体系之间的关系问题。梳理中国传统精耕细作农业技术体系发展与小麦的推广进程,似乎不难看到一个颇为戏剧性的结果,即二者进程的大致吻合:秦汉以前,小麦虽然已在中国的粮食体系中占据一席之地,但数千年依然“不温不火”,与之同时,中国传统的精耕细作农业技术要素虽然大致具备,但远未发展成为体系,在此背景下,二者之间并没形成有效的融合度,或是小麦并没有赢得中国优势农业技术的青睐,或是这一时期的农业技术没有达到或并不能解决小麦生产、加工的瓶颈问题,从而使这一资源优势形成有效开发的水平;自两汉而始,小麦推广之所以逐渐进入“快车道”,除了人口增加、社会经济发展促使政府、社会普遍关注小麦生产之外,从技术层面来讲,则恰恰在于其与中国精耕细作农业技术体系的逐渐深度融合。“以宿麦为例,宿麦在周秦以前或有种植,但因为它要求的栽培条件比较高,一直未能得到发展。秦汉间朝廷及各级官吏,对于麦类作物的推广与普及做了大量工作,到西汉末年,黄淮流域麦类作物已有较大发展。究其原因,除了铁犁牛耕的推行、水利的兴修、肥料的施用等因素外,一些技术环节也导致了宿麦的推广。"①在这里,笔者结合小麦自身因素、早期推广过程中的主要瓶颈以及中国传统精耕细作农业技术体系特点三个方面,重点谈三个方面的问题。

首先,传统的精耕细作技术及其理念,真正解决了小麦增产的最主要瓶颈问题。在这一方面,起码有三点值得关注。一是通过一系列抗旱保墒技术举措,解决了小麦耐寒不耐旱的基本问题。众所周知,秦汉时期中国的政治、经济和文化中心均居于黄河中下游地区,因此,以这一地区为中心所形成了传统农业技术体系,自然与这一地区的农业生产自然环境相适应,一个中心思想就是通过各种举措实现保墒防旱的关键性目标,以之为指导,传统的农业技术体系中既包括了"耕、耙、耱、压、锄"在内系统的耕作环节,也包括了对各环节极为细致的技术要求,典型如《齐民要术》对耕、锄这两个环节的要求:"秋耕欲深,春夏欲浅";"初耕欲深,转耕欲浅";"犁欲廉,耢欲再";"春耕寻手劳,秋耕待白背";"苗出垄,则深锄,锄不厌数,周而复始,勿以无草而暂停"。黄河流域气候比较干燥,雨水比较稀少,每年降雨量只有400—750毫米,而且70%—80%的雨量都集中在7—9三个月,此外这一地区还存在秋冬季节持续低温、雨雪少、"春旱多风"等恶劣天气,都会严重影响冬小麦的生长,解决这些问题,须要采取从耕作到灌溉等方面的一系列抗旱保墒方法。二是传统精耕细作农业技术体系中所蕴藏的农学理念和思想对小麦生长周期调整的促生及推广。在传统的农业技术体系中蕴藏着极为丰富的农学理念和思想,如《吕氏春秋·审时》"夫稼,为之者人也,生之者地也,养之者天也"中所总结的"三才"理论,不仅系统阐述了农业生产中天、地、人三要素的关系,更把人的因素放在了首位,强调了人为因素的重要性;再比如种养"物宜"、"时宜"、"地宜"的"三宜"理念及其背后所蕴含的深层次的协调思想。这些理念和思想,不仅促生了商代先民对小麦适宜播期的调整与选择,也使得宿麦这一成果获得真正意义上的推广。正如樊志民先生所指出的:"麦类作物最初的栽培方法可能与粟、黍等相同,春种秋收,当它们逐渐进入中原后,栽培环境发生很大变化。在中原地区如果继续实行春播,即使水肥条件非常适宜,小麦的生长也会一直停留在分蘖丛生的状态,不能抽穗结实。中原地区大概只有秋、冬、春季的相对温、湿度与小麦原生地的情形比较接近,于是,汉唐期间中原农区利用小麦苗期的耐寒特性,利用冬季低温期逐渐普及与推广了宿麦。这样的"反季节"种植,充分反映了先民的智慧。宿麦栽培

①樊志民:《农业进程中的"拿来主义"》,《生命世界》2008(7):36-41。

是适应中原自然条件进行的重大技术改造，也是小麦在中国扩张最具有革命意义的一步。”①三是传统农业技术体系中所包含的精细管理、重肥等内涵对小麦推广的影响。在小麦逐渐进入传统技术体系关照后，其系统化的栽培管理技术也多方位地助推了小麦的推广。如自东汉始，区田法在小麦种植中的运用。魏晋时期，人们已懂得利用大豆根瘤固氮肥田和豆叶、根茬残体改良土壤结构和养分的功能，在小麦种植中采用豆麦轮作的方式提升产量，如北魏贾思勰的《齐民要术·小豆》云：“小豆，大率用麦底”。在后来的耕作实践中，人们又将小麦与棉花套种，通过合理配置和管理，不但提高了小麦的产量，而且能够增加棉花的收成。即如清代包世臣的《齐民四术》所谓：“小麦地种棉花者，不及耕，就麦塍二丛为一窝，种棉子，计麦熟而棉长数寸矣。”

其次，以铁犁牛耕为代表的技术对小麦产量提升和种植面积扩大的影响。秋播以后的麦子，仍然要经受冬季严寒、春季干旱，以及麦收季节多雨的考验。牛耕、铁农具，尤其是系统化铁农具，既提升了小麦种植各环节的效率，也改善了小麦生产的自然环境，在小麦推广中扮演了不可或缺的角色。正如杨宽先生所说：“汉代由于各种大小形制的铁铧的创造和使用，由于各种优质韧性铸铁农具的成批生产和推广使用，使得当时以一家一户为单位的小农大大扩展了独立进行生产的能力。”下面举几个典型范例做一简单说明。一是小麦收获问题的迎刃而解。麦子在成熟的时候，枯黄很快，容易落粒，一经风雨，就成灾损，故有“收麦如救火”、“龙口夺食”等说法，针对这些问题，出现了一些颇为有效的技术举措和相应的生产工具。如《韩氏直说》提出的“带青收一半，合熟收一半”之法，如元代北方麦区所出现的麦钐、麦绰和麦笼等配套的麦收工具，大大提高了麦收效率。二是将牛耕和播种相结合的耧车的出现，如在山西平陆枣园村王莽时期墓中发现一幅耧播图，系用一牛挽三脚耧车。“此外，在辽阳三道壕、陕西富平、北京清河等地发现有西汉铁耧足，在河南南阳还发现了西汉耧足范。”采用耧播可使开沟、播种等工序一次性完成，同时可使播种均匀，深度一致，减少土壤水分损失。耧车的发明和使用不仅是播种史上一个重大进步，尤其是为大面积种植小麦提供了最理想的播种工具②。在这里还有一点需要注意，即在中国选种、育种技术的支持下，小麦新品种的培育问题，除了前文所提到的宿麦

①樊志民：《农业进程中的“拿来主义”》，《生命世界》2008(7)：36－41。
②卫斯：《我国汉代大面积种植小麦的历史考证——兼与(日)西嶋定生先生商榷》，《中国农史》1988(4)：22－30。

外，还出现了许多地方性的优良品种。

再次，是水利设施建设及灌溉技术对小麦推广的影响。小麦虽属于旱田作物，但相较于北方本土的其他旱田作物，其对水分和灌溉的要求仍然较高，在这个条件不能满足之前，一般只能选择墒情相对好的低地种植，这自然影响了其产量和种植面积。故北魏民谣曰："高田种小麦，穄䅟不成穗；男儿在他乡，那得不憔悴。"因此，除了前文所谈到的通过抗旱保墒举措解决小麦生长所需的水分问题之外，还需要一定程度的灌溉保障。秦汉以降，在政府的大力推荐下，在北方地区，水利工程勃兴、井灌的普及以及农田水利灌溉技术提升，也是北方小麦的大面积种植得以实现的基本条件。而当麦子传播到南方之后，情况正好相反。南方雨水充沛，地势低洼，最大的障碍不是旱而水，特别是在稻麦二熟地区，水稻在收割之后，为了能及时地种上麦子，必须及时地排干稻田中的水分，因此，排水成为在南方稻田上推广种麦的关键。于是人们开沟作壑，创造了整地排水技术。《王祯农书》记载："高田早熟，八月燥耕而熯之，以种二麦。其法起坡（垡）为疄（垄），两疄之间，自成一畎，一段耕毕，以锄横截其疄，泄利其水，谓之腰沟。二麦既收，然后平沟畎，蓄水深耕，俗谓之再熟田也。"

最后，也是一个至关重要的技术转变，即加工技术发展变化。小麦传入中国之初，与当时主要的粮食一样，均采用"粒食"的方式。研究表明，小麦"粒食"的方式大致有两种：一种是直接将麦粒煮熟食用，另一种是将麦粒僵硬的外壳磨碎后再加以煮食。但小麦种皮坚硬，"粒食"口感粗糙、不易消化，因此，在很长时间内并不是人们理想的盘中之餐，而往往多被视为应急救荒之物，迫不得已而食之。那时，食"麦饭"被视为清贫，故官员食麦饭而不饷新米被称"廉吏"；因"麦饭"为"野人农夫之食"，故既有儿媳自己吃米，让婆婆吃麦饭被骂为"不孝"的记载，亦有某人用麦饭请客遭到客人拒绝的历史故事。甚至到了宋代，在江西抚州麦饭还被看作为甚至连喂猪狗碎米都不如食品①。这些历史现象，可能大大超出了我们今天多数人的想象。而这一状况的逐渐转变有赖于两个方面的技术的改进或转变：一是随着碾硙的出现和发展，粮食加工技术实现了由"粒食"到"粉食"的转变；二是随着胡食文化的东渐和风靡，逐渐完成了烹饪方式的转变，实现了真正的面食天下。这两个转变的完成，从使小麦真正拥

①曾雄生：《麦子在中国的本土化历程——从粮食作物结构的演变看原始农业对中华文明的影响》，Influence of Agriculture Origin on Formation of Chinese Civilization - proceedings of Cast，2001。

有了自己的消费市场和众多忠实的拥趸者，最终完成了华丽的转身。

图 2－8 （元）《王祯农书》中的水碾和石碾

硙（磑），《说文解字》云："磨也，从石，岂声，古者公输班作硙。"从现有文献记载和考古发现来看，碾硙最晚在春秋战国时期已经出现，"造治碾硙"。碾硙的出现，是谷物初加工方法的一次飞跃。到了汉代，碾硙出现了较大的发展，近年来，秦汉转磨实物、模型的大量出土，尤其是河北满城西汉刘胜墓畜力牵引大型石磨的出土，表明小麦加工已突破手推磨阶段而进入规模生产时期①。但早期的石磨制作相对简单粗糙，且无配套的关键构造——面罗，故其对小麦的加工后的产品（将麦粒磨成碎屑）也相应地比较粗涩，并不能展现小麦之优势，这也是小麦难登大雅之堂的主要因素之一。到了魏晋南北朝时期，随着石磨造治技术的提升、以水力作为动力的旋转石磨的出现，尤其是面罗的发明，使得把小麦加工成精细面粉的想法已经成为可能，这亦为小麦的推广创造了重要条件②。到了隋唐五代时期，随着面粉业的规模化发展和面食烹饪技术的不断提升，碾硙进一步发展，专门用来加工面粉以获取利润的水硙普及并成了相对独立的生产部门。史料记载，大型碾硙遍布关中，获利颇丰，甚至皇亲国戚也侧身其列，以至于一度影响了内河航运的正常运输。莫高窟藏经阁出土的敦煌文书中也

①卫斯：《我国圆形石磨起源历史初探》，《中国农史》1987（1）：26－29。
②周昕：《中国农具发展史》，济南：山东科技出版社，2005：458－459；519－528。

有大量关于碾硙业的记载①,足见唐代碾硙业的普及发达程度,也充分印证了这一时期传统饮食结构和粮食结构的深刻变革,因为加工精细面粉之后,面食口感细腻且容易消化,故也逐渐成为北人主要的饮食习俗,与之相联系,小麦的地位亦出现了显著的提升,“有趣的是,石转磨的发明改变了中国既有的作物结构排序,麦类成为主粮作物,而菽(豆)在五谷中的作用与地位降低,逐渐成为提供副食品(豆腐)与救荒保岁的作物。”

与小麦被磨成粉末的趋势相一致,就是食用及烹饪方式的变化。凿空西域以来,同域外交流迅速发展,不仅包括了各种域外物种进入中原,而且随着人员的流动,与之相联系的饮食文化习俗也自然会有所流布,并逐渐形成规模。《太平御览》卷八百六十《饮食部·饼》引《续汉书》曰:“灵帝好胡饼,京师皆食胡饼。”东汉刘熙《释名·释饮食》也已提到胡饼:“饼,并也,溲麦面使合并也。胡饼作之,大漫冱也,亦言以胡麻着上也。”溲,用水浸湿;漫冱,面糊的音转。《四民月令》:“立秋日食煮饼及水溲饼。”《汉书·百官表》在“少府”属下有“汤官”,主饼饵。汉代的画像砖石就反映了胡食的相关信息。魏晋时期南北朝时期,随着诸多少数民族入主中原,胡食之风有了新的发展。《晋书·王长文传》:“王长文,字德睿,广汉郪人也。少以才学知名,而荡不羁,州府辟命皆不就。州辟别驾,乃微服窃出,举州莫知所之。后于成都市中蹲踞啮胡饼。刺史知其不屈,礼遣之。”王长文既能在成都闹市中蹲着吃胡饼,或胡饼在晋代已成大众食品。《齐民要术》中也详细记载了多种面点的制作方法,如《齐民要术·饼法》云:“面一斗,羊肉二斤,葱白一合,豉汁及盐,熬令熟。炙之,面当令起。”此外,《齐民要术》还介绍了几种素食的制作方式:“以粗布置筛内,和水揉成面筋,为素食要品”。

到了唐代,更是胡风烈烈,一个方面,数以万计的胡人汇聚长安,美国汉学家费正清和赖肖尔在《中国:传统与变革》中说:“作为横跨中亚陆上商路的东端终点,以及有史以来最大帝国的都城,长安城市挤满了来自亚洲各地的人。”他们充斥长安街道,经营餐饮便是其中最为主要的职业之一。因此,唐代的胡食品种很多,据唐代慧琳《一切经音义》中说:“胡食者,即饆饠(毕罗)、烧饼、胡饼、搭纳等。”《旧唐书·舆服志》亦云:“贵人御馔,尽供胡食,士女皆竟衣胡服”。胡食中最有名的就是胡饼,长安胡饼店摊十分普遍,据《资治通鉴·玄宗纪》记载,安史之乱,唐玄宗西逃至咸阳集贤宫时,正值中午,“上犹未食,杨国忠

①郝二旭:《唐五代敦煌地区的面粉加工业》,《中国经济史研究》2011(1):104-111。

自市胡饼以献”。长安的胡饼闻名全国,成了馈赠亲友的礼品,白居易即有《寄胡饼与杨万州》一诗:“胡麻饼样学京师,面脆油香新出炉。寄与饥馋杨大使,尝看得似辅兴无。”宋代黄朝英在《缃素杂记》卷二《汤饼》中对胡饼做了一个较为全面的总结:“凡以面为食具者,皆谓之饼。故火烧而食者,呼为烧饼;水煮而食者,呼为汤饼;蒸笼而食者,呼为蒸饼;而馒头谓之笼饼,宜矣。”

图2-9 新疆烤馕图

另外还有一点值得注意,即我们虽然接受了麦子但没有选择面包的问题,这一选择与发酵技术具有密切联系。研究表明,我国先民较早的掌握了发酵技术,但大概在汉末以后才用于面食制作。魏晋南北朝面食发酵的相关记载见于《齐民要术》,主要有酸浆发酵法、酒发酵法等。主要方法是把酸浆、酒等投入易于发酵的米汤之中,待发酵后用来发面。发面技术进入主食领域,对于面食的多样化与饮食健康具有重大意义。蒸笼、烤炉、煎铛等用于面食制作,于是便有了馒头、胡饼、煎饼等多种食品;加入其他馅料,便有了今天的包子类食物。包子初时名为蛮头、馒头,传说与诸葛亮南征有关。“诸葛亮南征将渡泸水,土俗杀人首祭神,亮令杂用牛、羊、豕肉包之,以面象人头代之……馒头名始此”。发酵技术未用于面食以前,主要用于煮食“汤饼(面条)”。束晳《饼赋》云:“玄冬猛寒,清晨之会,涕冻鼻中,霜凝口外,充虚解战汤饼为最”。汤饼分为“煮饼(片儿面)”、水溲饼(拉面)、“水引博托饼(用肉汁和面制成的汤面条)”等。煮食的带馅面食还有馄饨,当时的馄饨实际上是现在的饺子。三国张揖《广雅》中说“今之馄饨形同偃月,天下之通食也”。后来因食于除夕子夜时分,故有“交子”之名。但麦性偏凉,尤其在暑日贪食不化,容易引发疾病。面食因发酵技术之应用而容易消化,对于人的健康大有裨益,也在客观上促进了麦类作物的发展。

总而言之,技术的改造实现了小麦从“粒食”向“面食”的转变,不仅是小麦传入我国的一次食用方式的飞跃,也在小麦本土化的进程中具有里程碑意义。

(3)社会容纳

其一,成为国人饮食结构中不可或缺的重要构成。随着生产、加工以及烹饪等方面一系列问题的渐次解决,小麦的资源优势得到了进一步的发挥,故其在中国粮食和饮食结构中的地位亦是一路攀升,最终成为举足轻重的重要构成。首先,取代了菽(大豆)成为北方人民的主粮之一。如前文所述,在最初的粮食结构中,麦作一般处于边缘化的地位,常常被视为救荒备灾之用;汉魏时期,随着政府大力推广宿麦种植,小麦逐渐稳居“五谷”行列,而过去长期在粮食结构中占据重要地位的菽(大豆)的地位则由此渐行渐远,沦为救荒备灾、肥田改壤、提供副食之作物。其次,逐渐后来居上,取代粟、黍等传统作物在粮食结构中的霸主地位,成为北人最主要的食物来源。粟黍,作为本土起源的粮食作物,一直居于核心地位,种植面积最大、为北人餐饮之首选、实物税不二之选择,等等,但汉唐以降,麦作种植迅速推广,政府也不得不适应其发展形势,把小麦纳入税收范畴,到了宋代,小麦最终完成取代粟成为北人最主要的食物来源的过程,而粟黍则沦入杂粮之列,“北麦南稻”、“南米北面”格局基本形成;再次,随着政府的推广,尤其是受历史上数次规模浩大的北人南迁的影响,小麦在南方延伸运动一直持续展开,最终不仅成功打入了南方的种植体系,南方地区“稻麦两熟制”的普遍流行即是例证,而且几乎占领南方除了水稻之外的宜麦之地,也因为如此,外来的小麦反倒成为中国种植面积最大、总产量最高、食用人数最多的粮食作物。据有关资料统计,直到20世纪90年代以前,在各类粮食作物中,小麦一直稳居第一①。正如曾雄生先生所指出的:“古来引进中国的物种很多。麦子是最成功的一个,这不单是指麦子的种植面积大,食用人数多,而且是指它在很大程度上改变了中国人的生产生活方式,乃至影响到整个中国历史的进程。这从麦子和其他几种外来的作物的比较中便可以看到这一点:

①到1950年,粮食品种是指小麦、大米、大豆、小米、玉米、高粱和杂粮七大品类。1952年,粮食减为四大品种:小麦、大米、大豆和薯类。1957年,粮食增为五大品种:小麦、大米、大豆、杂粮和薯类。1971年又把杂粮类改为“玉米”等,粮食为新五大品类:小麦、大米、大豆、玉米、薯类。1979年后《辞海》对粮食的解释是各种主要食料的总称,如小麦、高粱、玉米、薯类等。1996年根据种植面积及产量排列为:稻谷、小麦、玉米、薯类、大豆、谷子、高粱、其他杂粮。1990年,国家粮食定购的品类:小麦、稻谷、玉米、大豆。

明代中后期,原产美洲等地的番薯、玉米、马铃薯、花生等新作物引进中国,并且以其极强的适应性和极高的产量,迅速在中国得到传播,对于中国土地的开发利用以及人口的增长产生了极大的影响,但这些新作物都没有取得像麦子一样的地位,而只是在一些不宜种植稻麦的"高山海泊"之地作见缝插针式的种植,并成为这些地方人们的主食,但对于大多数明清以后的中国人来说还主要是靠稻麦养活。"①

其二,小麦跻身国税行列。田赋是传统社会国家最主要的赋税之一,历史亦源远流长。早在传说时代,即有"禹分九州,任土作贡"之说;春秋战国,王室式微,礼崩乐坏,各国纷纷变法以适应形势,如齐之"相地而衰征"、鲁之初税亩、秦之商鞅变法,其中核心之一就是开始按田亩征收赋税。秦王朝建立伊始,"使黔首自实其田",并规定了具体税额。可以说,唐代中叶以前,田赋一般以征收实物为主,即所谓"本色",规定纳税的实物种类基本为稻或谷,且基本为一年一次征收。当然,由于地域和其他因素的影响,实际支付时多有变通,如可以用丝绢、豆、草或钱币等替代。虽然小麦在北方扎根已久,但并没有进入国家认为可以纳税的范围,但两税法实施之后,这一情况有了显著的变化。两税法是唐德宗建中元年(公元780年)由宰相杨炎提出的,与本文主题相关联,两税法起码有两个方面的信息值得关注,一是其分夏、秋两季征收田税,二是在北方,小麦被正式纳入了可以缴纳实物税的范畴。之所以出现夏税,之所以夏税开始把小麦纳入体系,恰恰是适应唐代小麦推广与发展的基本态势。"到了唐代,小麦成为北方最重要的大田作物,种植规模空前小麦大规模推广种植,改变了部分地区的作物种植结构,一年两熟和两年三熟的作物熟制在华北、南方地区形成,成为推动唐后期赋税制度改革,实行两税法的重要因素。按两税法规定,一年分为夏秋两次纳税。官府征收夏税的时段,正好是小麦成熟的时候,小麦因此成为征收的主要对象"②。《旧唐书》卷一二《德宗纪》载:"关内、河中、河南等道秋夏两税、青苗等钱,悉折纳粟、麦,兼加估收籴以便民。"宋代各州军所纳夏税中,小麦在整个税额中依然占有相当比例。到了明代,据学者研究,"夏税的物品以小麦为正项"③。

---

①曾雄生:《麦子在中国的本土化历程——从粮食作物结构的演变看原始农业对中华文明的影响》,The Influence of Agriculture Origin on Formation of Chinese civilization——Proceedings of CCAST (World Laboratory) Workshop. 2001。

②樊志民:《农业进程中的"拿来主义"》,《生命世界》2008(7):36-41。

③韩茂莉:《中国农业历史地理》,北京:北京大学出版社,2012:349。

其三,对小麦功能的多元开发。典型如对小麦的药用价值认识和发掘。南北朝时期的陶弘景在《名医别录》中就指出,小麦能“除热,止燥渴,利小便,养肝气,止漏血,唾血”。明代李时珍在综合前代各部医书的基础上著写《本草纲目》,在谷部篇章中对小麦的药效进行了全面整理,详细记录麦粒、浮麦、麦麸、面、麦粉、面筋等的功用和药效,并附录42个药方。清人赵学敏的《本草纲目拾遗》亦曰:“小麦面,补虚实人肤体,厚肠胃,强气力。”再比如小麦还是酿酒①、做醋②、制酱的重要原料之一。此外,还有两点值得注意,一是经过长期的积累,麦作及其副产品已经进入了中国传统农业的循环利用系统。众所周知,中国传统农业生态系统是“小而全”的结构单元,物质封闭循环,几乎所有的副产品都被循环利用,通过废弃物循环再利用,实现无废物生产,是中国传统农业的重要特征和核心价值之一。在这一理念下,小麦的秸秆亦得到充分的利用,或为农户日常燃料之重要来源,或加工为六畜之饲料,或是重要的建筑用材之一,或经过巧手加工成为草编日常用品或工艺品,或为造纸之重要原料。

(4)文化濡化

小麦本土化的最后一个环节是人们在文化意义上对于小麦的接纳,这直接决定了小麦在中国的种植推广程度,文化上的接纳才是小麦得以在中国立足的根本所在。

麦作在原始社会末期已经进入中国,这一时期中国传统文化尚处于形成时期,因此,不同于后来引进的物种需要接受中国文化系统全方位的认知梳理,国人对小麦的文化认知和接纳,主要包括以下几个方面。

其一,文化认知,包括了命名和对其形象的文字记载。对于麦之名称,梳理文献,大致有“麦”、“来”、“辫”、“宿麦”、“旋麦”、“小麦”、“大麦”等,其中辫为大麦,旋麦为春小麦,宿麦为冬小麦。对小麦的记载目前最早见诸甲骨文,即“来”,因为甲骨文为象形性文字,故从中亦可见先民对小麦这一作物形象及其与其他作物区别性的基本认识,即其与禾或黍字的主要区别是在茎的中部画有两个下垂的叶(或为穗)。此外,还有学者从语言学的角度认为,因为“来”在甲

①小麦不仅是酿酒的主要原料之一,更是决定酒风格和味道的重要媒介——曲(又称酒母)的主要来源,即所谓“粮为酒本,曲为酒骨”也。其中以小麦原粮为主要原料制成曲曰“大曲”,用于制作上好白酒,用麦麸等制成的则为“麸曲”,主要用于制作一般大众化的白酒。

②醋,又称“酢”。我国做醋的历史起源非常久远,对醋及其作坊有明确文字记载始之于春秋;明确以麦为原料做醋的记载则始之于《齐民要术》。同酿酒一样,后世做醋用的大曲、麸曲均与小麦有密切关系。

骨文中已经有了往来之含义，故把小麦命名为“来”，从语义上或可证明其为域外引进品种。

图2－10 “麦”的各种写法

其二，入诗、入词、入画。随着小麦在社会经济生活中影响的扩大，自然会引起人们的关注，亦进入文人骚客的视野。最早的诗歌总集《诗经》中有多处都提到小麦。如《周颂·思文》记载：“贻我来牟，帝命率育”；《鲁颂·閟宫》言：“黍稷重穋，植樨菽麦”；《鄘风·桑中》载：“爰采麦矣，沬之北矣”；《魏风·硕鼠》载：“硕鼠硕鼠，无食我麦”；《豳风·七月》载：“黍稷重穋，禾麻菽麦”。众所周知，《诗经》的“颂”多为宗庙之音，宗庙祭祀之乐，而《风》则为风土之音，民俗歌谣之歌也。这两类诗歌均记载麦，或代表不同的信息，值得进一步发掘。传世的秦汉魏晋时期关于麦的诗歌仅见一首，即无名氏的“高田种小麦，稴穇（或终久)不成穗;男儿在他乡,那得不憔悴。”到了唐代,随着小麦种植空间的迅速扩展,描绘小麦意象的诗文数量渐增,内容涉及方方面面。如司空图《虞乡北原》中的“老人惆怅逢人诉,开尽黄花麦未金”、李颀《送刘四赴夏县》中的“男耕女织蒙惠化,麦熟雉鸣长秋稼”等诗句,反映了唐朝山西小麦的种植情况;白居易的《观刈麦》“田家少闲月,五月人倍忙。夜来南风起,小麦覆陇黄。妇姑荷箪食,童稚携壶浆,相随饷田去,丁壮在南冈。足蒸暑土气,背灼炎天光。力尽不知热,但惜夏日长。复有贫妇人,抱子在其旁,右手秉遗穗,左臂悬敝筐。听其相顾言,闻者为悲伤。家田输税尽,拾此充饥肠。今我何功德,曾不事农桑。吏禄三百石,岁晏有余粮。念此私自愧,尽日不能忘”一诗,则描绘了陕西地区农民在麦收季节的农忙场景;“川光净麦陇,日色明桑枝”(李白《赠徐安宜》)、“麦风清冷吹,霏微过麦陇”(孟郊《病起言怀》)、“铜瓶净储桃花雨,金策闲采麦穗风”(陆龟蒙《和腊后送内大德从勖游天台》)、“巴莺纷未稀,缴麦早向熟”(杜甫《客堂诗》)、“青青麦陇啼飞鸦,寂寞野境棠梨花”(李绅《过荆门》)、“畲余宿麦黄山腹,日背残花白水湄”(元稹《南昌滩》)等诗句,则重在田园风格的描述,此外,杜甫的《送高三十五书记》、《大麦行》等诗句,则重在反映百姓疾苦。到了宋代,随着小麦在南方种植的推广和江南文人的加入,有关麦的诗词作品更多,内容亦更为丰富,由于篇幅问题,这里不再一一赘述。

其三,观念转变。在小麦传播及其本土化的过程中,观念的转变也是一个极为重要的方面,即经历了一个由观念排斥到接受的曲折而漫长的过程。早期的“粒食”小麦,不仅口感粗糙,而且不易消化,吃多了可能还会生病,因此,久而久之,便产生了小麦有毒,甚至为杀人之物的观念。这一观念在南方流行甚众,北宋方仁声的《泊宅编》云:“小麦种来自西国寒温之地,中华人食之,率致风壅。小说载天麦毒,乃此也。昔达磨游震旦,见食面者,惊曰:安得此杀人之物?后见莱菔曰:赖有此耳。盖莱菔解面毒也。”怎么解毒呢,方法大致有二:一是吃萝卜,二是喝面汤。今人所谓之“原汤化原食”,虽然意在帮助消化,但其渊源可能还是解食麦之毒。前文所谈到人们之所以长期将小麦仅仅视为救灾备荒之物,或在南方遭到长期排斥,即可能与类似观念的流布有很大关系。加工及烹饪方式的转变,胡食之风的熏陶,在长期的事实目前,这样的谣言自然不攻而破,代之而起的是对面食的接受与偏好。《本草纲目》所谓的“小麦秋种冬长,春生夏实,具四时中和之气,故为五谷之贵”,即为观念转变的反映。对面食的接受、偏好乃至依赖,北方人表现尤为典型:历史时期之所以南方几次出现种植小麦之高潮,即与大量北人南迁的饮食习惯有关;时至今日,北方仍然有不少上了年纪的老人对面食有着浓郁的观念偏好和颇为严重习惯性依赖。

其四,入俗。小麦入礼俗的历史颇为久远,据说先秦时期的麦饭即为祭祀用品,但此时由于小麦自身地位不高,“曲高和寡”,似乎无关乎老百姓的喜好。随着小麦地位的上升,尤其是自唐而始,小麦以及以其为原料的面食与人们日常生活的关系逐渐密切,因此,大到国家层面的祭祀庆典,小到寻常百姓家四时八节、婚丧嫁娶、走亲访友等民俗内涵中,面食的分量不容小觑。如大家比较熟悉的传统社会四时八节,何时以何种面食为主,颇有讲究,除夕的团圆饺子、元宵节北方的包子、八月十五的月饼,等等,不一而足。婚丧嫁娶等老百姓重大事项中,相关面食的习俗亦内涵丰富,历史久远。如生子之长命面,史载,唐时就有了举行汤饼宴以贺弄璋之喜的风俗。刘禹锡诗云:“忆尔悬孤日,余为座上宾。举箸食汤饼,祝辞添麒麟。”(《赠进士张盥》)苏东坡亦有“甚欲去为汤饼客,却愁错写弄璋出”(《贺人生子》)的章句。缘何如此,宋人马永卿在《懒真子》有这样的解释:“必食汤饼者,则世欲所谓‘长命’面也。”这一世俗一直沿袭至今,且并不局限于生子的长命面,而且泛化为长寿面。再比如面粉加工而成的花馍,在不同岁时和不同环境就有不同的名称、形态和不同的内涵,如春节蒸大馒、枣花、元宝人、元宝篮;正月十五做面盏、做送小孩的面羊、面狗、面鸡、面猪等;清明节捏面为燕;七巧做巧花(巧饽饽),形如石榴、桃、虎、狮、鱼等;出嫁女儿给娘家送“面鱼”,象征丰收;寒食节上坟时用“蛇盘盘”以示消灾,做春燕表示春回大地;婴儿满月做“囫囵”(又名曲莲)谓之“龙凤呈祥”、“猛虎驱邪”;老人祝寿用“大寿桃”、老人过世用“献祭”;节日亲友走动之间所用之礼花馍,等等。时至今日,陕西渭南、山西闻喜等地仍举办与花馍有关的民俗活动。

再举一例,与麦作在农业生产的核心地位相一致,小麦在陕西关中传统农村社会与文化生活也往往成为中心。如“忙前”、“忙口”、“大忙”、“忙毕”等口语化的时间称谓,即是围绕着“忙”——小麦收获这一中心环节对农业生产时间进行阶段性划分。其既是生产规划,也是农村社会生活之时令,在不同阶段具有内涵不同的民俗礼节。如“看忙头、走忙毕、立忙毕”的社交民俗:看忙头,“麦梢黄,女看娘”,即嫁出去的女儿在大忙前夕去探望父母,表达孝心;走忙毕,“场上卸钵枷,娘看小冤家”,即麦收以后,娘家人回看女儿,因同时要拜访亲家,故更为复杂;立忙毕,一般指新婚或结婚没几年的女儿在忙毕娘探望后随娘回家常住的习俗,住忙毕回婆家也颇为讲究,或由女婿接回家,或由娘家人相送,回家时亦伴有带着娘家人浓浓厚爱各种礼物。这些礼俗,具有极为浓郁的人情风味和文化内涵。除了至亲间联络感情之外,“忙毕”更是老百姓庆贺丰收的盛大节日,尝新麦,举办包含唱戏、聚会、置新等内容在内的忙毕会,等等。

图2-11 陕西渭南合阳县岔峪村村民在展示“花馍”

其五,形成了内涵丰富的面食文化。小麦成为主食以后,不仅衍化为类型各异、品种各色、烹饪方式不同的各种面食,如众所周知的各种面条、包子、馒头、烙馍等,还表现为两种趋势。一是形成了其浓郁的地域文化色彩,如面条,就有山西刀削面、四川担担面、陕西臊子面、武汉冷干面、上海阳春面、广东竹升面、重庆小面、四川担担面、兰州拉面、河南烩面以及新疆拉条子,等等,不一而足。仅笔者所在的陕西,面条的品种就有近百种之多,几乎每一个县域就有自己代表性的面条,甚至成为一个地方的文化名片。另外一个趋势,即赋予了面食丰富的历史与文化内涵,如脍炙人口的陕西岐山臊子面,又称“嫂子面”,其渊源,民间就有两则不同版本的传说。其一,言周文王父母早夭,由哥嫂抚养成人,后率三军出征途中由于操劳过度,一日偶感风寒,卧床不起,且久医不愈,嫂子闻知后,焦急万分,急赴前线亲自下厨,赶制了一碗面条,文王食后一身大汗,病即痊愈,这一面条之做法流传民间,为了纪念嫂嫂遂取名为“嫂子面”即为“臊子面”。其二,有一穷书生因父母早亡由哥嫂抚养,嫂子不仅做的面条好而且卤好，为了让小叔子读好书求功名，一家人省吃俭用，嫂子特为他打的卤中有肉有菜，齿间留香，还用油泼辣子增进食欲，小叔子果然中举，所以该面誉为嫂子面；于是很多人为让自己的孩子求功名，也仿制这种打卤面，但屡屡落榜，羞愧无颜，故又称"臊子面"；再比如三鲜伊面，则托古伊尹，塑造了这样的传说：伊尹的母亲常年卧病，为了使她早日康复，孝顺的伊尹特用鸡蛋和面，揉擀切条之后，蒸熟后用油煎，这样即使人不在家，母亲也能很方便的吃面，而且久放不腐，吃面时浇的汤是用鸡、猪骨及海鲜炖制的，味道鲜美。在伊尹的精心照料下，其母身体最终康复，所以三鲜伊面又称孝子面。由以上几则故事可以看出，民间赋予这些饮食的历史大多不可考证，甚至有明显的牵强附会之嫌，但通过饮食这一不可或缺之日常生活细节来传递孝、悌、礼、仁等文化理念的信息则非常明显，亦寄托了老百姓的美好愿望，体现了中国式智慧。

2.3 玉米的引种及其本土化历程

2.3.1 玉米的起源及其早期传播

玉米（*Zea mays L*），禾本科玉米属一年生草本植物，为世界上种植最为广泛的作物之一，分布于从北纬58°至南纬40°广大地区，甚至可以说，世界上整年每个月都有玉米成熟。据有最新资料统计，在全球谷物体系中，玉米的种植面积仅次于水稻、小麦，居第三位，以北美最多，其次为亚洲、拉丁美洲和欧洲等；玉米总产量和平均单产均居于世界首位，以年总产量看，其中美国第一，中国第二，其次是巴西、墨西哥、乌克兰、阿根廷；此外，玉米还是目前世界最高产的谷物，以玉米为原料制成的加工产品有3000种以上，玉米是制造复合饲料的最主要原料，一般占65%—70%。可以说，迄今为止，玉米在世界粮食作物体系的地位依然不容忽视。

（1）玉米的起源

关于玉米的起源和进化问题，学术界有共识也有争议。所达成的共识，即一般均认为玉米起源于拉丁美洲的墨西哥和秘鲁沿安第斯山麓一带，在距今约9000—7000年前，由美洲原住民印第安人逐渐驯化而成的，现代考古考古学家也相继在墨西哥南部特瓦坎谷地发现了公元前7000年至公元1540年之间诸多的玉米文化的遗迹，亦可以作为佐证。但围绕着玉米到底起源于哪种野生植物的争议也颇为激烈，虽然均依托现代科技的介入，但由于标本和视角的差异，也出现了不同的观点，主要包括两大派别，一派是以曼格尔斯多夫（Paul C.

Mangelsdorf)、尤班克斯(Mary W. Eubanks)为领袖的“杂交派”,其认为玉米起源于竹状类蜀黍(*Zea diploperennis*)和摩擦草属的鸭茅状摩擦禾(*Tripsacum dactyloides*)的杂交;另一派是比德尔(George W. Beadle)、休·伊尔提斯(Hugh H. Iltis)、杜布利(John F. Doebley)所形成的“单祖派”,其认为玉米是从野生墨西哥类蜀黍(*Euchl - aenamexicana*)驯化而来的产物。进入21世纪,“单祖派”的新学术领军人物——杜布利所提出的新认识,即认为玉米是在大约9000年前由类蜀黍中生于较低海拔地区的特殊类型——小颖类蜀黍(*Zea mays* subsp. *parviglumis*)驯化而成的观点再次取得了主流地位。①

图2-12 各种形态的玉米图

(2)玉米的早期传播

由于相关资料的缺失,关于玉米早期在美洲的传播情况目前还没有形成非常明确的结论②,但有几个事实则基本清晰。其一,研究表明,玉米驯化以后逐渐成为整个美洲各地区的主要粮食作物,北美洲东部的原住民原以矮芒麦(*Hordeum pusillum*)和北藜麦(*Chenopodium berlandieri*)这两种谷物为生,而南美洲安第斯山区的原住民则以藜麦(*Chenopodium quinoa*)为主食,但后来却纷纷转而以玉米为主食;其二,在美洲传播扩散的过程中,经过古印第安人一次又一次的筛选,小颖类蜀黍变成了各种各样的玉米——爆裂玉米、硬质玉米、粉质玉

①刘夙:《米的起源的争论:科学的和不那么科学的》,果壳网(guokr. com),2015年8月25日。

②关于这种农作物是如何开展自己的旅行的,科学家主要持两种观点——它可能先传播到墨西哥的太平洋海岸,或者也可能首先来到更加寒冷、更加干燥的墨西哥中部高地,并最终被种植在美国西南部地区。

米、马齿玉米、有稃玉米、甜质玉米……达200余种之多;①其三,经过长期积淀,玉米文化已经成为美洲古印第安文明极为重要的内涵,数量众多的玉米神族、丰富的玉米神话与传说、无处不在的玉米雕刻、文化生活中不可或缺的各种各样的玉米形象……等等,甚至将玉米视为生命的象征,把人类的起源与玉米的发现连为一体;其四,到1492年哥伦布的船队第一次到达美洲时,玉米已经扩散到北起今加拿大的魁北克,南到南美洲的智利,在整个南北美洲,都能见到它的踪影。玉米在西班牙语中叫maíz,便是来自哥伦布船队最早接触到的美洲原住民——生活在加勒比海大安的列斯群岛上的泰诺人对玉米的称呼。

图2-13 印第安文化中的玉米文化形象②

①White S, Doebley J (1998) Of genes and genomes and the origin of maize. Trends in Genetics 14(8):327 - 332。

②盛益民:《论"玉米"名称的来源》,《语言文字周报》2016年6月1日。

1494年哥伦布的船队把玉米这种“奇异的谷物”带回西班牙了，此后，随着殖民扩张和商业贸易的开展，玉米也逐渐传至世界各地。其传播线路大致有三条：一是在欧洲的传播线路，即沿地中海航线传播到意大利、希腊、土耳其等地，再经由比利牛斯山进入法国、德国，由土耳其传入罗马尼亚、波兰等东欧国家，约17世纪末传入俄国；二是传入非洲的线路，即16世纪初，伴随各国商业贸易的频繁，玉米经由突尼斯进入埃及、埃塞俄比亚、苏丹等国家和地区，其后沿着贩卖黑奴的线路传入南非；三是亚洲线路，16世纪30年代，或由土耳其传至伊朗、阿富汗乃至东亚，或经东方航线进入南亚、东南亚，再到东亚。此外，从玉米传播发展史的角度来讲，还有一点值得注意，即工业时代来临之后，随着近现代农学理论和农业技术的不断介入，以及现代经营理念和模式的不断发展，玉米的推广普及也进入一个新阶段，时至今日，已经当之无愧的为了总产和单产均雄踞首位的粮食作物。

图2-14 玉米神像石斧

2.3.2 玉米在中国的引进及其传播

(1)玉米在中国的引进

现存古籍文献中关于玉米的最早记载，见之于嘉靖三十四年(1555年)的《巩县志》，称其为“玉麦”。嘉靖三十九年(1560年)成书的《平凉府志》则称作其“番麦”和“西天麦”，并对玉米有了明确而详细的记载：“苗叶如蜀秫而肥短，末有穗如稻而非实。实如塔，如桐子大，生节间，花垂红绒在塔末，长五六寸，三月种，八月收。"至于"玉米"一词，则最早见于徐光启的《农政全书》。关于玉米进入中国的线路和时间问题，综合梳理学界的观点①，大致有三条主要途径。

其一，16 世纪六十年代沿海路由东南亚地区传入福建、广东等沿海地区，再逐渐扩散到全国。这一时期的历史文献记载对此有所反映。万历七年(1579 年)广东《龙川县志·物产》载："粟、大米、珍珠、小黄。"此处的"珍珠"，即为玉米；万历四十年(1612 年)福建《泉州府志·物产·麦之属》载："郁麦，壳薄易脱，故名。晋江出。""郁麦"即指玉米。此外，曾于 1575 年在漳、泉、福州有所游历的西班牙教士(Martin de Herrada)的追忆录中对漳、泉、福州新见玉蜀黍的种植情况的描述："田地里种植着稻谷、大麦、玉米、腰子豆、扁豆"②。

其二，16 世纪六七十年代经印度、缅甸沿陆路输入云贵高原，再渐次传播至内地，也有相关的史料反映这一方面的情况。嘉靖四十二年(1563 年)《大理府志·物产》载："来麰之属五：大麦、小麦、玉麦、燕麦、秃麦。"万历四年(1576 年)的《云南通志》在云南府、姚安府、顺宁府、北胜州、鹤庆府、永昌府、蒙化府、景东府条下均有"玉麦"的记载。高润生《尔雅谷名考》卷 2《戎菽》附录中亦有"玉麦，种出印度，所谓印度粟也"之谓。此外，鉴于葡人远洋航行对食物作物的极端注意，在亚洲拓殖的积极，和当时滇缅商务交通的频繁，玉米的这一条引种路径也是客观存在的③。

其三，经西亚、中亚到达甘肃，此后渐及中原。证明西北陆路存在的记载主要来自嘉靖三十九年(1560 年)《平凉府志·华亭县物产》："番麦，一曰西天

①罗尔纲：《玉蜀黍传入中国》，《历史研究》，1956(3)；万国鼎：《五谷史话》，北京：中华书局，1961:29 - 34；[美]何炳棣：《美洲作物的引进、传播及其对中国粮食生产的影响》，《世界农业》，1979(4 - 6)；陈树平：《玉米和番薯在中国传播情况研究》，《中国社会科学》，1980(3):187 - 204；郭松义：《玉米、番薯在中国传播中的一些问题》，《清史论丛》，第 7 辑，北京：中华书局，1986:80 - 110；曹树基：《玉米和番薯传人中国路线新探》，《中国社会经济史研究》，1988(4):62 - 66；向安强：《中国玉米的栽培和引种》，《自然科学史研究》，1995(3):239 - 248；游修龄：《玉米传入中国和亚洲的时间途径及其起源问题》，《古今农业》1989(2):1 - 10。

②转引自[美]何炳棣：《美洲作物的引进、传播及其对中国粮食生产的影响》，《世界农业》，1979(4 - 6)；杨钦章：《16 世纪西班牙人在泉州的所见所闻》，《福建论坛》，1985(1):74。但因其在描述中还说，当时中国政府每年所征的玉米实物租税已超过两千万 hanegs(每一haneg 略等于 1.6 英国 bushels 蒲式耳)，故这一史料的确切性，故何炳棣先生对此有所怀疑。

③[美]何炳棣：《美洲作物的引进、传播及其对中国粮食生产的影响》，《世界农业》，1979(4 - 6)。

麦。”此外，联系最早记载见之于明朝嘉靖三十四年成书的《巩县志》及后来玉米在陕西、河南的推广情况，这一路径也应该是存在的。此外，值得注意的是，由于这一路径和中国早期的引种路径相吻合，故此很容易得到世人的认可，这一点在相关文献中也有所反映。如李时珍《本草纲目》曰：“玉蜀黍种出西土，种者亦罕。”①明代杭州人田艺蘅的《留青日札》亦云：“御麦出於西番，旧名番麦。”清人张宗法的《三农记》则说的更为直白：“御麦产于西域，曰番麦。”

在探讨玉米引进途径的过程之中，学术界还围绕这些线路的唯一性或主次、先后等问题有过激烈的学术争议，关于这一点，笔者认为，在当时的贸易环境和交通基础条件的背景下，玉米的引入也可能并非一蹴而就，既可能经历了多次不同的引入过程，亦可能存在多元化的引种路径，最终实现全面引入。至于时间先后问题，与传播路径的多元化相联系，也可能存在由于路径的差异导致在不同地区有着不同的时间记录的情况。北京大学韩茂莉教授在《近五百年来玉米在中国境内的传播》一文中，综合运用历史地理学、传播学等理论对此问题有着更为系统的阐述，她认为，“三条玉米入境传播路径的出现虽略有早晚之别，但彼此间互不相关，各成体系，并独立实现各自的传播历程。中国疆域广大且自然环境复杂，这一切决定了玉米三条入境传播路径同时存在，并各成体系的地理基础。”②

（2）玉米在中国的传播

玉米根系发达，抗旱耐寒，不仅适应性强，而且产量高，从16世纪进入中国后，与这一时期中国的时势环境发展相联系，在近500年间，由最初的“种者亦罕”到最终成为遍布中国全境，成为中国最为主要的粮食作物，其传播大致经历了三个重要的阶段③。

第一个阶段，初始期，约明正德、嘉靖年间到清康熙、雍正年间。明正德、嘉靖年间（约16世纪前期），玉米开始在某些地区种植，如前文所提到的甘肃、云南、贵州、福建、广东等地。到明朝末年，全国已有半数以上省份引种了玉米④。

①［明］李时珍：《本草纲目》卷二三《谷》。

②韩茂莉：《近五百年来玉米在中国境内的传播》，《中国文化研究》2007(1)：44－56。

③郭松义：《玉米、番薯在中国传播中的一些问题》，《清史论丛》，第7辑，北京：中华书局，1986：80－110；陈树平：《玉米和番薯在中国传播情况研究》，《中国社会科学》，1980(3)：187－204。

④万国鼎：《五谷史话》，北京：中华书局，1964年；陈树平：《玉米和番薯在中国传播情况研究》，《中国社会科学》，1980(3)：187－204。

清初，玉米的种植区域进一步扩大，一些过去未见有玉米记载的省区，也都先后出现种植玉米的历史文献记载，但是，除了云南、河南少数省份有了较为广泛的种植以外，大部分还很不普遍。而且，就以种植的地域而论，玉米也大多限于沿海以及沿江沿河等交通比较便捷、人们来往较多的地区，而且基本上是一些传统的农业生产区。故屈大均在谈到明清之际广东农村种植玉米情况时云："玉膏黍，一名玉膏粱，岭南少以为食。"①在山东，顺治年间的山东《招远县志》亦云："玉蜀黍即玉膏粱，有五色，田畔园圃间艺之。"正因为如此，玉米在当时常常被视作珍品而出现在皇家或富家餐宴之中。

第二阶段，玉米的规模推广时期，约乾隆中期到道光时期，即 18 世纪中到 19 世纪初。这一时期，随着土地兼并的愈演愈烈、人口的激增所带来粮食需求的迅速增长以及由此引发的"田尽而地，地尽而山"农业发展新环境，使人民对玉米"但得薄土，即可播种"种植优势和高产产量优势有了进一步的认识。在此背景下，以流民为主体，玉米在广大山区得到了迅速推广。其中发展最快的，当推四川、陕西、湖南、湖北等一些内地省份，尤其是四川、陕南、湘西、鄂西等外地流民集中迁居之山区，更是很快发展成为玉米主要种植区，甚至玉米甚至已排挤稻麦黍稷等传统作物，成为最主要的粮食。如《秦疆治略》对陕南各地玉米种植的几则记载，"华州……南山崇岗叠嶂，已往居民尚少，近数十年，川广游民沓来纷至，渐成五方杂处之区，该民租山垦地，播种苞谷。""南郑县地处南山……自汉江以南……多系四川、湖广、江西等处外来客民，佃地开荒……南坝山地，高阜低坡，皆种苞谷。""略阳县……僻处南山，地连陇蜀……西北多麦粟，东南尽苞谷，东北栈坝黑河多川湖客民……而总以苞谷为主。"清代植物学家吴其濬在《植物名实图考》中亦云："川陕两湖，凡山田皆种之"。此外，像贵州、广西以及皖南、浙南、赣南等山地，发展也很是迅速。相对而言，在平原地带的传统农区，玉米的发展则比较缓慢。当然，受山区种植玉米的影响，一些平原地区也开始关注玉米的种植。如嘉庆二十三年(1818 年)成书的《扶风县志》称："近者瘠山皆种苞谷，盖南山客民皆植之，近更浸及平地矣。"

第三阶段，则是近代以来玉米种植的迅速规模性普及渐及高潮期。这一时期，随着人们对玉米自身优势认识的不断提升、近现代科技在玉米育种方面介入和突破，以及近现代推广模式的发展，玉米种植迅速发展，并很快达到尽可能的程度。这一过程最起码有几个标志：其一，就全国范围而言，种植区域出现了

---

①《广东新语》卷一四《食语》，《黍稷》。

迅速扩大，到20世纪40年代后期，玉米种植空间突破原来的北界，不断向长城以北以及黑龙江北部扩展，并继川、陕、鄂三省交界处之后，玉米种植比例大的地区逐渐向华北、东北移动，在空间上形成连接东北、河北、山西东南部、川陕鄂三省交界、四川、云南、贵州等地，呈东北—西南向弧形玉米集中分布区；其二，就具体区域而言，突破了山区种植玉米、平原很少种植玉米的界限，在很多平原地区，玉米已经成为重要的粮食作物，尤其在北方平原地区，其更是取代了谷子、高粱等传统秋粮的主体地位，成为农户春播的首选。其三，与种植区域和面积的扩大相一致，其总产量一路攀升，并最终成为仅次于水稻、小麦的主要粮食作物。

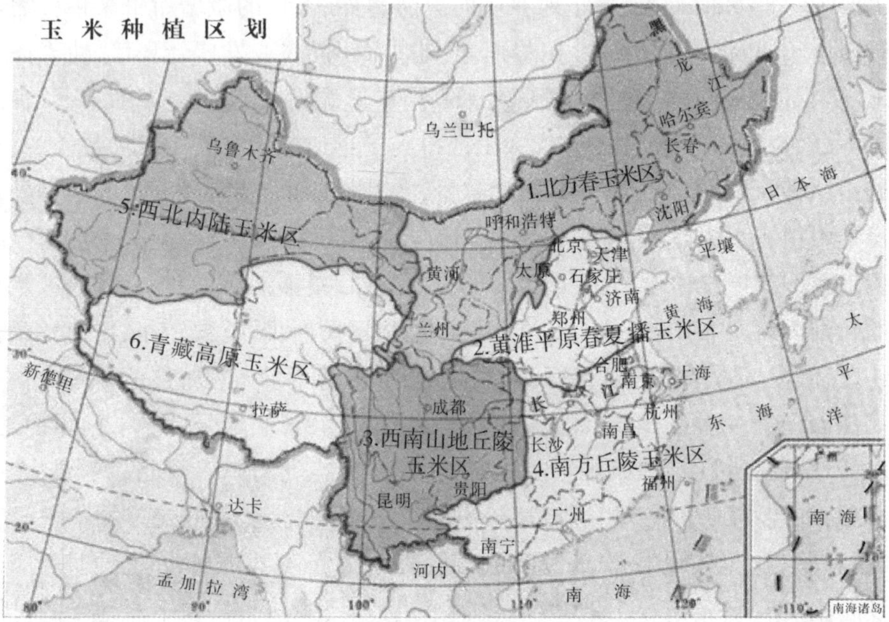

图2－15 中国玉米种植区划

总而言之，在近500年时间里，玉米在中国完成了自己的传播过程：先在边疆等偏远地区种植，然后传播到内陆地区；在地形分布上，先在丘陵、山地种植，然后发展到平原地区；在季节上，先是在春天播种，后来演变到夏天播种为主①。在玉米传播的过程中，既有玉米自身的诸多优势，也包括了人口激增与流动、政府推广、技术提升、民众的文化认同等社会经济与文化因素的推动，关于这一问题，下文将与其他美洲传入的高产作物一起做专题讨论，这里不再赘述。

①樊志民：《农业进程中的“拿来主义”》，《生命世界》2008(7)：36－41。

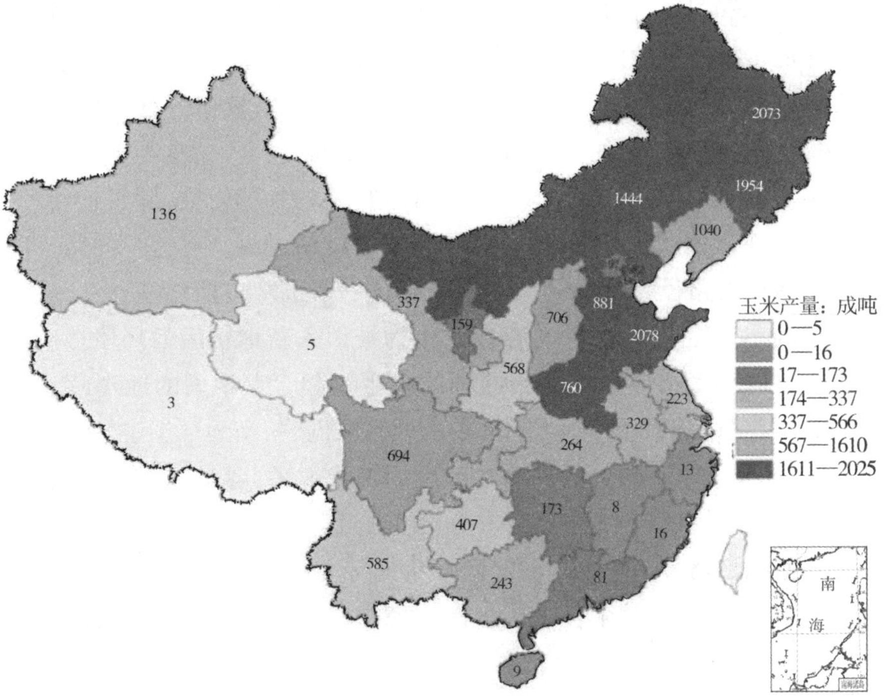

图 2－16　2011/12 年度我国玉米区域产量分布地图

国内玉米产量较大的地区依次是黑龙江、吉林、辽宁、内蒙古（玉米总产量在 6500 万吨左右，占全国玉米总产量的 35%）；山东、河南、河北（玉米总产量在 5421 万吨，占全国玉米总产量的 29.3%），其次玉米产量较高的省份有山西（706 万吨），陕西（568 万吨），云南（585 万吨），四川（694 万吨）。

2.3.3　玉米的本土化历程

（1）风土适应

玉米根系发达，不仅具有抗旱耐寒、抗逆性强等自身属性，而且在传入中国之前，经过数千年的筛选培育，已经形成了达 200 余种之多的品种。正因为如此，玉米在中国传播似乎并不存在非常大的环境适应问题，这是玉米进入中国之前所自身具有的资源优势。但是与之同时，玉米毕竟进入中国这一新的环境，也必然会面临着自然的和社会的诸多挑战，也存在一定程度的风土适应问题：一个方面，中国地域广袤，东西横跨 5200 多公里，南北则纵贯 5500 多千米，囊括了山川湖泊、高原、平原等各种地理形态和热带、亚热带、温带、高原山地气候等气候类型，各地自然环境和人文风情各不相同，呈现出显著的区域地理差异；另一方面，历经数千年之积淀，中国传统农业也形成了相对稳定的体系，打破传统的结构和习惯，也自然而然不是一个一蹴而就的过程。梳理玉米在中国近500年的传播历程的阶段性特点，也大致可以说明这一问题。相较于小麦，玉米在中国的传播不可不谓快矣，但在我国引入玉米最初的近200年时间段里，玉米并没有得到广泛的种植，究其原因，我们也不得不说这与玉米处于风土适应阶段有密切联系；而此后300年间玉米传播的加速发展，除了社会经济与文化因素之外，也恰恰在于玉米完成了风土适应的过程。对这一问题，韩茂莉在讨论玉米传播路径问题时也有论述，“导致三条玉米传播路径独立完成传播过程的原因在地理阻隔之外，还存在农作物被引入新地区后的环境适应问题，事实上作物的环境适应也就是新品种的诞生过程。在中国的地理背景下，东南、西南、西北存在很大的环境差异，东南地区暖湿、西南地区温湿、西北地区冷干，置于这三类完全不同自然环境中形成的玉米业种，各自都带有环境赋予的遗传基因，如东南海路一线当源于东南亚地区；西南陆路来自缅甸等国；西北陆路则取古丝绸之路。一个生物学常识告诉我们，适宜冷干环境的作物品种骤然被移植到暖湿环境中，其生长状态必然不理想，橘渡淮北上而为枳就是这样的事例。因此作物异地传播必然需要经历环境适应过程，达到作物生理特征与生态环境的整合，而这一过程却需要时间。”①

是否宜于种植外来引进的农作物不仅与土地本身的质地有关，还与引进的农作物的种类有密切关系。一种作物在南方适宜种植不代表在北方就同样适于栽培，正如《晏子春秋》中记载：“橘生淮南则为橘，生于淮北则为枳”。人们在种植的过程中逐渐认识到不同玉米品种的各种生物特点、优点，并据此针对性地探索出合适的土壤（地区）、时间和技术举措，实现了因地制宜、因物制宜、因时制宜之“三宜”。正因为如此，玉米得以广泛种植和传播，栽培面积迅速扩大，从丘陵遍地的边疆地区传入到了平原覆盖的内地，代替了原来产量较低的作物，甚至高寒地带和高海拔山地等在一些过去传统农业很少涉及的地区，也找到适宜的玉米品种。

除了固有品种适应风土以外，玉米在中国传播也包括了在新的自然环境和技术环境下固有玉米品种的变异和新品种诞生，如人们熟知的糯玉米，就是玉米在西南地区种植过程中，国人依托其基因突变而人工选育出了新品种——蜡质（糯质）玉米，从其学名“*Zea mays L. sinensis* Kulesh”看，即有“中国种”之意，为世界玉米种质资源开发做出了独特贡献。当然，由于玉米的传播，尤其是后

①韩茂莉：《近五百年来玉米在中国境内的传播》，《中国文化研究》2007（1）：44－56。

期的传播处在近现代农业科技萌芽乃至蓬勃发展的历史时期,因此,同世界各地一样,随着杂交、转基因等人工科技因素的介入更为频繁,玉米的品种变异已经远远超出了普通人的想象,也不在本文探讨的范围之列。

图 2-17 玉米图①

(2)技术改造

明清时期,中国的精耕细作技术体系已经达到了臻于完善的程度,具体表现为工具体系的小型化、定型化,技术体系的进一步集约化、精细化,土地利用方式和耕作制度的多元化,农学思想的哲理化等。因此,玉米传入中国之后,人们自然而然地把其纳入传统的技术体系,尤其是在玉米进入中国农业的核心区域之后。如选种环节,就非常讲究,“采种于丰收田,择完好之穗十分成熟者,去其首尾,采中部之粒藏之”,“每年留种时,穗之大者晒之,晒后捆把,挂在屋中,种时将籽取下,再采大者为种,小籽丢下”,精细程度可见一斑。豫北地区的农民还会将选出来的种子加以处理,即“用家藏雪水,浸少许时,捞出晾之,晒后播于地中。雪为五谷之精,既可发苗,又能杀虫,故年年多藏雪水”。前文所提到的适宜于不同播种期、不同土壤条件的不同玉米品种选择,这一过程不仅体现了传统农业技术改良培育的因素,也蕴涵着传统农学思想和理念的智慧。再比如晚清民国时期出现的关于玉米种植制度变革,四川地区流行玉米与花生、玉米与海椒的相间种植,北方平原地区盛行玉米与冬小麦的套作种植,东北地区所普遍流行玉米和高粱与黄豆混合种植的方式,等等,其既有增加作物产量之用,也有保护地力和农业防治之效。此外,对玉米种植过程中中耕环节的强调,这应该也是中国传统技术优势又一体现。

①吴其濬:《植物名实图考》,商务印书馆,1957。

对玉米的技术改造还包括了加工及烹饪方式的发展。与小麦一样，玉米也被纳入利用碾硙加工的范畴，玉米被加工成小颗粒或面粉，改进了玉米质地坚硬、不易消化的缺点，丰富了玉米利用方式。随着玉米的广泛种植，人们也不断总结玉米的食用方法，传统烹饪方式与方法如煎、炒、烹、炸、焖、炖、溜、熬、蒸、卤、烧、酱、烩、炝等，也在玉米的食用方面找到了用武之地，烹饪出多种多样的小吃，如苞米面、玉米烙、玉米饺子、玉米粽子、玉米粥、发糕、玉米酒等，迄今为止，以玉米为原料加工的产品已达千余种之多。此外，把玉米面与豆面、麦面结合，亦会制作出香甜可口、备受欢迎的食品，成书于明万历年间的《群芳谱》有"燕麦面者少加些须(玉米面)，则色白而开大"的记载。

(3)社会容纳

其一，成功跻身于中国主要粮食之行列。玉米高产且适应性非常之强，这一自然特性使其在传播过程中具有不可估量的竞争优势。在山区，玉米传入中国之初，即在这里占据一席之地，并进而一跃成为这些地区的主食。明末贵州绥阳县知县毋扬祖的《利民条例》称："山间民只知种禾、玉米、粱、稗、菽豆、大麦等物。"即玉米已经成为山民杂粮之一。到了清中叶，玉米发展非常之快，在内地的很多山区也已经占据了主导地位，甚至被视为安身立命之本。同治《建始县志》中记载：邑境"山多田少，居民倍增，稻谷不给，则于山上种苞谷、洋芋或蕨蒿之类。深林幽谷，开辟无遗，所种惟苞谷最多，巨阜危峰，一望皆是"。嘉庆《汉中府志》亦载："数十年前，山内秋收以粟谷为大宗。粟利不及苞谷，今日遍山漫谷皆苞谷矣。"在平原地带，由于玉米最初对这些地区老百姓的日常生活影响不大，故受重视程度远远不及山区，人们或对其知之甚少，或视其为果蔬及辅助食品，最多在田头屋角、田畔园圃"偶种一二，以娱孩稚"(乾隆《霍邱县志》)。进入19世纪以后，随着玉米高产声誉的远播和经济因素的刺激，平原地区的民众也开始接纳玉米种植，如嘉庆二十三年(1818年)成书的《扶风县志》称："近者瘠山皆种苞谷，盖南山客民皆植之，近更浸及平地矣。"到了19世纪中叶以后，玉米更是很快取代了粟、高粱等传统作物的地位，成为秋粮作物的主导者，跻身新五谷之列。如作为传统核心农区的关中平原，19世纪中后期，开始广泛种植玉米，出现了"棉花进了关，玉米下了山"谚语。在粮食短缺的时期，玉米更是是重要的口粮，甚至出现了"早饭喝糁糁，午饭糁糁喝，晚饭是玉米把皮脱"的顺口溜。此外，随着种植面积的扩大和在一些地区粮食结构地位的提升，玉米也逐渐被纳入了税收行列，及至清末，在南疆农业区，玉米的地位仅次于小麦，甚至向政府缴纳田税和社仓储粮，亦多通用玉米①。

其二，对玉米的自身价值的全方位开发。除了把玉米作为主要粮食作物，并开发出多种多样的食品以外，也包括了对玉米其他资源的发掘利用。首先是药用价值的发掘。国人对玉米的药用价值很早就有所注意，《本草纲目》认为玉米"调中开胃"，其根叶可主治"小便淋沥沙石，痛不可忍"②；《滇南本草》则认为："玉麦须，味甜性微温，入阳明胃，经宽肠下气，治妇人乳结红肿，或小儿吹着，或睡卧压着，乳汁不通，疼痛怕冷发热，头疼体困。"③从现代医学的视角来审视，这些认识是一定的科学依据。其次，利用玉米酿酒。酒文化是中国传统文化的重要组成，把外来作物与酒文化相联系，也是社会接纳的重要表现。可以看出，随着玉米的传播，其很快被作为酿酒的主要原料。清朝方志记载中，以玉米为原料酿造白酒，在全国已经较为常见。如乾隆十一年(1746 年)《襄城县志》卷一《土产》记载："芋麦，煮仁做饭最佳，今多酿酒。"嘉庆十八年(1813 年)《常德府志》卷十八《物产考》载："玉蜀黍……本地但取为酒。"嘉庆二十三年(1823 年)《邛州直隶州志》记载："酒之家酿者，有常酒、甜酒、大麦烧酒、苞谷烧酒。"④道光二十九年(1849 年)《石泉县志》卷二《田赋志》载："山内以苞谷米蒸米酒，采草药作曲，药性最烈，和米七日成酒，名曰七日红，饮少数辄醉，癫狂迷性，故破产荡家多由于酒。"时至今日，广大山区和东北地区依然盛产玉米酒，并由于浓浓的玉米酒情结。

在中国传统循环利用的观念下，玉米及其副产品的价值也逐渐得到了全方位的开发。《植物名实图考》记载："玉蜀黍，《纲目》始入谷部，川、陕、两湖，凡山田皆种之。俗称苞谷。山农之粮，视其丰歉，酿酒磨粉，用均米麦；瓤煮以饲豕，秆干以供炊，无弃物。"嘉庆《郫县志》卷四十《物产》载："郫中园圃篱畔间植之，可作篱寨。"《抚郡农产考略》卷上《谷类》云："梢可为帚，织箔作席及柴薪、肥料之用。"⑤时至今日，在农村，农民还会把玉米皮编成坐垫、灯罩、花篮、帘子、

①光绪《和阗直隶州乡土志》载，"每年……又额征本色苞谷七千五百一十五石二斗二升九合六勺，额征折色苞谷五百二十三石二斗九升二合九勺"；又载，"境备荒之举，自光绪十三年起，众户民捐集苞谷，建立社仓"。

②［明］李时珍著：《本草纲目》(第二册)，北京：文史出版社，2003：879。

③［明］兰茂：《滇南本草》卷中，见(民国)赵藩辑《云南丛书》初编，子部一五。

④丁世良、赵放主编：《中国地方志民俗资料汇编·西南卷》，北京：北京图书馆出版社，1997：91。

⑤［清］何刚德：《抚郡农产考略》卷上《谷类》，《玉米》，续修四库全书本。

草鞋、草兜等各式各样的生活用品。

(4)玉米的文化接纳:以命名为核心的分析

名称,即名号称谓,是区分不同事物之间关系的重要标志。《尹文子·大道上》谓:"名称者,别彼此而检虚实者也。自古至今,莫不用此而得,用彼而失。"《论语·子路》亦曰:"名不正,则言不顺。"在日常生活中,我们也不难发现国人对命名极其重视的各种鲜活事例。甚至有人认为,以命名为核心的名学文化博大精深,源远流长,为中华国学之重要构成,亦为民族文化精髓之一。这一说法是否中肯科学,不好妄加评议,但重视命名则是不争的事实。通过对历史时期域外引进物种不同称谓及其变化过程的梳理,不惟可以发现国人对其认知、接纳的过程,也不难可以看到在这一过程中中国文化对其新的阐述或塑造及其所体现的中国文化特色和智慧。此外,由于中国地域广阔,既拥有自然地理与人文地理显著不同的多元化地区,也拥有数量众多、结构复杂的人口,因此,在对域外引进物种文化接纳的过程中也具有地域性、层次性、民族性等诸多色彩。梳理不同时期历史文献对玉米称谓,这一点也表现得非常明显。

玉米在西班牙语中叫 maíz,据说的来自哥伦布船队最早接触到的美洲原住民——生活在加勒比海大安的列斯群岛上的泰诺人对玉米的称呼。这一词后来不仅成了玉蜀黍学名的种加词 mays,还传入英语变成 maize,在美式英语中,则与谷物同一名称,即"corn"。玉米传入中国以后,其最早称谓为嘉靖三十四年(1555 年)的《巩县志》,称之为"玉麦",至于后世所通用的"玉米"一词,则最早见于徐光启《农政全书》中的记载。其间称谓更是五花八门,据郭松义、何炳棣等先生对现存古籍文献记载的初步梳理统计,已多达 70 余种之多[①]。

郭松义先生还曾对玉米称谓情况做过系统地分类分析,并把玉米的称呼分为五大类,现就其观点摘录如下[②]:

第一,因由西方外国传入而故名,像番麦、西番麦、回回麦、番大麦、回回米、天方粟等,而乾隆《延长县志》中称玉米为"川谷",则是因为延长一带的玉米多由四川流民经陕南传入而得名。

---

①郭松义:《玉米、番薯在中国传播中的一些问题》,《清史论丛》第 7 辑,北京:中华书局,1986:80-110;[美]何炳棣:《美洲作物的引进、传播及其对中国粮食生产的影响》,《世界农业》,1979(4-6)。

②郭松义:《玉米、番薯在中国传播中的一些问题》,《清史论丛》第 7 辑,北京:中华书局,1986:80-110。

第二，因形而称。如玉麦之谓，“粒豆，色黄润如玉，故得名玉”①，“麦者，言可磨面如麦也”②或“粒如麦也”③；珍珠粟因“粒圆滑如金珠”④或“结实累累如珠”⑤而名；玉粟，“结实如樵，白如玉”⑥；玉秫秫，“茎叶如秫秫，为实大而又光泽如玉”⑦；棒子，“其穗谷谓之棒”⑧或“因其长曰棒子”⑨或“象其形也”⑩，故“以形似名”；苞谷、包粟之名，或“以其实含苞而生”，或“以其含包如棕”⑪或“有壳层裹”⑫；千穗谷，“小穗丛生叶间，粒精如白玉”⑬；红须麦，因穗端“有五色须”而得名⑭。

第三，因生长特点，或作为一种新的粮食品种而命名，如在浙江、安徽以及江西等不少州县，对玉米都有六谷或陆谷之称。钱大昕《鄞县志》释曰：“御麦俗呼六谷，土人谓五谷之外又一种也。”但据李前泮的《奉化县志》引《郯源志》则给出了不同的解释：“《鄞志》作六谷，……其说无据，盖陆乃陆地之陆，此种多产于山，故名陆谷。”陈汉章的《象山县志》则扩充了这一名称的内涵：“六谷当作陆谷，言其大也，亦言陆地之谷也。”

第四，在推广过程中，因辗转流传，音转字改而另成新名。如山西有些地方称玉米为玉茭茭⑮，是由玉秫转音变化而来，“玉茭茭，盖秫声之转，而字之讹，犹之菽、椒而叔声而异读也”⑯。许东望的万历《山阴县志》中的乳粟或遇粟之

---

①［清］赵懿：光绪《名山县志》卷八《物产》，《麦属》。
②［清］赵懿、刘绍文：道光《城口厅志》卷一八《物产志》，《谷属》。
③［清］赵懿、陈霁学：道光《新津县志》卷二九《物产》。
④［清］赵懿、林述川：同治《韶州府志》卷一一《舆地略》，《物产》，《谷属》。
⑤［清］赵懿、梁群英：乾隆《上海县志》卷五《物产》，《五谷之属》。
⑥［清］赵懿、吴元庆：嘉庆《无为州志》卷八《食货志》，《物产》。
⑦［清］赵懿、白昶：光绪《寿阳县志》卷一零《风土志》，《物产》，《谷属》。
⑧［清］赵懿、王德瑛：道光《扶沟县志》卷七《风土志》，《物产》，《谷之属》。
⑨［清］赵懿、陈泳：光绪《唐县志》卷二《舆地志》下，《物产》，《谷之属》。
⑩［清］赵懿、何崧泰：光绪《遵化通志》卷一五《舆地志》，《物产》，《谷属》。
⑪［清］赵懿、熊履青：道光《忠州直隶州志》卷四《食货》，《物产》。
⑫［清］赵懿、沈恩培：光绪《崇庆州志》卷五《物产》，《谷之属》。
⑬［清］赵懿、张纯：乾隆《安肃县志》卷四《方产》，《谷属》。
⑭《方舆汇编职方典》卷一五八《蒙化府物产考》，《谷属》。
⑮玉茭茭，在山西更多的地方也作玉茭子或御茭籽，据称晋省叫“秫即高粱，俗名焦籽”（见光绪《长子县志》卷二），玉茭子即由此而来，这又是一种说法。
⑯光绪《寿阳县志》。

称[①],包括嵊州市的薏粟[②]、上虞的蔀粟,则均由玉粟演变而来。河南《叶县志》和四川《秀山县志》中,还有苽或包苽的叫法,据载亦因“声转改字”[③]之故。在广东乐昌等县则有礼明粢之俗称,根据黄佐的嘉靖《广东通志》“明粢,稷别称”的说法,则可能是从明粢转化而成。

第五,混合二、四两种情况兼而有之。如山西河曲、文水一带,俗呼玉米为玉桃黍、玉稻黍,其实那就是玉蜀黍的别写。到了陕北的延长、榆林二府和绥德州,又称之为金稻粟。由玉蜀黍到玉稻黍,又到金稻粟,把玉更改成金,则指玉米那种黄金般的颜色。

此外,郭先生还对不同时期玉米称谓变化情况有所总结:“在对玉米的各种称呼中,比较起来,流行地域最广,人们最熟习的,还是玉麦、玉粟、苞谷、苞芦等名。当然,这里面前后也有变化。比如在早期的史料中,玉麦、番麦、珍珠粟等名较比常见。至于苞谷、苞米或者苞芦、包粟的叫法,那是在乾隆、嘉庆以后,才大量出现于大江南北和南方各省的方志中。苞谷、苞芦之称,最早约起始于广东、福建,并与垦山流民有密切关系。随着广大贫苦农民不断向各地移垦,苞谷、苞芦之名也迅速传播开来,到了乾隆后期和嘉庆、道光之际,更扩展到了云南、贵州以及甘肃、新疆等省,在不少地区,甚至把当地原来叫法都取代了。至于还有不少称呼,尽管流行地区不广,有的只局限于一两个县份,有的后来已不通行。”[④]

结合郭松义先生的研究成果和本文之主题,笔者不揣浅陋,再做几点补充:

其一,早期对玉米称谓中冠以“番”字者,如番麦、西番麦、番大麦等,既包含了认为其来自于外番或西方、西域的意味,也有文化传承影响之色彩。众所周知,明代以前,中国同域外的外来,主要凭借丝绸之路,故沿这条孔道进入中原的物种,往往被冠以“胡”、“番”等字样。著名植物生理学家、农史学家石声汉先生即曾以域外引种作物名称作为切入点,用胡、番、海、洋做出了基本的概括:凡是名称前冠以“胡”字的植物,大多为两汉两晋时由西北引入;凡冠以“海”字的植物,大多为南北朝后由海外引入;冠以“番”字的植物,大多为南宋至元明时

---

①〔清〕高登先:康熙《山阴县志》称:“乳粟,粒大如鸡豆,色白味甘,俗曰遇粟。”又张宗海:民国《萧山县志稿》:“乳粟……即玉蜀黍。”

②〔清〕李式圃:道光《嵊县志》卷三《物产》,《谷之属》。

③〔清〕王寿松:光绪《秀山县志》卷一二《货殖志》。

④郭松义:《玉米、番薯在中国传播中的一些问题》,《清史论丛》,第7辑,北京:中华书局,1986:80-110。

由“番舶”引入;冠以“洋”字的植物,大多由清代乃至近代引入的。[①] 玉米传入中国之初,由于对其缺乏足够了解,大致只知其来自番外之国,故笼统以番名。故明朝嘉靖三十九年之《平凉府志·华亭县物产》云:“番麦,一曰西天麦。”李时珍《本草纲目》曰:“玉蜀黍种出西土,种者亦罕。”田艺蘅的《留青日札》亦云:“御麦出於西番,旧名番麦。”清人张宗法的《三农记》则说的更为直白:“御麦产于西域,曰番麦。” 此外,与之相联系,玉米称谓中有“回回”字样者,或有由西域引入之意,或有经由当时的回族或其他流动商贸民族所引入之意。

其二,玉米各种名称中之所以含“玉”、“珍珠”、“金”、“观音”[②]等字样,既有因形、因色而名的成分,也可能蕴涵了中国审美文化和对美好生活诠释的意蕴。在中国传统文化中,金代表着尊贵,珠玉代表着高雅,而金和玉的结合让人不由得联想到金口玉言、金玉满堂、金玉良缘这类美好的事物,故以“金”、“玉”、“珍”、“珠”等字命名玉米,一定程度上也反映了人们对玉米这一作物的喜好之情。观音,即观世音菩萨,中国每略称为观音。因为观世音菩萨具有平等无私的广大悲愿,当众生遇到任何的困难和苦痛,都会得到菩萨的救护。因此,在佛教的众多菩萨中,观世音菩萨也最为民间所熟知和信仰。在中国的江、浙、闽、广、台湾以及南洋华侨间,观音信仰极为普及,所谓“家家阿弥陀,户户观世音”。因此,以“观音”名玉米,则或与玉米救灾救荒、有效缓解人口压力之功用相关。在山西一些地区,还把玉米称之为“禹谷”[③]或“舜王谷”[④],既与该地区作为大禹、尧舜文化发祥地有关联,也体现了当地老百姓对玉米这一高产作物的尊敬之意。此外,在玉米的传播史上,玉米还曾有过“御麦”或“御米”之称谓,一般理解为同“玉”、“遇”一样,为同音不同字记载之故,但如果联系在玉米之引入诸多途径中有经印度、缅甸而先入云南之线路,也不排除云南诸土司把玉米作为珍奇之物贡奉朝廷的可能性,何炳棣先生对此也曾经有过论述,“孟养是控制滇缅大道最西端的土司,想象中,非常可能就是在孟养平静以后,滇缅商业交通畅通无阻之际,御麦甫自印缅引进,立即由云南土司向北京进贡”。结合这一可能,何先生还对“御麦”一词之所以最早出现于明嘉靖三十四年《巩县志》的这一事实做出了解释:“康、藏的西番必须沿四川盆地西缘北上。云南诸

---

①石声汉:《中国农学遗产》,北京:农业出版社,1981。

②观音豆,民国1929年福建《建瓯县志》;观音粟,同治1874年浙江《湖州府志》,江西及福建若干州县亦有此俗称。

③同治1866年山西《河津县志》。

④同治1863年山西《稷山县志》。

土司可能经过贵州北上，也可能大体沿着现在的成昆铁路北上。但半途以后，西番和土司都只有沿嘉陵江北上到陕西的风翔、宝鸡，然后再沿着八百里秦川，出潼关，经洛阳、郑州再北折以达京师。巩义市正是西番和土司进贡必经之地。所以在巩义市留下了有关玉蜀黍最早的纪录绝不是偶然的。”①沿着这一思路理解，或“御”一词用于玉米之称谓，可能还有新的意蕴。关于这一点，李子鹤从民族语言学的角度进行了阐述②，其认为纳西语诸方言用 $k^h\alpha^{21}$ dze^{33}、$q^h\alpha^{11}$ dze^{33}、$q^h\alpha^{33}$ dze^{33} 等形式表示“玉米”，其中 $k^h\alpha^{21}$、$q^h\alpha^{11}$、$q^h\alpha^{33}$ 是“皇帝”的意思，dze^{33} 是“麦”的意思，因此这些词是纳西语对汉语“御麦”的意译词，亦可证明早期形式应该是“御”。

其三，玉米称谓中的俗文化色彩。“食为政首”，农业亦往往被视为本业，但在很多传统文人雅士眼里，关注农业似乎又是粗俗之事。《论语·卫灵公》曰：“君子谋道不谋食。耕也，馁在其中也；学也，禄在其中也。”故除了一些有识之士侧身农业以外，大多数则是漠视乃至鄙视之态度，如欧阳修在《原弊》一文中所指出的：“今之为吏者不然，薄书听断而已矣，闻有道农之事，则相与笑之曰：鄙。”但另一方面，“民以食为天”，对于老百姓而言，温饱问题乃是头等大事，日出而作，日落而息，苦心经营，辛勤耕耘，而且视庄稼若子女而倾注心血，亦因此形成了底层的、但又与农业息息相通的农业民俗文化。在对玉米的称谓中，亦不难发现类似的因素，一些名称或简单明了，或形象生动，或地气十足，无不具有浓郁的民俗味道，典型如“米囊子”③、“包儿米”④、“棒儿米”⑤、“棒棒（子）”等口语化的称谓。此外，这些口语化的玉米称谓的出现，也可能与小麦最初大致分布于山区、由流民或山民经营的经历有关系。

其四，玉米称谓中的地域文化色彩。正如前文所说，中国地域广阔，以不同的自然地理环境为基础，经过长期的积淀后，亦形成了内涵与特色具有显著差别的地域文化；而玉米不仅有着不同的引进途径，也经历了由传入之初的零星分布到最终的席卷全国的发展过程；此外，在文化传播的过程之中，对一个外来

①[美]何炳棣：《美洲作物的引进、传播及其对中国粮食生产的影响》，《世界农业》，1979（4-6）。

②李子鹤：《试论纳西语方言分化的年代——语言年代学与作物栽培史的证据》，王士元等主编《茶马古道研究集刊》第5辑，昆明：云南大学出版社，2015年。

③乾隆四十九年（1784年）江西《萍乡县志》。

④乾隆四十六年（1781年）《热河志》。

⑤嘉庆十三年（1808年）山东《禹城县志》。

因素的认知,也必然会存在运用固有概念和文化进行释义和塑造。因此,玉米在传播的过程之中就自然而然地被打上了地域文化的烙印。通过对从玉米在不同地区往往有不同称谓这一现象的解读,就不难发现这一方面的诸多信息,其体现了横向的一些变化。如一些玉米的称谓直接体现了相关的地理信息,如所谓的“川谷”、“广东芦”;再比如山西某些地方把玉米称之为“禹谷”①或“舜王谷”②,即可能与该地区作为大禹、尧舜文化发祥地有关联。而一些儿化音的命名,则可能是玉米进入北方之后所出现的。

玉米在民间称谓极多,其中“玉麦”、“鱼麦”、“珍珠米”、“御麦”等称呼体现了人们对于玉米的珍视与喜爱。受传统习惯影响,我国北方地区长期种植粟麦等平原作物,丘陵地区的宜种性还没有被人们普遍发现,由此玉米在16世纪以前并没有受到高度重视,到了19世纪中期,玉米已经跻身我国粮食作物前三强,得到广泛种植和食用,这说明在300年的发展历程中,玉米已经普遍被国人所接受,成为我国粮食作物结构中不可或缺的重要角色。

图2-18 “庄嫁壮大娃娃胖”年画

此外,关于玉米为中国传统文化所吸纳的例证还很多,玉米因其色泽金黄艳丽,颗粒多而饱满之外观特点,被人们赋予多子多福、五谷丰登的美好形象;山西人在农历二月二有爆玉米花的习俗,寓意“惊龙抬头”,围绕这一习俗亦有

①同治五年(1866年)山西《河津县志》。

②同治二年(1863年)山西《稷山县志》。

丰富的民俗故事流传至今；玉米也被纳入剪纸、窗花、木版画等民俗艺术体系，传递着浓郁的乡土气息。

图2－19 刘沣涛画农村风情民风民俗民间艺术陕西户县农民画 架玉米

2.4 番薯的引种及其本土化历程

2.4.1 番薯的起源和早期传播

(1)番薯的起源

番薯，学名 *Ipomoea batatas*（L.）Lam.，别称甘薯、朱薯、金薯、番茄、红山药、玉枕薯、山芋、地瓜、山药、甜薯、红薯、红苕、白薯、阿鹅、萌番薯等，现广泛分布于世界各地。

图2－20 番薯图

关于番薯的地理起源问题,学术界曾经有过三种观点,即亚洲说、非洲说和美洲说①。但是随着研究的不断深入,其中前2个说法先后被否定,而美洲起源说则逐渐得到了学术界的基本认可。J. B. 埃德蒙、丹尼尔·奥斯丁②等研究认为,番薯起源于墨西哥以及从哥伦比亚、厄瓜多尔到秘鲁一带的热带美洲地区。关于甘薯原始物种的探讨,目前也大致形成了两种观点:一是日本学者提出的同源六倍体说,他们利用20世纪50至70年代在南美洲陆续发现和收集到同甘薯起源有关的多种野生植物的杂交实验结果,认为番薯起源于一种称为Ipomoea trifida(6x)的六倍体三浅裂野牵牛的野生植物;二是美国学者提出的异源六倍体说,他们认为甘薯是异源六倍体,起源于分别称为Ipomoea trifida(2x)和Ipomoea triloba(2x)的两种二倍体野生植物。大约距今5000年前左右,经过长期的筛选,番薯被当地土著居民驯化为栽培作物。在此后的数千年间,番薯由起源地逐渐向外扩散,最终遍布世界各地。

(2)番薯的早期传播

关于番薯早期的传播轨迹,学术界也进行了基本的勾勒③。史前时期,大致沿着"墨西哥、秘鲁、厄瓜多尔、哥伦比亚→波利尼西亚(Marquesas→Easter岛)、Society群岛、夏威夷→Cook群岛→西萨摩亚群岛、汤加→新西兰"(即所谓的Kumara路线)完成了由起源中心渐次扩散到整个美洲和附近岛屿的传播,故哥

---

①亚洲说之根据为李时珍《本草纲目》有关甘薯的记载以及越南将类似植物的根、茎加以食用等资料,但是后来的植物学研究表明,这种类似植物并不是甘薯,而是薯蓣。非洲说之根据则为传教士和旅行者非洲很早就种植甘薯的传说,但是后来经Vogel和White的考证(1905),非洲当时种植亦非甘薯,而是另外一种类似植物。详见《栽培植物的起源》,Candolle,1883。

②Austin, D. F. 1988. The taxonomy, evolution and genetic diversity of sweet potatoes and related wild species. In P. Gregory (ed.) Exploration, Maintenance and Utilization of Sweet Potato Genetic Resources. CIP, Lima, Peru, pp. 27-60。

③夏鼐:《略谈番薯与薯蓣》,《文物》1961(8);胡锡文:《甘薯来源和我们祖先的栽培技术》,《农业遗产研究集刊(第二册)》,北京:中华书局,1958;梁家勉、戚经文:《番薯引种考》,《华南农学院学报》1980(3);周源和:《甘薯的历史地理——甘薯的土生、传入、传播与人口》,《中国农史》1983(3):75-88;陈树平:《玉米和番薯在中国传播情况研究》,《中国社会科学》1980(3):187-204;郭松义:《玉米、番薯在中国传播中的一些问题》,《清史论丛》第7辑,北京:中华书局,1986:80-110;曹树基:《玉米、番薯传入中国路线新探》,《中国社会经济史研究》1988(4):62-66;李天赐:《华侨引种番薯新考》,《中国农史》1998(1):107-112;章楷:《番薯的引进和传播》,《农史研究》(第二辑),北京:北京出版社,1982;张箭:《论美洲粮食作物的传播》,《中国农史》2001(3):89-95。

伦布于1492年登陆西印度群岛时,见到阿拉瓦克人(Arawak)种植的甘薯,应该是非常自然的。阿拉瓦克人将甘薯叫batata,也就是其种名的来源。

1594年,哥伦布船队返回欧洲,所带回来的番薯种子一分为二,一部分留种故国葡萄牙,还有一部分则作为了拜谒西班牙女王伊莎贝拉的见面礼(A. von 洪堡援引哥马拉记载)。因此,甘薯率先在西欧落脚,也因之形成了葡萄牙、西班牙两个早期的传播策源地。16世纪以后,甘薯的传播就进入了一个新的阶段,与这一时期的葡萄牙、西班牙两国殖民扩张和商业贸易脚步相一致,大致形成两条传播线路:一条为所谓的Batata路线(15—16世纪后期通过葡萄牙船只运输),大致的线路如此,“加勒比海群岛→欧洲→非洲→印度→印度尼西亚→新几内亚→美拉尼西亚(新不列颠、所罗门群岛、新赫布里底群岛、新苏格兰、斐济群岛)→菲律宾群岛→中国→日本”①;另外一条即所谓的Kamote路线(16世纪通过西班牙船只运输),其大致的线路则为:“墨西哥→密克罗西尼亚→菲律宾群岛→中国→日本。”美国人类学家康克林(Harold C. Conklin)运用语言学、人类学和植物学的方法对搜集到大洋洲诸岛和非洲沿海诸部落共五百种语言和方言中甘薯名称的研究成果,也基本佐证了这一传播轨迹:大量语言的资料都说明白15世纪末和16世纪初,葡萄牙人把甘薯带到非洲沿海诸地,印度西岸的要港果阿(Goa),今日印尼的部分岛屿群,和南北美洲的中纬度沿海诸地;而西班牙却先把甘薯传到墨西哥的太平洋岸,然后再从墨西哥的西海岸传到西太平洋区,包括菲律宾②。

2.4.2 番薯的引进和在中国的传播

(1)番薯在中国的引进

在我国传统的作物结构中,已经存在诸多薯类作物的种植,如山药(薯蓣)、

---

①但也一些证据显示,太平洋诸岛和新几内亚岛的甘薯并不是从欧洲引入的,而是早在近1000年前就存在,具体传播途径尚不明确。见 Loebenstein, G. 2009. Origin, distribution and economic importance. In G. Loebenstein and G. Thottappilly (eds.) The Sweetpotato. Springer Dordrecht, The Netherlands, pp. 9-12. Jacques Barrau, cd. Plants and the Migrations of Pacific Peoples: A Symposium(Honolulu, 1963)。转引自何炳棣:《美洲作物的引进、传播及其对中国粮食生产的影响》,《世界农业》,1979(4-6)。

②Herald C. Conklin, “1he Oceanian - African Hypothesis and the Sweet Potato”, in Barrau, cd., 《Plants snd the Migrations of Pacific Peoples》, pp. 129-136. 转引自[美]何炳棣:《美洲作物的引进、传播及其对中国粮食生产的影响》,《世界农业》,1979(4-6)。

魔芋、芋头、乌芋、甜芋等，而且在明清以前的历史文献中亦不乏以薯为名的作物名称，如《山海经·北山经》曰："景山：南望盐贩之泽，北望少泽，其上草多薯藷。"《齐民要术》卷十亦有"藷"（即薯）之条目。而甘藷之名最早见诸东汉杨孚的《异物志》："甘藷似芋，亦有巨魁。剥去皮，肌肉正白如脂肪。南人专食，以为米谷。"其后晋代秘含的《南方草木状》也有记载："甘藷，二月种，至十月乃成。卵，大（者）如鹅卵，小者如鸭卵。掘食、蒸食，其味甘甜，经久得风，乃淡泊。出交趾、武平、九真、兴古（郡名，晋置，宋齐因之，有今贵州省普安、盘县等地）也。"《齐民要术》在其"藷"条目中亦征引前两篇文献。北宋苏东坡被贬儋州时，其诗作《酬刘柴桑》也谈及"红薯"、"紫芋"："红薯与紫芋，远插墙四周。且放幽兰香，莫争霜菊秋。穷冬出瓮盎，磊落胜田畴。淇上白玉延，能勿过此不？一饱忘故山，不思马少游。"另外，在番薯传入后，甘藷（甘薯）、番薯两个名词也一度长期混用。也正因为如此，在国内学术界曾引发了一场持续约半个多世纪之久的关于甘薯（番薯）起源地的一场争论，其中心议题中国是否也为番薯的中心起源地之一[①]。当然，随着现代学科和技术手段的积极参与，大致上已经形成定论，即此甘藷非彼甘薯也：明代以前文献中的甘藷为薯蓣科下的山药或甜薯，而今天为人们所熟悉的甘薯，即为哥伦布发现新大陆以后辗转传入的番薯，只不过沿袭了"甘藷"（甘薯）之名而已。

据考证番薯是在明朝万历年间引进我国的，而引进的具体路径主要有三条：

其一，由从安南（又名交趾，今越南）经海路引进到广东东莞、电白等地区。相关史料大致有二，一则为《东莞县志·物产·薯》所引《凤冈陈氏族谱》记载："万历八年（1580年），客有泛舟之安南（今越南）者，公（陈益）偕往，比至，酋长延礼宾馆，每宴会，辄飨土产曰薯者，味甘美。公觊其种，贿于酋奴，获之。……未几伺间遁归。……万历十年（1582年）夏，乃抵家焉。……嗣是种播天南，佐粒食。"另一则为道光《电白县志》记载："相传番薯出交趾，国人严禁以种入中

①吴德邻：《诠释我国最早的植物志——<南方草木状>》，《植物学报》1958年（1）；石声汉：《齐民要术今释》，北京：农业出版社，1958；胡锡文：《甘薯来源和我们劳动祖先的栽培技术》，《农业遗产研究集刊》（第2册），北京：农业出版社，1958；王家琦：《略谈甘薯和<甘薯录>》，《文物》1961（3）：27－29；夏鼐：《略谈番薯和薯蓣》，《文物》1961（8）：58－59；吴德锋：《关于甘薯和<金薯传习录>》，《文物》1961（8）：60－61；丁颖、戚经文：《中国之甘藷》，《中华农学会报》1948：23－186；项梦冰：《"甘藷"及其他》，《承泽堂方言论丛》，北京：语文出版社，2014。

国者罪死。吴川人林怀兰善医,薄游交州,医其关将有效,因荐医国王之女,病亦良已。一日赐食熟番薯,林求食生者,怀半截而出,亟辞归中国。过关为关将所诘。林以实对,且求私纵焉。关将曰:'今日之事,我食君禄,纵死不忠,然感先生之德,背之不义。'遂赴水死。林乃归,种遍于粤。今庙祀之,旁以关将配。"商务印书馆于1934年编印的《辞源》释"番薯"一词之注解亦云:"其本出于交趾(今越南),吴川人林怀兰尝得其种以归,遍种于粤,因不患凶旱。电白县有怀兰祠,题曰番薯林公庙。"时越南为葡萄牙航海贸易之势力范围,故越南的甘薯可能为葡萄牙人所传入。另据学界考证,甘薯的传入广东的途径可能不止一路,或由葡人直接传入,亦不排除经由闽南传入的可能性。

其二,从吕宋岛(今菲律宾)经海路传入福建。从文献记载来看,大致又有至少三条路径。第一条路径,由吕宋引入漳州,其支持性史料为清初任福建按察使和布政使(1647—1654)的周工亮(字栎园)在其《闽小记》之记载,"万历中,闽人得之外国。……初种于漳郡,渐及泉州,渐及莆(田),近则长乐、福清皆种之。盖渡闽而南有吕宋国,国渡海而西为西洋,……闽人多贾吕宋焉。其国有朱薯,被野连山而是,不待种植,彝人率取食之……其初入闽时值岁饥,得是而人足一岁。……于是耄耋童孺,行道鬻乞之人,皆可以食,饥焉得充,多焉而不伤,下至鸡犬皆可食之"。何炳棣先生对此亦有论证①。第二条路径,由吕宋引入泉州。史料为龚咏樵《亦园胜牍》引明人苏琰在《朱薯疏》对番薯传入由海上经南澳岛传至晋江,并渐次推广,乃至在泉州救灾中发挥重大作用的过程记载。"万历甲申、乙酉间,漳潮之交有岛曰南澳,温陵洋舶之园斋,苗叶供玩而已。至丁亥、戊子,乃稍及旁乡。然亦置之硗,视为异物",但及万历二十二至万历二十三年(1595年),泉州一带发生大饥荒,"他谷皆贵,惟薯独稔,乡民活于薯者十之七八,由是名曰朱薯。"第三条路径,则是引至福州。语出成书于清乾隆三十三年(1768年)《金薯录》的相关记载:"闽侯合志,按番薯种出海外吕宋。明万历间,闽人陈振龙贸易其地,得藤苗及栽种之法入中国。值闽中旱饥,振龙之子经纶白于巡抚金学曾,令试为种,时大有收获,可光谷食之半,自是硗确之地遍行栽播。……《献番薯禀帖》:纶(即陈经纶,陈世元的五世祖)父振龙历年

①何炳棣先生认为,漳州距吕宋本较福州为近,漳州人自南宋以来即长期与菲律宾诸岛通商。16世纪七十年代,西班牙开始有效地控战吕宋之后,因食粮商货供应多赖闽商,所以大致上欢迎华人赴马尼拉贸易。吕宋在16世纪七十年代的相对稳定局势之上,必有相当规模的甘藷种植,因此往来吕宋的众多福建人,都有可能将番薯带入漳州。详见[美]何炳棣:《美洲作物的引进、传播及其对中国粮食生产的影响》,《世界农业》,1979(4-6)。

贸易吕宋,久驻东夷,目睹彼地,土产朱薯被野、生熟可茹,询之夷人,咸称薯有六益八利,功同五谷,乃伊国之宝,民生所赖,但此种禁入中国,未得栽培,纶父时思闽省隘山阨海,土瘠民贫。……朱薯功同五谷,利益民生,是以捐资买种,并得岛夷传受法则,由舟而归,犹幸本年(万历二十一年,1593年)五月开棹、七日抵厦。……即在本屋后门纱帽池旁隙地试栽,甫及四川,启土开掘,子母钩连,小者如臂,大者如拳,味同梨枣,食可充饥,且生熟煨煮均随其便,南北东西各得其宜。"后经福建巡抚金学曾推广福建。此外,光绪年间刊印的施鸿保的《闽杂记》和郭伯苍的《闽产录异》,在考证康熙二年(1663年)和乾隆二十八年(1763年)两版《长乐县志》的基础上,也均对此说提出了支持。上述引入福建诸线路,其源头均来自吕宋,即菲律宾,时菲律宾为西班牙殖民地,故该地的番薯,大抵由西班牙人引入。

其三,从印度、缅甸等地传入云南、四川等地。持此说者为何炳棣先生①,其依据和结论大致如下:其一,明代李元阳修撰于嘉靖四十二年(1563年)的《大理府志》和编纂于万历二年(1574年)的《云南通志》中记录的紫、白、红芋均为甘薯,且为记录甘薯的最早著作和印证甘薯从印、缅引进的主要文献证据;其二,云南与缅甸等国比邻而居,具有地缘优势,且滇、缅、印度之间存在着一条颇为繁忙的内陆通衢大道,是为番薯进入中国之主要孔道;其四,根据语言学研究成果,非洲沿海诸地和今日印尼部分岛屿群之番薯,皆由葡萄牙人于15世纪末16世纪初传播至此,而位于印度西岸的要港的果阿是葡萄牙殖民地方之主要根据地,以此为据点,甘薯进入印度、缅甸等地并有了一定发展;其五,西南的甘薯似应在16世纪的最初三四十年间即已传入云南,早于经海道自吕宋传到漳州和福州的16世纪七八十年代;其六,甘薯的早期传播之所以在西南其他诸省难觅踪迹,主要归咎于明清六版的《四川总志》物产部分对粮食忽视之陋习及其影响,嘉靖二十年(1541年);万历九年(1581年);万历四十七年(1619年);康熙十年(1671年);雍正十一年(1733年),嘉庆二十一年(1816年)。

此外,从文献记载来看,番薯传入中国大陆后,又有来自台湾省、文莱等地

---

①[美]何炳棣:《美洲作物的引进、传播及其对中国粮食生产的影响》,《世界农业》1979(4-6)。但此说争议颇大,杨宝霖指出万历《云南通志》所载临安等四府种植的"红薯"并非番薯,曹树基、韩茂莉亦持相同意见,并有进一步阐发。详见杨宝霖:《我国引进番薯的最早之人和引种番薯的最早之地》,《农业考古》1982(2):79-83;曹树基:《玉米和番薯传入中国路线新探》,《中国社会经济史研究》1988(4):62-66, 74;韩茂莉:《中国历史农业地理》(中册),北京:北京大学出版社,2012:558-561。

新的品种不断引进，如乾隆二十三年(1758年)福建的《莆田县志》载："番薯，万历中巡抚金学曾始传自外国，因名金薯。皮有白紫两种，可佐五谷之半，亦可为粉。近有一种来自台湾，形类莱菔，肉松而色黄，味同番薯。"再如万历三十五年(1607年)编写的《普陀山志》云："番芾，种来自日本，味甚甘美。"①

作物的引种和传播过程本身异常复杂，往往非一人之力、一时之功、一地之事，也往往不会一蹴而就。中国地域广阔，明清时期又有特殊的内外部环境，内部是人口激增所带对粮食的迫切需求，外部则为资本主义扩张及其所引发的贸易更为频繁、国际交往途径更为多元化的环境。同时，就番薯本身而言，经过数千年之发展，尤其是在向外传播过程中亦不能排除其品种不断衍生的可能性。因此，解读番薯引种的途径问题，还是应该打破一元论的思维模式。

(2)番薯在中国的传播

番薯除了具有适应力强，无地不宜之优良特性外，更是产量特别高的粮食作物之一，"亩数十石，胜种谷二十倍一"，再加之其味甜爽口，容易加工，"润泽可食，或煮或磨成粉，生食如葛，熟食如蜜，味似荸荠"，故能很快被人们所接受，并逐渐完成了自南而北的传播。时至今日，我国已经成为世界上最大的甘薯生产国，不仅总产量高，占世界总产80%左右，而且分布范围广，广泛分布于南起南海诸岛，北至内蒙古，西达新疆，东北延伸至黑龙江南部，西南抵藏南和云贵高原的广袤地区，并形成了北方春薯区、北方夏薯区、长江流域夏薯区、南方夏秋薯区和南方秋冬薯区五大产区。

梳理番薯在中国的传播过程，不难发现其中几个值得进一步关注的特点和关键影响因素，下面分而述之。

其一，过程相较于小麦、玉米等作物，其由引进到试种，再到迅速推广乃至遍及全国的进程明显要快出很多。地区之推广过程如此，全国整个过程亦如此。先看番薯在泉州推广过程：万历十一至十二年间(1583—1584年)由海路经南澳岛引入；随之在晋江灵水试种，用途为"苗叶供玩而已"；四五年后，"乃稍及旁乡。然亦置之硗，视为异物"；十年左右，泉州地区已多有种植，故及万历二十二至万历二十三年(1594—1595年)泉州大饥，"他谷皆贵，惟薯独稔，乡民活于薯者十之七八"；至顺治初，据福建莆田人陈鸿《国初莆变小乘》记载，则"遍洋皆种，物多价贱，三餐当饭而食，小民赖之"②，已经成为一种极普通的食物。

①文谓传自日本，但似与实际逻辑不符，估计也是辗转传自于南洋地区。
②〔清〕卢凤琴：光绪《罗源县志》卷二八《物产》。

而就福建全境而言，也大抵如此。1598 年，福建巡抚金学曾接受陈振龙的《薯藤苗种及法则》，“准饬各属，依法栽种”，并颁布《海外新传七则》，宣传种植法及和番薯各种功利，番薯随即由闽南推进及闽东、澎湖及台湾地区。史载，明末清初之际，郑成功率师东渡台湾，中途遇台风受阻澎湖，派人在澎湖三十六屿觅取军粮，粮官杨英报：“各屿并无田园可种禾粟，惟番薯、大麦、黍、稷。”①可见当时澎湖亦已遍植番薯。到了康熙末乾隆初，福建的番薯种植不但推广到全境，而且成为与稻谷并列的最重要的粮食作物之一。如雍正四年（1726 年）浙闽总督高其倬在奏折中说：“福建自来人稠地狭，福、兴、泉、漳四府，本地所出之米，俱不敷民食……再各府乡僻之处，民人多食薯蓣，竟以之充数月之粮。”②乾隆二年（1737 年）刊印郝玉麟的《福建通志》亦云：“番薯……迩来栽种尤盛，闽地粮糗半资于此。”

就全国的推广来看，以福建为主要策源地，过程也甚为迅速。广东地区，虽有陈益、林怀川引种之说，但从此后的文献记载来看，该地的番薯又多从福建引入，但至明末清初，广东已经成为当时番薯的主产区之一。作于康熙十七年的屈大均《广东新语》序云：“番薯近自吕宋来，……切为粒，蒸曝贮之，是曰薯粮。”吴方震《岭南杂记》（《丛书集成》本）亦云：“番薯有数种，江浙间亦甚多而贱，皆从海舶来者。形如山药而短，皮有红白二种，香甘可代饭。十月间遍畦开花，如小锦葵。粤中处处种之。康熙三十八年（1699 年）粤中米价踊贵，赖此以活。有切碎晒干为粮者，有制为粉如蕨粉藕粉者。”江浙地区，万历三十六年（1608 年），江南大旱，五谷不收，饥民流离，因父丧正居上海的徐光启遂委托人从福建引种番薯至沪，是为番薯进入长江流域之开始。康熙初年，又有陈经纶后代到浙江鄞州区传布种植番薯之记载③，至乾隆前期，浙江沿海的温州、台州、宁波等府，番薯种植已相当普遍，番薯已经成为“民生赖以食”、“旱潦凶歉赖以生”的主要食物。西南地区，番薯进入西南地区的历史甚早，但形成规模并见诸史载的种植则始之于清雍正之后，尤其是湖广填四川之后，更是呈加速度发展。成书于雍正十一年（1733 年）的《四川通志》记载，当时成都府的居民很多已经种植玉米、番薯，并且以此作为口粮。嘉庆二十年（1815 年）修撰的《资州直隶

①〔清〕杨英撰，陈碧笙校注：《先王实录校注》，福州：福建人民出版社，1981：245。

②台北故宫博物院：《宫中档雍正朝奏折》第六辑，浙闽总督高其倬：《奏报地方情形折》，1978：173 - 174。

③〔清〕陈世元：《金薯传习录》卷上。

州志》记载："先是，资民自闽、粤来者始嗜之，今则土人多种，以备荒。"华北地区，据考证华北地区的番薯种植始之于乾隆年间的山东胶州地区。据《金薯传习录》、《乾隆胶州志》等记载，乾隆年间，陈经纶之五世孙陈世元"久客胶州"经商，乾隆十年以来，该地区连年水旱，蝗灾频仍，民不聊生，陈世元乾隆十五年与同乡商人"捐资运种，及应用犁锄铁钯等器"，并从福建敦聘种薯有丰富经验老农，"同往胶之古镇，依法试载"，当年"秋间发掘，子母钩连，如拳如臂，乃各骇异，咸乐受种"。至道光年间，则番薯在胶州地区已是广泛分布，《道光胶州志》卷十四《物产》云："番薯，俗名地瓜。胶初无此产，乾隆初年，闽商自吕宋携至，适合土宜。今薯衍与五谷等，南鄙尤多。"此外，《金薯传习录》还记述陈世元带着几位晚辈远赴山东其他地区和河南、河北等地劝种番薯的事迹。清乾隆时期，在皇帝关注和亲自督促之下，督抚以下的各省大吏，如布政使、按察使之流，亦不乏热心倡导广种甘薯以备荒者，一时之间掀起了一场颇具声势的番薯劝种推广运动，受此影响，"就在乾隆时期的半个多世纪里，番薯的推广极为迅速。全国除甘肃以及边疆地区外，各省都已先后引种番薯"[①]，番薯并因此成为中国仅次于稻米、麦子和玉米的第四大粮食作物。至于东北地区的番薯种植，虽然从目前史料来看，其起始时间不确切，但至光绪宣统年间，也已经相当普遍。总而言之，相较于几乎同期的玉米，番薯在中国的传播不仅适应期短(如前文所言，玉米的适应期近乎 200 年之久，但番薯却只有百年不到)，而且推广进程亦快。

其二，番薯由南及北、由山居而平原的传播轨迹。著名农史专家万国鼎先生曾根据地方志资料，对我国各地最早栽培甘薯的年代按照时间顺序有所梳理，即台湾 1717 年，四川 1733 年，云南 1735 年，广西、江西 1736 年，湖北 1740 年，河南 1743 年，湖南 1746 年，陕西 1749 年，山东、贵州 1752 年，河北 1758 年，安徽 1768 年。这一结论今天来看虽然不是非常的完整和准确，但也能大致说明一些问题。从传播的时空格局来说，也基本体现了番薯传播以闽粤为策源中心、由南及北递进传播的大致轨迹。究其原因，不外乎两个方面。一是中国番薯辗转舶来之地为南洋地区，率先进入之地则为东南沿海地区，经过一定的适应和接受之后，才能真正产生示范效应，故为由南及北，渐次推进。二是番薯的风土适应和技术突破之故。番薯为温热带作物，宜于高温潮湿之环境，进入我国北方地区，则需面临气候干燥、冬季寒冷等新的环境因素挑战，经历试种和观

①郭松义:《玉米、番薯在中国传播中的一些问题》,《清史论丛》,第 7 辑,北京:中华书局,1986:80－110。

念接受诸过程，更需要在技术上破解诸如藤种收藏等难题，梳理番薯传播之历史，也的确如此。此外，如同玉米一样，番薯在中国的传播也经历了一个由山居而平原的发展过程。

其三，与番薯在中国传播速度明显优于小麦、玉米之特点相联系，就是在这过程之中诸多特殊的环境问题，比如人口增殖压力下的客观动力、朝野上下关注的社会推动力，也包括了两个特殊的时机：一即自然灾荒的频发。梳理番薯在各地引种、传播背景的有关记载，不难发现有一些共性的描述，“旱潦凶歉”、“野草无青，禾无收，饿民遍野”、“时东省旱涝蝗蝻，三年为灾”、“蝗蝻为害，草木无遗”等等，也就是说救荒的迫切性加速了番薯这一高产作物的推广进程，如史载，徐光启为缓解江南旱灾所引发的粮荒问题，曾从福建“三致其种”。二是移民政策所引发的连锁反应。清初，为断绝东南诸省对台湾的供应，朝廷先后下达“迁海令”、“迁界令”，命令沿海居民全部向内地迁移，“违者立斩不赦”，延续二十余年，千万难民流离失所，被迫迁入闽西、江西、广西乃至安徽的一些山区或贫瘠之地；康熙三十三年（1684 年），清圣祖下《招民填川诏书》，拉开“湖广填四川”历史帷幕，以几十万湖广贫民为主体，包括江西、广东、陕西……多达十余个省份的上百万雇农、佃农、无业游民进入四川、贵州等地，此后又有江西填湖广、客家填江西等连锁反应，这些后期而至的移民，亦只能占据贫瘠之地或山区，为应付生计，高产且不论土壤贫瘠的番薯自然而然备受青睐。

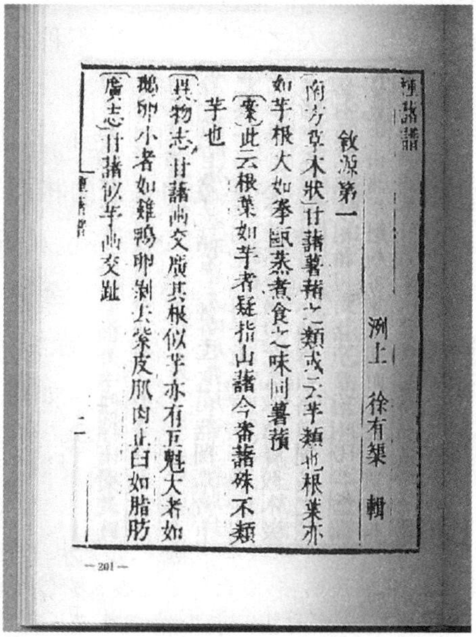
種藷譜
洌上 徐有榘 輯
敘源第一
南方草木狀 甘藷薯蕷之類或云芋類也根葉亦如芋根大如拳甌烝煮食之味同薯蕷
案 此云根葉如芋者疑指山藷今番藷殊不類芋也
異物志 甘藷出交廣其根似芋亦有巨魁大者如鵝卵小者如雞鴨卵剝去紫皮肌肉正白如脂肪
廣志 甘藷似芋出交趾
種藷譜 一
— 201 —

图 2－21　清乾隆刻本《金薯传习录》书印

《金薯传习录》，清人陈世元撰写，该著及系统记录了明清时期陈氏家族引种、推广甘薯的历史，也汇集番薯种植、储藏、加工和食用等方面的多种文献以及关于番薯的诗词歌赋，是研究明清时期美洲引进传播和这一时期农业科技发展的珍贵文献。清乾隆刻本《金薯传习录》两册目前收藏于福建省图书馆特藏部。

2.4.3 番薯的本土化历程

(1)风土适应

番薯虽起源于美洲，属温热带作物，高温潮湿之环境为其最适宜生长之地域，但与之同时，番薯根系发达，又具有极强的适应性，地势无论高低，土壤无论肥瘠，气候无论旱涝，皆可种植，甚至不适合一般作物生长的沙地和高地反而更加适合番薯的生长。番薯的这一属性决定了其在中国传播范围及其在我国粮食作物中的地位。从地域分布来讲，我国北纬42度以南地区皆为番薯适生区，即如王象晋的《群芳谱》所称的“东、西、南、北无地不宜，得沙土高地结尤多，天时旱涝俱能有秋”，而且见缝插针式的种植现象比比皆是，如《农政全书》谓：“人家凡有隙地，但只数尺，仰见天日，便可种得石许”，“山坡土埂屋畔陇头尽堪布种”。从番薯在我国粮食作物体系中的地位来看，其是不可或缺的补给粮食，尤其是一些山区和遇到自然灾害之时，番薯更是一跃而成为人们餐桌上的主食。因此，《备荒琐语》说：“故农人之家，不可一岁不种此，实杂植中第一品，亦救荒第一义也。”

在番薯传播的过程中，由于经历了一个由南及北、由山居到平原的扩展，因此也自然会存在环境转化带来的一些挑战和自身的相应调整。番薯传入中国之初，种植于闽、粤等地，由于均来源于自然地理环境相近之地，故当时虽有恐水土不服之虑①，但事实并未实质性影响番薯推广。至明末清初推广及东南沿海各地情况也大抵如此。但随着番薯开始进入长江流域，情况就出现了一些变化，亦迫使传统的繁殖方式不得不发生调整与改进。如前文所谈到徐光启在上海一带引种番薯，之所以“三致其种”，就是因沿袭了当时主要栽培繁殖方

①据《金薯传习录》载，陈振龙引入番薯之初，适逢福建大饥，其子陈经纶即呈福建巡抚金学曾，但金氏恐“土性不合”，令其择地试种，陈氏父子遂在自家纱帽池胡同住宅一带“舍傍隙地”，开始“依法栽植”，四个月以后，“启土开掘”，发现朱薯“子母相连，小者如臂，大者如拳，味同梨枣”。

式——以苗为种或以藤为种，但气候变化使苗、藤均不宜保存之缘故。也正因为如此，万历末期在京津地区经营屯田事宜的徐光启根据“京师窖藏菜果三冬之月不异春夏”之经验，悟出窖藏薯种的新方法，“欲避冰冻，莫如窖藏”，“其收藏薯种，当更易于江南耳”①。这一现象并非偶然，据史载，雍正八年（1730 年）二月，浙江定海总兵官林君升给皇帝具折，建议直隶、山东等省种植番薯，雍正帝在林的折子上朱批道：“番薯之益，朕早知之，前岁曾命于圆明园隙地播种，虽经种出，但甚觉细小不伦，或系南北水土异宜之故，亦未可知，试令再种看。”②乾隆初，无极县令黄可润用老家福建的办法在任所试种番薯，虽“结薯甚多”，但来年薯种问题则迟迟无法解决，采用浙江“宁台种师”之“开窖藏薯”法，亦“坏者尚半”；乾隆十年（1745 年），他奔丧南归，途经山东德州，发现当地“番薯甚多而贱”，了解之后才知道就在最近几年，当地人在河南、浙江经验基础上进一步改善窖藏法，已彻底解决了薯种越冬的难题③。即使为种薯世家的陈氏家族，也遇到了同样的问题。据《金薯传习录》记载，乾隆二十二年（1757 年），陈世元的长子陈云、三子陈树，又把甘薯传入到北京附近的通州，但因为没有很好地解决薯种、薯秧问题，“未谙栽植法”，故“地纵屡迁，效皆不爽”，影响到甘薯的传播。这些史料虽然反映了技术改进对于番薯北上之意义，但换一个角度，亦为风土适应之体现。

此外，番薯在中国传播的过程中，由于自然环境的不断变化和人工技术的不断介入，其在适应各地千差万别气候和土壤环境的同时，自身也发生了诸多的变化，也形成了具有一定地域性的新品种，如浙江地区在清代就有了红皮番薯、白皮番薯、黄皮番薯以及成熟期只有六十天的“象山种”。目前我国还有很多地方的番薯被纳入国家地理标志农产品保护范畴，如福建长乐番薯、广东苏村番薯、江西占圩红薯、山东泗水地瓜、陕西合阳红薯……等等。再比如，番薯在热带地区可以一年两熟，江南地区四月起即可种植，八月即可收获；在我国北方地区，随着藏种技术的突破，番薯的种植次数也可以达到一年种植两次甚至是三次。

（2）技术改造

明清时期，随着番薯优势的不断展现及其在社会经济发展中重要性的不断

①〔明〕徐光启：《农政全书》卷二十七《树艺》之《蓏部》，《甘薯》。

②台北故宫博物院：《宫中档雍正朝朱批奏折》第十五辑，第 719－720 页。

③〔清〕黄可润：《畿辅见闻录》。转引自郭松义：《玉米、番薯在中国传播中的一些问题》，《清史论丛》，第 7 辑，北京：中华书局，1986：80－110。

提升，其亦很快被纳入了中国的精耕细作技术体系，不仅从各个环节改进技术，提升其适应性和产量，也包括从加工、烹饪、医用等方面着手，全面发掘其功能，提升利用效率。

据史载，番薯甫入福建，陈振龙、陈经纶父子即著《薯藤苗种及法则》，可能在参照吕宋当地技术的基础上，也自觉吸收了福建已有的技术。福建地区推广之初，巡抚金学曾更是将各地种番薯经验加以收集，著写《海外新传七则》，就番薯的性味、功用、土宜、时宜、育苗、扦插、藏种等方面的知识进行系统总结，旨在教导农民掌握要领以利推广。徐光启的《甘薯疏》也研究甘薯栽培、加工利用等专著，其经整理后收入《农政全书》。清人陈世元专门编写《金薯传习录》一书，收集番薯的种植、储藏、加工和食用等方面的多种文献以及关于番薯的诗词歌赋，旨在做全面总结。可以看出，番薯种植已经为了中国传统农业技术研究重点关注的对象之一。正因为如此，明清时期已经基本上形成了系统化的番薯栽培技术，涉及耕地、栽种、浇水、施肥、藏种、田间管理等一系列环节。

重视耕地、水肥技术。《金薯传习录》曰："薯地须岁前深耕，以大粪壅之，春分后下种。若地非沙土，先用紫灰或牛马粪和匀土中，使地脉散缓与沙土同，庶能行根。町中间要高，两旁要深"，"町起脊尺余，种在脊上，遇旱可汲水浇灌"。

育种栽种技术改进与创新。明清时期，围绕番薯的育种，大致形成了四种技术方法[①]：其一，露地育苗法，最早见载金学曾的《海外新传七则》，"养苗地宜松，养苗地宜松，耕过须起町，高四、五寸。春分后，取薯种斜置町内，发土覆盖，纵横相去尺许，半月即发芽。日渐延蔓，蔓长一丈或五、六尺，割七、八寸为一茎，勿割尽，留半寸许，当割处复发，生生不息"，即苗圃育苗法，后世在向北方传播的过程中，为了克服低温的影响，人们还发展了温床育苗法[②]。其二，越冬老蔓育苗法，亦最早见诸于金学曾的《海外新传七则》，"若养蔓作苗，须用稍长尺许，密密竖栽，如养葱蒜法。畏霜畏寒，冬月以土盖之。亦有近取根老蔓，阴干收温暖处，次年亦萌发"，王象晋的《群芳谱》亦云："薯藤每段截三四寸长，用土覆之，须深半寸许，相去纵七八尺，横二三尺。俟蔓生极盛，苗长一丈，留二尺作老根，余剪三叶为一段，插入地中。每丈相去一尺，大约二分入土，一分在外，即又生薯。随长随剪，随种随生，蔓延与原种不异。"其三，切块直播育苗法，最早出现于徐光启的《农政全书》，春分切块下种，"每株相去数尺，俟蔓生盛长，剪其

①梁家勉主编：《中国农业科学技术史稿》，北京：农业出版社，1989。
②［清］陆燿：《甘薯录》。

茎另插他处”,“今拟种法,每株居亩中,横相去二、三尺,纵相去七、八尺,以便延蔓壅节,即遍地得卵矣”,并强调其技术要领,“薯苗延蔓,用土壅节后,约各节生根,即从其连缀处剪断之,令各成根,苗不致分力,此最要法”。其四,催芽畦种育苗,此法记载首见于《齐民四术》:“择(番薯)肥好者掘干土坑藏之,覆以草,谷雨后取出,四面皆生芽一、二分许,摘芽种畦内。蔓生,以竹或柴缘之。及夏至,剪取蔓枝,每一叶下截过节为苗,栽之沟塍。”可以看出,番薯的育种技术也在不断地改进和创新,呈现出后出转精的发展态势,这一点也是番薯种植区域不断拓展的重要技术保障之一。

插苗方法的多元化发展。关于插蔓技术,与现今方法名称相对照亦有数种。“斜插法”:“栽茎,使牛耕町,宽二尺许,高五六寸,将茎斜插町心,约以七分在町内,三分在町外。……每茎相去一尺余”①;“直插法”:“俟蔓生既盛,苗长一丈,留二尺作老根,余剪三叶为一段,插入土中,每栽苗相去一尺,大约二分入土,一分在外,即又生薯”②;“波状插法”:“待苗盛枝繁,枝长三尺以上者,剪下去其嫩头数寸,两端埋入土各三四寸,中以土拔压之,数日延蔓矣”③;“船底插法”:“取所采之苗,插其半于土,斜插之如船底之状,或竖插亦可,每苗相离七寸。日日灌水,大雨则否”④。

薯种贮藏技术的发展。随着番薯种植的不断北扩,尤其是逐渐进入长江以北之后,传统的以藤苗为种的方式遭受到了严峻挑战:由福建运送薯种,长途跋涉,不惟成本高昂,颇费时日,非普通农家所能承担,且薯藤苗运送途中不易保存,损耗极大,“易烂、易干,须用桶装藤,拥土其中,方易携带”⑤;即使切块育种法发明之后,虽然省去了运输储存等诸多环节,但低温气候下藏种却一时成了无解之难题,“藏种之难,一惧湿,一惧冻。入土,不冻而湿,不入土,不湿而冻,向二法,令必不受湿与冻,故得全也。”⑥因此,解决薯种贮藏过冬问题,是在北方地区推广番薯种植的前提。受北方窖藏蔬菜御冬经验之启示,徐光启率先提出用地窖储藏番薯的设想,“北方地高,掘土丈余,未受水湿,但入地窖,即免冰冻,

①〔明〕金学曾:《海外新传七则》。
②〔明〕王象晋:《群芳谱》。
③〔明〕徐光启撰,石声汉校注:《农政全书校注》,上海:上海古籍出版社,1979。
④《农话》。
⑤〔明〕《金薯传习录》。
⑥〔明〕徐光启撰,石声汉校注:《农政全书校注》,上海:上海古籍出版社,1979:690。

仍得发生”[①]。此后,在实践过程中,各地结合本地实际不断探索改进,至迟在乾隆十年(1745 年),山东、河南等地农民的窖藏法终于解决了薯种过冬问题[②]。王象晋的《群芳谱》就详细记录了这一藏种的方法:“冬月畏寒,稍用草盖覆,至来春分种。若老条原卵在土中,无不坏烂。一法霜降前收取根藤,曝令乾,子灶下掘窖约深一尺五、六寸,先下稻糠三、四寸,次置种其上,更加稻糠三、四寸,以土覆之。一法七、八月取老藤种入木箱或磁瓦器中,至霜降前置草篙中,以稻糠衬置向阳近火处,至春分后依前法种。”

可以看出,番薯已经被完全纳入了这一时期的农业技术体系,其种植耕作技术不惟具有系统化倾向,而且表现出显著的精细化特色。

此外,这一时期的人们还充分利用番薯薯根深埋地下、再生能力强等自然属性,提高其抗御蝗灾的能力。如明代王象晋的《群芳谱》曰:“至于蝗蝻为害,草木荡尽,惟薯根在地,荐食不及,纵令茎叶皆尽,尚能发生。若蝗信到时,急令人拔土遍壅,蝗去之后,滋生更易。是天灾物害,皆不能为之损。”

图 2－22　番薯图[③]

①〔明〕徐光启撰,石声汉校注:《农政全书校注》,上海:上海古籍出版社,1979:693。
②〔清〕黄可润:《畿辅见闻录》。转引自郭松义:《玉米、番薯在中国传播中的一些问题》,《清史论丛》,第 7 辑,北京:中华书局,1986:80－110。
③(清)吴其濬:《植物名实图考》北京:商务印书馆,1957。

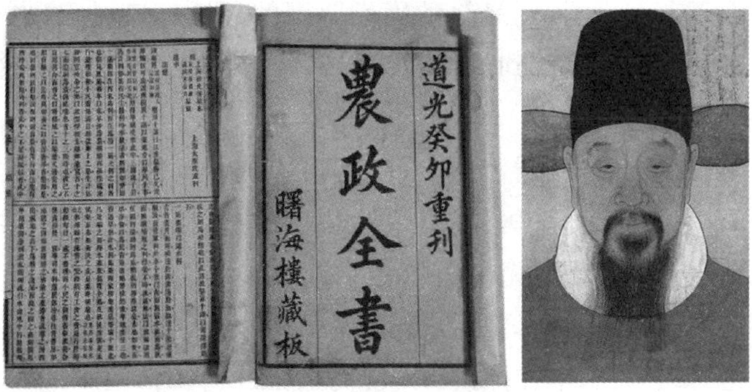

图2－23　徐光启与《农政全书》

加工技术及食品制作技术的发展。番薯“初时，富贵者请客，食盒装数片以为奇”，到后来则是“物多价贱，三餐当饭而食，小民赖之”①。从最初的仅有权贵享用，到“飞入寻常百姓家”，成为老百姓的家常饭，这一过程的变化还有赖于番薯加工及食品制作技术的发展。

从历史文献记载来看，这一时期，人们已经可以通过切片、碾磨等加工技术和煨、煮、蒸、烤、炸等烹饪方式，把番薯加工成各种各样的食材或食物，满足人们不同的口感和用途。《种植红薯法则十二条》曰：“薯可生食，可蒸食，可煨食；可切为末，晒干可作粥饭；可磨为粉，晒干团为饼饵。其造粉之法，取薯卵洗净，和水磨细，仍以大缸贮水，淘去浮渣，做法同藕粉，渣可饲豕；将其作粉丸，与弥珠细谷米无异。”②乾隆十三年《大庾县志》记载：“番薯……用代谷食；余者于冬至前后，切片晒干，藏之作次年粮，剉为粉，比豆蕨为佳，食之甚益人。”③以红薯为原料烹制成的佳肴众多，有的还成了地方风味小吃，比如有名的福建“荔香薯片”和“地瓜粉粿”、广东河源的“客家地瓜包”、湖北“桂花红薯饼”等等。番薯还可以制作为口感爽滑，韧性十足的粉条，光绪年间，江西龙南县以此作为馈赠亲友的佳品。此外，番薯还被加工成烧酒，成为人们宴饮之常品，清人赵学敏的《本草纲目补遗》云：“此酒值廉，土人相率饮此，亦以饷客。”

（3）社会接纳

由于番薯高产、适应性强，且抗灾能力突出，加之这一时期中国社会经济环境发展创造的各种机遇，故番薯传入中国后，不仅用相对较短的时间完成了由

①［清］陈鸿：《莆变小乘》。

②［清］陈世元：《金薯传习录》。

③乾隆《大庾县志》卷四《物产》，《蔬类》。

最初仅仅局限于东南一隅，到最终的席卷全国的种植推广过程，也很快地完成了由最初的富家赏玩、专享，到最终成为寻常老百姓“三餐当饭而食”的大众粮食的社会接纳过程。

首先番薯成功跻身我国粮食体系。其在传统粮食体系的表现主要体现在以下几个方面：一方面，为全国救荒减灾之大宗粮食作物。番薯在抵御灾害方面不能不说具有其他作物所无法比拟的诸多竞争优势——高产，时即为一般谷物之数倍，“芋之收倍于稻，薯之收倍于芋，……要不若种薯之尤可足食也”①；拥有极其发达的组织，耐旱、耐涝、御蝗能力极强；不择时，很多地方可以一年三到四熟，且生长周期短……番薯与生俱来这些特性使其在减灾御灾之中很快脱颖而出，并迅速成为饥荒旱灾年间的救命粮。追溯番薯传入、传播之历史，这一点非常之突出。甫入中国，正值福建灾荒，番薯临危受命，有效缓解缓解灾情，帮助灾民渡过了难关，故其声名鹊起，渐及整个东南；清初叶，天灾人祸，故引种番薯长江以北者比比，甚至皇帝亲自试验②、督宪饬种③，遂掀起番薯种植拓展之高潮，番薯因此而推进至黄河流域，进而进军西北、东北。在这一过程之中，番薯的的确确发挥了救灾之功用，挽救了无数的生命，也为自己赢得了“救荒第一义”之美誉④，亦有诗谓：“万历番茄始入闽，如今天下少饥人。”⑤第一方面，番薯为山区、贫瘠之地老百姓的主要粮食作物。随着人口激增、大规模移民，过去为人所不屑的山地、贫瘠之地渐次被大规模开发，在这一背景下，耐贫瘠、高产的番薯自然而然成了这些地区民众种植的主要粮食作物，也成为维持生计的主要来源，即所谓“三餐当饭而食，小民赖之”。史载，番薯进入湖南山区后，“山谷

---

①［清］黄凤楼：同治《九江府志》。

②据文献载，雍正皇帝曾两次在圆明园试种番薯。

③乾隆五十年（1785）八月和乾隆五十一年（1786）十一月。前一谕旨的全文为：谕军机大臣等。据明兴奏：陆燿于山东臬司任内，曾刻有《甘薯录》一编，颇为明切易晓。现饬多为刊刻，颁行各府州县，分发传钞，使皆知种薯之利，多为栽种等语。所办甚好。河南频岁不登，小民艰食。前已谕令毕沅：转饬各府州县，仿照怀庆府属广种薯蓣。即直省迤南各府，今年亦因雨泽愆期，收成歉薄。番薯既可充食，兼能耐旱。且东省各府既间有种植，自不难于就近购采。朕阅陆燿所著《甘薯录》，颇为详晰。著即钞录寄交刘峨、毕沅，令其照明兴所办，多为刊布传钞，使民间共知其利，广为栽种，接济民食，亦属备荒之一法。将此传谕知之。”（《清实录》卷之一千二百三十六，据中华书 局影印本）。

④《备荒琐语》，转引自清人姚碧的《荒政辑要》卷六。

⑤语出韩国人徐有榘在1834年编辑的《种薯谱》中曾征引的1765年某朝鲜大员派人赴日本引进甘薯时所作的一首诗。转引自［美］何炳棣：《美洲作物的引进、传播及其对中国粮食生产的影响》，《世界农业》，1979（4－6）。

民日食杂粱、甘薯、芋魁……”[①]；嘉庆十三年《余杭县志》亦云：“甘薯，土名番薯，旧非土产，近年闽越蓬民遍种番薯山头上。”还有，番薯成了传统农区不可或缺的补给粮食。番薯适应性强，且具有“不争肥”、“不争时”、“不劳人工”等优点，与当地稻麦等旧有作物不但不相排斥，而且还能往往相互补充，“平时可以佐食，歉岁可以救饥馑”[②]。因此，备受民众青睐，在传统因地制宜、多种经营理念指导下，见缝插针式的种植现象比比皆是，如《农政全书》所谓“人家凡有隙地，但只数尺，仰见天日，便可种得石许”，“山坡土埂屋畔陇头尽堪布种”。可以看出，番薯的传入和推广，使得原先山药、芋的粮食地位在清代被取代，乾嘉以后的文献中多把番薯列入“谷之属”，而芋、山药则成了蔬类作物。故《备荒琐语》说：“故农人之家，不可一岁不种此，实杂植中第一品，亦救荒第一义也。”

其二，番薯的其他功能得到全面开发。它最初传入我国，主要被当作度荒的救济粮，随着种植面积的扩大，人们逐渐认识到番薯的其他功能，并开始了全面地利用与开发。首先是保健和药用价值的发掘。现代医学研究表明，红薯内含活性成分，因此具有减肥、通便、抗癌、保护心脏的功效，对这一点，时人已经有所认识。李时珍的《本草纲目》记载：“（番薯）补虚乏，益气力，健脾胃，强肾阴，功同薯蓣。”清人赵学敏《本草纲目拾遗》又载：“气味甘平无毒，主治补中和血，暖胃肥五藏。白皮白肉者益肺气生津，中满者不宜，多食能壅气。煮时加生姜一片，调中与姜、枣同功，红花煮食，可理脾血，使不外泄。”《金薯传习录》认为番薯可以治疗痢疾下血、酒积热泻、湿热黄疸、遗精淋浊、血虚经乱等病症，即疗病六益；而且薯藤、薯叶均可入药，且有不同功效。《随息居饮食谱》称：“食补脾胃，益气力，御风寒，益颜色。凡渡海注船者，不论生熟，食少许即安。”此外，在这一时期的许多文献中，还提到了番薯的延年益寿之功效。吴增诗曰：“琼州一岛海中天，拍岸惊涛乏稻田；终岁食薯少食米，有人寿至百多年。”姚碧《荒政辑要》卷六《备荒琐语》亦云：“海中之人，寿百余岁者，由食甘薯故尔。”

其次是用其酿制烧酒。酿酒技术应用于番薯的加工中，可以酿造出香醇的番薯酒。对此，徐光启作了详细介绍：“薯根，不拘多少，寸截断，晒晾半干。上甑炊熟，取出揉烂，入缸中。用酒药研细，搜和按实，中间作小炊。候浆到，看老嫩，如法下水。用绢袋漉过，或生或熟。任用。其入缸寒暖，酒药分两，下水升斗，或用曲蘖，或加药物香料，悉与米酒同法。若造烧酒，或即用薯酒入锅，盖以

---

①〔清〕符为霖：《龙山县志》卷十一《风俗·饮食》，南京：江苏古籍出版社，2002。
②〔清〕陈宏谋：《培远堂偶存稿》，《文檄》卷二零《劝种甘薯示》。

锡兜鍪,煮滴槽,成头子烧酒,或用薯糟依法造成,常用烧酒,亦与米酒米糟造烧酒同法。”①福建人为番薯酒取名曰“土瓜烧”,“其酒味微带苦,峻烈不醇,不善饮者食之,头目微有昏眩,亦无大害。闽中绍酒价贵,此酒值廉,土人相率饮此,亦以飨客”②。此外,《闽小记》、《广东新语》、《台湾通史》、《皇朝经世文新编》及清朝很多地方志也都有关于用番薯酿酒的记载。

此外,也包括了对番薯及其副产品的其他功能地多种利用,如作为家畜之饲料以追肥,“凡藤蔓已遍地不能容者,即为游藤,宜剪去之,及掘根时卷去藤蔓,俱可饲牛羊豕,或晒干冬月喂,皆能令肥脂”。或作为绿肥以肥地,或作为生活燃料,等等。由于番薯味道甘美,老少咸宜,故卖红薯还成了一些人赖以养家糊口的营生。

关于番薯为社会所接纳,当然也包括了其在饮食结构中占据一席之地,这一点前文已经有所阐述,不再赘述。这里再引两则文献,虽其主要意图是展示番薯诸多益处,为其推广做好宣传工作,但也从另一个层面反映了人们对其一种认可。

图 2-24 民俗画:卖白薯《北京民间风俗百图》

文献一,为徐光启《农政全书》中的一段话:“徐氏元扈曰: 昔人谓蔓菁有六

①〔明〕徐光启:《农政全书》卷二七《树艺》,《蓏部》之《甘薯》。

②〔清〕赵学敏:《本草纲目拾遗》卷八《诸蔬部》,《甘储》。

利、柿有七绝，予谓甘薯有十二胜，收入多，一也；白色味甘，诸土种中特为绝，二也；益人与薯蓣同功，三也；遍地传生，剪茎作种，今岁一茎，次年便可种数十亩，四也；枝叶附地，随节生根，风雨不能侵损，五也；可当米，凶岁不能灾，六也；可充笾实，七也；可酿酒，八也；干久收藏，屑之旋作饼饵，胜用饧蜜，九也；生熟皆可食，十也；用地少，易于灌溉，十一也；春夏下种，初冬收入，枝叶极盛，草秽不容，但须壅培，不用锄耘，不妨农，十二也。”

文献二，为明人何镜山之《番薯颂》：“不需天泽，不冀人工，能守困者也；佐五谷，能助仁者也；可以粉，可以酒，可祭可宾，能助礼者也；茎叶皆无可弃，其值甚轻，其饱易充，能助俭者也；耄耋食之，不患哽噎，能养老者也；童稚食之，止其啼，能慈幼者也；行道鬻乞之人食之，能平等者也；下至鸡犬，能及物者也；所以助其惠而诸德备焉。”

(4)文化接纳

番薯在我国的传播过程中，除了经过风土历练、技术栽培等改造环节外，还贯穿了中国文化体系的接纳和文化价值的濡化与包装。

其一，颇具中国特色与文化内涵之命名。1492 年哥伦布登陆西印度群岛时初见番薯，该地土著阿拉瓦克人称番薯为 batata，是为这一作物见诸文献记载之始，这一名称亦为其种名的渊源，其拉丁名为 *Ipomoea batatas Lam.*，英文名为 Sweet potato。进入中国之后，即出现了多元化的发展。从现有文献记载来看，其在传入中国之初的名称为“朱薯”[①]、“番薯”。番薯一名最早见诸明福建巡抚金学曾的《海外新传七则》，“薯传外番，因名番薯”，意即该薯源自域外之地，“以得自番国故曰番薯”。此后，随着番薯的推广范围的不断扩大，其名称即出现了各有特色之变化，如大家所熟悉的红薯、甘红薯、芋头、红蓣、紫蓣、番薯、甘薯、山芋、地瓜、线苕、白薯、金薯、甜薯、枕薯、红苕、红芋等等。据何炳棣、郭松义诸先生考证，在古文献中其各种名称约 28 种之多[②]；《汉语方言地图集 · 词汇

①据《金薯传习录》记载，陈振龙即称番薯在吕宋被称为朱薯。

②计甘薯名之可考者，共二十八：甘薯（藷）、白蓣（芋）、红蓣（芋）、紫蓣（芋）、红薯、白薯、甜薯、金薯、番薯（藷）、红山药、番芾、番荠、粤蓣、番芋、山芋、朱藷、黄薯、回子山药、土瓜、地瓜、红山蓣、山藷、玉薯、玉枕藷、黄苕、赤芋（朝鲜）、琉球芋（朝鲜）、番茄（朝鲜）。详见［美］何炳棣：《美洲作物的引进、传播及其对中国粮食生产的影响》，《世界农业》1979 年第 4－6 期；郭松义：《玉米、番薯在中国传播中的一些问题》，《清史论丛》，第 7 辑，北京：中华书局，1986：80－110。

卷》则把各地方言称谓也纳入其中统计，称约有930个汉语方言点①。从文化地理学的视角和方法审视番薯的这些称谓及其地理分布，不难发现其中所蕴含的特色鲜明且内涵丰富的地域文化信息。据《官话类编》、《汉语方言地图集》、《汉语方言词汇比较研究》等著述研究，大致呈现出这样的分布态势：河南与山东大部分称其为红薯，但济南、蓬莱、潍坊则称地瓜；北京人叫白薯；东北人称为地瓜；上海人和天津人称山芋；江苏南部称为山芋，苏北徐州地区称为白芋；安徽北方大部分地域和苏北地区的丰县附近称为红芋，而安徽中南部合肥六安一带则称之为芋头；陕西、湖北、重庆、四川和贵州称其为红苕或红芋；浙江人称其为番薯；江西人称为红薯、白薯、红心薯、粉薯之类，但南昌、九江则说"萝卜薯"；广西称其为红薯或地瓜，南宁则称"番薯"；广东人称其为"芋头、番薯"，"番薯"一称主要分布在闽粤客方言区；福建则有番薯、朱薯、金薯之谓。另外，梳理番薯名称的变化和地理分布格局，也是追溯番薯传播线路的重要途径之一，倪志佳、项梦冰的长文《番薯的词汇地理学研究》即通过对《汉语方言地图集·词汇卷》相关资料的梳理，找到了一些颇有意思的一些规律："方言接触往往导致词形的混合，例如'番薯'和'山芋'的接触产生了'番芋'和'山薯'，'山芋'和'红薯'的接触产生了'红芋'"；"移民和重要的交通线在方言扩散中起着不可忽略的作用，例如山东移民把番薯及番薯的称谓'地瓜'带到了东北，苏沪皖一带的'芋'类词形沿着大运河向北扩散，一直到大运河的起点通县（今通州区）"②。

其二，番薯的高产量和顽强的适应性，尤其是其在救灾中的突出表现，引起了一批文人墨客的关注，纷纷创作，或言种植番薯之利，旨在为其推广助力，或表达赞赏之情，寄志抒怀，或追溯历史，感念先贤恩泽。如明人何镜山的《番薯颂》、陈马留的《金薯赋》、邓应声的《番薯歌》、徐辉的《地瓜赋》等。清嘉庆年间台湾诗人黄化鲤亦有一首赞颂地瓜的诗作："熊掌龙蹄并有名，匀匀禹甸种初成。自从海外传佳植，功用而今六谷争。"其将地瓜与"熊掌龙蹄"并称、跟农业"六谷"并列，足见他对地瓜功劳之肯定。《金薯传习录》中亦汇集了不少关于番薯的诗词、颂赋。另外，清末进士泉州人吴增对番薯极感兴趣，在他的作品集中竟收录了197首与番薯相关的诗文，对番薯的产地、功用、种植方法、食用方式、医疗价值等方面都做了详细记载与描述。如他的《食法》诗："白薯如玉黄似

①曹志耘：《汉语方言地图集（三卷）》，北京：商务印书馆，2008。

②倪志佳、项梦冰：《番薯的词汇地理学研究》，《Modern Linguistics》2014年第2期：44－67。

金,要语流传说到今。不剥它皮食更好,剥皮它便刺人心。”这里说的是有的人吃了去皮的地瓜会“打胸膈”,闽南人俗称“烧心肝”。民间谚语道:“你不剥它皮,它不刺你心。”所以吴增教人吃地瓜带皮吃比较不会“打胸膈”,不会伤脾胃。据史载,在推广番薯的过程中,山东布政使李渭还创作当地人喜闻乐见的快板书。

其三,民俗中的番薯文化。番薯作为不可或缺的粮食作物,与老百姓生活息息相关,尤其灾荒之际,更是老百姓赖以活命的唯一依靠。因此,普通老百姓与其结下了难以割舍之情怀,尤其是对很多以番薯作为主要粮食地区的人而言,番薯既可爱、可贵,又最俗、最土。正因为如此,番薯已经逐渐真正地融入了民俗文化之中,相关例证信手拈来。如各地数量众多的番薯农谚:反映番薯收获物候现象的“黄鹂走,出红薯”;提倡薯稻轮播的“种种甘薯种种稻,产量年年高”,“一年红薯半年粮”、“待不忍饿,多种地瓜”、“春冬饭,地瓜当一年”;“待要吃饱饭,多多种地瓜”、“多种地瓜,春荒好过”,则体现了番薯在农民生活中的重要地位。再比如把番薯文化延伸了农家社会生活的:“时到时担当,无米再来煮番薯汤”,意思是船到桥头自然直,不必多虑,到了危急的时候,自然会出现应变的方式;“蕃薯不怕落土烂,只求枝叶代代传”,台湾地区谚语,意思番薯生命力很强,根深蒂固,只要你种下它,它就可以生生不息,以此比喻人吃苦耐劳,根性强;“土藏懵番薯,吃饱不辛苦”,在福建和江西等地,番薯因为憨厚大个的体态,故俗称懵番薯。

此外,在各地,尤其闽粤等番薯最早传入地,至今也保留着诸多与番薯有关的遗俗、遗迹和逸闻。如泉州曾经一度流行八月十五用番薯拜祭土地公的风俗;浙江宁波、余姚等地至今流行冬至必吃番薯汤果的传统习俗,“番”和“翻”同音,故冬至吃番薯,就意味将过去一年的霉运全部“翻”过去。在福州,不仅道光年间福州举人何道甫为纪念引种和推广番薯的陈振龙和金学曾而建的先薯亭依然屹立,还有众多关于引种的民间故事。在广东,其潮汕菜系名品“护国菜”,即以番薯叶为主打原料,虽然传说中主角为南宋末帝,但究其实质,则其最早起源应该在明清番薯传入中国之后。

2.5 马铃薯的引种及其本土化历程

马铃薯(*Solanum tuberosum* L.)原产南美洲,目前广泛种植于全球约160多个国家和地区,为世界各国饮食和烹饪文化不可或缺的一部分。2005年11月,联合国粮农业组织大会通过了秘鲁常驻代表提出一项寻求将世界关注重点转移到马铃薯对粮食安全以及增强发展中国家对于马铃薯种植重要性的提议,并把2008年确定为国际马铃薯年。至此,马铃薯名正言顺地成了全球第四大重要的粮食作物。在中国,2015年国家也正式启动了马铃薯主粮化发展战略,“不把土豆当干粮”的时代已经一去不再复返。

2.5.1 马铃薯的起源和早期发展

(1)马铃薯的起源

马铃薯属于茄科一年生草本植物,目前全世界共有8个栽培种和150多个野生种。据现代科技考古研究,早在14000年以前,马铃薯的野生种已在安第斯山区广泛分布,主要集中在两个地区,一是南美洲哥伦比亚、秘鲁、玻利维亚安第斯山区及乌拉圭等地;一是中美洲及墨西哥。大约距今1万年左右,马铃薯被纳入人工栽培的行列,并被逐渐驯化为粮食作物。从目前的证据来看,秘鲁、厄瓜多尔、哥伦比亚热带高原地带和智利北部南回归线南北的高原地带可能是最早栽培马铃薯的地方[①]。现代考古研究表明,在美洲马铃薯共有7个栽培种[②],分布于南美洲的安第斯山脉及其附近沿海一带的温带和亚热带地区。因此可以推断,在漫长的历史过程中,随着古印第安人的迁徙和交流脚步,马铃薯在美洲也可能经历了一个渐次扩散和变异发展的过程。约在公元前2000年前,这种作物就已经成为南美高原人们的主食了。考古学家在印第安古代遗迹中,发掘出众多的马铃薯实物遗存,还有绘成人形马铃薯图像的织物和陶器。

马铃薯不仅是古印第安人的主要粮食作物,也是美洲文明古国经济发展的重要经济支撑点,在距今1000多年前的印加帝国时期,马铃薯就扮演了重要角色。正因为如此,在古印第安文化中,亦不难发现马铃薯的诸多信息。如用煮马铃薯需要的时间做为单位测量时间,还把土豆奉若神明,称它为“丰收之神”。一旦遭遇歉收,古印第安人就要大惊失色,觉得是自己怠慢了“土豆神”,要用盛大的祭礼仪式来挽救。他们穿上华丽的服饰,伴随着音乐跳起古老的舞蹈,歌

①也有人把最早栽培马铃薯的地方具体到秘鲁南部地区安第斯山脉海拔3800米之上的的的喀喀湖区,时间为距今7000年左右。

②7个栽培种的说法源自于现代植物学分类的理论和方法,目前还有较大争议。还有一种分类方式,认为目前世界上共有4000余种马铃薯品种,其中拉丁美洲就占了其中一大半,达3000余种。详见 Hawkes J G. The potato: evolution, biodiversity and genetic resources hard cover. London: Belhaven Press, 1990。

声嘹亮，穿透云霄，祭祀中还要用牲畜、童男童女来祭奠，大概到 15 或者 16 世纪，杀人陋习才被取消。至今，在马铃薯的发祥地——秘鲁还保留着许多有关马铃薯特色民俗和文化活动，甚至把每年的 5 月 30 日定为国家马铃薯日。

图 2－25　马铃薯（土豆）

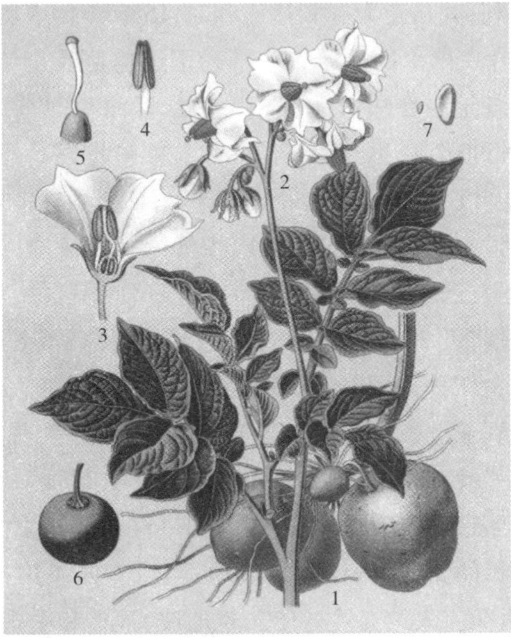

图 2－26　马铃薯构造图

1. 马铃薯的叶与块茎　2. 花与花序　3. 花的纵切面　4. 雄蕊　5. 雌蕊　6. 果实　7. 种子及放大图

（2）马铃薯的早期传播

1532 年，西班牙殖民者征服了印加帝国，马铃薯才逐渐进入了更多人的视野。1552 年前后，西班牙人 Francisco López de Gómara 和 Pedro Cieza de León 在其出版的有关印第安历史的书中有关于马铃薯的描述。1560 年前后，马铃薯被殖民者从哥伦比亚带到欧洲，开始在西班牙率先落脚。1586 年英国人在加勒比海击败西班牙人，从南美搜集烟草等植物种子，亦把马铃薯带到英国。

研究表明，最初落脚的马铃薯为四倍体短日照品种，在欧洲经过人工选择，最终成了后人所熟知的长日照类型。马铃薯在欧洲的传播并非一帆风顺，而是经历了一个颇为曲折和传奇色彩的发展历程：传入欧洲之初，由于对其认识不清，一度只是作为观赏植物种植，延续将近一个世纪；开始食用，也曾有过钟情尝试马铃薯枝叶、果酱之类的尴尬；在观念上，也有过认为吃马铃薯不道德（理由是欧洲人以前从未吃过块茎类食物，《圣经》中也没提到过马铃薯的污名化）或会导致麻风病等荒谬认识的长期风靡；1756—1763 年欧洲大陆“七年战争”所引发全面粮食危机为马铃薯命运转折创造的机遇……等等。尽管如此，马铃薯也没有停止在欧洲传播的步伐：1570 年马铃薯已扩展到西班牙南部；16 世纪末，英伦三岛开始广泛种植；到 1650 年已经成为爱尔兰的主要粮食作物；1583 年马铃薯进入意大利，并从意大利到达比利时；1588 年传入奥地利，次年进入德国境内（18 世纪中叶在弗里德里希大帝推动下迅速遍及全境）；1600 年前后输入法国，但直到 18 世纪末在法国才有较大的栽培面积；此后，马铃薯从苏格兰传到挪威，然后引种到瑞典（据说由于爱娃·拉嘎丹发现马铃薯可以酿酒，故使马铃薯在 18 世纪中叶已经大面积种植）和丹麦；18 世纪初，彼得大帝始把马铃薯引入俄国，从 18 世纪 60 年代开始，政府主导的马铃薯推广运动不绝于史载，到 19 世纪中叶俄国自己培育的品种已占全国栽培面积的一半。

可以看出，经过将近 200 年的磨砺，到 17 世纪末 18 世纪初，马铃薯不仅成为了欧洲重要的粮食作物，并开始以欧洲为新的策源地，伴随着对外殖民的不断扩张而逐渐传播到亚洲、北美、非洲南部和澳大利亚等地。北美洲大陆是在 1762 年首次通过百慕大从英格兰引进马铃薯在弗吉尼亚种植，1718 年大批爱尔兰移民又将马铃薯带到美国，故至今在美国一些州还称之为爱尔兰薯。马铃薯传入亚洲和大洋州的路线，据学术界梳理，大致有四条路径：第一路是 16 世纪末至 17 世纪初由荷兰人把马铃薯传入新加坡、日本和中国的台湾；第二路是 17 世纪中期西班牙人将马铃薯传到印度、爪哇、苏门答腊等地，再进入中国、日本；第三路是 1679 年法国探险者把马铃薯带到新西兰；第四路则是 18 世纪英国传教士把马铃薯引种至新西兰和澳大利亚。但是有一点值得注意，即据自然科学研究表明，最终马铃薯离开安第斯山区来到欧洲，通过变异、杂交、选择、进化成为在长日照条件下也能结薯的栽培品种，这一过程大约发生在16世纪中叶至18世纪。通过染色体倍性研究可以知道，目前全世界除南美洲以外的栽培马铃薯都是欧洲马铃薯的后代①。

图2-27 梵高《吃土豆的人》

2.5.2 马铃薯在中国引进及其传播

马铃薯进入中国以后，虽然不及玉米、番薯一样为国人所青睐，有着颇为引人注目的发展历程，并在明清时期已经成功跻身传统粮食体系，但梳理相关文献亦不难看出，在当时特殊的时势背景下，风云际会，马铃薯也在救饥救荒与缓解粮食危机、山地开发和农区拓展、饮食文化多元化发展等等方面留下了不可磨灭的烙印。尤其是进入20世纪以来，马铃薯的发展趋势以现代农业科技为依托，逐渐呈现出后来居上的发展势头。时至今日，我国马铃薯广泛分布，是世界上马铃薯种植面积最大的国家。2015年国家正式启动了马铃薯主粮化发展战略，为其发展开创了极为广阔的空间。

(1)马铃薯的引进

与在欧洲长期不被重视的原因相一致，殖民者在海外拓殖过程中，对马铃薯传播的热心程度亦远远不及玉米和甘薯，这是造成目前关于马铃薯在亚洲传

①谷茂、谷颜：《关于栽培马铃薯起源的探讨》，《农业考古》1999年第1期：191-195。

播资料相对稀缺的主要原因①。另一方面,马铃薯进入国内以后,由于国人对其(包括番薯)的不理解,因此在文献记载中或语焉不详,或往往出现名称交叉、混乱之现象,因此,要确定马铃薯何时从何地传入中国确属不易。尽管如此,学术界依然根据有限的文献资料记载,抽丝剥茧,对马铃薯在中国的引进和传播问题进行了基本的梳理。

目前关于马铃薯的引种问题,争议颇大,尚无定论。现按时间顺序将学术界所梳理的引种线路做大致介绍。

第一条路径,16 世纪末传入中国京津地区说。主要证据为文献记载中的几则史料:蒋一葵《长安客话》(约 1600—1610 年)卷二《皇都杂记》:"土豆绝似吴中落花生及香芋,亦似芋,而此差松甘。"明万历年间太监刘若愚《酌中志》关于皇宫饮食的记载:"辽东之松子,蓟北之黄花针,都中之山药、土豆,南都之苔菜,武当之鹰嘴笋、黑精、黄精……不可胜数也。"徐光启《农政全书》(1628 年):"土芋:一名土豆,一名黄独。蔓生叶如豆,根圆如鸡卵。肉白皮黄,可灰汁煮食,亦可蒸食。"《畿辅通志》(1682 年):"土芋一名土豆,蒸食之味如番薯";《天津府志》(1739 年)卷五《物产》:"芋,又一种小者,名香芋,俗名土豆";《正定府志》(1762 年):"土芋,通志俗呼土豆,味甘略带土气息。"并由此推测马铃薯可能直接传入京津地区,并在华北有了较为广泛的种植。这一线路有几个关键问题需要进一步梳理验证:其一,名称问题,这里的土豆是否就是马铃薯?几个相关概念如土豆、土芋、黄独、香芋等交叉使用,是不是已经产生了混淆?其二,线路问题,不排除欧洲传教士直接带入或藩属国远距离进贡或殖民者见面礼的可能性所导致的跳跃式传递,但目前尚缺乏有力的佐证资料和科学严谨之论证。

第二条路径,17 世纪中叶,马铃薯由海路传入台湾及东南沿海地区。具体的支撑性证据有:荷兰人斯特儒斯于 1650 年访问当时为荷兰所占有的台湾时见到称为"荷兰豆"的马铃薯,另外,不仅几乎同一时期的日本称马铃薯为"和兰薯",成书于 1760 年的《台湾府志》卷十七中亦列有"荷兰豆";刊印于康熙三十九年(1700 年)的福建《松溪县志》,较早地记载马铃薯的性状,"马铃薯,叶依树生,掘取之形有大小,略如铃子,色黑而圆,味苦甘"②,并提到了康熙十八年

①Berthold Laufer. The American Plant Migration, Part I: The Potato, Field Museum of Natural History, Chicago, 1938. 转引自何炳棣:《美洲作物的引进、传播及其对中国粮食生产的影响》,《世界农业》1979 年第 4 - 6 期。

②《松溪县志·物产》。对这一则史料,学术界还有争议,有人认为此处的"马铃薯"实为"黄独"。

(1679年)年县府曾号召民众种植马铃薯的历史,另外,1700年左右,也有西人称在浙江定海亲自见到该地种植马铃薯;东南沿海地区交通便利,与南洋早有贸易往来之途径和历史,再加之经济发达,具有较好的对外交流的基础和条件;明清时期,很多的外来作物也大都由海路进入这一地区;联系欧洲殖民在亚洲扩张的历史和马铃薯早期的传播路径,具备了基本的源头条件。应该说,这一条引种路径基本上形成了比较完整的证据链。

第三条路径,18世纪由传教士引入中国内地说。此说的主要依据为生物学和栽培学的理论和观点:通过染色体倍性研究可以知道,目前全世界除南美洲以外的栽培马铃薯都是欧洲马铃薯的后代;马铃薯来到欧洲后,通过变异、杂交、选择、进化成为长日照型的新栽培品种,这一过程大约发生在16世纪中叶,直至18世纪这一过程才完成,新品种形成后,马铃薯才开始在欧洲被大范围种植,才真正具有了大范围推广的可能性和竞争力。故18世纪由传教士带到中国的马铃薯才具有真正的推广意义。梳理后世方志文献,关于传教士在不同地区引种马铃薯的史料也有不少。

第四条路径,陆运的方式由新疆地区逐步传入山西等内地省份。主要证据:1836年成书的《马首农言》记载有一种名叫"回回山药"的新作物,可能为马铃薯;1846年成书的新疆《哈密志》卷一《蔬类》中有"洋芋";道光年间的《大同志》中所谓"白薯"可能亦为马铃薯;光绪八年(1882年)的《寿阳县志》和光绪十八年(1892年)的《山西通志》中也有该作物的记载;西北地区尤其是晋陕在这一时期种植面积迅速增加;当时俄国、哈萨克汗国等国在新疆商贸比较频繁;马铃薯从中亚地区传入新疆地区,然后由晋商带回或回商带入山西等内陆省份。

第五条路径,通过印、缅陆路移植云南,再渐及西南、西北地区。依据:欧洲殖民者已经在这一地区有了长期的经营,可能包括推广马铃薯种植;云南与缅甸等国比邻而居,具有地缘优势,且滇、缅、印度之间存在着一条颇为繁忙的内陆通衢大道;马铃薯的"洋(阳)芋"之称谓,不仅滇、川、黔有之,西北大部分地区亦如此。

(2)马铃薯在中国的传播

马铃薯引进中国后,由于受自身特殊生物习性和中国自然、社会诸因素的制约,其传播扩散相较于玉米、番薯等而言,具有速度慢,传播链短、传播容易中断、传播范围相对狭窄等特点。总体而言,马铃薯在中国的传播大致经历了三个历史阶段,不同时段具有不同的内涵,亦表现出不同的发展态势。

第一个历史阶段，从16世纪末至19世纪末，为引进及缓慢扩散期，其大致又可分为两个具体的时段，一是从16世纪末开始到18世纪中叶的引进期，虽然有马铃薯不断引进的记载，但总体而言，基本上仍处于点状分布态势；二是从18世纪中叶之至19世纪末的缓慢扩散期，以马铃薯在欧洲的迅速扩展和中国人口激增、大规模人口迁移、灾害频仍等因素为背景，马铃薯出现了一定程度的发展，尤其是在一些利于其生长发育和种性保存的高寒山地及冷凉地区，如四川、贵州、云南、湖北、湖南、陕西等地的山区有了较快的发展，呈现出一定的带状分布特征。在这一阶段，还有一个问题值得进一步的探讨，即在早期引进马铃薯的地方，似乎鲜少后续发展的相关记载和证据。究其原因，可能还是与马铃薯在气候不适宜地区其种性易退化自然属性相关联。如一些气温暖湿地区，因为这一因素，马铃薯在栽培过程中往往容易被人们选择性淘汰，或因自身病害严重而腐烂绝种。1926年的四川《南充县志》卷四中就有“山土产前独产洋芋，今已绝种，下地亦多腐于地中”的记载。而在中国南方低海拔地区，马铃薯在无性繁殖过程中产生了严重的退化现象，如植株矮化，出现花叶、卷叶、皱缩叶，产量降低，病害积累等，故往往会出现绝种现象而导致整个传播过程中断①。

第二个历史阶段，19世纪末至20世纪中叶，为加速传播扩散期。20世纪起，以世界范围内马铃薯育种栽培技术的迅速发展、国际交流的加强和国内近现代农业科技的发展为背景，马铃薯在中国开始了进一步的传播与扩。研究表明②，这一时期的传播表现出一些新的特点与趋势：一是种植范围与面积的迅速扩大。种植区域由气候适宜的高海拔、高纬度冷凉地域向低海拔、湿度大容易引起马铃薯退化的地区扩散传播，从方志文献资料来看，增加了福建、台湾、上海、山西、甘肃、辽宁、吉林、黑龙江、新疆等省区③；与之同时，种植面积也相应出现了大幅的增加，如山西省到1932年，其种植面积达131.7万亩，居全国之冠④。到1936年，全国马铃薯种植面积也约达540万亩以上⑤。二是在一些地区，马铃薯逐渐成了当地的主要粮食作物。马铃薯传入中国之后，基本上是作

---

①丁晓蕾：《马铃薯在中国传播的技术及社会经济分析》，《中国农史》2005年第3期：12－20。

②丁晓蕾：《马铃薯在中国传播的技术及社会经济分析》，《中国农史》2005年第3期：12－20。

③[美]何炳棣：《美洲作物的引进、传播及其对中国粮食生产的影响》，《世界农业》1979年第4－6期。

④转引自佟屏亚：《马铃薯史略》，中国农业科技出版社，1991年。

⑤唐启宇：《战时粮食问题及我国战时粮食管理政策的探讨》，《中华农学会报》第164期，1938。

为菜蔬之类处于佐食的地位，但在这一时期，情况出现了一些变化，传统的适生区，如西南、西北山区，随着种植技术的提升、对马铃薯功用认识的深化以及饮食习惯的适应，开始自然而然地把其作为一种粮食作物，在一些新近面积急速扩大的地区，如山西、陕北，在内部粮食需求和外部因素推进的共同影响下，也逐渐开始把马铃薯作为了主要粮食作物之一。此外，在这一时期，还有一些新的趋势或问题值得关注，如近现代科技推广理念与组织体系的介入问题，如高寒地区农业开发与马铃薯种植推广问题。

第三个阶段，1949 年新中国成立以后的全面发展时期。在这一时期，马铃薯的种植虽然出现了一些波动，但总体而言，其发展规模、速度、水平以及影响深度远远超过了前代，这是一个不争的事实。虽然这一阶段不是本文讨论之重点，但考虑到对这一进程中诸多推进因素的梳理，或可为反观历史类似问题提供参照性分析框架，故围绕两个关键点略赘述几句。其一，技术因素。具体到马铃薯推广问题上来，在这一时期，恰恰是农学、生物学理论和技术突飞猛进阶段，育种、病虫害防治、深加工等技术的突破，扬长避短，既较好地克服了马铃薯自身的一些生物学劣势，也更为有效地发掘开发了马铃薯的一些资源优势。其二，组织与制度因素。新中国建立以来，不仅基本完成了全国的有效统一，为技术推广创造了基本的条件，而且形成了一套组织严密、行之有效的推广运作体系，既包括了行政治理体系，也包括了具体的农业科技推广组织体系，这些是前代所不具有或所不完全具有的因素；其三，政策的致诱因素，联系马铃薯在新中国建立以来的发展轨迹，几次波动的背后不难发现政策影响的因子。如 20 世纪 50 至 70 年代的激增背后的工业化政策和人口政策，再如 20 世纪 80 年代的持续回升背后的土地政策和市场经济政策，等等。

马铃薯经过数百年的传播发展，到 20 世纪 80 年代，在我国基本形成四大生产区域，即北方一季作区、中原二季作区、南方三季作区、西南一二季混作区，50 多个推广品种，7085 多万亩的种植规模，种植面积稳居据世界之冠。

2.5.3 马铃薯的本土化历程

(1)风土适应

从生物属性的角度来讲，马铃薯高产、适应性强，营养丰富，兼具蔬菜、粮食之功效，同时亦具有“不争地”、“不争肥”等优势；但另外一个方面，马铃薯作为一个外来物种，既有其与生俱来的无性繁殖、自交不亲和或近交衰退及其所带来的病害多、易退化、不耐涝等劣势，同时也面临着在跨度如此之大、气候与生态环境差异显著的中国传播过程中所遇到自然因素带来的挑战。因此，追溯马铃薯在中国的传播进程，亦不难发现其中风土适应因素的影响。

从文献记载来看，早期引进马铃薯的地区甚多，其中东南一路历史甚早，但马铃薯这一地区的发展不仅整体进程缓慢、传播范围有限，甚至在一些地方还出现了昙花一现之后再难觅踪迹的现象，究其原因，湿热环境和马铃薯自身生物属性缺陷因素影响不容忽视。研究表明，湿热环境下，马铃薯在无性繁殖过程中很容易产生退化现象，如植株矮化、花叶变形、产量降低、病害累积等，严重者甚至最终绝收。也就是说，这些地区早期的马铃薯种植，或因效益问题被人们选择性淘汰，或因自身病害严重而腐烂绝种。另外，在文献记载中也不乏其他地区因为环境改变或马铃薯病变而导致的减产、绝收乃至退出问题。光绪十五年（1889 年）川、黔夏雨成灾，“洋芋腐败，不可食，四乡饿殍甚众”；1926 年的四川《南充县志》卷四载：“山土产前独产洋芋，今已绝种，下地亦多腐于地中。”而 1950 年我国原绥远省东部和原察哈尔省北部马铃薯之所以出现大幅减产（减产幅度达 70%—80%），其原因则与 1845 年闻名世界的爱尔兰的大饥荒完全一样——“马铃薯晚疫病”。

另一方面，在土地贫瘠、地势高峻的山区和西北温凉之地，马铃薯则适得其所，不仅呈现出传播范围广、传播速度快，而且也在当地社会生活中稳稳扎住了脚跟，不唯在饮食结构中占据一席之地，在一些地区更是跻身主粮之行列。道光二年刊刻的严如熤《三省边防备略 · 民食篇》曰：“洋芋花紫、叶圆，根下生芋，根长如线，累累结实数十、十数颗。色紫，如指、拳，如小杯，味甘而淡。山沟地一块，挖芋常数十石……洋芋切片堪以久贮，磨粉和荞麦均可作饼、馍。”光绪八年（1882 年）四川《太平县志》卷二《风俗》则说川、黔高寒地区“专以洋芋为粮，粒米不得入口”。咸丰二年（1852 年）湖北《长乐县志》卷十二《风俗》载：“羊芋有红乌二种。红宜高荒，乌宜下隰。高荒二月种，六月收。下隰腊月种，四月收。窖在土中。……向无此种，近平处处有之。土人以之作粮，又可作粉，卖出境外，换布购衣。”在西北温凉川谷地带，亦是如此。1848 年吴其濬所著的《植物名实图考》卷六“阳芋”条：“阳芋，……山西种之为田，俗呼山药蛋。”光绪十八年（1892 年）《山西通志》：“阳芋，植尤广，边县以为粮。……俗呼山药蛋。”民国山西《马邑县志》卷一《谷之属》亦云：“山药有黄、白、紫数种，……边地贫民赖此为养命之源。”其已经明确把马铃薯列入了“谷之属”。至 20 世纪初，甘肃、陕西北部、冀北张家口一带还以马铃薯作为三餐，并掺之面、粟而食。

随着马铃薯的传播和人们对其生物属性认识的不断深化，一边通过不断引种和提高栽培技术以促进其适应性发展，另一边也包括在人工和自然环境下马铃薯品种的多元化发展，如光绪八年（1882 年）四川《太平县志》卷三《物产》载："洋芋性宜高山，耐寒，贮久，种类不一，有红、白、乌、蓝、紫、麻各色。近年复有枝干类葵者，名葵芋。一亩可收数十石，山民倚以为粮，较稻谷相需尤极。"近代以来，随着现代科技的发展，人工介入或提升其抗病害能力，或选育优良品种之现象更是愈来愈为普遍。据有关资料统计，20 世纪 80 年代有推广品种 50 多个，到 2010 年代，短短二三十年，已达 90 余个。

（2）技术改造

虽然马铃薯并没有像番薯推广一样引起举国关注，也没有如其一样在明清社会产生极为深刻的影响，历史文献中关于马铃薯种植技术的资料并不多。但是，联系马铃薯自身高产、耐瘠、不争地、不争肥的诸多优势和明清时期粮食危机的外部环境，以及这一时期中国传统精耕细作技术体系的成就和普及程度，故也不难想象，马铃薯进入中国之后，尤其在一些地区，对人们的生产生活产生了重要影响，农人们自然而然地会精心经营，习惯性把其纳入自己熟悉的技术体系。也正因为如此，从目前为数不多的史料中亦可以找到对马铃薯进行技术改造的一些蛛丝马迹。

首先，是人们在长期探索中对其生物属性及其适应性认识的不断深化，反映这一方面的史料较多。如对马铃薯及其不同品种生物性状的描述："绿茎青叶，叶大小、疏密、长圆形状不一，根多白须，下结圆实，压其茎则根实繁如番薯，茎长则柔弱如蔓，盖即黄独也。疗饥救荒，贫民之储，秋时根肥连缀，味似芋而甘，似薯而淡，羹臑煨灼，无不宜之。叶味如豌豆苗，按酒侑食，清滑隽永。开花紫筒五角，间以青纹，中擎红的，绿蕊一缕，亦复楚楚。山西种之为田，俗称山药蛋，尤硕大，花白色"①，"土豆，其形如芋，钜者类芋魁"②，"近有海外土豆，皮淡红色，……又高丽土豆，黄、白色，但其味均不甚美耳"③等；如对适宜性的总结，"苞谷、洋芋、红薯三种古书不载。乾嘉以来，渐产此物，然犹有高低土宜之异"④，"高山险僻宜洋芋"⑤，"羊芋有红乌二种。红宜高荒，乌宜下隰"⑥；如对

①［清］吴其濬：《植物名实图考》，北京：商务印书馆，1957。
②民国二十二年（1933 年）《黑龙江志稿》卷十四。
③民国十九年（1930 年）《吉林通志》卷三十三。
④光绪十八年（1893 年）四川《奉节县志》卷十五。
⑤光绪十八年（1892 年）陕西《凤县志》卷八。
⑥咸丰二年（1852 年）湖北《长乐县志》卷十二《风俗》。

马铃薯病害的描述，“洋芋腐败，不可食”、“下地亦多腐于地中” ……等等，不一而足。

其次，是基于这些认识，人们在生产实践中开始采用各种各样的方式以兴利除弊。如不断引进新品种以克服马铃薯无性繁殖所带来的退化问题，从现存文献来看，这一方面的资料以相当丰富，不同时期均有经过不同途径从域外或其他地区引种的信息记录，尤其是从 19 世纪末开始，随着国际交流的发展和试验农业的渐兴，这一方面的记录更多，其中也包括了新品种的选育。如在传统“三宜”理论指导下，或不同品种选择不同之种植环境，或采用不同的播种期，典型如咸丰二年(1852 年)湖北《长乐县志》所谓：“羊芋有红乌二种。红宜高荒，乌宜下隰。高荒二月种，六月收。下隰腊月种，四月收。”同治五年(1866 年)湖北《恩施县志》亦有“夏种秋收，春种夏收”之记载。再如发挥这一时期耕作制度精进之成果，利用马铃薯适合多茬栽培之特性，或把其与玉米、棉花套种，或把其与其他作物间作，如与耐寒速生蔬菜间作、与甘蓝菜花间作、其他粮食作物间作等，或采用覆土压根之法提升产量，“根多白须，下结圆实，压其根则根实繁如番薯”①。还如传统重视施肥理念在马铃薯种植中的运用，同治五年(1866 年)湖北《恩施县志》即有这么一则史料：“洋芋，种时用草薪，经火烧，则大获。”草木灰富含钾，其对块茎的膨大发育有明显效用，在马铃薯种植中使用草木灰这一传统延续至今。此外，在今天，还有很多地方的农村把马铃薯种块在草木灰中翻滚或用草木灰覆种的做法，既有肥种、齐苗、壮苗之效，亦有延长薯种保存期、防治病虫害之用。马铃薯传播过程中，尤其是 20 世纪以后的向东北、青藏高原等高寒地区挺进，薯种储藏也是一个甚为关键的问题，对这一问题，目前的文献中虽只有片言只语，如咸丰二年(1852 年)湖北《长乐县志》所谓“窖在土中”，但联系这一时期对番薯藏种技术的探索及其所取得的成就，以及马铃薯在高寒地区成功推进的事实，这一问题应该是获得了较为圆满的解决。

关于传统马铃薯种植技术研究，还有两个思路性的问题值得思考。其一，顺着刚才关于马铃薯藏种技术解决之思路，即：虽然目前还没有发现明清时期关于马铃薯种植系统或专门的论述，但论及番薯种植技术的成果却颇为丰硕，可以说已经明确形成了体系化技术举措；虽然马铃薯、番薯存在诸多的不同，但对于普通老百姓而言，这两个高产薯类作物又有很多的相似之处，传统文献中二者称谓最起码在一段时间内的混淆不清即是一例证；作为种植者，无论是把

①〔清〕吴其濬：《植物名实图考》，北京：商务印书馆，1957。

马铃薯作为蔬菜还是视其为粮食,不可能非常机械或教条地严格区分二者种植技术之间的界限,恰恰相反,在经验农业传统中,则往往是相互借鉴,换句话讲,就是关于种植番薯的许多技术成就在马铃薯种植的实践中往往会自然而然地吸收借鉴。其二,文献资料是研究历史的重要途径,但不是唯一的,对历史时期马铃薯种植情况的考察,虽然目前文献资料比较薄弱,而且因其"草根性"也可能很难再有新的考古发现,但还有一个非常重要的研究资源宝库,即农村、农民的生产生活实际,贾思勰撰《齐民要术》,曾"采捃经传,爰及歌谣;询之老成,验之行事",值得借鉴与学习。

再次,马铃薯加工及烹饪技术。马铃薯富为蔬菜贫为粮,针对不同的用途,自然而然会有不同的加工、烹饪的工具与方式。作为粮食,或对马铃薯蒸、煮、煨、烤后直接食用,或焙干碾磨为面粉,再以之为原料加工成粉条、粉丝、土豆饼、洋芋檫檫(叉叉)之属,或捣碎之为土豆泥、土豆粥、洋芋糍粑,或切丝、切片晾晒、焙干为干粮……这其中包括了诸多带有中国式智慧的发明创造。作为蔬菜,更是加工方式花样层出不穷,不可胜数,各大菜系更是以之为原料,不断创新,形成了诸多色香味俱全的特色菜品,此不赘述。吴其濬的《植物名实图考》亦云:"阳芋,……疗饥救荒,贫民之储,秋时根肥连缀。味似芋而甘,似薯而淡,羹臛煨灼,无不宜之。叶脉如豌豆苗,按酒侑食,清滑隽永。"

关于马铃薯的加工与烹饪技术在这一时期的发展,还需要注意一个问题,即马铃薯在中国真正意义上的推广为20世纪以后,而这一时期,西洋文化接踵而至,洋人、洋货、洋种,自然也包括了与之俱来的对马铃薯新的利用方式、新的加工与烹饪方式的传入,而且伴随着"西风烈烈",其影响之范围、程度扩大之势愈为明显,或西餐、西式加工方式独领风骚,或中西合璧,迄今似乎已成各居半边天下之格局。

(3)社会容纳

其一,贫为粮,富为菜。首先,在很多地区跻身于粮食作物之列。马铃薯在中国传播之际,正值人口数量激增、土地兼并白热化、大移民的特殊时期,故其进入中国之初,就肩负着解决饮食问题的期望和使命。从地域角度讲,在西南、西北山区和土壤贫瘠之地,到清末之际,因为其高产和较强的适应性,已经成为很多地区的重要粮食作物,或为"民赖以为活"之主粮,如唯马铃薯独有收获的高山或苦寒之地,或为玉米、番薯等粮食作物之补充,不可或缺。同治十年(1871年)湖北《施南府志》卷十《风俗》:"郡在万山中。……近城之膏腴沃野,多水宜稻。……乡民居高者,恃苞谷为正粮,居下者恃甘薯为救济正粮。……

郡中最高之山，地气苦寒，居民多种洋芋。……各邑年岁，以高山收成定丰歉。民食稻者十之三，食杂粮者十之七。”在一些特定的时段而言，如旱涝虫灾之年，马铃薯适应性强之特点再次彰显，往往成为救命之粮食作物，或受此影响，在一些平坦肥沃之地，亦可能把其作为备荒之粮食而略有种植。也就是说，在一些特殊地区、特殊人群和特殊时段，马铃薯是当之无愧的粮食作物，备受青睐。但是，对于大多数国人、大多数地区和大多数的时段而言，马铃薯则属于蔬菜之列。如在平原地区，马铃薯或入园圃精心培育，或利用相对贫瘠之地规模大田种植，但更多则如同番薯一样，是充分利用房前屋后、地头田尾等“隙地”见缝插针式的种植；不仅很快将其纳入了传统饮食文化体系，而且将其作为菜之功用发挥到了淋漓尽致之程度，几乎每一个人都可以找到自己所钟情的土豆食品，这一方面，可能世界没有哪一个国家能出其右。

其二，作为增加收入之副产品。老百姓关注或是真正接受一个外来作物，必然要考虑几个基本的因素，首先是看其是否能满足温饱，这是最基本的；紧随其后，受一般农户经济窘迫性之影响，改善收入，提高生活水平的经济诉求便成了老百姓考虑的第二个关键因素。高产的马铃薯在解决温饱问题的同时，通过盈余产品和初级加工产品的销售，也可以带来一定程度的收益，如咸丰二年（1852 年）湖北《长乐县志》卷十二《风俗》载：“土人以之作粮，又可作粉，卖出境外，换布购衣。”

其三，功能的多方位开发。除了饮食利用之外，马铃薯的其他功能也在这一时期得到了一定程度的开发，如将其用于养殖，道光二十四年（1844 年）四川《城口厅志》卷十八载：“洋芋，厅境嘉庆十二三年（1807—1808 年）始有之，贫民悉以为食。……亦多饲猪。”此外，中医利用其营养丰富、“性平味甘无毒”和易消化之特性，对其药用价值亦有所发掘，把马铃薯作为健脾和胃、益气调中、缓急止痛、通利大便之药物运用。

（4）文化接纳：从“洋芋”到“土豆”背后的文化信息

马铃薯本土化，除了通过风土适应、技术改造、社会容纳等环节使其由“舶来品”变为“土特产”之外，还包括了从文化层面完成了从“洋芋”到“土豆”的文化转化和接纳；在这一过程中，由于马铃薯特殊属性和其在中国传播的特殊际遇，故一开始就具有极为显著的草根性和浓郁的乡土气息。

称谓的本土化转换。不同途径之马铃薯进入中国之初，其名称多有舶来之意，如“荷兰薯”、“爪哇薯”、“洋（阳、羊）芋”、“洋山药”、“回回山药”等，此后随着其进入普通贫苦百姓家，其名称则逐渐出现了诸多变化，因时、因地、因俗而异,形成了颇为诸多的别名、俗称,如文献记载中所见之“马铃薯”、“土芋”、“土生”、“香芋”、“白薯”、“乌芋”、“土豆”、“子山药”、“山芋”、“山药蛋”、“土卵”等。除此之外,还有许多不见文献记载的地方性俗名,如山东鲁南地区的“地蛋”,广西地区的“番鬼慈薯”,广东、香港地区的“薯仔、馍馍蛋”。梳理这些称谓及其变化,不难发现其中的一些基本的规律:其一,明显的地域化特色,如山东鲁南地区谓之地蛋,云南、贵州一带称芋或洋山芋,广西叫番鬼慈薯,广东、香港叫薯仔、馍馍蛋,山西叫山药蛋,东北各省则称土豆,西北各地则叫洋芋,这些称谓的地域分布格局,或可以窥见马铃薯传播的一些信息;其二,浓郁的乡土气息,虽然其称谓中不乏书面化、颇具典雅一些名称,如所谓的“香芋”、“荷兰薯”、“爪哇薯”、“子山药”等,但大多数则是带有浓郁草根性和乡土气息的名称,“洋芋”、“土豆”、“山药蛋”、“土卵”等。究其原因,主要与接受马铃薯的特殊人群、特殊地区有密切关系,可以说,马铃薯是众多传入中国作物中最接地气的一种,这些称谓的长期流行,也使人们逐渐忘记了马铃薯的出身,而视其为地地道道的“土特产”。“如果说马铃薯在中国种植地域的扩张和种植面积的扩大使其完成了‘中国化’,那么马铃薯在中国各地的俗称则说明其在中国各地进一步完成了‘地方化’。马铃薯由‘舶来品’完成‘中国化’继而‘地方化’的过程,揭示外来的马铃薯已经跟中国各地的风土、山水、乡情完全融合,成为中国各地地道的‘土特产’。”①其三,名称的趋同化发展,20 世纪以来,虽然各地的特色俗称依然存在,但也不难发现,随着马铃薯推广范围的扩大和国内交流频繁密切,尤其是随着基础教育和语言的规范化发展,马铃薯的称谓也出现了趋同化基本趋势,目前其称谓以“马铃薯”(改词最早出现于康熙年间的《松溪县志食货》,言其形似马之铃铛。后世以此作为官方名称)、“洋芋”、“土豆”所喜闻乐见。

民俗文化中的马铃薯。马铃薯安家落户之后,与贫困老百姓日常生活发生了极为密切之关系,老百姓亦用朴素的言语、朴素的方式表达了他们对马铃薯的真挚情感,虽然大多数因难登大雅之堂而没有进入文人骚客的视野,不见诸文献记载,亦留世不多,但通过老百姓的口耳相传,依然有一些流传至今的谚语、俚语,为我们认识和研究提供了弥足珍贵的素材。这里先以甘肃为例。早

---

①楚雪、王哲、韩业庭:《从“洋芋”到“土豆”的文化融合——马铃薯跨文化传播现象研究》,《甘肃社会科学》2012 年第 4 期:127-131。

在20世纪初,甘肃地区已经出现了"甘肃有三宝,洋芋、砂锅、大皮袄"①之类的民谚。在后世盛产马铃薯的定西地区,由于马铃薯落脚之后成功解决了老百姓基本生存难题,因此逐渐与当地百姓建立起了水乳交融的密切关系,而且经过长期积淀,已经深深融入当地文化之中。"洋芋蛋蛋宝中宝,顿顿吃饭离不了"、"早上吃洋(羊),中午吃芋(鱼),晚上吃蛋 "、"碗里端着,锅里煮着,地里长着,平常想着"……这些质朴的语言无不客观、形象地反映了马铃薯在定西人饮食和日常生活中的重要地位以及定西人难以割舍的土豆情结;正是与土豆这种紧密相连的关系,加之其如土豆般"草根"、质朴的性格特点,甚至很多外地人把包括定西人在内的甘肃人称为"洋芋蛋子"②。在马铃薯种植主要区域的其他地区,亦是如此。如一首山陕传情民歌唱道:"想哥哥想得迷了窍,抱柴禾跌进了山药窖。想哥哥想得心花花乱,煮饺子下了锅山药蛋";湖北宜昌亦有一首情歌:"情哥来得稀,没得么之吃,炒一盘包儿菜,烧几个大洋芋"。在陕西南部的柞水县也有民谣:"万青九间房,洋芋当主粮;要得生活来改善,洋芋捶得稀巴烂。"在云南的很多地方还流传这样一句口头禅:"吃洋芋,长子弟"(子弟意指英俊、漂亮)。

1949年以后,随着人民文学方针的确立及其影响,以赵树理为代表,以写农村生活为主题,以诚实、质朴、富于乡土特色的乡土文学兴起,即被形象地命名为中国文坛上的"山药蛋"派,马铃薯成了一种文化象征,亦因此而登上大雅之堂;作为民族语言的精华和奇葩的民间歇后语中,也出现了以马铃薯为主角、具有现代元素的一些表达,如"电线杆上插土豆——好歹是个头"、"母猪遛土豆——全凭一张嘴"等。20世纪五六十年代,毛泽东同志也曾经有过一首关于土豆的诙谐诗词流传于世,兹录如下:

《念奴娇·鸟儿问答》

鲲鹏展翅,九万里,翻动扶摇羊角。背负青天朝下看,都是人间城郭。炮火连天,弹痕遍地,吓倒蓬间雀。怎么得了,哎呀我要飞跃。　　借问君去何方,

---

①类似说法在其他地区也有,如内蒙古乌兰察布地区则流传"乌兰察布三样宝:山药、莜面、老皮袄";甘肃、内蒙古有些地区民间还对这一说法有戏谑性发挥,如内蒙古乌兰察布的"常年三样菜就饭,土豆、马铃薯、山药蛋",如甘肃定西的"甘肃三样宝:土豆、洋芋、马铃薯"。

②楚雪、王哲、韩业庭:《从"洋芋"到"土豆"的文化融合——马铃薯跨文化传播现象研究》,《甘肃社会科学》2012年第4期:127-131。

雀儿答道:有仙山琼阁。不见前年秋月朗,订了三家条约。还有吃的,土豆烧熟了,再加牛肉。不须放屁!试看天地翻覆。

总而言之,经过长期的濡化,马铃薯已经完全融入中国文化,实现了在中国的"本土化"或"乡土化"。

第三章
园艺作物的引进及其本土化

园艺作物,按照现代科学的分类,大致包含了果树、蔬菜、观赏植物等三大类经济作物群。在中国传统农业体系中,园艺作物,尤其是果树和蔬菜具有极为重要的地位,其既是粮食作物的有益补充和平衡饮食结构的必需品,也是实现多种经营、合理利用土地资源等重要依托。故《淮南子·齐训》谓:"水处者渔,山处者木,谷处者牧,陆处者农。"成书于春秋战国时期的《黄帝内经·素问》亦云:"五谷为养,五果为助,五畜为益,五菜为充,气味合而服之,以补精益气。"我国的园艺作物栽培历史源远流长,不但驯化培育了数量众多的品种,为丰富世界种质资源做出了突出贡献,也由于其独特的经营方式,亦形成了极为精湛的种植技术体系,对我国传统精耕细作技术体系的发展产生了重要影响。此外,在这一历史过程之中,我国先民亦没有仅仅囿于一国之地,而是抱着开放包容的心态,或籍民间途径之互通有无,或经官方之大力倡引,域外诸多优良果蔬种类或品种相继进入中国,并且经过长期的潜移默化,成为中国传统农业体系和社会生活乃至文化艺术不可或缺的重要组成。其过程之曲折艰辛、内涵之丰富、文化意蕴之深远,远非一著一章所能涵盖,而是需要系统的发掘梳理。逮于水平和精力之有限,本文不能进行全面系统之整理,只是在综述既有研究成果的基础上,选择芫荽、辣椒、苜蓿、石榴、葡萄等几种作物,以期对这一问题的认识有所表述。

3.1 国内外研究概况

3.1.1 国内研究概况

域外引进作物中,尤以果蔬居多,且由于其与传统社会基本需求满足以后的诸多诉求联系密切,故自古以来即为关注之重点。除了正史和地方史志有所涉猎外[①],亦不乏专业性历史文献对此问题的探讨,如晋人张华的《博物志》、李时珍的《本草纲目》以及包含了各种谱录类农书在内的历代农业历史文献。近现代以来,在前人资料和研究的基础上,学术界也对这一问题进行了多学科、多视角、多层次的全方位研究,取得了极为丰硕的成果。下面分几个方面做一简单梳理。

(1)史料整理与综合性研究

从20世纪五六十年代开始,在整理祖国农业文化遗产的号召下,一批有识之士即开始了对传统农业历史文献的搜集、整理、校注、翻译及出版工作,取得了辉煌的阶段性成果,除了众所周知的诸如《齐民要术》、《农政全书》等大型骨干农书之外,一批颇具特色的普录类农书和方志文献也最终与读者见面[②]。在系统整理基本史料的基础上,农业历史学界也开展了诸多综合性的研究工作,取得了一系列的成果。如石声汉先生的《中国农学遗产要略》、梁家勉先生主编的《中国古代农业科学技术史稿》、《中国农业百科全书·作物卷》、李根蟠的《中国古代农业》、陈文华的《中国古代农业科技史图谱》、闵宗殿的《中国农史系年要录》、董恺忱、范楚玉的《中国科学技术史·农学卷》、吴存浩的《中国农业史》、张芳的《中国农业科技史》、李璠的《中国栽培植物发展史》和《中国主要栽培植物的起源与传播》、盛诚桂的《中国历代植物引种驯化梗概》……等等[③],这些大型综合性的农史研究著述,不仅从专业的视角对这一问题有所阐述,更

①传统的二十六史中,很多辟有《食货志》等篇章,对域外引进作物有所涉猎;方志文献中,则多有《物产》等篇章,亦对此问题有所论述。

②如南京农业大学中国农业遗产研究室《中国农学遗产选集》(北京:农业出版社,1993)。此外,20世纪90年代开始,国家正式启动了《中华大典》的编撰工程,这是一项以现代科学理念和科技手段为依托的系史料统整理工程,其中即包括了《生物典》和《农学典》等内容,规划2018年出版,可能会为相关研究提供更为全面、便捷的帮助。

③石声汉:《中国农学遗产要略》,北京:农业出版社,1981;梁家勉主编:《中国古代农业科学技术史稿》,北京:农业出版社,1989;中国农业百科全书编辑委员会:《中国农业百科全书·作物卷》,北京:农业出版社,1991;李根蟠:《中国古代农业》,北京:商务印书馆,1998;陈文华:《中国古代农业科技史图谱》,北京:农业出版社,1989;闵宗殿的《中国农史系年要录》,北京:农业出版社,1989;董恺忱、范楚玉主编:《中国科学技术史·农学卷》、北京:科学出版社,2000;吴存浩:《中国农业史》,北京:警官教育出版社,1996;张芳、王思明:《中国农业科技史》,北京:中国农业科学技术出版社,2011;李璠:《中国栽培植物发展史》,北京:科学出版社,1984;李璠:《中国主要栽培植物的起源与传播》,《世界农业》,1982;盛诚桂:《中国历代植物引种驯化梗概》,《植物引种驯化集刊》1985(4):85-92。

提供了基本的历史脉络和必要的宏观背景。农业历史研究领域的专业史方向，以扎实的现代专业知识为基础，则在这一方面取得了诸多突破性的成果，如辛树帜先生的《中国果树史研究》①、孙云蔚的《中国果树史与果树资源》②在对我国果树历史进行系统梳理的过程中，亦考辨渊源，对域外引进果树来源及其传播有所阐述；如王烨的《中国古代园艺》③、程兆熊的《中华园艺史》④、胡驰的《中国蔬菜栽培史》⑤、叶静渊的《我国茄果类蔬菜引种栽培史略》⑥等论述，亦在高瞻远瞩宏观梳理历史的过程中对域外引进的园艺作物从不同侧重点有所阐述。张平真的《中国蔬菜名称考释》为国内系统研究蔬菜名称的第一部专著，在系统介绍270余种蔬菜名称的构成、分类和命名原的同时，还分别介绍了各种蔬菜起源地域、引入时间、栽培历史等问题⑦。李根蟠先生《胡化的餐桌》则从饮食文化的视角阐述了外来园艺作物的深刻影响⑧。此外，区域与断代史、农业历史地理、饮食文化史以及自然科学相关学科或领域的研究成果也值得注意，他们或把域外引进作物放置到特定时段或地区加以考量，既更清晰地展示了其特殊时空背景，形成了域外引进作物的区域与断代史，亦系统延伸了域外引进作物传播线路及其具体情况，或以现代科学观念、技术以及成果为依托，从不同层面有助于这一问题研究的深入，典型如随着染色体、DNA和基因技术的发现和应用发展，对农业物种的起源与传播问题研究的推进。

(2)关于经由丝绸之路引进园艺作物的研究

由于缺乏明确文献记载，故鲜有对先秦时期域外引种的相关研究。秦汉丝绸之路凿空以后，随着对外交流的不断发展，以此为主要通道的域外引种渐多，并出现了两次引种高潮，深刻影响了我国传统园艺业的发展和饮食文化乃至社会经济生活的变迁。以此为基础，学术界也形成了颇为丰硕的研究成果，涉及方方面面。如安作璋先生的《西汉与西域关系史》⑨、陈竺同先生的《两汉和西

---

①辛树帜编著，伊钦恒增订：《中国果树史研究》（中国农史研究丛书），北京：农业出版社，1983。

②孙云蔚主编：《中国果树史与果树资源》，上海：上海科学技术出版社，1983。

③王烨：《中国古代园艺》，北京：中国商业出版社，2015。

④程兆熊：《中华园艺史》，台北：台湾商务印书馆，1985。

⑤胡驰：《中国蔬菜栽培简史》，《农业与技术》2012(4)：93－93。

⑥叶静渊：《我国茄果类蔬菜引种栽培史略》，《中国农史》1983(2)：37－42。

⑦张平真：《中国蔬菜名称考释》，北京：燕山出版社，2006。

⑧李根蟠、耿艺：《胡化的餐桌》，《中国国家地理》2007(10：228－241。

⑨安作璋：《西汉与西域关系史》，济南：齐鲁书社，1979。

域等地的经济文化交流》[①]、向达先生的《唐代长安与西域文明》[②]、余太山的《西域通史》[③]、林梅村的《汉唐西域与中国文明》、《古道西风——考古新发现所见中外文化交流》和《丝绸之路与中国文明》[④]以及沈福伟的《中西文化交流史》[⑤]等著述,较为全面地阐述了汉唐以来丝绸之路中西交流交往问题,其中不少内容涉及农作物。郭风平的《丝绸之路植物交流探源》和《改变自然与人文面貌的中外植物文化交流》回溯了中外植物文化交流历史阶段,分析了各个历史阶段植物文化交流的背景、路径、主要内容和交流特色,认为植物文化交流既改变了自然环境和农业景观,也改变了生活方式、风土民习,是自然环境与人类社会改变的动力之一[⑥]。张骞凿空西域,是为丝绸之路之始,汉代以后,后世文献据西晋张华的《博物志》,均言张骞引种,并不断累加,最终使张骞享"中华引种第一人"之美誉,石声汉先生的《试论我国从西域引入的植物与张骞的关系》通过对历史记载的系统梳理考辨较早对这一陈说提出了质疑[⑦],李荣华的《魏晋南北朝时期张骞形象考述》则从张骞历史形象形成的视角进一步论证了石先生的观点[⑧]。张箭的《汉代域外农作的引进和发展》较为系统地梳理了两汉时期从域外引进的各种农作物[⑨]。殷晴的《物种源流辨析——汉唐时期新疆园艺业的发展及有关问题》以文献资料和考古新发现依据,追本求源,阐述了汉唐时期新疆园艺业的发展及有关问题[⑩]。魏露苓的《隋唐五代时期园艺作物的培育与引进》则在系统梳理隋唐五代时期进入中土域外新园艺作物品种及其影响的基础

①陈竺同:《两汉和西域等地的经济文化交流》,上海:上海人民出版社,1957。

②向达:《唐代长安与西域文明》,北京:哈佛燕京社,1933。

③余太山主编.:《西域通史》,郑州:中州古籍出版社,1996。

④林梅村:《汉唐西域与中国文明》,北京:文物出版社,1998;《古道西风——考古新发现所见中外文化交流》(哈佛燕京学术丛书第六辑),北京:三联书店,2000;《丝绸之路与中国文明》,东京:日本放送出版协会(NHK)出版社,2005。

⑤沈福伟:《中西文化交流史》,上海:上海人民出版社,2006 第二版。

⑥郭风平:《丝绸之路植物交流探源》,《丝绸之路》2009 年第 6 期:98 – 104;郭风平:《改变自然与人文面貌的中外植物文化交流》,《丝绸之路》2009 年第 10 期:21 – 29。

⑦石声汉:《试论我国从西域引入的植物与张骞的关系》,《科学史集刊》1963 年第 4 期:16 – 33。

⑧李荣华:《魏晋南北朝时期张骞形象考述》,《中华文化论坛》2014 年第 2 期:100 – 103。

⑨张箭:《汉代域外农作的引进和发展》,《休闲读品》2013 年第 8 期:135 – 140。

⑩殷晴:《物种源流辨析——汉唐时期新疆园艺业的发展及有关问题》,《西域研究》2008 年第 1 期:17 – 26。

上，剖析了引种之所以成功的各种因素①。

围绕着这一时期引进的诸如葡萄、石榴、核桃、菠菜、大蒜、黄瓜（胡瓜）等具体园艺作物，学术界有着更为深入的一些讨论。关于葡萄，胡澍的《葡萄引种内地时间考》、杨承时的《中国葡萄栽培的起始及演化》、苏振兴的《葡萄、葡萄酒由新疆传入内地新考》等论著②，根据文献记载和新的考古发现，提出了葡萄引入的具体时间和最早开始栽培的地点问题。新疆是葡萄在中国最早开始种植的地区，不仅留下了诸多历史遗迹，也在历史文献中有所反映，尤其是敦煌吐鲁番文书的出土，更为研究这一问题提供了新的机遇，除了姜伯勤先生的集大成之作《敦煌吐鲁番文书与丝绸之路》③外，还有很多论述探讨葡萄种植及葡萄酒酿造的著述，如陈习刚的《吐鲁番文书中葡萄名称问题辨析——兼论唐代葡萄的名称》、《吐鲁番文书所见唐代葡萄的栽培》、《吐鲁番文书所见葡萄加工制品考辨》、《吐鲁番文书中的“酢”、“苦酒”与葡萄酒的种类》等系列性论文④，充分利用这一考古发现，对唐代吐鲁番地区葡萄的名称、栽培、加工等问题进行了探讨，尤其是后文，对这一时期的葡萄酒类型及其加工问题形成了新的认识，认为已经形成了价格递增的浆、苦酒、酒、酢四种葡萄酒。在这一方面研究取得一定突破的还有王艳明的《从出土文书看中古时期吐鲁番地区的葡萄种植业》⑤和卢向前的《麴氏高昌和唐代西州的葡萄、葡萄酒及葡萄酒税》⑥，尤其是后文在探讨麴氏高昌和唐代西州时期吐鲁番地区葡萄栽培、种植、管理状况的同时，结合对当时种植面积的推测，提出了高昌葡萄酒税的问题。关于葡萄在中国的传播问题，也取得了不少的收获，陈习刚的《中国古代葡萄、葡萄酒及葡萄文化经

---

①魏露苓：《隋唐五代时期园艺作物的培育与引进》，《中国农史》2003（4）：18－23。

②胡澍：《葡萄引种内地时间考》，《新疆社会科学》1986（5）：101－104；杨承时：《中国葡萄栽培的起始及演化》，《中外葡萄与葡萄酒》2003（4）：4－7；苏振兴：《葡萄、葡萄酒由新疆传入内地新考》，《新疆师范大学学报（哲学社会科学版）》2003（4）：88－92。

③姜伯勤著：《敦煌吐鲁番文书与丝绸之路》，北京：文物出版社，1994。

④陈习刚：《吐鲁番文书中葡萄名称问题辨析——兼论唐代葡萄的名称》，《农业考古》2004（1）：154－162；陈习刚：《吐鲁番文书所见唐代葡萄的栽培》，《农业考古》2002（1）：224－229；陈习刚：《吐鲁番文书所见葡萄加工制品考辨》，《唐史论丛》，西安：陕西人民出版社，2009；陈习刚：《吐鲁番文书中的“酢”、“苦酒”与葡萄酒的种类》，《西域研究》2010（3）：64－75。

⑤王艳明：《从文书看中古时期吐鲁番地区的葡萄种植业》，《敦煌研究》2001（2）：82－88。

⑥卢向前：《麴氏高昌和唐代西州的葡萄、葡萄酒及葡萄酒税》，《中国经济史研究》2002（4）：110－120。

西域的传播——两宋以前葡萄和葡萄酒产地》[①]、刘树琪的《葡萄与葡萄酒在中原地区的传播和发展》[②],大致勾勒出了葡萄种植及葡萄酒酿造技术由西向东、由北向南、由京城地区向四周扩展的基本传播轨迹,即:先秦时期葡萄种植和葡萄酒酿造已进入西域地区;秦汉时期其在西域进一步扩展,并逐渐进入关内;魏晋南北朝时期进入中原,但主要分布在都城周围;隋唐时期发展较快,至五代辽宋西夏金时期已经在江南地区得到广泛的传播。围绕着葡萄及葡萄酒文化,陈习刚的《先秦至魏晋南北朝时期的葡萄文化》、《隋唐时期的葡萄文化》梳理了其发展进程[③],张桢的《目前发现入华胡人石质葬具图像中反映的酒文化》、王玉轩的《唐镜中的葡萄纹装饰艺术探析》[④]、贾昌杰的《唐代铜镜上葡萄纹的初步研究》(西北大学,2012)等,则立足相关文物资料及其所展现的葡萄文化内涵进行了发掘。关于葡萄文化研究,还有杨友谊的《明以前中西交流中的葡萄研究》(暨南大学,2006)张艺凡的《历史时期域外农作物的引进及本土化研究》(西北农林科技大学,2012)等也对葡萄有所涉猎。

关于石榴的研究。李婵娜的《张骞得安石国榴种入汉考辨》通过对文献记载的考辨,否定了张骞带入说,提出了石榴是张骞之后使者从安息国带回汉地的基本认识[⑤]。李玉等的《中国石榴栽培史》从石榴的起源与分布、古代石榴的种类和品种、生物学特性、繁殖方法、栽培管理、加工利用以及古代石榴的文化等七个方面对石榴的栽培历史做了全面的梳理[⑥]。夏如兵等的《中国石榴栽培历史考述》则侧重从石榴的传播、地域品种及其栽培技术发展、功能利用与开发等方面进行了历史总结[⑦]。关于石榴历史研究的成果还有曹尚银等的《中国石

---

①陈习刚:《中国古代葡萄、葡萄酒及葡萄文化经西域的传播——两宋以前葡萄和葡萄酒产地》,《新疆师范大学学报哲学社会科学版》2006(3):5-10。

②刘树琪:《葡萄与葡萄酒在中原地区的传播和发展》,《山东社会科学》2014(3):134-138。

③陈习刚:《先秦至魏晋南北朝时期的葡萄文化》,《许昌学院学报》2007(4):24-28;陈习刚:《隋唐时期的葡萄文化》,《中华文化论坛》2007(1):50-55。

④王玉轩:《唐镜中的葡萄纹装饰艺术探析》,《文物世界》2008(4):33-35;张桢:《目前发现入华胡人石质葬具图像中反映的酒文化》,《文博》2010(3):38-45。

⑤李婵娜:《张骞得安石国榴种入汉考辨》,《学理论》2010(21):164-166。

⑥李玉、王晨、夏如兵、曹尚银:《中国石榴栽培史》,《中国农史》2014(1):30-37。

⑦夏如兵、徐暄淇:《中国石榴栽培历史考述》,《南京林业大学学报(人文社会科学版)》2014(2):85-97。

榴栽培历史、生产与科研现状及产业化方向》①、陈兴佳的《石榴的起源及其在中国的传播》(山东农业大学 2014)、夏燕的《中外园林植物交流研究》(西北农林科技大学 2011)等。石榴进入中国以后,经过长期濡染,深深地与中国民俗文化相融合,形成了颇为独特的石榴文化,对于此,也是学者的关注的重点领域之一,如汪小飞等的《石榴的经济与植物文化价值研究》、蔡清的《中国传统吉祥植物在园林中的应用》和韩键等的《石榴的文化意蕴及其在园林绿化中的应用》侧重于对石榴文化价值内涵的发掘及其现实应用问题研究②,而郝兆祥等的《石榴在中国民俗文化中的象征意义》和李雪丹的《"石榴"的国俗语义探析》则主要从广义的视角解读了石榴的民俗文化意蕴③,而杨传珍的《鲁南石榴文化浅论》则把石榴文化与地域文化相结合,对其与儒家文化、当地民俗风情之间的关系做了较为系统地梳理④。罗淑娇的《浅析石榴纹在中国的衍变》则注意到石榴纹在中国的流变情况,并试图解释引起其变化的内部因素⑤,而闫飞的《刍议新疆石榴纹样演绎中的文化根源》则论述了新疆石榴纹样演绎与伊斯兰文化之间的关联性⑥。关于石榴文化的研究,笔者感觉还是应该更多地借鉴民俗学、花卉学学界的一些理论和方法⑦,以进一步发掘石榴文化的宝贵资源。在石榴历史的研究成果中,还有一篇论文值得注意,即夏燕、郭风平等的《浅论石榴的中国化》⑧,主要从名称中国化、应用中国化两个方面探索了石榴中国化的表征。

关于园艺蔬菜的研究。王艳明的《从出土文书看中古时期吐鲁番地区的蔬菜种植》依据吐鲁番出土文书,较系统地论述了中古时期吐鲁番地区蔬菜的种

---

①曹尚银、谭洪花、刘丽、郭俊英、薛华柏:《中国石榴栽培历史、生产与科研现状及产业化方向》,《中国石榴研究进展》,2010 年。

②汪小飞、周耘峰、孙龙、程轶宏、赵昌恒:《石榴的经济与植物文化价值研究》,《林业经济》2009(10):32-35,46;蔡清:《中国传统吉祥植物在园林中的应用》,《北方园艺》2012(4):92-95;韩键、翁忙玲、姜卫兵:《石榴的文化意蕴及其在园林绿化中的应用》,《中国农学通报》2009(15):143-147。

③郝兆祥、褚衍超、李峰、王艳芹:《石榴在中国民俗文化中的象征意义》,《中国石榴研究进展》,2010 年;李雪丹:《"石榴"的国俗语义探》,《柳州职业技术学院学报》2014(3):59-62。

④杨传珍:《鲁南石榴文化浅论》,《民俗研究》1989(3):17-19。

⑤罗淑娇:《浅析石榴纹在中国的衍变》,《华章》2014(23)。

⑥闫飞:《刍议新疆石榴纹样演绎中的文化根源》,《民俗民艺》2010(5):118-119。

⑦周武忠:《中国花文化史》,深圳:海天出版社,2015。

⑧夏燕、郭风平、徐金鹏:《浅论石榴的中国化》,《丝绸之路》2011(8):40-41。

植规模、菜园属性、蔬菜种类以及蔬菜加工、销售等问题[①]。关于菠菜的研究成果较多[②],张平真的《佳蔬名称考释——菠菜》对相关文史资料进行了较为系统的梳理,韩冷的《关于菠菜的考究》、宛磊的《菠菜和茉莉两种植物的来源考》等主要侧重于对菠菜历史渊源的阐述,龚珍的《汉移民对秦汉西北文化的影响:以蔬菜传播为例》[③]则阐述了汉移民与菠菜种植技术反向流动的问题。此外,如陈贵林的《论莴苣的起源和进化》对莴笋的起源及其世界传播与进化情况的阐述[④]、王赛时和张德纯对大蒜引进及文史资料问题的研究[⑤]、刘英英等对芫荽的引进及其本土化问题的研究[⑥]……等等。总体而言,对于凭借丝绸之路引进蔬菜园艺作物的研究还远远不够,除了少数作物引起学界关注外,大多数则仍然被藏置于历史的深阁之中有待开发。

经由丝绸之路域外引进作物的研究,还有一些领域的成果值得关注。首先是通过海上丝绸之路域外引种的成果。秦汉时期海上丝绸之路已经成了中外交通的重要途径之一,宋元时期则更为发达。其不仅是一些西域物产辗转进入中国的路径之一,更是南亚、东南亚农业物产进驻中国的最主要、最便捷之通道。凭借这一通道,盛产于南洋各地的诸如槟榔、芭蕉、椰子、甘蔗等独有物种或优良品种进入中国,产生了积极的影响。对于这一点,学术界亦早有关注,如叶国庆先生的《外洋传入闽中的物产》[⑦]、陈竺同先生的《南洋输入生产品史考》[⑧]、陈炎的《海上丝绸之路与中外文化交流》[⑨]、林更生的《古代从海路引进福建的植物》[⑩]等,均对这一问题从不同层面有所阐述。其次,是学术界对丝绸之路域外引种过程中一些特定族群、特殊地区的关注。在传统中外科技文化交流

---

①王艳明:《从文书看中古时期吐鲁番地区的葡萄种植业》,《敦煌研究》2001(2):82－88。

②陈贵林:《论莴苣的起源和进化》,《河北农业大学学报》1990(1):99－103。

③龚珍:《汉移民对秦汉西北文化的影响:以蔬菜传播为例》,《历史地理》2015(2):207－213。

④韩冷:《关于菠菜的考究》,《新疆农业科技》1983(2);宛磊:《菠菜和茉莉两种植物的来源考》,《信阳农业高等专科学校学报》2014(3):124－12;张平真:《佳蔬名称考释——菠菜》,《中国食品》1997(4)。

⑤王赛时:《中国古代对大蒜的引进和利用》,《农业考古》1996(1):182－188;张德纯:《蔬菜史话·大蒜》,《中国蔬菜》2013(11):36。

⑥刘英英,朱宏斌:《胡荽的传入及其本土化》,《农业考古》2014(6):244－248。

⑦叶国庆:《外洋传入闽中的物产》,《语言历史研究所周刊》1929(6)。

⑧陈竺同:《南洋输入生产品史考》,《南洋研究》1936(6)。

⑨陈炎:《海上丝绸之路与中外文化交流》,北京:北京大学出版社,1996。

⑩林更生:《古代从海路引进福建的植物》,《海交史研究》,1982(2)。

过程中，由于地理阻隔、交通落后以及民族、政权乃至文化隔阂等因素的影响，交流往往不是直接的，也往往不是一次所能完成的。因此，往往会需要一些特殊的族群充当中介，如游牧或商业民族，如边界屯垦军民，也出现了一些扮演了纽带或试验田的特殊地区，如不同文明之间的边缘或交错地带、京畿地区，或诸如皇家苑囿、边塞屯田类似的特殊点。对于这一方面，学界也颇为关注。如马雍的《东汉后期中亚人来华考》指出[①]，东汉中期以后中亚的月支、康居、安息以及部分北天竺人，陆续不断移居中国并很快汉化，改为支、安、康、竺等汉姓，将佛教以及中亚的风俗、器物等传入中国，掀起一股胡化热潮，陆庆夫的《唐宋间敦煌粟特人之汉化》[②]则指出，唐宋间，中亚粟特人尤其是以经商为业的昭武九姓聚居于敦煌地区，亦承担了中西文化交流之使者的使命。涉及特殊的一些地区，著述更多，如学术界对于新疆、河西走廊等中西交流要冲之地长期关注，形成了极为丰硕的成果。再如张波先生在《西北农牧史》[③]和《中国绿洲——东西亚古代农事交流的纽带》[④]中对汉唐时期绿洲农业与中西交通交流关系之阐述，朱宏斌在《两汉西域屯田及其在中西农业科技文化交流中的作用》[⑤]中则对西域屯田在中西农业科技文化交流作用进行了系统阐发，认为其不仅为中西科技文化交流的畅通提供了坚实的经济基础与安全保障，而且更是中西农业科技文化交流的重要桥梁与纽带；既是中原先进农业科技西传的又一重要策源地，也是汲取西域及西方科技文化的前哨和基地。“植之秦中，渐及东土”，尤其是汉唐苑囿，往往成了域外引进园艺作物最早的落脚地之一，这是汉唐时期丝路引进作物传播的重要环节，对于这一点，学界也有所关注，如余华青先生的《略论秦汉时期的园圃业》[⑥]和喻曦、包炎、郭建新、尹北直等对秦汉上林苑的相关研究成果[⑦]。

---

①马雍：《东汉后期中亚人来华考》，《新疆大学学报》1984(2)：18－28。

②陆庆夫：《唐宋间敦煌粟特人之汉化》，《历史研究》1996(6)：25－34。

③张波：《西北农牧史》，西安：陕西科技出版社，1989。

④张波、张伦：《中国绿洲——东西亚古代农事交流的纽带》，《中国农史》，1993(4)：11－16。

⑤朱宏斌：《两汉西域屯田及其在中西农业科技文化交流中的作用》，《中国农史》2003(2)：21－27。

⑥余华青：《略论秦汉时期的园圃业》，《历史研究》1983 (3)：21－32。

⑦喻曦、李令福：《浅析秦汉上林苑农业的多功能性》，《中国农史》2012(3)：3－10；包琰、冯广平、赵建成：《秦汉上林苑栽培树木初考》，《农业考古》2011(4)；尹北直：《西汉皇家苑囿的多功能农庄特征探讨》，中国农业大学，2007；郭建新：《秦汉上林苑研究》，西北农林科技大学，2016年。

(3)关于美洲园艺作物传入的研究

随着15、16世纪以来西方资本主义崛起和渐次展开的海外扩张,高产、高效的美洲作物也辗转进入中国,据不完全统计多达30余种之多,其中不乏我们今天所耳熟能详的诸多园艺作物,如番茄、茄子、辣椒、南瓜等,它们进入中国之后,很快融入中国的技术与社会生活体系,对我国传统园艺业发展和人们的饮食文化产生了极为深刻的影响,不啻为一场革命性的变革,故备受学界之关注,尤其是近十年来,不惟成果丰硕,更有了方兴未艾之发展趋势。

把引进美洲作物作为一个整体的相关研究成果。除了前文所谈到综合性著述对这一问题有所涉猎以外,从20世纪50年代开始的关于明清引进美洲粮食作物的持续讨论中,也对开始其有所关注,如闵宗殿的《海外农作物的传入对我国农业生产的影响》①,虽然依然是以粮食作物为中心,对园艺作物只是偶有涉及,但亦从整体性视角为以后的研究奠定了基础。进入新世纪以来,在前人成果基础之上,学界从不同学科和视野出发,不断推进这一方向研究的深入,取得了诸多突破性的进展。王思明为国内较早关注这一问题的学者之一,他的《美洲原产作物的引种栽培及其对中国农业生产结构的影响》一文侧重对美洲作物引种影响的系统分析,认为其不仅推进了农业技术进步,满足了日益增长的人口需求,而且对于农作物种类丰富、饮食结构改善、商品经济发展和农民增收亦有重要影响②。在他的《美洲作物在中国的传播及其影响研究》一著中,则重点阐述了九种重要美洲农作物在华传播及其影响,为第一部专门论述美洲作物之专著③。蓝勇的《明清美洲农作物引进对亚热带山区结构性贫困形成的影响》则从明清美洲农作物引进所产生的负面效应,尤其是对其在山区结构性贫困形成之的影响做了深入分析④。王宝卿的《明清以来山东种植结构变迁及其影响研究——以美洲作物引种推广为中心(1368—1949)》则以山东为例,运用诱致性技术变迁的新视角论证了美洲作物引进及由其所引发的种植结构变迁

①闵宗殿:《海外农作物的传入对我国农业生产的影响》,《古今农业》1991(1):1-11。

②王思明:《美洲原产作物的引种栽培及其对中国农业生产结构的影响》,《中国农史》2004(2):16-27。

③王思明:《美洲作物在中国的传播及其影响研究》,北京:三峡出版社,2010。

④蓝勇:《明清美洲农作物引进对亚热带山区结构性贫困形成的影响》,《中国农史》2001(4):3-14。

的巨大影响[①]。宋军令的《明清时期美洲农作物在中国的传种及其影响研究》在全面考察明清时期人们对美洲作物认识、利用情况的基础上，重点对民众认知、政府态度进行了较为全面、深入的考察[②]。吴建新的《明清时期主要外来作物在广东的传播》和《明清广东主要外来作物的再探索》在考察美洲作物在广东引进传播脉络的基础上，论述了这些作物对广东作物栽培制度、肥料应用、药物防虫技术的影响[③]。四川大学的张箭长期关注农业科技文化交流史研究，其著作《新大陆农作物的传播和意义》对19种美洲作物的起源和传播问题进行了较为系统的阐述，其中有一些内容填补了国内研究的空白[④]。李昕升等的《明清夏季蔬菜品种及其引进管窥——基于＜救荒月令＞的史料考察》则通过对“救荒月令”的史料考察，论述了我国明清夏季蔬菜的品种增加状况，以及最终所形成的以茄果瓜豆为主的夏季蔬菜结构，分析明清夏季蔬菜品种增加的原因[⑤]。类似整体性的研究还有郑南的《美洲原产作物的传入及其对中国社会影响问题的研究》、吴玉娴的《从明清文献看外来植物的引进与传播》等[⑥]。此外，在这一方面的研究成果中，还要有两个方面的成果值得注意：一是历史农业地理学界的相关成果，如在史念海先生带领下，他们或以区域、时段为单位，或以作物为线索，进行系统梳理，取得了丰硕的成果，对于研究引进作物的地区传播和地域分布，具有积极意义，韩茂莉三卷本的《中国历史农业地理》即是这一领域的又一集大成之作[⑦]。一是从本土化视角的研究，如樊志民的《农业进程中的拿来主义》、朱宏斌的《浅论农业科技文化交流史研究的基本维度》、丁晓蕾的《美洲原产蔬菜作物在中国的传播及其本土化发展》、杨海莹的《域外引种作物本土化研究》、张艺凡的《域外农作物的引种及其本土化研究》、邓啟刚的《域外经济作物

①王宝卿：《明清以来山东种植结构变迁及其影响研究——以美洲作物引种推广为中心(1368－1949)》，《中国农史》2006(3)：48－61。

②宋军令：《明清时期美洲农作物在中国的传种及其影响研究》，河南大学，2007。

③吴建新：《明清时期主要外来作物在广东的传播》，《广东史志》1998(2)：27－30；吴建新：《明清广东主要外来作物的再探索》，《古今农业》2008(4)：63－70。

④张箭：《新大陆农作物的传播和意义》，北京：科学出版社，2014。

⑤李昕升、王思明：《明清夏季蔬菜品种及其引进管窥——基于＜救荒月令＞的史料考察》，《湖南农业大学学报(社会科学版)》2013(3)：83－87。

⑥郑南：《美洲原产作物的传入及其对中国社会影响问题的研究》，浙江大学，2010；吴玉娴：《从明清文献看外来植物的引进和传播》，暨南大学，2007。

⑦韩茂莉：《中国历史农业地理》，北京：北京大学出版社，2012。

的引种及本土化研究》等[①],尤其是丁晓蕾的《美洲原产蔬菜作物在中国的传播及其本土化发展》专门针对美洲蔬菜作物的本土化问题进行深入探讨,认为其本土化发展既有顺利也有曲折,走上餐桌的时间也各有长短,影响这一过程的主要社会文化因素包括中国传统文化对蔬类食材的辨识与认同、近代中外交流的增加,以及中西饮食文化的交流与融合。

除了这些总体性的探讨之外,还有很多学者则是从具体的作物入手,围绕着引进、传播、发展、影响等因素展开深入讨论,收获颇丰,尤其是在番茄、辣椒、南瓜等主要园艺作物方面,更是创获甚多,下面分而述之。

关于番茄的研究。现代生物技术的发展为生物考古提供了重要支撑,在番茄的起源和早期传播问题上,学术界也充分利用了这一成果,并有所突破。如赵凌侠等的《番茄起源、传播及分类的回顾》、林涛等的《基因组分析揭示番茄育种的历史》等,均利用现代自然科学成果较为清晰地勾勒出了番茄进化传播的基本轨迹[②]。据2014年有关报道,我国一些科学家还通过对世界各地的360份番茄种质进行重测序分析,构建了完整的番茄遗传变异组图谱,这一成果对于准确研究番茄起源与传播具有重要意义[③]。张平真的《佳蔬名称考释(13)——番茄》对传统文献中的番茄名称进行了系统梳理[④],刘玉霞的《番茄在中国的传播及其影响研究》则对番茄的引种推广的历程、动因、影响进行了较为全面的诠释[⑤]。张茜的《试析番茄在四川的传播及其对川菜的影响》则重点从番茄对川菜发展的影响进行了论述,认为番茄在中国栽培和食用的历史虽然不足百年,但由于川菜的开放性和包容性,番茄在川菜中得到了广泛的应用,对川菜产生了重要的影响,丰富了川菜的烹饪原料、味型、菜品,促进了川菜的创新和

---

①樊志民:《农业进程中的拿来主义》,《生命世界》2008(7):36－41;朱宏斌:《浅论农业科技文化交流史研究的基本维度》,《农业考古》2011(1):28－32;丁晓蕾:《美洲原产蔬菜作物在中国的传播及其本土化发展》,《中国农史》2013(5):26－36;杨海莹:《域外引种作物本土化研究》,西北农林科技大学,2007;张艺凡:《域外农作物的引种及其本土化研究》,西北农林科技大学,2013;邓啟刚:《域外经济作物的引种及本土化研究》,西北农林科技大学,2013。

②赵凌侠、李景富:《番茄起源、传播及分类的回顾》,《中国种业》1999(3):29－31;祝光涛、张俊红、许向阳、余庆辉:《基因组分析揭示番茄育种的历史》,《遗传》2014(12):1275－1276。

③胡其峰:《揭示番茄进化线路》,《大众考古》2014(10)。

④张平真:《佳蔬名称考释(13)——番茄》,《中国食品》1998(1)。

⑤刘玉霞:《番茄在中国的传播及其影响研究》,南京农业大学,2007。

繁荣①。

关于辣椒的研究。随着现代生物技术的发展,生物考古成了现代考古的主要构成,依托现代生物技术正本清源,也是研究作物起源及传播的重要途径。刘文明等的《辣椒的种类、起源和传播》即为利用这一成果的一篇文章,阐述当前辣椒主要栽培种的分类学特征和分类方式,并对辣椒起源和世界传播问题进行了初步的考察②。胡乂尹的《辣椒名称考释》对辣椒40多种异名别称进行了梳理,认为其命名大致遵循了以来源地与栽培地、辣椒果实形态与性味、辣椒同名异物等基本规律③,蒋慕东等的《辣椒在中国的传播及其影响》在考证辣椒传入时间、路径的基础上,阐述了辣椒在中国的分布和演进情况,并对辣椒在中国传播的动因及其影响也做了较为系统的分析④⑤。丁晓蕾等的《从方志记载的辣椒地方名称看辣椒在中国的引种传播》则依托方志记载辣椒名称的梳理,提出了辣椒在中国传播规律及地域分布情况:"番椒"和"秦椒"是最能体现辣椒传播扩散过程的地方名称;从世界范围看,辣椒传入中国是迁移传播,在中国本土的传播扩散具有扩展扩散的特征;辣椒传入早期在中国形成了两个主要传播中心,即北方地区以陕西、河北、山东为中心,南方地区以福建、广东、台湾为中心。此外,关于辣椒传播问题的相关研究还有侯艳兰等的《辣椒在甘肃的传播及对甘肃饮食文化的影响》、郑南的《关于辣椒传入中国的一点思考》、胡乂尹的《明清民国时期辣椒在中国的引种传播研究》(南京农业大学,2014)⑥。辣椒进入中国之后很快取代了传统的辛类调味品,成了中国饮食文化不可或缺的重要组成,对于这一点,学界也多有关注,如蓝勇的《中国饮食辛辣口味的地理分布及其成因研究》、《生活在辣椒时代》、《中国古代辛辣用料的嬗变、流布与农业

---

①张茜:《试析番茄在四川的传播及其对川菜的影响》,《农业考古》2013(3):8-11。

②刘文明、安志信、井立军、黄国青:《辣椒的种类、起源和传播》,《辣椒杂志》2005(4):17-18。

③胡乂尹:《辣椒名称考释》,《古今农业》2013(4):67-75。

④蒋慕东、王思明:《辣椒在中国的传播及其影响》,《中国农史》2005(2):17-27。

⑤丁晓蕾、胡乂尹:《从方志记载的辣椒地方名称看辣椒在中国的引种传播》,《中国历史地理论丛》2015(3):104-117。

⑥侯艳兰、史志林:《辣椒在甘肃的传播及对甘肃饮食文化的影响》,《古今农业》2015(3):50-55;郑南:《关于辣椒传入中国的一点思考》,《农业考古》2006(4):183-190。

社会发展》等系列文章①,从地理分布、成因、历史变迁、社会影响等多个方面阐述,产生了重要的学术与社会影响。张艺凡等的《辣椒传入中国的地域文化影响》等认为辣椒不仅在日常饮食中受到人们的青睐,同时在族群认同、审美取向和文化趋向方面也产生了深刻的影响②。此外,何青的《辣椒与中国辣椒文化》也对辣椒传入中国后文化层面意义有所阐述③。

关于南瓜的研究。较早专题关注南瓜的有赵传集和张箭两位学者,赵传集的《南瓜产地小考》对中国、印度和美洲等南瓜主产区进行了初步的考证;张箭的《南瓜发展传播史初探》则探讨了南瓜的起源、印第安人早期选育以及南瓜在欧洲和中国的传播问题④。近几年,李昕升连续发表了关于南瓜历史研究的一系列论文,如《南瓜传入中国时间考》、《航海科技的发展与南瓜在欧亚的传播》、《南瓜名称考释》、《农史研究中"方志·物产"的利用——以南瓜在中国的传播为例》、《南瓜在中国的引种推广及其影响》等⑤,在此基础之上,于2017年1月更是推出了国内第一本关于南瓜历史的研究专著——《中国南瓜史》,综合采用历史地理学、历史文献学和地理信息科学(GIS)理论和方法,对南瓜的起源、世界范围的传播、品种资源、名称考释,中国引种的时间、引种的路线、推广的过程、生产技术的发展、加工利用技术的发展,引种和本土化的动因、引种和本土化的影响等进行了系统分析,从而全方位、动态地展现了南瓜在中国引种和本土化的历程,为这一领域集大成之作⑥。

对球茎甘蓝的研究。甘蓝类蔬菜的研究开始于20世纪80年代初,如叶静渊的《甘蓝类蔬菜在我国的引种栽培与演化》和《我国结球甘蓝的引种史——与

---

①蓝勇:《生活在辣椒时代》,《辣椒杂志》2006(4):80-90;蓝勇:《中国饮食辛辣口味的地理分布及其成因研究》,《人文地理》2001(5):84-88;蓝勇:《中国古代辛辣用料的擅变、流布与农业社会发展》,《中国社会经济史研究》2000(4):13-23。

②张艺凡、朱宏斌:《辣椒传入中国的地域文化影响》,《农业考古》2013(1):221-224。

③何青、安狄:《辣椒与中国辣椒文化》,《辣椒杂志》2004(2):46-48。

④张箭:《南瓜发展传播史初探》,《烟台大学学报哲学社会科学版》2010(1):100-108。

⑤李昕升:《南瓜传入中国时间考》,《中国社会经济史研究》2013(3):88-94;李昕升、丁晓蕾、王思明:《航海科技的发展与南瓜在欧亚的传播》,《山西农业大学学报(社会科学版)》2013(3):319-324;李昕升、丁晓蕾、王思明:《南瓜名称考释》,《山东农业大学学报(社会科学版)》2013(2):13-16;李昕升、丁晓蕾、王思明:《农史研究中"方志·物产"的利用——以南瓜在中国的传播为例》,《青岛农业大学学报:社会科学版》2014(1):68-72;李昕升:《南瓜在中国的引种推广及其影响》,《中国历史地理论丛》2014(4):81-92。

⑥李昕升:《中国南瓜史》,北京:中国农业科学技术出版社,2017。

蒋名川同志商榷》、韩嘉羲的《浅议云南结球甘蓝的引种史——兼与叶静渊同志商榷》、蒋名川的《关于几种蔬菜引进我国的历史的商榷》等，对球茎甘蓝引种演化问题进行了初步的探讨①。此后，张平真的《佳蔬名称考释(21)——球茎甘蓝》②和张楠等的《结球甘蓝名称考释》③，对历史文献中的名称进行了系统考证，丁晓蕾等的《球茎甘蓝在中国北方的栽培传播史考》、《球茎甘蓝在中国的引种栽培史考略》亦对甘蓝引种与传播历史有了新的研究④。

除了上述几种主要的美洲引进园艺作物研究之外，学术界也开展了对木薯、豆薯、菠萝等其他作物史的研究。如张箭的《木薯发展史初论》⑤、《豆薯——地瓜栽培传播史研究报告》⑥、《菠萝发展史考证与论略》⑦、《菜豆——四季豆发展传播史研究》⑧等论文，分别对木薯、豆薯、菠萝、四季豆等的起源、传播与发展、开发利用等问题进行了颇为系统的论述，多系拓荒之探索。

3.1.2 国外研究概况

国外对这一问题的关注，大致体现在以下几个方面。

其一，关于园艺作物起源与传播的研究。近代以来，随着进化论的发展，关于作物起源的问题也逐渐进入了人们的视野。1882 年瑞士植物学家 A. 德康多尔的《栽培植物起源》一著⑨出版，即标志运用近代科学方法探讨作物起源的开始，此后关于作物起源问题的研究不断推陈出新，形成了一系列的成果，如苏联

---

①蒋名川：《关于几种蔬菜引进我国的历史的商榷》，《中国蔬菜》1983(04)；叶静渊：《我国结球甘蓝的引种史——与蒋名川同志商榷》，《中国蔬菜》1984(02)；韩嘉羲：《浅议云南结球甘蓝的引种史——兼与叶静渊同志商榷》，《中国蔬菜》1985(02)；叶静渊：《甘蓝类蔬菜在我国的引种栽培与演化》，《自然科学史研究》1986(03)。

②张平真：《佳蔬名称考释(21)——球茎甘蓝》，《中国食品》1998(8)。

③张楠、丁晓蕾：《结球甘蓝名称考释》，《山西农业大学学报(社会科学版)》2015(8)：860－864。

④丁晓蕾、王思明：《球茎甘蓝在中国北方的栽培传播史考》，《中国农史》2014(6)：25－36；丁晓蕾：《球茎甘蓝在中国的引种栽培史考略》，《中国蔬菜》2015(12)：67－72。

⑤张箭：《木薯发展史初论》，《中国农史》2011(2)：19－30。

⑥张箭：《豆薯——地瓜栽培传播史研究报告》，《古今农业》2007(3)：40－48。

⑦张箭.《菠萝发展史考证与论略》，《农业考古》2007(4)：172－178。

⑧张箭：《菜豆——四季豆发展传播史研究》，《农业考古》2014(4)：218－229。

⑨[瑞士]德康多尔著，俞德浚、蔡希陶编译：《农艺植物考源》，上海：商务印书馆，1936。

农学家瓦维洛夫《主要栽培植物的世界起源中心》①(1926)提出的八大起源中心说、齐文和茹考夫斯基的《栽培植物及其变异中心检索》(1975)的12基因大中心说、Harlan提出的中心和非中心组成的体系说等等。尤其是进入20世纪80年代以来,以生物科技和以生物科技为依托的科技考古的蓬勃发展为背景,西方的作物起源研究凭借染色体和DNA技术,通过全球范围种质资源的搜集、比对,更是取得了一系列的重大突破,厘清了过去长期困扰人们的许多问题。对于本文所提到的各种主要园艺作物,目前或已经有了结果,或正在研究过程中,期待未来的不久,这些问题会迎刃而解,建构起一个比较清晰的"起源—驯化—传播"的线路图。此外,关于园艺栽培植物的传播问题日本学者也有一定的研究,如星川清亲在《栽培植物的起源与传播》②中对各种主要园艺作物的起源及传播路线的考证,斋藤隆对番茄引进亚洲线路的修订③。此外,北村四郎的《中国栽培植物的起源》(《东方学报》第19卷,1950年)、篠田统的《欧亚大陆东西栽植物之交流》(《东方学报》第29卷,1959年)等论著中也对这一问题有所阐述。

其二,关于丝绸之路科技文化交流的研究④。众所周知,联结古代东、西方的最主要孔道之所以得名"丝绸之路",即源自于德国学者李希霍芬,这也从一个侧面反映了西方学术界对丝绸之路的关注,可以说19世纪以来,丝绸之路一直是欧洲学者关注的重点话题之一,出现了诸如伯希和、雷慕沙、沙畹、童丕、马伯乐等一批具有国际影响的汉学家,也涌现了大量的研究成果,与本文主题相关如玛雅尔的《古代高昌王国物质文明史》(1973年)、布尔努瓦的《丝绸之路》(1963年)和《天马与龙涎:12世纪之前丝绸之路上的物质文化传播》(1994年)、阿里·马扎海里的《丝绸之路:中国波斯文化交流史》(1983年)、路易·巴赞的《9—10世纪敦煌回鹘文献汇编》(1986年)和《9—10世纪突厥—粟特文献汇编》(1990年)、让·诺埃尔·罗伯尔的《从罗马到中国——恺撒时代的丝

---

①[苏]瓦维洛夫(Н·И·Вавилов)著,董玉琛译:《主要栽培植物的世界起源中心》,北京:农业出版社,1982。

②[日]星川清亲著,段传德,丁法元译:《栽培植物的起源与传播》,郑州:河南科技出版社,1981.4。

③[日]斋藤隆:《番茄生理基础》,上海:上海科学技术出版社,1981。

④参考西北大学外国语学院课题组:《国外关于丝绸之路的研究.中国西部发展报告》(2014),北京:社会科学文献出版社,2014:374-390;耿昇:《法国汉学界对丝绸之路的研究》,《北方民族大学学报》2002(2):5-13。

绸之路》(1993 年)、韩百诗(Louis Hambis) 主编的《西域的历史和文明》等,尤其有两部著述尤为重要,如法国布尔努瓦著《天马与龙涎:丝路上的文化传播丝绸之路》[①](2001 年),即详细介绍了 12 世纪之前丝绸之路上的物质文化传播情况;再如法国阿里・马扎海里的《丝绸之路:中国波斯文化交流史》[②](2006 年),书中第三编"丝绸之路和中国的物质文明的西传"即详细介绍了中国的谷子、高粱、樟脑、肉桂、姜黄、生姜、水稻、麝香和大黄的栽培史、用途以及经波斯传向西方的过程。

此外,还有很多海外学者对中国园艺作物史有一定程度的涉猎,如美国著名东方学者劳费尔的《中国伊朗编》[③](1964 年),对中国和伊朗之间包括饮食和饮食文化在内的大量物质文化交流作了细致而有见地的论述,美国学者西蒙兹(Simmonds,N・W)的《作物进化》对作物进化过程的梳理[④]、美国学者谢弗的《唐代的外来文明》(1995 年)从其来源、传播、应用以及社会影响等方面对唐代外来文明所进行的深入而细致的分析研究[⑤]。再入美国著名汉学家德克・卜德的《中国物品西传考》、英国李约瑟的《中国科学技术史》的相关内容以及华裔美籍学者何炳棣、余英时、许绰云等相关著述[⑥],包括日本学者关于中国花文化、饮食文化的诸多研究著述也对此问题有所关注,限于篇幅,这里不再一一赘述。

3.1.3 简单述评

从总体而言,目前关于园艺作物的研究应该说取得了极为丰硕的成果,不仅依托现代科技考古对作物的起源和传播问题取得了突破性的进展,而且呈现出多学科、多视角结合下新领域不断开拓、研究水平不断提升等新趋势,但也同时存在诸多的不足:其一,虽然有了新技术、新学科的介入和新材料的发现,但

①[法]布尔努瓦著,耿昇译:《天马与龙涎:丝路上的文化传播丝绸之路》,济南:山东画报出版社,2001。

②[法]阿里・马扎海里著,耿昇译:《丝绸之路:中国波斯文化交流史》,乌鲁木齐:新疆人民出版社,2006。

③[美]劳费尔著,林筠因译:《中国伊朗编:中国对古代伊朗文明史的贡献》,北京:商务印书馆,1964。

④[美]西蒙兹(Simmonds,N・W・)编,赵伟钧译:《作物进化》,北京:高等教育出版社,1987。

⑤[美]谢弗著,吴玉贵译:《唐代的外来文明》,北京:中国社会科学出版社,1995。

⑥[美]何炳棣:《黄土与中国农业的起源》,香港中文大学出版社,1969;[美]余英时著,鄢文玲译:《汉代贸易与扩张(另录:汉代的饮食、匈奴)》,上海:上海古籍出版社,2005;[美]余英时:《汉代中外经济交通》(英文);[美]许绰云:汉代农业,华盛顿大学,1980。

囿于语言隔阂和信息沟通渠道的不畅，多学科综合研究的成果不多，尤其是国内学界对新发现、新方法了解不多，关注不够；其二，受原始资料分布不均衡的影响，研究依然存在孰轻孰重的局面，从时段来讲，主要集中汉唐、明清两个时期，从地域来讲，则主要集中于西域、美洲两地，其他则很少涉及，而且还有数量众多的作物研究或无人问津，学术空白领域尚多，或蜻蜓点水，长期处于低水平徘徊；其三，虽然出现了一些新视角、新观点，但大多数研究往往过分沉溺于细节，而缺乏新思维、大视野和整体史观，一定程度上制约研究的影响力和水平。

3.2 蔬菜作物的引进及其本土化

3.2.1 关于中国蔬菜作物栽培史的几点认识

(1)悠久的历史渊源

园艺蔬菜栽培之历史，可谓源远流长。在人类漫长的原始采集渔猎阶段，经过长期摸索之后，先民们已经熟悉并采集、食用一些植物的叶、果以充饥果腹，一些早期人类遗址中野菜遗存的发现即是例证。此后，随着原始农业的诞生和人类定居生活的开始，一部分野菜逐渐被纳入人工栽培的行列，并经过长期筛选之后成为蔬菜，如甘肃秦安大地湾新石器时代遗址和西安半坡遗址就出土了带有人工栽培痕迹的芸薹属蔬菜(可能是油菜、白菜或芥菜)的种子，河姆渡遗址和良渚遗址也曾发现了葫芦、蚕豆、两角菱、甜瓜等蔬菜遗存。不唯如此，在中国传统的古史传说中亦有相关的内容，如《国语·鲁语》谓，烈山氏之子“柱”能“殖百谷百蔬”。也就是说，至迟在距今七八千年前我们的先祖就已经开始栽培蔬菜，形成了“饭糗茹草”(《孟子·尽心》下)的饮食格局①。到了夏商周三代时期，蔬菜种植有了进一步的发展，不仅用于专门种植蔬菜场地——园圃开始萌芽，而且蔬菜种类有了明显的增加。据有关资料统计，《夏小正》、《诗经》、《周礼》、《诗经》等文献中记载的食用蔬菜有约20余种，其中肯定为人工栽培大约有四种，即韭、芸(芸薹)、瓜(菜瓜)、瓠(葫芦)等。春秋战国时期，随着经济与社会的发展，蔬菜种植出现了转折性的发展：研究表明，园艺业在这一时期脱颖而出，已经发展成为独立的生产部门，不仅有专门管理园艺的机构和

①糗为粮食之被碾碎或压碎后之为粉状者；这里所说的“草”，盖指菜蔬而言。“饭糗茹草”，应当是新石器时代已经知道粮食加工和蔬菜种植以后，社会上一般人们的饮食情况。

职官，也出现了专门经营园艺的场所——"园"、"圃"以及专门经营园圃业的农户，如孔子所谓之"老圃"；栽培蔬菜种类增多，除了前代的四种之外，葵（冬寒菜）、笋、蒲和具有调味之效的辛辣味蔬菜——姜、葱、蒜也进入了人工栽培的行列；园圃经营的专业化，为栽培管理技术的提升创造了重要条件，因此，在这一时期，蔬菜种植已经出现了集约化的诸多趋势，如重视劳动力投入，重视水肥，研究表明，井灌即是在园圃业中得到了较早的运用和推广，"桔槔这种新的灌溉机械，很大程度上就是适应园圃业的需要而推广的，而畦这种新的农田形式，也是为了便于灌溉而首先在园圃中出现"①，值得注意的是，在这一时期似乎也已经培育出了一些品质优良的地方特色品种，如《吕氏春秋·本味》称之为"菜之美者"的"云梦之芹"、"具区之箐"，或为自然之直接馈赠，亦不能排除人工选育的可能性。除了生产技术之外，也包括了加工技术发展，如腌菜技术，不仅有整菜进行腌渍之"菹"，从《周礼》所记来看，已经形成了以韭、菁、茆、葵、芹、菭、笋7种菜蔬为主的"七菹"，还有将蔬菜切碎后腌渍的之"齑"，《释名·释饮食》曰："齑，济也，与诸味相济成也。"即蔬菜经如此加工后口感更好、更多样化。由此可见，我国的蔬菜园艺具有极为悠久的历史。

图3－1　甲骨文之"园"、"圃"、"囿"

圃，甲骨文 = （草丛）+ （田），表示在田地里精心栽培成片花草。有的甲骨文 将成片的花草 简化成单株的花草 ，将不对称的田地形状 简化成对称的"田" 。金文 承续甲骨文字形。当"甫"的"栽培花草"本义消失后，金文 再加"口" （围栅）另造"圃"代替，表示有栅篱的园子。

囿，甲骨文 = （口，篱栅）+ （卉，百草），表示种植花草蔬菜的园子；有的甲骨文 = （口，墙垣）+ （林），表示有围墙的园子。金文 = （口，

①梁家勉主编：《中国农业科学技术史稿》，1989：143。

墙垣）+ ，表示可供游猎的大林园。

（2）特殊属性与功能

作为一种特殊的农产品，蔬菜园艺作物首先具有自身与生俱来的诸多自然属性，如不同的生长期、不同的颜色、不同的味道……等等，中国传统饮食文化和医学将其归纳为所谓的“五色”、“五味”、“四性”：“五色”，即蔬菜的青、赤、黄、白、黑五种颜色；“五味”，即指蔬菜所具有的酸、苦、甘、辛、咸等多种口味；“四性”，则指蔬菜所具有的寒、凉、温、热、平等属性，亦为中国式智慧之体现。

与其复杂的自然属性相联系，蔬菜园艺作物及其产品的社会属性或其所承担的社会功能亦是非常复杂，与不同阶层社会群体的需求密切相关，呈现出多元化的特色：于寻常百姓使而言，蔬菜或作为粮食之补充满足温饱，或作为饮食调剂而改善生活水平，或利用其相对优势满足补贴家用之利益诉求；对于劳心者而言，园艺作物及其产品除了满足丰富和提高饮食的基本要求之外，还承担了娱乐、娱心乃至社会地位展示等特殊功能。王公贵族、文人雅士，或劳心之余，躬耕园圃，劳逸结合，调节生活节奏；或寄情田园风光，赋诗作词，娱乐心身；或具特色之佳肴美羹，呼亲唤友，联络情感，展示身份地位……不一而足。故与中国精耕细作技术体系之发展相谐，共同形成促进蔬菜园艺发展之推拉因素，不惟备受各界之重视，或有皇家贵族之苑囿，或有一般大户家之场圃、菜园，亦有一般农户房前屋后、田间地头之种植，而且相较于大田作物，对园艺作物亦往往采取了更为精细、集约的经营。

（3）域外引种之必然

除了本土起源的蔬菜作物之外，在漫长的社会发展进程中，我们的先民还通过各种途径不断引进域外的新物种或优良品质的新品种，产生了极为深刻的影响，具体到餐桌上，甚至可以说，目前我们习以为常的大多数蔬菜或本姓“洋”，或多多少少具有一定的“洋血统”。这一现象的出现，是自然、社会多种因素综合影响的结果，这里主要从种质资源的相对局限性和社会需求多元化两个方面做简单分析。

首先，种质资源的相对局限性。中国幅员辽阔，不仅各地差异明显的地质、地形、气候、土壤、水文条件形成了复杂多样的生态地理环境，而且具有极为丰富的植物资源，据统计，中国拥有高等植物 3 万余种，位居世界第三。正是以这样的自然禀赋为基础，中国成了世界最大、物种最丰富的栽培植物起源中心，以瓦维洛夫的统计为例，全世界共有666种栽培植物，其中中国起源的就有136种，占据20.4%，其中不乏我们今天非常熟悉的诸多优质蔬菜园艺作物，这是一个方面①。另一个方面，从世界范围而言，由于地域更为广阔，其所具有的生态地理环境差异性、复杂性亦更为突出，与之相适应，植物资源的复杂性和丰富性也自然而然远非一个中国所能比拟，也就是说，在人类文明诞生之前，世界范围之内就存在着众多的自然差异性明显的生态地理环境；在原始农业诞生以后，随着各地人类依据自然资源驯化活动的渐次开展，经过长期自然与人工筛选之后，形成了特色和内涵各有不同的农业体系，即不同的栽培植物起源中心，瓦维洛夫有8大起源中心之说，齐文和茹科夫斯基则有12个中心之说，各中心均具有各自独特的栽培植物物种或一定优势的同一物种下的优良品种，从而形成了互通有无的基本格局。在中国，虽然是世界上最大、物种最为丰富的栽培植物起源中心，但具体到蔬菜园艺作物，则优势并不明显，梳理中国的蔬菜园艺作物结构发展变迁历史，起码有两点可以佐证：一是种类数量的变化，农业文明之始，我国的蔬菜种类并不多，至春秋战国时期，利用的蔬菜亦只有20余种，而人工栽培则不超过10种，但是到了清末，主要栽培蔬菜种类已经达到了将近130种之多，其中增加的半数来自域外；二是结构的变化情况，这里仅举几个简单例子：如我国先民较早驯化的芸（芸薹）、瓜（菜瓜）、瓠（葫芦）等蔬菜，在中国的蔬菜体系之中，已经很早就退出了主导地位，反倒是域外引进的作物后来居上；再如古代调味栽培蔬菜及“五味”结构之演替，先秦时期，用做调味的栽培蔬菜有葱、蒜、姜，汉代增加了紫苏、蓼和蘘荷等，南北朝又出现了兰香、马芹等，但到了清代，随着美洲原产蔬菜辣椒的引进发展，除了葱、蒜、姜外，其余则很少提及，与之相适应，过去的“五味”——“酸、甜、苦、辛、咸”的内涵发生了变化，“辛”味被“辣”味所替代，不可不谓为一场饮食文化的“革命性”变革②。

还有是社会需求的多元化。不同地区的族群、不同的社会阶层在长期的发展过程之中，由于受自然与环境、历史文化诸因素之影响，往往形成了具有一定差异性的饮食习惯或偏好，对饮食文化发展亦往往有着不同的期望或诉求。具

---

①这一方面还有一点值得注意，即这一复杂多样的生态地理环境，不惟是使中国成为最大、栽培植物物种最为丰富的农业起源中心的重要基础，亦是域外引进作物能够完成风土适应的基本条件。

②蓝勇：《中国辛辣文化与辣椒革命》，《南方周末》2002.1.25。

体到蔬菜，对于普通老百姓，主要有两点，或补充粮食不足以解决果腹之虞，或出卖剩余以满足补贴家用之诉求，如《齐民要术》所谓：“如去城郭近，必须多种蔬菜，且得供家，有余出卖。”考虑到一般家庭自给自足之特征，自然是以第一种为主，这需要的是量、是高产廉价之蔬菜；官宦富家，无温饱之虑，对蔬菜的需求，始有了品种多样化、品质优良化的要求，或为菜户之市场；至于皇家贵族、富商大贾，“天下珍奇，莫不具有”的占有欲、特殊的资源优势和社会地位，使他们对蔬菜的需求还具有了赏奇猎异、娱乐身心、彰显身份等更高层次之诉求，亦需专供之场所。如汉唐时期，域外引种之所以“植之秦中，渐及东土”，一个重要原因，就是关中为京畿之地，不惟皇亲贵族聚居，亦是富商大贾云集之处，故有需求，有市场，也有支持系统。史载，上林苑搜集世界范围内动植物2000余种，其中不乏数量众多的园艺作物，且往往不惜血本培植管理，使上林苑成了皇室蔬菜供应基地和域外引种试验及本土化基地。影响社会需求的还有整个社会的经济发展水平的变化。唐宋时期，随着城市经济和市民阶层兴起，对蔬菜需求不仅数量大增，而且多元化、品质化之特色愈为明显，促使蔬菜园艺业专业化、规模化的进一步发展。追溯域外引种之历史，恰恰这一时期是以园艺作物为主体，与其社会需求变化相吻合。而明清时期人口激增和商品经济之发展，也使得这一时期引种高潮中，除了高产、高效的美洲原产粮食作物、经济作物外，亦不乏诸如辣椒、番茄等优质蔬菜瓜果。

总而言之，在多种因素影响下，在中国农业历史发展过程中，我们的先民不断引进域外菜蔬良种，不惟丰富了蔬菜的种类与品质结构，而且也对园艺种植技术和饮食文化发展、国人生活质量提升产生了积极的影响。

图3－2　陆上丝绸之路示意图

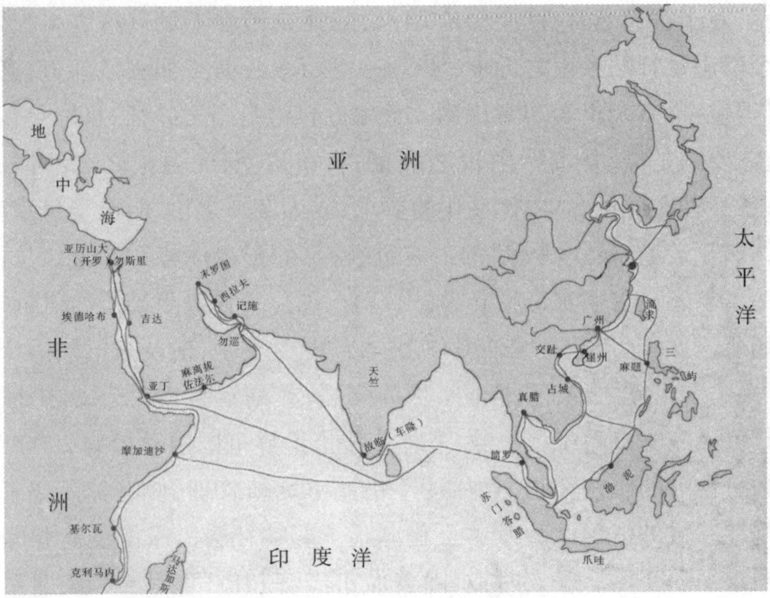

图 3－3　海上丝绸之路示意图

3.2.2　胡荽的引进及其本土化

历史时期蔬菜作物的引种大致经由了两条线路和三个阶段，而且数量颇多，影响甚为深刻，这一点前文已经有所阐述，这里只列举胡荽、番茄、苜蓿三种，旨在说明引种本土化的基本分析思路。

3.2.2.1　胡荽的引进及其传播

胡荽，即我们现在所说的芫荽，别名香菜、香荽，为人类历史上最古老的芳香蔬菜之一。其原产于地中海沿岸及中亚地区，后辗转传入世界各地，成了各地人们熟悉的一种调味蔬菜，现在世界大部分地区都有种植。

(1)引种问题之考辨

关于胡荽传入中国的时间问题，大致有两种说法，即西汉武帝年间说和西汉以后说，争论的核心点则围绕着是否由张骞引入展开。

第一种说法，西汉武帝年间张骞引入说。其主要依据为“张骞使西域，得大蒜、胡荽”这一则史料，其最早见于北魏贾思勰的《齐民要术》卷第三《种蒜》第十九中征引《博物志》一段文字[①]。以此为源，后世许多文献都附和了这一观点，如李时珍的《本草纲目》：“时珍曰：荽，许氏《说文》作葰，云：‘姜属，可以香

---

①〔北魏〕贾思勰撰，缪启愉、缪桂龙译注：《齐民要术译注》，上海：上海古籍出版社，2006。

口也。'其茎柔叶细而根多须,绥绥然也。张骞使西域,始得种归,故名胡荽。"正因为如此,这一说法甚有影响力,传颂至今,影响海外,尤其是民间传说,更是把汉唐时期引进物种均与张骞相联系。

第二种说法,非张骞引入说。石声汉先生较早的对张骞引种说提出了质疑①,后世学者也多有跟进,现将其证据总结如下:其一,史料出处失察。"张骞使西域,得大蒜、胡荽"这则史料,《齐民要术》言征引西晋张华之《博物志》,但现今流传的《博物志》②各种版本中并没有"张骞使西域,得大蒜、胡荽"之语,或为贾思勰疏漏所致。无独有偶,李时珍的《本草纲目》也有类似情况,如《本草纲目》菜部第二十七卷有"《西京杂记》言:苜蓿原出大宛,汉使张骞带归中国"之记载③,但查现今传世之《西京杂记》及相关文献,亦均无此说,或亦为未核对原文造成以讹传讹之故。当然至于这则史料到底出于何处,不得而知。其二,两汉文献均无张骞引胡种之明确记载。关于记录胡荽的最早文献为东汉张仲景(公元150—219年)的《金匮要略方论》:"四月、八月勿食胡荽,伤人神……胡荽久食之,令人多忘……病人不可食胡荽及黄花菜。"④虽有胡荽之记录,但对其来源问题,只字未提;同时,《史记》、《汉书》二部史籍中涉及张骞事迹的篇章甚多,如《张骞传》、《大宛传》、《匈奴传》、《西域传》、《西南夷传》等,均未提及张骞引得胡种之事;其三,假设"张骞使西域,得大蒜、胡荽"真的语出张华的《博物志》(约成书于公元3世纪中后期,而《齐民要术》则约成书于公元7世纪三四十年代),那么从张骞出使西域到《博物志》流世时隔有三百多年,这期间,缘何未见其他史籍记载?其四,张骞引胡种的后世层层累积现象。两汉史籍未见张骞引胡种之记载,但自《齐民要术》始,则不断累加,很快高达十几种之多,不大符合逻辑,正如石声汉先生的考证:"张骞从西域带回植物种子的事,既没有正面的史料可以证明,事实上的可能性也并不高。"⑤这种现象的发生,可能是张骞有

---

①最早对张骞带归苜蓿种子提出怀疑的是南宋人罗愿,其《尔雅翼》曰:"苜蓿本西域所产,自汉武帝时始入中国。……然不言所携来使者之名","《博物志》曰,张骞使西域的蒲陶、胡葱、苜蓿种尽以汉使之中,骞最名著,故云然"。这就是说因为张骞在出使西域中最有名,所以就将汉使引入中国的蒲陶、胡葱、苜蓿种子归入他名下。

②〔西晋〕张华撰,范宁校正:《博物志校正》,北京:中华书局,1980。

③〔明〕李时珍:《本草纲目》,北京:文史出版社,2003。

④〔东汉〕张仲景:《金匮要略方论》,北京:人民卫生出版社,1963。

⑤石声汉:《试论中国从西域引入的植物与张骞的关系》,《石声汉农史论文集》,北京:中华书局,2008。

凿空西域之首功，此后沿着这一孔道，原产于欧洲、西亚的诸如葡萄、苜蓿、胡桃、胡蒜、胡瓜、胡麻、胡豆等作物接踵而至，影响渐深，民间或感念张骞，或为作物推广故皆附会张骞①。另外，在传播过程之中，也不排除一些文人夸饰、杜撰的推波助澜作用。

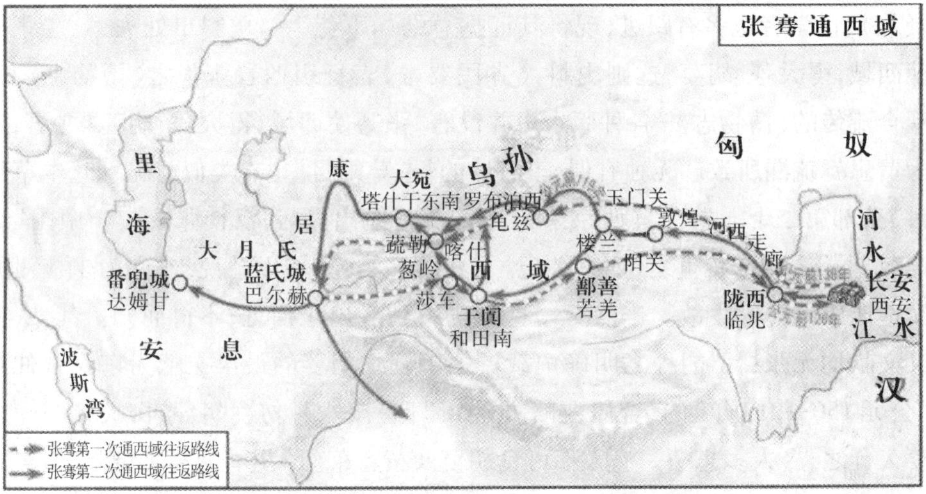

图 3－4　张骞出使西域线路图

综上所述，胡荽传入虽非一定为张骞一人之力，也不一定具体在西汉武帝年间，但可以确定的是，在张骞凿空西域之后，胡荽沿着丝绸之路传入我国，最迟至东汉，已经最起码得到一定程度的种植和利用。

（2）胡荽的传播

由于历史文献相关记载的阙如，胡荽进入中原以后具体的传播路线已难以清晰勾勒，但也可以确定几个基本的事实：一是东汉在中原地区已经有了一定的种植和利用，故张仲景的《金匮要略方论》把胡荽纳入其中，并强调："四月、八月勿食胡荽，伤人神……胡荽久食之，令人多忘……病人不可食胡荽及黄花菜。"许慎的《说文解字》亦谓："荽，姜属，可以香口。"也就是说，起码已经人们已经把其作为蔬菜开始食用，而且对其生物属性有了相当程度的认识。二是最迟至魏晋南北朝时期，胡荽已经被作为一种调味型蔬菜广泛利用和大范围种植，《齐民要术》中已经颇为详尽地记载了胡荽种植技术以及加工制作腌芫荽的

①李荣华：《魏晋南北朝时期张骞形象考述》，《中华文化论坛》2014(2)：100－103。

方法;在晋代立春吃五辛盘的风俗中,胡荽似已经成为重要的制作原料之一①;西晋石崇《奴券》亦曰:“奴当种萝菔、胡荽,不亲不疏。”(《御览》九百八十)。后赵时石勒为帝,“讳胡”,故“胡荽曰胡葉,并州人呼为香荽,亦为石勒讳也”②,南北异名,也可以说明全国大部分适宜地区都已经种植胡荽。时至今日,这一影响依然存在,不仅胡荽全国各地均在栽培,尤以华北地区最多,而且各地之称谓也有不同,如晋地俗称香菜,河南称之芫荽。关于这一点,下文还将进一步深入讨论,不再赘述。

在胡荽传播中,还有一个问题值得做进一步的探讨,即众所周知,胡荽香味并非所有人都能接受③,但缘何很快普及,并为当时的许多国人所青睐呢?对于这一问题,似乎没有明确答案,笔者大胆猜测,除了胡荽自身的诸多优势外,抑或也与这一时期丝路凿通以后民人饮食结构中肉食增加而本土的化腥臊之物偏少有一定关系。

3.2.2.2 **胡荽的本土化**

(1)风土适应与技术改造

胡荽传入中国之际,正值北方旱作精耕细作农业技术体系臻于成熟之时,故自其传入中原伊始,即被纳入体系加以关注。可以看出,在胡荽渐次传播的过程中,人们经过长期的观察与实践,对它的生长习性有了深层次的认识,并以此为基础,至魏晋南北朝时期,已经形成了一套精耕细作的劳动密集型胡荽种植技术体系。这一点,《齐民要术》即后世农书均有反映。

胡荽适宜于黑壤或者灰色的沙质土壤,在下种前,要对土地进行熟耕。“胡荽宜黑软、青沙良地,三遍熟耕。”④春天种胡荽,要用去年秋耕的地,土壤解冻后,趁酥松有墒的时候种下去,体现了《氾胜之书》所谓的“凡耕之本,在于趣时,

---

①《荆楚岁时记》载:“元日,……进屠苏酒,下五辛盘。”周处《风土记》:“元日造五辛盘。”隋注云:“五辛所以发五藏之气,即大蒜、小蒜、韭菜、云苔、胡荽是也。”但后世的文献中,五辛制作原料有变化,如李时珍的《本草纲目》载:“元旦立春,以葱、蒜、韭、蓼蒿、芥辛嫩之菜杂和食之,取迎新之意,谓之五辛盘。杜甫诗所谓‘春日春盘细生菜’,是矣。”

②〔宋〕郑樵:《通志略》,上海:上海古籍出版社,1990。

③据西方媒介最新调查结果显示,全世界约有10%的人不爱吃香菜,而且具体到不同民族,亚洲人的比例最高,有21%。排名第二的是欧洲人,有17%。14%的非洲人讨厌香菜。拉美、中东还有南亚只有7%的人不喜欢香菜。而且据研究,欧洲人所食用的香菜籽英文单词 corriandor,其词根来源于希腊文 koris,意为“臭虫”。

④〔北魏〕贾思勰撰,缪启愉、缪桂龙译注:《齐民要术译注》,上海:上海古籍出版社,2006:202。

和土，务粪泽，早锄，早获"[①]的基本原则。后世农书在提到胡荽时，也多引用《齐民要术》的相关记载，例如唐代韩鄂的《四时纂要》夏令卷记载，胡荽"欲黑良地。三遍耕。每亩下子一斗。须旱种，逢雨即生"[②]；而元代司农司编纂的《农桑辑要》在讲到胡荽时则完全引用了《齐民要术》[③]。

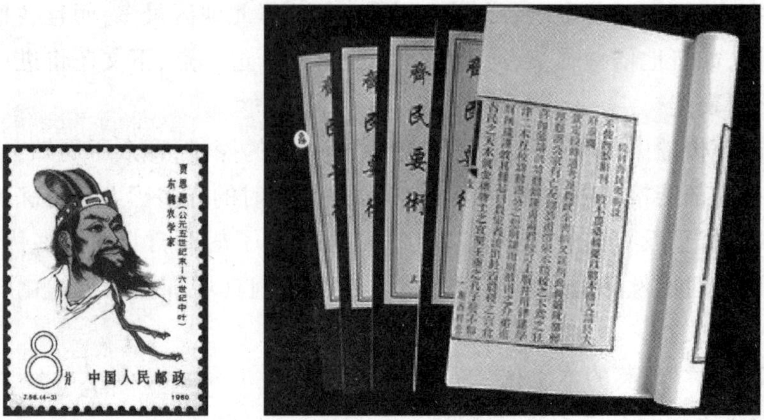

图3－5　贾思勰与《齐民要术》

农作物在生长过程中要有适宜的温度，因而"春种夏长秋收冬藏"成为一般规律。胡荽能耐零下1度的低温，适宜生长温度为17至20度，有较强的适应能力，因此春夏秋三季都可以种植。胡荽的种子有比较坚硬的外壳，而且两个子房中各有一粒种子，因此必须人工破除外壳，使种实成为两半个，这样才有利于发芽。下种时间不同决定了需不需要浸种，春种胡荽，"地正月中解冻者，时节既早，虽浸，芽不生，但燥种之，不须浸子。地若二月始解者，岁月稍晚，恐泽少，不时生，失岁计矣；便于暖处笼盛胡荽子，一日三度以水沃之，二三日则芽生，于暮旦时接润漫掷之，数日悉出矣，大体与种麻法相似。"[④]夏天种的，用手搓开原胡荽子，使成两片，盛在笼子里，一天淋两次水，让它发了芽，然后种下去，过两夜就出苗了。"凡种菜，子难生者，皆水沃令芽生，无不即生矣"。明代《便民图纂》中也说种胡荽"先将子捍开，四月、五月、七月晦日晚宜种。种宜湿地，以灰覆之，水浇则易长。"[⑤]同时代屠本畯所撰写的《野菜笺》中也有同样的说法，"种

①［西汉］氾胜之著，石声汉校释：《氾胜之书今释》，北京：科学出版社，1956。
②［唐］韩鄂撰，缪启愉校释：《四时纂要校释》，北京：农业出版社，1981：153。
③［元］大司农司编，马宗申译注：《农桑辑要译注》，上海：上海古籍出版社，2008：105。
④［北魏］贾思勰撰，缪启愉、缪桂龙译注：《齐民要术译注》，上海：上海古籍出版社，2006：202。
⑤［明］邝璠撰，石声汉、康成懿：《便民图纂》，北京：农业出版社，1982：64。

莳不烦灌溉者，曰甘菊，曰芫荽”。

正是种植季节灵活，胡荽的种植方法也依据不同的需要而灵活多变，“近市负郭田，一亩用子二升，故概种，渐锄取，卖供生菜也。外舍无市之处，一亩用子一升，疏密正好”①。春种胡荽供日常食用的，也可以采用畦种。胡荽进入市场也说明当时胡荽需求量与种植量的扩大。此外，人们把胡荽种植技术与传统大田农业技术相结合，发展了套种技术，“葱中亦种胡荽，寻手供食；乃至孟冬为菹，亦无妨”②，葱与胡荽的套种，提高了土地利用率，既方便了人们食用胡荽，又不妨碍葱的生长。

解决低温问题，延长栽种周期。春种胡荽的生命周期截止到夏季，“菜生二三寸，锄去概者，供食及卖”③，不存在越冬问题。而秋种胡荽则有不同的处理方式，“十月足霜，乃收之”④，可以用来做菹；“若留冬中食者，以草覆之，尚得竟冬中食”⑤，“草覆”起到了保温作用，让人们在冬季也能吃到新鲜的胡荽，为后世所沿用。《四时纂要》冬令卷中也记载，“十月覆胡荽：是月霜降收藏。留根，草覆，旋供食”；到来年五月种实成熟了，“拔取曝干，勿使令湿，湿则裛郁”，把种子盛在用蒿茎编织成的容器里，“冬日亦得入窖，夏还出之。但不湿，亦得五六年停”⑥。这样收藏的胡荽种子只要不受潮，也可以保存五六年。元代鲁明善的《农桑衣食撮要》中还讲到了腌制收藏胡荽的方法：“葱、韭、胡荽……等菜，可依时腌藏。所用物料，宜者为佳。忌生水、湿器收贮”⑦，至于腌藏胡荽的具体方法，《农桑衣食撮要》没有更多详细的记载，但是强调腌藏胡荽和胡荽种子的收藏都忌水。

总而言之，随着对胡荽生物习性认识的深化，其种植技术已经出现了精细化、体系化的基本特色。

---

①〔北魏〕贾思勰撰，缪启愉、缪桂龙译注：《齐民要术译注》，上海：上海古籍出版社，2006：202。

②〔北魏〕贾思勰撰，缪启愉、缪桂龙译注：《齐民要术译注》，上海：上海古籍出版社，2006：194。

③〔北魏〕贾思勰撰，缪启愉、缪桂龙译注：《齐民要术译注》，上海：上海古籍出版社，2006：202。

④〔北魏〕贾思勰撰，缪启愉、缪桂龙译注：《齐民要术译注》，上海：上海古籍出版社，2006：204。

⑤〔北魏〕贾思勰撰，缪启愉、缪桂龙译注：《齐民要术译注》，上海：上海古籍出版社，2006：205。

⑥〔北魏〕贾思勰撰，缪启愉、缪桂龙译注：《齐民要术译注》，上海：上海古籍出版社，2006：204。

⑦〔元〕鲁明善撰，王毓瑚校注：《农桑衣食撮要》，北京：农业出版社，1979：114。

(2)社会容纳:利用方式的本土化、多元化

早期欧洲人把胡荽的有异味的种子作为刺激性药剂用于防治胃痉挛等疾病,后来才把它用于食物的调味。① 胡荽作为一种调味蔬菜引入中原后,随着种植范围的扩展,其利用方式也趋于多样化。

其一,食用方法的多样化。胡荽有特殊香味,其最基本的功能为调味,基于这一点,古人开发了它的多种功能。一是作为加工制作羹、菹的主要调味作料,《齐民要术》所记载的羹、菹的制作中,都提到了用胡荽,“作胡羹法:……葱头一斤,胡荽一两,安石榴汁数合,口调其味”,“木耳菹:……胡荽、葱白,少着,取香而已。下豉汁、酱清及酢,调和适口,下姜,椒末。甚滑美”②。除此之外,胡荽还可以作为原料直接制作胡荽菹:在沸水中把胡荽淖一下,除去苦涩的味道,再用温盐水浸泡一夜,用清水洗干净,再用盐和醋浸着,“香美不苦”。二是作为调味品直接入食馔,或提高鲜香味,或化腥臊,《农政全书》曰:“胡荽,其子捣细,香而微辛。食馔中,多做香料,以助其味。于蔬菜,子叶皆可用,生熟皆可食,甚有益于世也。”《便民图纂》亦记载胡荽子的这一妙用:“夏月煮肉停久:每肉五斤,用胡荽子一合,醋二升,盐三两,慢火煮熟,透风处放。若加酒葱椒同煮尤佳。”③时至今日,胡荽更多地保留了它作为调味蔬菜的作用。三是直接食用,《农政全书》曰:“胡荽,……于蔬菜,子叶皆可用,生熟皆可食,甚有益于世也。”据史料记载,在魏晋时期元日食五辛盘的习俗(唐宋以后,演变为立春日食“春盘”)中,胡荽也位列其一,“元日造五辛盘。正月元日,五熏炼形。五辛,所以发五藏之气。即大蒜、小蒜、韭菜、芸薹、胡荽是也”。当然,也有例外,如道家和练形家,即以其气味浓烈、有刺激性而把胡荽列为“五荤”之一而禁食。包括后来进入中国的佛教,一些亦有类似说法,如《大方广菩萨藏经中文殊师利根本一字陀罗尼经》曰:“诸善男子,若欲经过狮子、虎、狼、毒蛇、怨贼,一切险难之处,当须净其身心,不得近诸女人,及吃一切五辛、酒、肉、芸薹(油菜)、胡荽(香菜)。”许国霖的《敦煌石室写经题记与敦煌杂录》亦曰:“谨检大小乘经,食胡荽菜(香菜)得恶趣报。” ④

其二,药用、食疗功效的发掘。胡荽最初作为调味蔬菜引入,但引入后经过

①陈永存:《芫荽的营养保健功能及药用价值》,《现代农村科技》2013(6)。

②〔北魏〕贾思勰撰,缪启愉、缪桂龙译注:《齐民要术译注》,上海:上海古籍出版社,2006:589。

③〔明〕邝璠撰,石声汉、康成懿校注:《便民图纂》,北京:农业出版社,1982:229。

④许国霖:《敦煌石室写经题记与敦煌杂录》(下辑),北京:商务印书馆排印本,1937:64-65。对于胡荽之态度,佛教内部亦有争议,一些佛典则将胡荽排除出了五荤之外。

实践发现它亦具药用之功效,其叶和籽均可入药,对多种疾病有疗效,可以“辟一切不正之气”。胡荽入药典应该始于东汉张仲景的《金匮要略方论》,但主要谈禁忌,“四月、八月勿食胡荽,伤人神……胡荽久食之,令人多忘……病人不可食胡荽及黄花菜”。把其作为药物则始见于唐代的《食疗本草》,其记载了胡荽的多种药用功效以及饮食禁忌。胡荽“主消谷能食”,可用于治疗消化不良、食欲不振;胡荽子熬汤能解肉中毒,“食着诸肉毒,吐、下血不止,顿痜黄者:取净胡荽子一升,煮使破腹,取汁停冷,服半升,一日一夜二服即止”①。明代还发掘了胡荽解蛊毒之效用,明代《便民图纂》和《遵生八笺》中记载了多种解蛊毒的方法,其中就有用胡荽汁解蛊毒的记载,“取胡荽捣成汁,用半盏。不拘时服。其虫立下。和酒服,更妙”②。李时珍的《本草纲目》也对胡荽的药性和药用功能有较为详细的记载,“胡荽辛温香窜,内通心脾,外达四肢”,“【郁气】(胡荽)热气结滞,经年数发,煎饮”;“【和胃润燥】(乌雄鸡)虚冷反胃,入胡荽子煮,食二只”;“【湿热】胡荽炒末服”③。可以看出,中国古籍中关于胡荽药用功效的记载,远远超出了欧洲人把它仅仅作为刺激性药物的范围。除此之外,古人对胡荽的饮食禁忌还有很多的总结,除了张仲景的《金匮要略方论》外,后世文献亦有不少的记载:《农政全书》称:“邪蒿不可同胡荽食,令人汗臭气”;《便民图纂》记载:“鸡肉与胡荽同食气滞”④;《本草纲目》饮食禁忌中也提到牡丹忌胡荽,猪肉忌胡荽,“凡服药不可多食胡荽”等等。

此外,社会对胡荽的接纳,也包括了随着其推广和发展虽带来的经济效益。《齐民要术》“胡荽”有相关两则资料,一则把胡荽种植区分为“近市负郭之田”和“外舍无市之初”;二则为谈种胡荽之效益,“种胡荽一亩收十石,都邑粜卖,一石堪一匹绢。”虽然后人认为亩收一石有些夸大,但也不影响说明种植胡荽能带来相对可观的经济效益。

(3)文化接纳

其一,胡荽名称辨析。关于胡荽在其起源地的名称,已经不可稽考。其拉丁名为 *Coriandrum sativum* L.,英文名称为 coriander。胡荽进入中国之后,随着时代的推移和种植地区的推广,其名称多有变化,大致有胡荽(《齐民要术》)、

①[唐]孟诜撰,张鼎增补,尚志均辑校:《食疗本草》,合肥:安徽科学技术出版社,2003:28。
②[明]邝璠撰,石声汉、康成懿校注:《便民图纂》,北京:农业出版社,1982:193。
③[明]李时珍著,陈贵廷点校:《本草纲目》,北京:中医古籍出版社,1994。
④[明]邝璠撰,石声汉、康成懿校注:《便民图纂》,北京:农业出版社,1982:147。

香菜(《韵略》),香荽(《本草拾遗》),胡菜(《外台》),蒝荽(《唐小说》),园荽(《东轩笔录》),芫荽(《日用本草》),莞荽(《普济方》),莛荽菜、莛葛草、满天星(《湖南药物志》)、芫茜、野香草(广东)、假香荽(广西)、缅芫荽等等。在这一过程中之中,还与其他的类似作物产生了一些混淆,如"白胡荽"、"胡葸"。三国时期吴国的陆玑在《毛诗草木鸟兽虫鱼疏》中在描述"卷耳"这一植物时提到了"白胡荽":"卷耳,一名枲耳,一名胡枲,一名苓耳,叶青,白色,似胡荽,白华,细茎,蔓生,可煮为茹,华而少味,四月中生子,如妇人耳中珰,今或谓之耳珰草,郑康成谓是白胡荽,幽州人呼爵耳。"①所谓的"白华",意即花为白色,而前文的"白色"则应该是指叶,叶色发白,或是多毛使然,这一点从文中所描述的形态来看,二者似乎颇为相近;但在中国还有一种叫作石胡荽的植物,此物伏地蔓生,匍匐状,微被蛛丝状毛,这与书中描写的卷耳的性状更为相似,参考其他别名,据学者考证,该书中提到的胡荽应该是指石胡荽,而不是我们所说的胡荽。《通志略》昆虫草木略中也提到了"白胡荽":"葈耳,曰苓耳,曰羊负来,曰唱起草,曰白胡荽,江东曰常葈,幽州曰爵耳。"②此外,在《齐民要术》中还提到了一个类似名称"胡葸",第十卷中即有"胡葸"这一目③,其所描述植物与《毛诗草木鸟兽虫鱼疏》中关于卷耳的记载相似,虽然"葸"有芫荽的意思,与"荽"和"葰"音同意近,但是《齐民要术》所记"胡葸"并不是芫荽,而是前文所述白胡荽,明代徐光启在他的《农政全书》中也对此做出了解释"……又有一种,名石胡荽,亦名鹅不食草,载在《本草》,堪入药,却非此种(蒝荽)。"④

其二,名称的变化及其中的中国文化元素。总览胡荽在不同时代、不同地区的称谓,亦不难发现一些基本规律,抑或能体现中国传统文化的某些元素。第一类,名称中冠以"胡"字,如胡荽、胡绥、胡菜之属,既有体现其来自胡地之渊源的意思,亦与这一历史时期对外来诸种因素均冠以"胡"字之传统相一致,如胡人、胡乐等。至于"荽"之渊源,可能与其生长形态有关,正如《农政全书》的

①[三国]陆玑:《毛诗草木鸟兽虫鱼疏》,北京:中华书局,1985。
②[宋]郑樵:《通志略》,上海:上海古籍出版社,1990:790。
③[北魏]贾思勰撰,缪启愉、缪桂龙译注:《齐民要术译注》,上海:上海古籍出版社,2006:791。
④[明]徐光启撰,石声汉校注:《农政全书校注》,上海:上海古籍出版社,1979:728。

解释:“(胡荽)其茎柔、叶细、而根多须,绥绥然①也。”故亦名曰“胡绥”,“荽”与“绥”音同形近,即结合了胡荽的实物特征,也表明古人在给外来物种命名时,尽可能的选用一些含有意义的文字,与中华文明的内涵相融合。第二类,忌讳类,典型如“香荽”、“香菜”及野香草(广东)、假香荽(广西)等个别地区之俗称。胡荽之改名,还有特殊历史一些历史背景或典故。对外来之物冠以“胡”字,既有表明其渊源之意,但多多少少也带了中原优越感的成分在里面,因此,并不是为所有人都能接受。4 世纪前期,北方的羯族首领石勒建立后赵政权后,逆向而行,推行以胡人为中心的文化政策,掀起一轮改名之热潮。据东晋陆翙《邺中记》记载,石勒认为“胡”字对少数民族带有贬义,十分忌讳人说“胡”,因此命令凡是用“胡”字命名的事物都要改名称②。胡荽之名,因为犯忌,故亦属于改名之行列。宋代郑樵《通志略》中说:“胡荽曰胡菓,并州人呼为香荽,亦为石勒讳也。”③朱国祯的《涌幢小品》中则说胡荽改为元荽,“晋永嘉后,石勒僭号于襄国,讳胡尤峻……胡荽为元荽,胡麻为芝麻,胡桃为核桃,江南曰羌桃。”④总之,在这次改名风潮中,有的地方因为“胡荽”带有辛香气味而改称“香荽”;有的地方因其植株柔细,茎叶散布有致而改称“蒝荽”、“元荽”。虽然由于后赵政权存在时间短暂、统治区域有限,再加之改名带有强制性,故胡荽改名在空间和时间上都不广泛、不彻底,一个显著例证,即在之后的历史文献中仍多称“胡荽”,如北魏时期贾思勰的《齐民要术》六处关于胡荽的记载中,有五处都称“胡荽”,只有一处称“香菜”;但也不能否认也的确造成了一定的影响力,如香菜之谓不胫而走,流传至今,在一些地区,如山西、陕西一带民间亦谓“芫荽”。“元荽”、“芫荽”之称谓的盛行则始于元代,抑或走向了另一个方面——取“元”字之褒义。成书于元代皇庆二年(1313 年)的《王祯农书》称之为“葫荽”,之后不久,在元代御医忽思慧所著的《饮膳正要》中,则已把“芫荽”作为正式名称列入菜品之

---

①〔明〕徐光启撰,石声汉校注:《农政全书校注》,上海:上海古籍出版社,1979.“绥绥然”一词,古人多有解释,大致有舒行貌、茂密繁盛貌、垂落貌三种,这里应该意指胡荽生长茂密繁盛。

②石勒连日常生活中也严禁“胡”字,“制法令甚严,讳胡尤峻”,除了文中提到的外,还包括把“胡瓜”改“黄瓜”、“胡豆”改成“国豆”、“胡饼”改称“抟炉”(后来石虎又改为“麻饼”),犯忌则严加处罚,重者株连九族,可谓中国“文字狱”之雏形。转引自黄宝康:《家庭百草园系列之二十九芫荽》,《植物天地》2011(12)。

③〔宋〕郑樵:《通志略》,上海:上海古籍出版社,1990:794。

④〔明〕朱国祯:《涌幢小品》,北京:中华书局,1959:641。

中①。从该书问世的时间——元文宗天历三年(公元1330年)算起,至今已经有六百多年的历史了。在元末明初俞希鲁编纂的《至顺镇江志》第四卷蔬类中有关于胡荽的记载中,则称"元荽"已经成为俗名,"荤菜,世人以之为荐茶。《广雅》云:张骞使西域,得大蒜,名胡荽,以自胡中来,故名。今俗呼为元荽。"②颇有趣味的是,在明清两代的大部分史料中,胡荽的称谓则出现了反弹,即仍用"胡荽",而很少称"芫荽",可能不能排除一些意识形态领域因素的干扰。到了清末民初,则似乎又逐渐顺其自然,徐珂《清稗类钞》植物类中有"蒝荽"条:"本名胡荽,蔬类植物,叶裂有锯齿,粤人及北人每于嫩时摘以调食。甚香美,初夏开细花,五瓣,色白,实亦辛香,可为香料,俗作芫荽。"③可见,至清末民初,虽然书面文中仍用"蒝荽",但是"俗作芫荽"颇能传递出一些信息。在一些特殊地区胡荽还出现了一些颇有特色的别名、俗称,如广东地区的"芫茜"、"野香草",之所以如此,据说是因为荽的粤语音同"衰",被认为是不好的兆头,所以读成芫茜(音同元西),或直接以其他名字所替代。第三,称谓的两极分化,即或雅或俗。这一特点在早期进入中国文化体系的外来元素身上均有体现,尤其域外引进农作物更为突出。如胡荽,既有"胡荽"、"香荽"、"芫荽"之属的雅致之称谓,也有诸如胡菜、满天星、野香草等朗朗上口、直截了当的口语化名称。

其三,民俗与信仰中的胡荽文化。胡荽进入中国后,其异香之特点似乎产生了多重性的文化效应:在饮食文化中,往往被作为调味、化腥臊之品而备受大多数民众之青睐;在医药文化中,一方面对其药性大有利用,另一方面则对其某些属性似乎又抱有难以名状的忌惮;在宗教信仰层次④,本土起源的道教,一直对胡荽的异香不能接受,故视其为"五辛"、"五荤"而禁食,但把其当作驱邪镇鬼的法宝。而后来的佛教对胡荽的态度就比较复杂,一些典籍把其纳入"五荤"之列,一些则排除在外,大致呈现出前期说法同道教大致相同,后期则有变化的基本轨迹,抑或可视为佛教中国化思路的进一步延伸,更贴近民众及现实。当然,这些只是臆测,包括这两者观念之间有无关联性,可能需专家的进一步考证。受这些复杂观念的影响,胡荽在传统文献中表现也颇令人费解,一是似乎

①〔元〕忽思慧撰,刘玉书点校:《饮膳正要》,北京:人民卫生出版社,1986:139。

②〔元〕俞希鲁:《至顺镇江志》,南京:江苏古籍出版社,1999:142。

③〔清〕徐珂:《清稗类钞》,北京:中华书局,2003:5744。

④《本草纲目·菜部》"蒜":"五荤即五辛,为其辛臭昏神伐性也。炼形家以小蒜、大蒜、韭、芸薹、胡荽为五荤;道家以韭、薤、蒜、芸薹、胡荽为五荤;佛家以大蒜、小蒜、兴渠、慈葱、茖葱为五荤,兴渠即阿魏也。虽各不同,然皆辛熏之物。"

没有入诗入词①,或进入传统的大雅之堂,但据《荆楚岁时记》记载,其在民俗活动中一度不可或缺,“元日造五辛盘。正月元日,五熏炼形。五辛,所以发五藏之气。即大蒜、小蒜、韭菜、芸薹、胡荽是也”②。元日食五辛盘,既有表达迎新接福,祈祷健康美好愿望之意图,还有“食五辛以辟厉气”的诉求。时至今日,在一些地方还有除夕年夜饭必食芫荽豆腐馅饺子的习俗,或是传统习俗渗透之故,或是取芫荽“延岁”之寓意。另外,在中国稗官野史资料中,也记载了一些颇令人啼笑皆非的关于胡荽的典故逸闻,兹录宋僧文莹《湘山野录》一则:

冲晦处士李退夫作事矫怪,携一子游京师,居北郊别墅,带经灌园。一日老圃请撒园荽;俗传撒此物,须主人口颂秽语播之则茂。退夫固矜纯节,执菜子于手,撒之,但低声密诵曰:“夫妇之道,人伦之始”云云,不绝于口。夫何客至,不能迄事,戒其子使毕之。其子犹矫于父,执余子咒之曰:“大人已曾上闻。”皇佑中,馆阁以为雅戏;凡曰澹话清谈,则曰“宜撒园荽一巡”。

除却其中的讥世成分,后世学者从民俗学、文化人类学的视角解读了其背后所蕴涵的原始思维和民俗渊源③,“此条表明早在宋朝已有这样的民俗,可以用来印证弗来则(现通译弗雷泽)博士《金枝》所说的‘野蛮人……相信用了性行为的仪式可以促进稻麦果实的繁衍’。”④也就是说,这则逸闻透露出三个方面的信息:在几乎每一个民族的早期文化中,都存在着认为男女交媾与动植物繁衍之间有神秘感应的原始思维;“天地氤氲,万物化醇。男女遘精,万物化生”;受这一思维影响或渗透,在早期历史上一些地区可能存在作物种植前男女交媾的一些风俗,这一点在许多原始性民俗中已经找到了印证⑤,随着文明演

①明代屠本畯的《野菜笺》有一则关于芫荽的几句笺言:“相彼芫荽,化胡携来。臭如荤草,脆比菘薹。肉食者喜,藿食者谐,惟吾佛子,致谨于斋。或言西域兴渠别有种,使我罢食而疑猜。”

②〔宋〕吴自牧撰,符均、张社国校注:《梦粱录》,西安:三秦出版社,2004。

③20世纪20年代中叶,江绍原、周作人等一批学者围绕着“撒园荽”之话题,以《语丝》为主要阵地,一度掀起了民俗学、文化人类学的讨论热潮。

④贺昌群:《贺昌群文集》第三卷,北京:商务印书馆,2003:37。

⑤其他本土民俗方面的证据如古代皖南地区在水稻扬花灌浆时夫妻需到田头性交。丹寨苗族的“敬苗家稻”、“七姑娘”、“腰箩神”,姑娘和小伙须到田里对歌谈情,姑娘们的发髻上所插稻叶象征性交,以此促进水稻丰收。海南省一些黎族在河稻长不好时,“苗头”夫妻会到河里把头发散开,并作交媾状,企图以此求得禾苗增收。

进,这一仪式或风俗被简化或变得更为含蓄,或要求夫妇合种,或简化为布种时"口颂秽语(村语)";芫荽之所以成为其主角之一(还有胡麻[①]),可能与其自身生物特殊性以及中国文化对其特殊定位相关联。

另外,在有些地方还流传着关于芫荽起源的一些民间故事,把其放置到商周更替的大背景下,并与《封神演义》中的"三霄"、哮天犬等联系在一起,认为胡荽是哮天犬之毛变成的。虽然故事荒诞不经,但有些信息还是值得注意,尤其对域外引进物种历史记忆的重新塑造,在某些程度上也反映了一种深层次的文化认同。

总而言之,胡荽不仅可以食用,还具有药用功效,它的引入及本土化是我国饮食文化史和医药学史上的重大事件,多角度、深层次影响了中华民族的饮食习俗与中医药学范围。胡荽的引种以丝绸之路为轴,以东西向的沟通和交流为主,沿途都属于北半球的中纬地带,引种地与原产地的自然气候条件较为接近,因此胡荽引种具有较好的风土适应性。胡荽种植与中国传统农业技术相结合,灵活选择种植期,并发展了套种技术。良好的风土适应性与农业技术的改造,使胡荽种植范围扩展,"植之秦中,渐及东土",逐渐成为人们的生活必需品,融入中国的社会、经济、文化、科技体系之中。

农业文化常被冠以封闭的特征,中国作为一个历史悠久的农业大国,却从来没有在作物引种上保守、封闭[②],在中外植物文化交流史上,植物的引进远多于输出,而且外来植物在引入后能很快地适应并在本土繁衍开来。域外作物适应本土的过程,也是本土农业系统接纳与包容域外作物的过程,域外作物的传入必须与我们的文化相融合,才能与我们的生活相协调,在交流中发展,真正地融入到我们的民族文化中来。对于外来植物本身所带有的文化,我们应该取其精华,去其糟粕,引入的同时更多的是对它们同化,进而以为己用,促进中国农业更新与发展。

---

①鲁迅所抄录供江绍原参考的《夷白斋诗话》之有关条目如下:南方有谚语"长老种芝麻,未见得",余不解其意。偶阅唐诗,始悟斯言未远矣。诗(唐人葛鸦儿的《怀良人》)云:"蓬鬓荆钗世所稀,布裙犹是嫁时衣。胡麻好种无人种,合是归时底不归?"胡麻即今芝麻也,种时必夫妇两手同种,其麻倍收;长老言僧也,必无可得之理,故云。转引自顾农:《撒芫荽——生殖影响种植》,《文汇报》。

②樊志民:《农业进程中的"拿来主义"》,《生命世界》2008(7):36-41。

3.2.3 番茄的引种及其本土化历程

3.2.3.1 番茄的起源与早期传播

(1)番茄的起源

番茄(*Solanum lycopersicum*),又名西红柿、洋柿子,一年生或多年生(热带)草本茄科番茄属作物。作为最主要的食用蔬果之一,番茄在世界各地均有广泛种植,尤以美国、俄罗斯、意大利、中国等国家和地区最为突出,占据了世界生产的主体位置。

现代科学研究表明,番茄属植物有较为庞大的家族,主要分为普通番茄和秘鲁番茄两个复合体种群,其中普通番茄为栽培种群,秘鲁番茄为野生种群;基因测序结果表明,今天我们食用的栽培番茄是由野生番茄驯化而来;野生番茄有着非常古老的历史,曾广泛分布于南美洲安第斯山地带,至今,秘鲁、厄瓜多尔、玻利维亚等地仍有大面积野生种的分布。虽然关于番茄人工驯化的早期历史目前尚难以考证,但已有明确证据证明,在公元前 700 年,位于以墨西哥为中心的印加人和阿兹台克人已经开始了人工种植番茄,故学术界一般认为番茄的起源中心可能在墨西哥①。

(2)番茄的早期传播历史

现代基因测序研究表明,在番茄的进化过程之中,大致经历从醋栗番茄到樱桃番茄再到大果栽培番茄的两次进化过程,期间番茄的果实在重量、颜色、形状等方面发生了显著变化,分别有 5 个和 13 个果实重量基因受到了人类的定向选择。番茄的进化过程也是其不断传播扩散的过程,最终由中美洲一带渐次走向了全世界:在漫长的原始社会,赖以采集渔猎的原始人类开始采摘野生的醋栗番茄果实食用,在这一过程之中,番茄逐渐扩散到墨西哥地区,最迟至公元前 700 年左右被纳入人工驯化的行列,完成了从醋栗番茄到樱桃番茄的缓慢转变。1523 年,番茄被殖民者从墨西哥带到了西班牙、葡萄牙,1550 年前后传到意大利,1575 年相继传到英国和中欧各国,17 世纪以后,伴随着欧洲殖民扩张触角的延伸,并逐渐传入亚洲及世界各地。从栽培作物进化的角度来讲,这一时期不仅培育出了大果型番茄品种,而且随着 19 世纪下半叶具有真正现代栽培意义的杂交番茄——Paragon 的出现,番茄品种多元化与品质优化发展速度明显加快,这也为番茄的传播奠定了基本条件。从番茄用途的角度讲,则经历

---

①也有观点把秘鲁也作为番茄的起源中心之一。

了一个颇为曲折的过程。虽然进入欧洲之前,印第安人已经食用番茄,但进入欧洲之初,番茄则长期被主要作为观赏植物而小范围种植,或植之园林以供欣赏,或采摘鲜红果实作为房间装饰品,或作为礼品馈赠亲友,据此番茄也一度赢得了“爱情果”的美誉。但由于受番茄有毒等错误观念的影响①,所以在一段长时间内无人敢于问津,至于欧洲人什么时候开始食用番茄,也出现了不同国家、不同版本的传说与典故,目前所看能到最早的一个是法国版本,是说在17世纪,一位法国画家曾多次描绘番茄,有一次实在抵挡不住这“红色诱惑”,就吃了一颗,味美无毒之消息不胫而走,到17世纪末,番茄进入意大利的食谱,并渐次风靡真个欧洲。1768年米勒首次做出植物学描述,进行分类和定名。番茄种植历史也因此翻开了新的一页。

在今天山西的很多地方方言中,仍然称番茄为西番柿,并流传“西番柿——中看不中吃”的歇后语。这个歇后语是形容人表里不一的。遇上面善心恶的人,好看不好处,人们可以这样说道他:有些外强中干的人,看着人高马大,干活儿却稀松平常,也可以这样描画他;遇上外文内愚的人,看着光眉活眼,说话跌汤漏水,人们也可以这样形容他……总之,西番柿这个筐儿不小,能装的东西很不少。原来,西番柿刚刚传入太原郊区时,只是那种小个儿的,袖珍型的,人们栽到花盆里当花看,没人把它当作菜吃,更没人把它当庄稼来做务。

3.2.3.2 番茄在中国的引进及其传播

(1)番茄的引进

目前有关番茄引入中国的早期文献不多,但大致可以判断在明万历年间(1573—1620),番茄开始进入中国。明万历四十一年(1613年)成书的山西《猗氏县(今临猗县)志·物产》首次出现了“西番柿”②记载,虽未对其性状进行描述,但是为番茄见载中国历史文献之始;成书于雍正年间(1735年)的山西《泽州(今晋城市)志》则对“西番柿”有较为详细的描述:“西番柿,似柿而小,草本、

①科学界关于番茄的毒性问题认识也经历一个发展过程,一度认为番茄的茎叶和未成熟的果实含有龙葵素,与发芽马铃薯中含有的一样毒素。但近几年的研究证明番茄中的毒素跟马铃薯里的龙葵素结构不同,毒性小,被命名为tomatine(番茄碱)。欧洲早期关于番茄有毒的说法,可能和马铃薯在欧洲早期的经历一样,或吃了不该吃的东西,或长期的优越观念使然。还有一种说法,是因为颜色鲜艳,本身又有一股臭味,故欧洲殖民者最早见到番茄的当地土著即称其为“狼果”并警告不可误食。

②在今天山西的很多地方方言中,仍然称番茄为西番柿,并流传“西番柿——中看不中吃的歇后语”。

蔓生、味涩”,似乎可以和上则史料形成呼应;明人赵函的《植品》(成书于1617年)则记载万历年间西方传教士传入西番柿(番茄)之事,说是西洋传教士把番茄和向日葵一起带到了中国[①];明代王象晋的《群芳谱·果谱》(成书于1621年)柿篇附录记中也对番茄有所描述:“蕃柿,一名六月柿,茎似篙,高四五尺,叶似艾,花似榴,一枝结五实或三、四实,一树二三十实,缚作架,最堪观。火伞火珠未足为喻。草本也。来自西蕃,故名。”[②]这是目前关于番茄性状最为详细之描述。此外,民国37年(1948年)《贵州通志》还征引了明人郭青螺[②]关于番茄的一首诗作及其序:“郭青螺《黔草》有六月柿。诗小序云:黔中有六月柿,茎高四五尺,一枝结五实或三、四实,一树不下二三十实,火伞赦卯未足为喻,第条似篙,叶似艾,未若慈恩柿,叶可堪,郑广文书也。传种来自西番,故又名番柿。诗云:累累朱实蔓阶除,烧树然云六月初,况是茸茸青草叶,郑公堪画不堪书,汉将将兵度龙堆,葡萄苜蓿一齐来,太平天子戎亭撤,番柿缘何著处栽?”从上述史料来看,至迟在明万历年间,番茄已经进入中国,而且从史料来看,并在一些地区有所种植。

明代以后,以番茄在欧洲发展变化和国际关系的巨变为背景,番茄更以多种途径进入中国,形成了多元化输入的格局。经学术界梳理[③],主要路径大致包括三个方面:其一,由外国传教士把番茄种子直接带入我国。从早期的文献记载来看,万历年间引进的番茄大多与传教士有关;晚清时期,随着传教活动在中国的合法化,传教士更是无处不在,无孔不入,为了自身生活习惯或促进传教,故引进番茄。这一种传播方式往往是跨越式的,一般呈点状分布。

其二,从东南亚地区经由东南沿海逐渐传入内地。随着西方殖民势力的不断扩张,东南亚很多国家和地区,包括台湾地区逐渐沦为其控制范围,与之同时,番茄在欧洲世界也渐次进入食谱,因此也使得在他们的控制区内,番茄也可能得到了一定范围的种植,而中国同东南亚地区有着长期的、较为便捷的贸易往来,故如同其他农作物一样,其也凭借这一海上通道进入了中国。刘玉霞《番

---

①中国植物学会编:《中国植物志》,北京:科学出版社,2004。

②郭子章(1543-1618),字相奎,号青螺。嘉靖21年出生于江西泰和县一书香门第,隆庆五年(1571年)考中第三甲第二十四名进士。曾任都御史、贵州巡抚、兵部尚书等职。在贵州任间,勤政爱民,深受百姓拥戴,被誉为“明青螺为之冠”。一生读书不辍,在贵州期间,即有《黔草》、《黔小记》等多部著述,为研究贵州历史之重要文献。

③王海廷:《中国番茄》,哈尔滨:黑龙江科学技术出版社,2001;吴耕民编:《中国蔬菜栽培学》,北京:科学出版社,1972;王思明:《美洲原产作物的引种栽培及其对中国农业生产结构的影响》,《中国农史》2004(2):16-27。

茄在中国的引种推广及其动因分析》把这一方向又细分为三条具体路径：一是从欧洲沿印度洋经马来、爪哇等地传入我国南方沿海城市；一是经“太平洋丝绸之路”，从菲律宾然后进一步传到我国。而且她结合一些史料把番茄传入中国之后的最早落脚地定在了广东。其具体的史料有两则，一则为明天启 5 年(1625 年)《滇志·永昌府》记：“近年兵备副使潮阳黄公文炳自粤传来，今所在有海石榴……六月柿”，明确记载云南的番茄是从广东传入；一则为上文所引明代史学家郭青螺在《黔草》记的“六月柿”诗及序，郭青螺在任贵州巡抚之前有过担任广东潮州知府的经历，由此推测，贵州的“六月柿”亦可能从广东携入。上述推断似有一定道理，可成一家之言。但既然认为番茄为路径多元化之输入，故亦不能排除同时或更早落脚于其他地方的可能性。三是由荷兰传到台湾省，再辗转进入福建及内地。1622 年荷兰即占据了台湾省，在此后垦殖经营过程中，就曾移植了诸如荷兰豆(豌豆)、番僵(辣椒)、番芥蓝、番茄(台南称甘仔蜜)等新式蔬果，番茄即在其列，而且据考证，台湾、福建等地区关于番茄的俗称“柑仔蜜”，即可能为荷兰语之音译；康熙、乾隆年间的《台湾府志》、《台湾县志》等方志中亦多处有柑仔蜜的相关记载，“形如柿，细如橘，可和糖煮茶品”，“形如弹子而差大，和糖可充茶品”，故康熙年间番茄传入台湾的可能性很大；与之相联系，福建一些地方方志在随后即出现了类似的相关记载，如成书于乾隆二十八年(1763 年) 的《同安县志》载，“甘子蜜，实如橘味甘乾者合槟榔食之”，番茄或已经台湾传入。

其三，俄国修筑中东铁路，作为食品把番茄种子带入我国。近代以来，沙俄势力东扩，不仅强占了我国大片土地，而且野心不死，又把侵略的触角延伸到东北地区，移民、修筑中东铁路，在这一过程中，在俄国广泛种植的番茄也被引入中国。后期的方志文献中对此即有反映，如民国 4 年(1915 年)、民国 19 年(1930 年)的《呼兰县志》即载：“洋柿：草本俄种也。实硕大逾于晋产，枚重五六两，生青熟红，味微甜。”此外，民国 21 年(1932 年)《黑龙江志编》也载有“洋柿，俄罗斯种也”。

除了上述的主要途径外，也可能存在其他一些通道，如其他章节所提到的，由于明清时期中国同域外的商贸往来，还存在缅滇之陆线，则似乎也不能排除番茄由此进入中国的可能，上文所谈到贵州明代的种植情况，或也可为一佐证；再如从中亚地区由商人(包括回商、晋商和其他外国客商)带入西北内地，山西早期之番茄，抑或有这一可能。

总而言之，明清时期及以后域外作物的引进，更具有了多元化路径、多次性传播以及跨越式传播比重愈来愈高诸多特色，虽然目前很多路径还没有足够证据或没有形成递进传播的完整序列，但也不能轻易否定其存在的可能性。

(2)番茄在中国的传播

番茄进入中国之初，与其在欧洲经历相类似，最初也是作为观赏植物或饮品之作料零星种植，19 世纪以后，随着番茄成为欧洲人主要蔬果和输入品质的变化，其在中国的定位也逐渐发生改变。番茄在中国的传播，大致经历了三个历史时段，现结合刘玉霞《番茄在中国的引种推广及其动因分析》一文的梳理概述如下①：

第一阶段，明清时期的缓慢传播期。根据文献资料的明确记载来看，明末，大致广东、山西、贵州、云南有一定种植；清康乾年间，东南沿海的台湾、福建及北方地区的山东、河北、陕西等地也开始有所种植；康乾以后，种植范围有了一定的扩大，逐渐扩散到中下游地区的湖南、浙江、江苏和西北的甘肃等地。这一时期的传播总体而言，有几个特点值得关注。其一，进程比较缓慢，在近 300 年的时间里，番茄种植虽涉及省份已经过半，但种植面积则相当有限，究其原因，不外乎两个方面：一是与欧洲对番茄的观念相一致，时人对番茄的定位，除了个别地区视其为果品外②，大多数地区则只重视番茄的“高颜值”，把其作为观赏性植物而“植之园圃”，因此，对番茄的关注和种植范围自然而然局限于文人雅士和富贵之家，这一点无论从资料记载中大都将其归入“花属”之列，还是后期带有中国文化元素的番茄命名，均有所反映；二是与番茄这一时期的品种、品质相关联，从文献记载来看，这一时期输入的番茄仍然处于樱桃型，故体型小，且味道涩口。其二，这一过程中也体现了国人对番茄这一外来物种中国化的历程，即由最初的简单的音译或简单冠以“番”、“洋”等字样的命名，到最后出现了一些极富中国文化特色的称谓，如“喜报三元”、“五子登科”等，关于这一点，后文将系统论述，此不赘述。

第二阶段，民国时期番茄有了进一步的扩散，主要表现在以下几个方面。一是种植范围的进一步扩展，除了传统种植区进一步扩大外，向东已经延伸到了黑龙江地区，主要为俄国输入品种，此外，华北地区的内蒙古和河南、东南沿

①刘玉霞：《番茄在中国的引种推广及其动因分析》，《古今农业》2007(2)：66－79。

②从方志资料来看，山西和后来受其影响的陕西北部地区，将番茄列入果属；另外，台湾、福建等地也注意到了番茄的其它功能，或把加工后作为辅茶之小果品，或以其治疗口舌之疮等疾。

海地区的上海和广西、西南地区的四川也相继出现了种植番茄的相关记载。二是人们对番茄的认识和定位也逐渐出现了一些新的变化，虽然受传统观念的影响，很多地区依然把番茄视为观赏植物，但也一些地区，如福建、广东、四川、贵州等地，则越来越多地重视其"内涵"，把其作为重要果蔬而开始多种方式的食用，与之相适应，对其植物性状的描述也愈来愈为详细、准确。之所以产生这些变化，原因也是多方面，如随着番茄的传播日广，人们对其认识自然会逐步深化；再比如外来因素，包括欧洲观念的转变和更有利于食用的番茄新品种的输入；除此之外，还有一个非常重要的时代因素的影响，即近现代农业科技和现代农业推广体系的介入。民国时期，以农学理论、农业技术和农业科研体制为中心的西方现代农业体系进入中国并有了初步的发展，这给外来高产、高效作物的推广传播注入了新的活力，这也是这一时期番茄在中国有了明显扩散的重要因素。史载，这一时期成立的农科院所、实业部、垦务所纷纷致力于番茄新品种的引进、栽培实验和推广，在局部地区产生了明显的效果。"自崇安垦务所成立后，而外菜随之输入如洋葱、甘蓝花、椰菜、番茄、马铃薯、飘儿菜、甜菜、细叶雪里蕻、槟榔等之类是也"①，"苏省各地近种植西洋菜者，如京沪一带之种植甘蓝、生菜、草莓、马铃薯、番茄等已普遍状能每年产量亦不少"②。当然，对这一时期番茄在中国的传播也不能估计过高，从总体来看，仍然处于由观赏价值向食用价值过渡的转变阶段，故食者不多，种植面积亦不大，主要集中在一些城市之郊区。

第三阶段，1949 年以后的迅速推广普及。新中国成立以来，以卓有成效的行政管理体系和农业推广体系为组织保障，以不断发展的农业技术为技术拉动力，以广大农民生产积极性提升和番茄生产产业链的不断延伸为内生推动力，虽然受病虫害和市场波动影响有一定的波折，但总体而言，番茄在中国出现了迅速的、大规模、大范围的普及推广，并逐渐形成了专业化、规模化、市场化的生产格局。据有关资料统计，截至 2009 年，我国番茄种植面积 167.5 万亩，为世界第三大生产国。与之同时，随着加工烹饪技术的提升，番茄也已经成为国人餐桌上、果盘里不可或缺的食品，在日常生活中具有了无可替代之地位。

3.2.3.3 番茄的本土化历程

番茄由传入中国，到最终为国人所接受，亦经历了风土适应、技术改造、社会接纳和文化改造的过程。

---

①民国二十九年(1940)《崇安县新志》。

②《方志分类资料》(25)《蔬菜综合(二)》。

(1)番茄的风土适应

其一,番茄自身具有较强的自然适应性和较高的社会经济价值。自然科学研究表明,起源于中美洲的番茄虽然有一定的适宜生长环境条件要求,如作为喜温性蔬菜,最适温度为20—25℃,喜水、喜光,在土层深厚、排水良好、富含有机质的肥沃壤土生长良好等,但总体而言,在经过长期自然与人工筛选、培育后,所形成的新品种具有了诸多有助于传播推广的天赋:首先,从植物属性的角度来讲,番茄发达的根系,使其不仅具有"不择土"、"不抢地"等竞争优势,同时也具备了较强的适应气候环境变化的自然适应能力和自我调整能力;其次,从生物遗传的角度来讲,番茄具有繁殖力强,易于杂交等特性,这为新品种的培育提供了基础,世界番茄的传播发展过程即验证了这一点;最后,则是番茄的"高颜值"所产生的亲和力,高产量、富营养之"内涵"所带来的高社会经济价值以及种植技术简单所带来的经营优势。正因为所具有的这些属性,使番茄在传播扩散进程中取得了一系列的辉煌战果:从一隅之地最终波及全世界,成为全球种植面积最大的蔬菜之一;登录欧亚大陆之后,不仅跻身传统食谱之列,而且最终取代其他菜蔬而独占鳌头。

当然,任何作物在具有诸多优势的同时,也不可避免地带有一些生物性缺陷,番茄也是如此,除了上述生物优势之外,也同时面临着种性自我退化、生态适应性退化,以及同一品种连作而容易导致的病虫害频发等问题。

其二,我国较为适宜的生产环境。一个方面,我国大部分地区地处北纬20°到北纬50°之间,属于温带、亚热带大陆性季风气候,不仅光热条件好,而且雨热同期,总体上适宜番茄的自然生长;另一方面,我国地域广阔,具有极为丰富的地理、土壤以及气候类型基础,而且四季分明,也为趋利避害,选择合理种植周期和适宜创造了便宜条件。此外,在番茄种植早期,我国生态环境良好,病虫害较少,也是促进番茄在中国传播的一个重要条件。

总而言之,上述两方面因素的客观存在,使得番茄在中国的引进和传播过程相对较为顺利,正如前文所述,目前中国的番茄不仅种植面积、总产量位居世界前列,出口量达到世界第一,而且适应各地不同的生态地理环境,形成了四大栽培区:北部、东北、西北地区露地栽培以一季栽培为主的一年一作区;长江流域和华北等地以春夏栽培为主的一年两作区或混作区;南方广东、广西、云南、海南、台湾等地以冬春栽培为主的多作区①。

---

①叶秋林:《西红柿四季栽培》(第2版),北京:科学技术文献出版社,1996。

(2)技术改造

番茄进入中国之后,无论是初期作为观赏植物“植之园圃”,还是后来成为蔬菜之大宗而广泛种植,均被纳入了中国的技术体系,接受了不同历史时段、不同层次的技术改造。尤其是进入现代历史阶段,随着生物科技发展的突飞猛进和中国与国际的接轨,人工技术介入更为频繁和深入,给番茄生产创造重大机遇的同时也带来了一些问题。囿于篇幅和学科背景,这里仅对传统农业发展阶段番茄的技术改造问题做简单梳理。

一是纳入了中国精耕细作的农业技术体系。追溯番茄20世纪以前在中国的传播进程,虽然大致可以分两个阶段,各阶段也有诸多的不同内涵和特点,但从经营的角度来看,也具有一定的共性,即基本上处于传统园艺的经营范围。进入之初,除了个别地区视其为果外,大多数地区则作为观赏植物而零星种植,也就是说,时人对番茄并没有一个准确而全面的认知,这是事实的一个方面;但不可辩驳的是,正因为其被视为观赏植物而“植之园圃”,且一般只能为富贵之家所拥,故往往不仅有专业“老圃”之经营管理,也自然而然地对其施之以集约、精细的传统园艺技术;此后,随着新品种的输入和人们认识的深化,虽然很多地方已经把作为蔬果对待,但从其种植范围而言,也基本上集中于城郊地区,也就是说,番茄仍属“珍奇异果”,且具有一定的商品价值,因此浇水、施肥,精心培育依然,正如《授时通考》所谓:“此物(番茄)宜水勤浇,多粪则味鲜嫩,自小至大,生熟皆可食。”在这一过程之中,除了重视水肥之外,这一时期的选择适宜播种、适宜土壤、育种育苗(含畦种、移栽)、整枝、保花等技术,也渐次在番茄种植管理方面有了运用。除此之外,为了克服番茄自身不能长期连作的生物缺陷和缓解人地矛盾,番茄在适当扩大种植规模后,就被纳入了我国的农作物多熟制度。如与花生、大豆、谷子、小麦等大田作物和与葱、蒜、韭等“辣茬”蔬菜作物的轮作,与矮生甘蓝类蔬菜、玉米等隔畦或隔行间作套种,取长补短、互济互利。

二是加工烹饪技术的改造。随着番茄的扩散并逐渐成为人们的主要菜蔬作物,番茄的加工和食用方式也在中国发生了深刻的变革,从文献记载来看,在番茄传播的初期,国人除了生食之外,亦已经开始采用各种方式对其进行加工利用,或“蜜糖以充茶品”①,或“乾者合槟榔食之”②,或“清脆时以盐醋捣之”③

①康熙《台湾县志》。

②康熙《凤山县志》。

③湖南《宁乡县志》,转引自吴其潜的《植物名实图考》。

，或“煮熟做菜”①，或“采实和盐、蒜、番椒、酸酒腌罐”②，或做调味作料，或习西法制作番茄酱③……等等。尤其值得注意的是，20 世纪 30 年代，番茄才开始进入中国餐馆④，但短短不足十年之久，各大菜系已经纷纷利用番茄开创出了许多脍炙人口的新菜品，如京菜的桃花泛、粤菜的鸳鸯虾仁、苏菜的菊花鱼等，尤其是川菜，虽然利用番茄的历史要晚很多，但却后来居上，几乎把番茄功能发掘到极致，亦开创了川菜的新时代繁荣。今天，番茄及其制成品已经成为我国为数不多的净出口产品，具有广阔的国际市场前景。

(3) 社会接纳

番茄绿叶葱葱，姿态曼妙，果实红艳喜人，故传入中国之初，是以形胜而被国人所接受。在早期的文献中描述其“颜值”的资料比比皆是，如康熙五十九年(1720 年)《台湾府志》的“柑子蜜：形圆如弹，初生色绿，熟则红”，吴其濬《植物名实图考》的“长沙圃中多植之，蔓生。叶似苦瓜而小，亦少花杈。秋结实，如金瓜，累累成簇，如鸡心柿而更小，亦不正圆。……大抵供几案，赏其红润”同治六年(1867 年)《宁乡县志》的“喜报三元：椒属，形如金瓜，红鲜圆润，累累可爱，一蒂三颗，故名。”而诸如“状元红”、“五子登科”、“喜报三元”等番茄的称谓，亦可见文人雅士对其的喜好。

以之为基础，随着番茄饮食功能和与之相联系的社会经济价值的展现，更多的国人则从新的视角来接纳番茄，或亦果亦蔬，调剂饮食，或规模经营，以增加收入。尤其是进入近代以后，更为国人最主要果蔬之一，亦成为一些地区社会经济发展的支柱型产业。

此外，传统中医的开放性也使得番茄的一些生物属性得到了一定关注，如近人张相文(字蔚西，江苏泗阳人，1866—1933)的《南园丛稿 · 沌谷笔谈》《沌谷笔谈》云“番茄：治不眠症有特效，治肝脏病、肝脏因麻痹，更长脂肪、助消化，夏日食后进之，可无胃弱等患，但不善食用者初觉难于进口，然既成习惯，实有无上裨益。”《陆川本草》亦云：番茄，“甘酸，微寒”，“生津止渴，健胃消食。治口

①民国 24 年(1935 年)《广东通志稿(上)》。

②民国 27 年(1938 年)《麻江县志》。

③亦有资料称欧洲人开始制作番茄酱，也是受到中国传统制酱法之启示。

④据资料记载，最早把番茄引进中餐馆的人为西来顺的创办人褚祥，他大胆使用旧式中国饭庄不敢使用的西红柿、土豆、生菜等“洋菜”和咖喱、胡椒、番茄酱等“洋料”，并参照西菜烹调技术，创出了一些新菜品种。详见李少兵：《民国时期的西式风俗文化》，北京：北京师范大学出版社，1994。

渴,食欲不振”。一些地方民间据说也有“家有番茄,既无病人”之类的俗语。

(4)文化濡化:名称背后的文化信息解读

番茄传入中国之后,具有数量众多的名称,除了我们今天耳熟能详诸如番茄、西红柿等名称外,还有许许多多各有特色或内涵的一些称谓,对其的解读,或许既能了解番茄传播及本土化的一些信息,也能从中看到中国传统文化的层次性、结构性的一些特征。这里结合番茄称谓的变化和分布的基本情况,试图从多个维度做一简单梳理。

首先,结合番茄在中国的传播进程,把番茄称谓及其变化做简单介绍。从现有的文献来看,在第一个阶段番茄的名称情况大致如此,明末有“西番柿”(山西《猗氏县志·物产》《植品》《黔草》)、“番柿”(《群芳谱·果谱》《黔草》)和“六月柿”(《黔草》《群芳谱·果谱》《滇志》),其中“六月柿”应该为俗称。有清一代,除了明末的称谓外,又出现了“甘(柑)仔(子)蜜”(主要出现于台湾南部地区各方志)、臭柿子(台湾北部地区)、“洋柿”(浙江)、“西方柿”(1881年山东《靖源乡志》)、“五子登科”(云南)、“喜报三元”(湖南)、“小金瓜”(《植物名实图考》)、“番茄”(江苏1870年《上海县志》)、“西红柿”(河北1884年《玉田县志》)等,从新出现的称谓来看,大致呈现出雅俗两极分化之格局。第二阶段为民国时期,番茄的称谓更为丰富,除了继续使用前期的称谓外,还出现了许多新的别名、俗名,如“洋柿子”或“洋柿柿”(北方的黑龙江、陕西、山东、河北、河南等省和江浙一带),“洋辣子”(云南),“状元红”(云南),“红茄”(江苏)、“红柿”(福建、贵州、内蒙古)、“番茄”(江苏、福建、广东、广西、云南、四川)、“寿星果”(云南)、“毛辣茄(角)”(贵州),等等。应该说这一阶段的情况最为复杂微妙:一个是随着番茄触角的延伸,称谓的数量显著增多;二是一些地方对番茄的称谓前后发生了变化,或与不同时期番茄输入的品种、来源或路径差异有关;三是表现出明显的地区化、大众化、民俗化的发展趋势;四是这一时期后期,随着现代科学体系的输入和现代教育的兴起,出现了统一化、规范化的势头。到了第三阶段,虽然复杂多样的名称依然存在,但随着人们对番茄的熟悉程度的不断强化,尤其是随着新中国成立以来学科的规范化发展和基础教育的大力普及,“番茄”一词被规定为中文学名而广为流传,民间重新命名之趋势也因此而逐渐消失。

其次,从番茄名称的历史变化来看,有几个规律性的现象值得进一步地解读和剖析:其一,从其变化过程来看,大致经历了“简单命名”—“雅致命名”—地区化与大众化命名—规范命名的发展历程。之所以经历了一个颇为特殊的

"雅致命名"过程,出现了诸如"五子登科"、"喜报三元"、"状元红"等颇具中国文化意蕴的别名,这与番茄传入中国之初的用途定位和接触范围密切相关。正如前文所述,番茄进入中国之初的整个明清时期,其一直被视为园艺观赏植物,故首先接触的群体基本上为富贵之家、文人雅士,因此,对其命名,自然更注重展示、发掘其形态之美,或殚精竭虑,形神具备彰显番茄之美而展示自己之才华,或精心包装打造以赢得富家青睐,这一现象虽然一定程度上展示了传统文化的一些取向和意蕴,但也反映了番茄传播的困境和国人对其认知之局限。至于此后番茄地方化、大众化、民俗化命名趋势发展和饶有趣味的俗名、地方名的涌现,则反映了番茄传播范围的日益扩大与深入的基本态势,不仅传播到更多的地区,而且逐渐走入寻常百姓家,而这一过程发展,亦恰恰展示了番茄在文化观念层面上中国化的基本轨迹。其二,梳理番茄的命名,大致也可以比较清晰地反映出中国对域外新进物种命名的原则和类型。或直接音译,如在澳门番茄又称"大孖地";或从葡语"tomate"音转而来,也有人认为早期台湾、福建之"甘(柑)仔(子)蜜",亦有可能是从荷兰语或菲律宾语音转而来;或根据固有作物之形态,再注以来源,如"番茄"、"西番柿"、"番柿"、"洋柿"、"洋辣子"之属,因此,在早期的文献中也往往造成名称的混乱;或直接以突出形态而命名,如"西红柿"、"红柿"、"红茄"等;或在形态基础上赋予中国文化的意蕴,如前文所提到的"五子登科"、"喜报三元"、"状元红"、"寿星果"等;而普通百姓的命名,则以简单、通俗、形象为原则,如"六月柿"、"毛辣茄(角)"、"洋柿柿"等,不一而足。另外,上述内容也隐约可见中国传统命名文化中的层次性和结构性的特征,文人雅士和平头百姓不同的话语体系,往往渗透着不同的价值取向。其三,从地区分布及其变化来看,则也体现了番茄传播过程中品种、渊源以及途径差异和变化的信息,而民国时期番茄名称林立、庞杂多变,既是番茄自身传播复杂之反映,或也体现了这一特殊时期社会与文化多元、混乱的时代背景,恰恰和 1949 年以后的现象形成了鲜明对照。

3.2.4 苜蓿的引种及其本土化历程

3.2.4.1 苜蓿的起源与引种内地

(1)苜蓿的起源与早期传播

苜蓿,豆科苜蓿属草本植物,又分为紫花苜蓿、黄花苜蓿、南苜蓿等品种,紫花苜蓿的世界栽培利用史最悠久,也是我国引种最早、影响最大、栽培最广的苜蓿品种,古代苜蓿多指紫花苜蓿,原产于外高加索、小亚细亚、伊朗和土库曼高地。目前，亚欧大陆很多地方以至北非地区均有野生苜蓿种群分布，但人们普遍承认的栽培苜蓿起源的地理中心为伊朗①，大概于公元前5000年左右，在两河流域及中亚地区就开始驯化种植苜蓿②。目前考古发现关于人们利用苜蓿作为牧草的最早记载为公元前1300年土耳其希泰族（公元前1400—公元前1200年）的石碑文字，其中记载了整个冬季人们用苜蓿来饲喂动物的史实③。诸多证据证明，在公元前1000年前后，苜蓿已经广泛的分布于波斯各地。公元前4世纪，随着波斯入侵希腊，苜蓿由此传播到希腊，并开始在希腊的农业中起到重要的作用。公元前2世纪，苜蓿从希腊传到罗马，并迅速遍及意大利群岛。由于罗马当时的农业已经比较发达，苜蓿种植技术得到了进一步的发展，人们开始注意苜蓿的播种量（每公顷约38千克）、蜜蜂对苜蓿的作用、合理的刈割时节，以及大量饲喂新鲜苜蓿会引起家畜鼓胀病，在此基础上，人们在苜蓿地里撒石灰以改善种植条件，并开始种植苜蓿来改良土壤。由于这些突出的贡献，罗马被西方世界誉为“苜蓿种植之父”。此后，随着罗马帝国的扩张，苜蓿也被带入欧洲大陆各地和非洲北部地区。

（2）苜蓿引种农耕地区

在瓦维洛夫的八大起源中心之中，西亚和中亚农业各自驯化培育了许多优良品种，苜蓿是西亚起源中心培育的代表作物，作物的种类与原产地气候环境有着密切联系。苜蓿在西亚的特殊地域环境形成，东亚农耕区不出产苜蓿，这种基于地域差异而形成的物种差异使各起源中心之间的引种成为必要。

在特殊时代背景下，军事政治因素促进了苜蓿的引种。楚汉之争，初见骑兵威力。然汉初天下甫定，百废待兴，“自天子不能具醇驷，而将相或乘牛车”④，文景之治，西汉畜牧业有较大的发展，汉朝把马政放在重要位置，设置专职人员管理牧场，鼓励民间养马。社会上层崇尚骑射之风、相马之术，从最高统治者到普通百姓，从皇家上林苑伴驾至民间聚会，都以驱骏马竞风头为荣，爱马

---

①李平、孙杰、邢建军：《论苜蓿的起源与传播》，《内蒙古草业》2012(3)：5-8。

②MULLER M. H, PONCET C, PROSPERI JM etal, Domestication history in the Medicago Sativa species complex: Inferences from nuclear sequence ploymor. Molecular Ecology, 2005 15: 1589-1602.

③GARY R BAUCHAN, AUSSTIN CT, and AZHARHOSSAIN M. chromosomal Polymorphism as Detected by C-Banding Patterns in Chilean Alfalfa Germpasm Crop Scieence, 2002, 42: 1291-1297。

④［宋］马端临：《文献通考》，北京：中华书局，1986：223。

好马成为社会风气。经过近六七十年的休养生息,至武帝初年,西汉已现"众庶街巷有马,阡陌之间成群"[①]、"牛马成群,农夫以马耕载,而民莫不骑乘"[②]之景。但中原马品质仍不能与匈奴马相比,在军事对决中常处于劣势。为了联合大月氏共同夹击匈奴,扭转被动局势,汉武帝于公元前 138 年和公元前 119 年先后两次派张骞出使西域,开通丝绸之路,西域良马和作为附属的苜蓿也被配套引种到内地。

关于苜蓿引进中原,大致有两种说法。一说为张骞带回说,此说最早源于东汉人王逸,见载于贾思勰的《齐民要术》:"王逸曰:'张骞周流绝域,始得大蒜、葡萄、苜蓿。'"南朝的《述异记》亦曰:"张骞苜蓿园,在今洛中,苜蓿,本胡中菜,骞始於西国得之。"[③]第二种说法则认为是汉使所带回。他们认为第一种说法颇具英雄主义之传奇色彩,但稍作考证,即知事实并非如此简单。张骞虽然对丝绸之路的"凿空"功不可没,且有可能带回了关于苜蓿的基本信息[④],但苜蓿的引种者似并非张骞,《博物志》《述异记》的史料价值远不如司马迁、班固等当代人所记正史可靠。《史记·大宛列传》载,大宛"俗嗜酒,马嗜苜蓿。汉使取其实来,于是天子始种苜蓿、蒲陶肥饶地。"[⑤]《汉书·西域传》亦有大致相同的说法:"宛王蝉封与汉约,岁献天马二匹。汉使采蒲陶(葡萄)、目宿种归。天子以天马多,又外国使来众,益种蒲陶、目宿离宫馆旁,极望焉。"正如石声汉先生所言:"《史记》《汉书》交代得很清楚,是张骞死后,汉使从大宛采来。"[⑥]汉代正史中均只称"汉使"引种,并未提张骞。至于为什么归功于张骞,则或为托张骞之名,"《博物志》曰,张骞使西域的蒲陶、胡葱、苜蓿种尽以汉使之中,骞最名著,故云然",或为纪念张骞凿空西域之功[⑦]。此外,关于苜蓿的引种还有李广利大军引进说,"《汉书》曰:'李广利为贰师将军,破大宛,得葡萄、苜蓿种归。'"[⑧]

苜蓿的引种并非一蹴而就,也非一人之功,丝绸之路开通,政府使节和民间

---

①[西汉]司汉迁:《史记》,北京:中华书局,2006:134。
②[汉]桓宽撰,王利器校注:《盐铁论校注》,天津:天津古籍出版社,1983:26。
③[南朝]任昉:《述异记》,北京:中华书局,1960。
④[法]布尔努瓦:《天马与龙涎—12 世纪之前丝路上的物质文化传播》,《丝绸之路》1997(3):11-17。
⑤[西汉]司汉迁:《史记》,北京:中华书局,2006:516。
⑥石声汉:《石声汉农史论文集》,北京:中华书局,2008:173。
⑦孙启忠、柳茜、陶雅、徐丽君:《张骞与汉代苜蓿引入考述》,《草业学报》2016(10):180-190。
⑧[宋]李昉等:《太平御览》,北京:中华书局,1998。

商人的频繁往来,为苜蓿的持续、多次引种提供了机会,不断为苜蓿在本土的生存注入了新鲜的血液。《史记》载:“西北外国使,更来更去……及天马多,外国使来众。”[①]因此,将苜蓿等植物品种输入中国内地的人可能更应该是那些无数往来于中西大道上的不知名姓的田卒、戍兵、中外使者、商人以及西域各族人民[②]。史载,隋唐乃至后世西域良马亦源源不断输入中原,如《隋书·隋炀帝》记载:“遣司朝谒者崔毅使突厥处罗,致汗血马。”[③]在这一过程之中,除了传统的紫花苜蓿外,黄花苜蓿、南苜蓿等各种品种的苜蓿亦渐次进入中原。

(3)苜蓿在中国的传播[④]

苜蓿在离宫别馆中种植不久就蔓延到了民间,首先在关中地区推广,继而传播到西北牧区,即所谓“植之秦中,渐及东土”。颜师古《汉书·西域传》注曰:“今北道诸州旧安定、北地之境,往往有苜蓿者,皆汉时所种也。”到了东汉年间,苜蓿的种植已经扩展到了黄河中下游地区,在崔寔的《四民月令》中已经有“可种……苜蓿”之记载,可见苜蓿种植的农事活动在这一地区已经相当普及。《晋书·晋武帝(公元265—290)传》亦提到了苜蓿园。任昉《述异记》中记载“张骞苜蓿园在今洛中……”。《西京杂记》曰:“乐游苑中自生玫瑰树,下多苜蓿,一名怀风,时或谓光风,茂陵(今陕西省兴平市古名)人谓为连枝草。”而《齐民要术》里已经有了苜蓿种植方法的记载。“山中宰相”陶弘景(公元451—536)说:“长安中乃有苜蓿园,北人甚种之,江南不甚种之,以无味故也。外国复有苜蓿草以疗目,非此类也。”[⑤]

到了唐代,苜蓿的栽培区域更为广泛,当时的官马、驿马都有规定数量的苜蓿地或苜蓿园作为饲料基地,从政策上保证了苜蓿在中国的传播繁殖。《新唐书·百官志》指出:“凡驿马,给地四顷,莳以苜蓿。”《元史》上还有多处记载,政府还设立园圃种苜蓿以喂马,显然这与元代推广有关。到了明代,苜蓿种植已扩展到中原及华北地区,王象晋的《群芳谱》中指出明代苜蓿“以三晋为盛,秦、齐、鲁次之,燕赵又次之,江南人不识也”。说明苜蓿主产区集中在黄河流域各地。这一时期的农学著作《农蚕经》《民囿便览》《农业著实》均对苜蓿的食用方

①〔唐〕李延寿:《北史》,北京:中华书局,1974:516。
②安作璋:《西汉与西域关系史》,济南:齐鲁书社,1979。
③〔唐〕魏征:《隋书》,北京:中华书局,1997。
④范延臣、朱宏斌:《苜蓿的引种及其在中国的功能性开发》,《家畜生态学报》2013(4):86-90。
⑤〔北魏〕贾思勰撰,缪启愉、缪桂龙译注:《齐民要术译注》,上海:上海古籍出版社,2006。

法、饲用价值、栽培技术等作了较全面的论述。可见，明清时期我国苜蓿种植已相当广泛，栽培技术日趋完善，利用方法不断增多，不仅用作家畜饲料，而且供人食用。李时珍《本草纲目》中说苜蓿是田间处处可见的野草，在陕西和甘肃也有人工种植，连遥远偏僻的地区都有。清代西北、华北地区几乎每户农家都有种植。乾隆时的河南《汲县志》说“苜蓿每家种二三亩”。除外，南方个别地区也有种植。从上述资料可以看出，经过历朝历代的繁衍推广之后，苜蓿的种植已经相当普遍了。

3.2.4.2 苜蓿在农耕地区的本土化改造

(1)苜蓿引种之初面临的障碍

苜蓿的引种也并非立竿见影能适应整个中国的自然、社会环境。作为域外作物，苜蓿引种到陌生环境存在着风土适应问题。在原产地环境下，苜蓿形成了喜干旱少雨、怕潮湿、忌水淹的习性和相应的种收季节。在向南方地域扩展过程中，必然受制于自然环境。苜蓿种植技术还面临着技术缺失问题，苜蓿在大宛等地没有人工种植的必要，苜蓿多天然生存，域外栽培技术缺失。

在经济结构上，自春秋时期的“尊王攘夷”事件起，“华戎杂处”的格局被打破，农牧经济逐渐地域分野。农耕区的畜牧业远比游牧区的规模小，以家畜圈养的形式存在，其发展受制于种植业，特别是南方地区的畜牧业对牧草的需求更小。南方人多地少，畜牧业受制于圈养，畜牧业发展规模相对较小，对牧草需求量小。中原农耕地区人均占有土地面积远远小于游牧地区，人多地少、土地细碎。苜蓿引种之前，居于主食地位的粟、稷、稻、麦等大田作物已占据大量土地，开辟专地种植苜蓿的可能性大大降低。

在文化认同和接纳上，游牧民族以牧为本，依草而生，农业民族以农为本，有“恶草”情结，锄草拔草是农业生产的重要环节。在农人观念中，人畜有别，难以接受人畜共食之俗。苏轼的《艾子杂说·献苜蓿》：“献公罢，即刈以喂驴也”①，以人驴并食苜蓿来戏谑艾子。苜蓿在幼芽时采作蔬菜时的味道尚可，但稍老就难以下咽。唐苏敬的《新修本草》称：“长安中乃有苜蓿园，北人甚重之，江南人不甚食之，以无气味故也。”②南人不食的原因是因苜蓿寡味。唐代薛令之《自悼》：“朝日上团团，照见先生盘。盘中何所有？苜蓿长阑干。饭涩匙难

①〔宋〕苏轼：《艾子杂说》，北京：中华书局，1985。
②〔唐〕苏敬：《新修本草》，上海：上海卫生出版社，1955：271。

绾，羹稀箸易宽。只可谋朝夕，何由保岁寒？”[①]薛令之是南方人，自然对老而无味的苜蓿有所抱怨。元代《三元延寿参赞书》载苜蓿“利大小肠，蜜食下痢，多食瘦人。”[②]认为苜蓿虽可治病，但忌同蜜食，多食有害。人畜不共食、饮食习惯及多食有害等观念也成为苜蓿在农耕区发展的障碍。

但是在军事政治的强力推广方式下，苜蓿逐渐在栽培技术、加工利用方式等方面发生了本土化的适应性改变，为农耕文明所认同和接纳。

(2)栽培技术的本土化改造

汉初，我国精耕细作的农业生产技术已基本形成。牛耕和铁农具得到推广，整地、播种、灌溉、施肥、防虫等田间生产技术取得进步，园艺技术也更为精细。苜蓿引种初期苜蓿种植于皇家苑囿之中，使中央集权的国家权力直接参与到引种实验之中，皇家园林中有经验丰富的农人或园丁悉心照料，苜蓿在皇家苑囿中得以存活。苑囿实验具有过渡性质，经过试种，苜蓿在皇家园林中能够茁壮成长，展现出优良品质，终由园丁、仆人、风媒或其他途径有意或无意使苜蓿“飞入寻常百姓家。”过渡性、渐进式的苑囿实验实验适应了长安附近的自然环境，但向更广地域的扩展则需要系统的农业技术支持。

在中原深厚的农耕文明影响下，游牧地区的苜蓿融入精耕细作的农耕体系之中，因地制宜的形成农耕地区苜蓿种植技术。传统农学理论和重要技术也用于苜蓿种植。东汉时期，人们已探索出苜蓿最佳的种植季节。北魏贾思勰《齐民要术》曰“七月种之”，并引东汉崔寔说法：“正月……苜蓿及杂蒜，亦可种——此二物皆不如秋。……七月，八月，可种苜蓿。”[③]皆认为应当于秋冬种苜蓿，尤以秋种为上。苜蓿原产地接近地中海气候，人们打破春种秋收的固有规律，采取反季节种植，以满足苜蓿生长过程中对水热配置的特殊要求。西汉时期，我国的选种技术已经形成了一套行之有效的方法，有了“田者择种而种之，丰年必得粟”[④]的意识，并发展为穗选法。《齐民要术》中专门开辟苜蓿种子地，做种的苜蓿一年只割一次，传统的选种保纯技术对维持苜蓿优良品质有很大帮助。

《齐民要术·种苜蓿》[⑤]系统总结了苜蓿栽培方法。要求选地环节“地宜良

---

①[宋]李昉:《太平广记》,北京:中华书局,1961:4059。
②李世华、沈德惠点校:《道藏养生书十种》,北京:中医古籍出版社,1987:110。
③[北魏]贾思勰撰,缪启愉、缪桂龙译注:《齐民要术译注》,上海:上海古籍出版社,2006。
④[汉]刘向撰,王瑛译:《说苑全译》,贵阳:贵州人民出版社,1992:753。
⑤[北魏]贾思勰撰,缪启愉、缪桂龙译注:《齐民要术译注》,上海:上海古籍出版社,2006。

熟”,不同的土壤,耕种方法不同,“旱种者,重耧耩地”,干旱之地,需要深耕,以“使垅深阔”。“每至正月,烧去枯叶”,每到正月要烧掉苜蓿的枯叶;“地液辄耕垄”,春天返浆时,要在苜蓿之间的行间翻耕,“耕垅外,根斩;覆土掩之,即不衰”①。汉魏时期的人们已注意到苜蓿的根部与众不同。用鲁斫掘除宿根外的旁土。苜蓿根系强大,四处延伸,需要耕断旧根,刺激新根更新。人们还认识到苜蓿与原有园艺作物中的韭、葱相类似,具有多年生属性,“一年三刈。……此物长生,种者一劳永逸”,在种植技术上对葱、韭种植技术加以借鉴,融会贯通。种苜蓿法“一如韭法”,而“收韭子,如葱子法”,采用畦种作垅法,注重追肥和灌溉,使用传统农具窍瓠播种,用批契拖曳镇压,用犁、铁齿耙、鲁斫对其翻耕作垅,松土保墒,“一种多收”。在成熟的、本土化的种植技术保障下,苜蓿成为人们所熟知的“懒人庄稼”。

(3)加工利用方式的本土化改造

苜蓿作为重要的军备战略物资,储备价值高,历代政府极为重视。汉唐时期,由于战争、交通邮驿、礼仪的需要,养马业一度发展到了高峰。苜蓿的引种解决了农耕地区精饲料不足的问题,保证了丰富的营养,改善了马匹品质,给汉唐带来了巨大的经济、军事效益。政府多专设苜蓿地、苜蓿园以养马。《隋书》记载中央设有专门负责苜蓿种植的官职。“司农寺,掌仓市薪菜,园池果实。统平准、太仓、钩盾、典农……而钩盾又别领大囿、上林、游猎、柴草、池薮、苜蓿等六部丞。”②唐时畜牧业繁盛,苜蓿种植规模很大,《新唐书》载:“初监马二十四万,后乃至四十三万,牛羊皆数倍,莳茼麦、苜蓿千九百顷,以御冬。”③驿马配置苜蓿地成为定制,“凡驿马给地四顷,莳以苜蓿”。伴随苜蓿种植规模的扩大,苜蓿的储藏加工技术逐步形成。为了解决牲畜冬季草料不足问题,苜蓿被晾晒干燥,制为干料,以备牲畜过冬。元代仍然设置“上林署……种苜蓿以饲驼马”④,以保障军事利益。还将苜蓿子纳入赋税范畴,加以征收。政府的苜蓿的关注推动了其种植。

除饲马之外,民间多以苜蓿饲养家畜。中原以农耕为主,马虽为“六畜之首”,但牛作为农业生产的重要动力而被珍视为“农家之宝”。因而,苜蓿的饲养

---

①[唐]韩鄂:《四时纂要选读》,北京:农业出版社,1984:124。
②[唐]魏征:《隋书》,北京:中华书局,1997:148。
③[宋]欧阳修、宋祁:《新唐书》,北京:中华书局,1975:4335。
④[明]宋濂:《元史》,北京:中华书局,1976:2282。

对象由马扩大到牛羊驼等牲畜成为必然,《广群芳谱》记载,"开花时刈取喂马、牛,易肥健"①,农耕区的人们还将苜蓿与其他粮食饲料搭配而成混合饲料。清代杨一臣《农言著实》称②:种苜蓿饲牛马,加工铡苜蓿时要冬长夏短,以免水分营养流失。这样铡短之后便于与麦麸等搅拌,混合饲料使饲料来源更广,营养更均衡。苜蓿参与家庭畜牧业为农耕地区增添了农牧结合色彩。

为了适应农耕区的土地制度和经济结构的产业结构,在农耕技术体系和经济结构影响下,苜蓿超出饲料作物的范畴,苜蓿作为绿肥和开荒作物参与农业生产环节,在农耕技术体系中寻找到合适的一席之地。苜蓿根具有固氮作用,宜作绿肥。随着人们认识的加深,苜蓿常被用于与其他作物相套种、混播的前茬作物,成为绿肥的重要来源。"夏月取子,和荞麦种,刈荞时,苜蓿生根,明年自生,……若垦后次年种谷,必倍收,为数年积叶坏烂,垦地复深,故今三晋人刈草三年即垦作田,亟欲肥地种谷也。"③种三年苜蓿收割为饲料后,将苜蓿直接翻耕在地中,即可实现开荒,荒地变为熟地。随着人多地少矛盾的日益加剧,苜蓿成为开荒先锋作物。苜蓿与荞麦套种,收割荞麦后,任由苜蓿生长,第二年开春,茂盛的苜蓿便被翻进土地下,为谷物提供肥料。清代杨屾《豳风广义》主张多种苜蓿,广畜四牡,多得粪肥,作为厩肥还田。农耕地区的人们运用精耕细作的农业技术,将传统绿肥技术、套播混播及轮种技术与苜蓿种植技术相结合,使苜蓿在有限的土地上生产出更多草料,既不影响原有农业生产,又解决了家畜饲料、厩肥问题。苜蓿根系发达,耐盐碱,适宜垦荒和盐碱地改造。清代《增订教稼书》记载,盐碱地上"宜先种苜蓿,岁夷其苗食之,四年后犁去其根,改种五谷蔬菜,无不发矣",并说这种改良盐碱地的"苜蓿法得之沧州老农,甚验。"《救荒简易》也说:"祥符县老农书曰苜蓿菜,性耐碱,宜种碱地,并且性能吃碱,久种苜蓿,能使碱地不碱"。道光时河南《扶沟县志》记载:"唯种苜蓿之法最好,苜蓿能暖地,不怕碱,其苗可食又可放牲畜,三四年后改种五谷,同于膏壤矣。"

在农业饮食文化的浸润下,原本作为牧草的苜蓿逐渐走上餐桌。饥荒之年,人与动物同气连枝,人们摒弃人畜不共食的观念,苜蓿以蔬菜的身份进入人们的视野。苜蓿的鲜嫩被以素食为主、善于烹饪的人们发挥的淋漓尽致。苏轼

---

①〔清〕汪灏:《广群芳谱》,上海:上海书店出版社,1985:321。
②〔清〕杨一臣撰,翟允褆注释:《农言著实注释》(第二版),西安:陕西人民出版社,1963。
③〔清〕汪灏:《广群芳谱》,上海:上海书店出版社,1985:322。

曰:“张骞移苜蓿,适用如葵菘。”[①]据宋林洪的《山家清供苜蓿盘》记载,在唐代时苜蓿就曾为宫廷菜肴。唐孙思邈在《千金翼方》和苏敬《新修本草》中都将苜蓿列为菜部。东坡善饮,苜蓿也为其日常小蔬。佛家居士也将苜蓿作为日常素食。“叶嫩时煠作菜,可食,亦可作羹,……采其叶,依蔷薇露法蒸取,馏水甚芬香。”[②]苜蓿菜、苜蓿露、苜蓿羹等菜肴异彩纷呈。至今关中地区人们仍保留着以苜蓿嫩芽做菜的传统。此外,苜蓿还可以酿酒,李时珍的《本草纲目》曰:“米如穄米,可以饭,亦可酿酒。”《群芳谱》中还介绍了制作苜蓿露的方法,即“采其叶,依蔷薇露法蒸取馏水,甚芳香”。以苜蓿酿酒,给中国酒文化里又书写了浓墨重彩的一笔。

元明清时期,苜蓿成为一种重要的政府救荒作物。《元史》载“至元七年,颁农桑之制,令各社布种苜蓿,以防饥年。”[③]《救荒本草》也提倡在民间种植苜蓿。明政府曾到江浙一带推广苜蓿。政府的推广行为和备荒思想对于苜蓿本土化范围扩大起着积极作用。到了清代,苜蓿已成为田间地头广泛栽培或半野生的作物。

从唐代开始,苜蓿还与传统中医药学相结合,成为中药材。晋陶弘景《名医别录》始载苜蓿入药,陶弘景称:苜蓿“味苦,平、无毒,主安中,利人,可久食。”[④]唐苏敬的《新修本草》:“苜蓿茎、叶平;根寒,主热病,烦满,目黄赤,小便黄,酒疸。捣取汁,服一升,令人吐利,即愈。”[⑤]此外,《千金食治》、《本草衍义》、《本草纲目》等医书对苜蓿的药用价值都有记载。现代中医临床实践证实苜蓿确有清热利尿,舒筋活络,疏利肠道,排石,补血止喘等疗效。苜蓿全身皆可入药治病救人,成为穷苦百姓的良药。

(4)农耕文明对苜蓿的文化认同和接纳

域外作物引入一地必有一名,起初多以外语音译命名,随着了解的深入,以特征形态命名的异名增多,然后逐渐统一。苜蓿引种之初从伊朗语音译为目宿,随着本土化加深,牧宿、木粟、连枝草、怀风草、光风草等带有农耕色彩的本土化异名迭出。汉书采“木宿”一词乃音译,“宿”恰恰符合苜蓿宿根习性。“牧宿”将其饲料属性与畜牧业相联系,以同音字“牧”代替“目”,宋人罗愿的《尔雅

---

①转引自程伯安:《苏东坡民俗诗解》,北京:中国书籍出版社,1994:98。
②〔清〕汪灏:《广群芳谱》,上海:上海书店出版社,1985:322。
③〔明〕宋濂:《元史》,北京:中华书局,1976:2355。
④〔晋〕陶弘景:《名医别录》,北京:人民卫生出版社,1986:96。
⑤〔唐〕苏敬:《新修本草》,上海:上海卫生出版社,1955:271。

翼》采“木粟”一词将苜蓿视为粮食作物“粟”，以同音字“粟”代替“宿”；《齐民要术》引《西京杂记》曰：“苜蓿，一名‘怀风’。时人或谓‘光风’；光风在其间，常肃然自照其花，有光彩，故名苜蓿为‘怀风’。茂陵人谓之‘连枝草’。”①微风掠过，阳光照耀，大片苜蓿在风中“萧萧然”，光彩照人，给人以视觉、听觉上美的享受。人们从审美角度亲切地称苜蓿为“怀风”、“光风草”，充满诗情画意，这样美的名字反映了关中地区的人们对苜蓿的欣然接纳。南苜蓿开黄花，民间亲切地称之为“金花菜”或“草头”。由于形态及作用类似于草，最终“苜蓿”逐渐统一为本土化名称。这些异名体现出人们对苜蓿的本土化认识。

汉唐代盛世，农耕民族对游牧民族长期对峙，最终取得决定性胜利。人们借助张骞的光芒，赋予苜蓿传奇色彩，以此来追忆汉唐盛世，寄托家国情怀，展示面对游牧民族时的自豪、自信心态。唐代王维的《送刘司直赴安西》曰：“绝域阳光道，胡烟与塞尘。三春时有雁，万里少行人。苜蓿随天马，葡萄逐汉臣。当令外国惧，不敢觅和亲。”②表达出唐人的开放气魄和自信。明代时，因马嗜苜蓿，亦用苜蓿作马的代称。明代夏完淳《大哀赋》：“嘶风则苜蓿千群，卧野则駒駼万帐。”③苜蓿增加了农耕民族的底气，依托天马和苜蓿，农耕民族也一跃而上，上阵杀敌。苜蓿为文弱的农耕民族注入了野性的血液，苜蓿以此意象而为农耕民族所接纳。

在儒家文化的浸染下，苜蓿融入古代文人的精神世界，中国人谦虚谨慎，自甘淡薄，多以清淡的苜蓿托物言志④。文人遇怀才不遇，经济拮据，多以“苜蓿长阑干”、“苜蓿盘”聊以自嘲。苜蓿又被赋予了清正、廉洁之意，如唐代陆游的“苜蓿堆盘莫笑贫”。明清以降，蒙学课本《幼学琼林》亦有“桃李在公门，称人弟子之多；苜蓿长阑干，奉师饮食之薄”⑤的广为流传。清代大学士纪晓岚南下福建巡视督学，为了表明自己廉洁自律、甘守清贫，曾作诗“词臣只是儒官长，已办三年苜蓿盘。”清末民初张起南《橐园春灯话》“苜蓿，射盘之中”，苜蓿盘成为民俗中灯谜的一个谜底。人们不以食苜蓿为拮据，而以为清心寡欲之象征，为中国传统文化所接纳。

宋代梅尧臣《咏苜蓿》：“苜蓿来西域，蒲萄亦既随。胡人初未惜，汉使始能

---

①〔北魏〕贾思勰撰，缪启愉、缪桂龙译注：《齐民要术译注》，上海：上海古籍出版社，2006。
②〔唐〕王维撰，赵殿成笺注：《王右丞集笺注》，上海：上海古籍出版社，1998：142。
③〔明〕夏完淳著，王学曾注释：《大哀赋注释》，上海：上海古籍出版社，1997：16。
④邓啟刚、朱宏斌：《苜蓿的引种及其在农耕地区的本土化》，《农业考古》2014(3)：26－30。
⑤〔明〕程登吉撰，〔清〕邹圣脉增补：《幼学琼林》，长沙：岳麓书社，1986：60。

持。宛马当求日，离宫旧种时。黄花今自发，撩乱牧牛陂。”①展示了苜蓿的引种及本土化经过。苜蓿引种之初，种植区域仅限长安宫囿附近，经过不断引种及本土化适应，其种植地域不断扩展，遍及整个西北、华北、东北南部，甚至南方地区。地方性品种层出不穷，在紫花苜蓿、黄花苜蓿、南苜蓿等域外品种的基础上，在北方形成中国的关中苜蓿、新疆大叶苜蓿、北疆苜蓿、陇东苜蓿、陇中苜蓿、天水苜蓿、河西苜蓿、陕北苜蓿、晋南苜蓿、蔚县苜蓿、沧州苜蓿等，淮河中下游地区也形成能适应南方湿热环境的淮阴苜蓿品种。但苜蓿的发展具有时空不均衡性。苜蓿的种植多集中于北方，南方较少种植且多沦为半野生。汉唐之后，由于养马业的衰落，苜蓿种植面积有所缩减。魏晋时，苜蓿沦为野生，遍布田野，人工种植集中于西北。元明清时期政府对苜蓿救荒功能的重视，使苜蓿种植再次达到高潮。

苜蓿连接着游牧世界与农耕世界，为农耕世界注入了游牧细胞。苜蓿在饲马之外，参与家庭畜牧业，增加了农耕经济结构的畜牧成分。在农耕区以开荒绿肥作物形式参与农业生产环节，使其在传统农耕技术体系中占有一席之地，融入传统饮食和文化之中。清初王夫之曾指出，“汉唐之所以能张者，皆唯畜牧之盛也。”②而畜牧之盛，皆草、马之盛也。刚烈的骏马与柔美的苜蓿完美地结合在一起，支撑了汉唐盛世，培育了关中秦川牛、关中驴、晋南黄牛等优良畜种。苜蓿虽小，却上关国事，下涉民生，见证了中西文明、农牧文明间持续不断的交流。

3.3 果品的引进及其本土化

果品，如同前文所谈到的蔬菜一样，其生产经营在传统农业社会往往具有特殊的双重属性，一是满足人们的温饱之需，或调剂饮食，或赖以果腹，故为饮食的重要来源，即所谓的“五果为助”；另一方面，由于其自身的商品性，因此果蔬园艺又承担了一定的经济功能，或赖以为生，或补贴家用，是诸多农户货币收入的主要来源。正因为如此，小自“五口之家”，大到地主庄园乃至整个国家，在整个农业结构和经济体系中，果业一直占据着不可替代之地位。在漫长的农业历史发展进程中，我国先民在不仅驯化培育了数量众多的水果种类和品种，亦

①转引自卓越德元：《百物咏》，广州：广州文化出版社，1989：336。
②〔清〕王夫之撰，王伯祥校点《黄书·噩梦》，北京：古籍出版社，1956：12。

不断引进域外品种,对园艺技术、饮食文化和整个社会经济产生了深刻的影响。

3.3.1 关于中国果树史的几个问题

(1)中国果树栽培史溯源

作为食物的主要来源之一,在漫长的原始采集渔猎经济时期,人类已经开始利用野生果木以果腹充饥,即庄子所谓"昼拾橡栗,暮栖木上",在这一过程中,经过不断的积累人类也自然而然地形成了对一些果树生物习性的基本认识。原始农业诞生以后,虽然种植业逐渐占据主导地位,但采集渔猎依然是社会经济发展不可或缺的重要补充,我国早期原始农业文化遗址中有果实、果壳等遗存出土的事实即可证实这一点。农业诞生使人类得以定居生活,而种植业发展也使得采集来的果实有了更多的剩余,这就为果树进入人工驯化栽培创造了基本条件,以此为基础,先民们开始有意识选择性地重点利用一些果木:裴李岗遗址发掘出土了枣核、梅核,河姆渡遗址出土了桃子、酸枣、橡子等遗存,半坡遗址出土栗子、榛子、松子、朴树籽等遗存;钱山漾遗址出土了桃、杏、梅和酸枣等遗存。虽然受条件制约,目前还很难判断果木遗存是否已经是人工驯化栽培之产物,或准确地推断出某一种果木栽培驯化的具体时间,但有一个发展趋势则比较清晰,即经过长期的摸索和总结,先民利用的果木品种已经出现了由广谱选择到相对集中利用的趋势。

夏商周三代时期,除了杏、桃、李、梅、杏、枣、栗、榛、桔、柚等果树有了人工栽培、选育的明确记录外①,亦在其他许多方面达到了相当的水平,奠定了中国果树发展历史之基础。一是有了相对独立的生产场所——"园"、"场"②,如《诗经·魏风》之"园有桃"、《左传》之"桃园",不唯如此,还出现了专门管理或技术人员,如"场师"、"场人",《孟子·告子上》:"今有场师,舍其梧檟,养其樲棘,则为贱场师焉",或可视为果树经营专业化或产业独立之标志。二是至迟至春秋战国时期,果业的商品性已经得到了一定的展现,不仅"然后瓜桃枣李,一本数以盆鼓"③,而且出现规模化的果木名产区,如《吕氏春秋·本味》谓:"果之美者:沙棠之实;常山之北,投渊之上,有百果焉;群帝所食;箕山之东,青鸟之所,

①梁家勉主编:《中国农业科学技术史稿》,北京:农业出版社,1989:142-145。

②这一时期的园圃业和后世的园艺业略有不同,种植场所不是区分得非常清楚,如果木,除了"园"、"场"外,也往往出现于"圃"、"囿"、"苑"之中。

③《荀子·富国》。

有甘栌焉;江浦之桔;云梦之柚;汉上石耳。”而燕赵之地,则以干果生产为大宗,“北有枣栗之利,民虽不由田作,枣栗之实足食於民”。三是栽培技艺的发展,经营的专业化亦促进了栽培技术的发展,人们不仅对许多果树的生物习性有了更为清晰的认识,以“三宜”之理念为提高产量和品质,而且还出现了一些技术创新,如梅等南方果树的北引,如嫁接技术的出现,尤其是后者,在中国果树栽培史上具有极为重要的影响。以这一时期的成就为基础,自秦汉而始,伴随传统精耕细作农业技术体系成熟和社会经济发展,中国果树业在品种与品质、技术以及产业水平方面不断提升,成了支撑中国传统农业社会发展不可或缺的重要构成。

(2)历史时期域外果树引种概况

我国地大物博,具有极为丰富的果树种质资源,为世界最早、最大的果树起源中心。据茹科夫斯基的基因中心理论统计,由中国起源中心源起的果树有:苹果属10种,梨属8种,木瓜属8种,李属2种,杏属2种,桃属4种,樱桃属约150种,山楂属2种,枣属2种,柿属2种,猕猴桃属4种,葡萄2种,榛属4种,柑橘属4种,金柑属3种,桑树2种,核桃属3种,栗属2种,榧属2种,此外,还有枸橘、银杏、杨梅、荔枝、龙眼、枇杷等。但是,正如前文所言,受种质资源区域差异性、社会需求多元化和递进性等因素的影响,互通有无成了一种必然的趋势。故自秦汉而始,随着对外交通的不断发展,域外诸多的果树品种亦源源不断进入中原,对于果树业本身和我国饮食文化与社会经济发展产生了重要影响。

追溯历史时期果树的域外引种,由于受不同历史时段的国内外环境发展变化之影响,在不同时段有不同的发展程度、内涵及其侧重点,是一个有起有落、颇为曲折的过程,但从整体的视角来审视,其亦是一个不间断的过程,不绝若线,贯穿了整个历史过程,大致出现了三次高潮,即秦汉、唐宋和明清。秦汉时期,张骞凿空西域,联结东、西世界之间的大动脉——丝绸之路得以贯通,东来西往,形成了中外科技文化交流的第一个高潮,这一时期虽然是以畜牧科技文化为侧重点,但凭借这一通道,西域原产的绵苹果、葡萄、核桃(胡桃)、石榴(安石榴)等进入中原,“植之秦中,渐及东土”;与之同时,随着疆域的不断拓展,岭南原产的荔枝、枇杷、龙眼、香蕉等被引入中原。唐宋时期,随着社会经济发展,高品质的一些水果进入中原,如海枣(波斯枣)、树菠萝(菠萝蜜)、扁桃(巴旦杏)、油橄榄(齐墩果)、阿月浑子、无花果等,颇受青睐。明清时期,海交之路逐渐成为中外交流之主导性通道,而随着新大陆发现之后美洲作物的流布,进入中国的域外新类型、新品种之果蔬亦不少,如芒果、菠萝、番木瓜、番石榴、西洋苹果、西洋梨、西洋樱桃等,而且由于其适应性强且高产高效,故很快在中国占据了一席之地。

在这里再特别强调三个问题,第一个是先秦时期的域外引种问题。我们研究中外农业科技文化交流,主要是以历史文献为证据,但文献资料在这一方面的局限性也是显而易见,典型如先秦时期的引种问题,历史文献一般只见秦汉西域凿空之后的记载,且大都为官方举措,但从逻辑角度而言,西域凿空之前的数千年时间里,中原并不是与西域完全隔绝,而且更为重要的是从交流交往的角度讲,民间往来虽不见史载,但其持久性和效力则可能更强,因此,先秦引种的可能性自然不能排除。第二点,引种过程中的反复引种问题。在果蔬园艺作物引种传播的过程中,并不是每一次引种都能成功,也不是所有新品种引进之后就能永远扎根中土,恰恰相反,其过程可能很为曲折,故历史文献中往往会出现反复引种的记载。这一现象的产生,有着多种因素的影响或多种情况的存在:其一,虽为同一种类之果蔬,但品种各异,故而不同时期引之;其二,中国地域广阔,而传统社会信息相对闭塞,一地之引种或杯水车薪,难以满足需求,或影响范围有限,故而存在不同地区同时或不同时引种;其三,一些新品种进入中国之后,或因需求、观念变化而渐渐无人问津,或因作物本身性能(包括繁殖能力、抗病虫害能力以及社会经济价值)退化乃至绝迹;其四,因自然灾害、病虫害或社会动荡之打击而一蹶不振,等等。强调的第三点,则是果蔬引进过程中文化心态问题。一个方面,从总体而而言,在农业领域文化心态是比较开放的,这也是历史过程中引种不绝若线的原因之一;另一个方面,则需要注意皇家贵族的文化心态的两个特点,一是猎奇心态,在传统时期引种过程中,除了多不见史载的民间贸易交流之外,则主要为战争掠夺、政府贸易、贡纳和刻意猎奇等途径,皇室富贵显然占有主导地位,他们的文化心态往往决定着引种的频次、规模等等问题,如许多盛世帝王往往以天下共主自居,认为四海之内一切之珍稀均应为自己所拥有,故往往不惜一切代价四方搜集,汇聚于皇家苑囿,这一点或有利于引种;二是占有欲,据有之后,植之苑囿,精心经管,专享专用,甚至秘而不宣,这一过程虽于本土化而言有试验基地之效,但对传播而言,则又不无制约。

3.3.2 石榴的引进及其本土化

3.3.2.1 石榴的起源与早期传播

(1)石榴的起源

石榴(学名:*Punica granatum*),石榴科石榴属,落叶灌木或小乔木。在今天的伊朗、伊拉克、阿富汗、阿塞拜疆、格鲁吉亚和印度西北部海拔300—1000米的山上，尚有大片的野生石榴林；此外，在我国西藏东部三江流域海拔1700—3000米的察隅河两岸荒坡上也大量野生古老石榴群落的分布。目前关于石榴的最早考古发现是在伊拉克境内，20世纪三四十年代，考古学家在对距今5000—4000年前的乌尔王朝废墟进行了系统发掘，在苏布阿德王后的墓葬中，发现王后的皇冠上镶嵌着精美的石榴图案，在5000年前的古埃及第18王朝，法老墓壁画上就绘有石榴树和皮色粉红、饱满裂子的大石榴。说明当地居民已经开始利用石榴。据此，目前一般认为栽培石榴的起源中心可能就在两河流域①。

图3－6　带有石榴图案的古以色列钱币

(2)石榴的传播

栽培石榴起源后，随着人类各种活动而渐次向外扩散，约公元前两千年前后，传播到了地中海沿岸，在这一过程中，以航海和经商著称的迦太基人(Carthaginian)发挥重大作用，据说他们非常喜爱石榴，每到一地均以石榴作为礼品赠送给当地人，因此地中海沿岸的人把石榴称为 Malum punicum(Apple Carthage)，即“迦太基苹果”，现在石榴属的学名 Punica 即源出于此。反映公元前10世纪至公元前8世纪历史的荷马史诗和希腊神话中，在谈到葡萄、橄榄和无花果的同时，也记述了石榴于希腊时代已从地中海传到欧洲和北非。关于印度大陆的石榴，则有两种说法，一说为印度西北部原产，一说的亚历山大远征时将石榴带到了印度。但至迟在公元前7世纪至公元前6世纪，石榴在印度已经广

①也有人认为我国的西藏东部和印度西北部也可能是石榴的起源地之一。详见曲泽洲、孙云蔚：《果树种类论》，北京：农业出版社，1990：139－140；李保印：《石榴》，北京：中国林业出版社，2004：3－4。

泛分布，也成为佛教文化的重要组成，随着佛教僧侣的活动，把石榴传到东南亚、柬埔寨、缅甸等国家和地区，印度也可能是中国石榴的一个重要来源地。石榴传至我国后，又由我国传至朝鲜、日本。至于美洲地区的石榴，则是1492年哥伦布发现新大陆后，由欧洲人首先传至美国，然后再经墨西哥而传入南美各地。时至今日，石榴在世界各地均有栽培，深受人们的喜爱，很多国家和地区还把石榴花作为国花或市花，如欧洲的西班牙、北非的利比亚，均已石榴花作为国花。在我国，陕西西安、安徽合肥、山东枣庄、湖北的十堰、黄石市、荆门和河南新乡亦将其作为市花之一。

3.3.2.2 石榴在中国内地的引进与传播

(1)石榴在内地的引种

关于石榴引入的时间和路径，学术界颇有争议，梳理其观点，大致有三种说法、两条路径，现简单介绍如下。

其一，西汉武帝时张骞从西域引入。其主要的依据为两则史料，一是西晋张华《博物志》中的说法，“汉张骞使西域，得涂林安石国榴种以归”，所谓的“安石国”，可能就是“安息国”(西方史书谓之帕提亚帝国)，位于今天的伊朗①。二是贾思勰《齐民要术》征引前人的说法：其一为卷四引陆机《与弟云书》的内容：“张骞为汉使外国十八年，得涂林。涂林，安石榴也”；其二为卷十引《博物志》的说法：“张骞使西域还，得安石榴、胡桃、蒲桃。”上述几则史料，似乎均说石榴是张骞从西域引入的。受此影响，后世的许多文献亦从此说，而且还进行了诸多的发挥，甚至将早期所有外来作物引进全部归功于张骞一人。但正如前文在论述胡荽引进时所谈到的，此说可能并不一定非常准确。

其二，西汉时期在张骞凿空西域之后引入中原。凿空西域之后，使者、商旅不绝于道，东西往来更为频繁，这一时期进入中原的域外之果蔬，除了石榴之外，还有葡萄、苜蓿等，而且后世的许多文献常常把它们并提，如左思《吴都赋》的“蒲桃乱溃，若榴竞裂”、潘岳《闲居赋》的“石榴蒲桃之珍，磊落蔓衍乎其侧”，等等。因此，一些学者在判断是否张骞引进的基础上，参照其他域外作物的相关史载，认为石榴是同葡萄、苜蓿等作物一道，在张骞之后由其他使者断断续续从西域引进中国。此外，现代考古似乎也能为这一说提供一定是佐证资料，如

①也有人认为“安石国”为两个国家，即“安国”和“石国”，“安国”即今天的布哈拉，“石国”则为今天的塔什干。详见史存直：《汉语史纲要》，北京：中华书局，2008：519；曲泽洲：《石榴史话》，《世界农业》1985(1)。

在新疆民丰的尼雅遗址及吐鲁番楼兰遗址中均发现带有石榴果纹饰的遗存。

其三,公元3世纪由波斯经印度、西藏而进入中原。其依据有三:其一,两汉诸多传世的正式历史文献中均没有石榴的相关记载,而最早的确凿记载始见于西晋时期,“在公元第三和第4世纪以前石榴树没有过任何记载”①;其二,则是对石榴之别名——“涂林安石榴”的解读,其认为“安石”即指汉代西域的安息国,即今天的伊朗,而“涂林”二字则是从梵语石榴(Darin)音译而来②,有“涂林安石榴”,故“石榴是公元3世纪时由波斯经印度、西藏带进来”③。但学术界也对这一说法的可靠性提出了质疑,认为其显然有违史实,并搜集了诸多证据,如:汉武帝时期司马相如在其描述上林苑花草林木的《上林赋》中就有“留落胥邪”之句,所谓“留落”即为石榴④;题为东晋葛洪所撰的《西京杂记》记载,汉武帝扩建上林苑,各地献来的奇花珍果中就有十株安石榴;东汉张衡(78—139)的《南都赋》中也有石榴的相关记载,“若其园圃,则有蓼蕺……樗枣、若榴”;东汉末年蔡邕(133—192)的《翠鸟诗》中也有“庭陬有若榴”之句。这些史料足以说明汉代石榴已经传入中国内地,并已在陕西、河南等地有所种植⑤。把引进石榴的时间推迟数百年的说法似乎有违史实,但这一传播路径的存在则完全是有可能的。

此外,还有人提出了公元3世纪以后石榴由印度或由海路引进等路径,等等。其实,多路径存在这一现象并不奇怪,“在如此地域辽阔、历史悠久的国度,一个物种通过几种途径、数次传入,不是没有可能”,因此,这些传播路径也并不与汉代的初传相矛盾⑥。此外,在石榴在中国的传播过程中,也不乏不同时期石

---

①[美]劳费尔著,林筠因译:《中国伊朗编:中国对古代伊朗文明史的贡献》,北京:商务印书馆,1964:104。

②[德]夏德(F. Hirth)著,朱杰勤译:《大秦国全录》(《中国及罗马东边地》,China and the Roman Orient),大象出版社,2009。

③[美]劳费尔著,林筠因译:《中国伊朗编:中国对古代伊朗文明史的贡献》,北京:商务印书馆,1964:104。

④“留落:即刘杙,实如梨,味酸甜而核坚。一说即石榴。”(参见吴功正:《古文鉴赏辞典》,江苏文艺出版社,1987年,第259页;陈宏天等认为留落即石榴(参见陈宏天、赵福海、陈复兴:《昭明文选译注》,吉林文史出版社,1987:437)。

⑤夏如兵,徐暄淇:《中国石榴栽培历史考述》,《南京林业大学学报(人文社会科学版)》2014(2):85-97。

⑥夏如兵,徐暄淇:《中国石榴栽培历史考述》,《南京林业大学学报(人文社会科学版)》2014(2):85-97。

榴新品种的从不同地区的引进之现象,如唐代即有从新罗引进的记载,“新罗多海红并海石榴。唐赞皇李德裕言花中带‘海’者,悉从海东来。”①

(2)石榴在内地的传播

石榴从引进到最后遍及全国,其传播扩散大致经历了三个历史时段,即两汉时期的引进和中国本土传播中心形成阶段、魏晋南北朝时期的初步传播和本土化转型发展阶段、唐宋的快速传播发展阶段。

第一阶段,为两汉时期的引进和传播阶段。正如前文所言,虽然石榴引种问题还颇多争议,但西汉时期已经引进中原则基本上成为一个共识,是为引种。石榴引入中原之初,被作为奇花异木而植入皇家苑囿,上林苑可能就是石榴在中原最早、最集中的落脚地。《西京杂记》谓,武帝初修上林苑,群臣远方进贡的奇花异木二千余种之多,其中就有安石榴十株。据载,苑成之后,皇帝还常常邀请文武百官、域外使节和文人雅士进苑赏玩,赋诗作词,司马相如的《上林赋》即是其中的传世作品之一,其对石榴也有关注,即所谓的“留落胥邪”。据说石榴除了在上林苑栽植外,汉武帝还命人将石榴移植到临潼的温泉宫。石榴之美,名扬长安,一些贵族和富家也开始各种途径广为搜集,石榴亦因此开始涉足民间,亦使得长安一带成为内地石榴种植最初之中心。西汉以后,随着京城和政治中心之东迁,石榴种植也开始向东扩散。东汉初叶,洛阳即有种植石榴的明确记载,“白马寺,汉明帝所立也……浮屠前荼林、葡萄异于余处,枝叶繁衍,子实甚大,涂林实重七斤,蒲陶实伟于枣,味并殊美,冠于中京。帝至熟时,常诣取之,或复赐宫人,宫人得之转饷亲戚,以为奇味。得者不敢辄食,乃历数家。京师语云:白马甜榴,一实直牛”②,文中之“涂林”即石榴,可见汉明帝时洛阳已有石榴的栽培,尤以白马寺中的品种最为优异。从前文所引述的张衡和蔡邕关于石榴的记载来看,至东汉中叶,石榴已传播至南阳等地。也就是说,到了东汉中叶,河南的石榴种植已相当普遍,基本形成了洛阳为中心的分布格局,亦即意味着中国本土传播中心的初步形成。

第二阶段,魏晋南北朝时期的初步传播和转型发展阶段。这一时期,随着五胡入华、北人南迁等大规模的民族和人口迁徙,石榴在中国的传播和发展也出现了许多新的变化:一是出现了大众化的趋向,即由皇家宫苑开始进入士人阶层乃至普通民众之生活;二是以河南为中心,石榴种植开始向北、向南两个方

---

①〔宋〕李昉等编:《太平广记》卷四九〇,文渊阁四库全书。
②〔北魏〕杨衒之:《洛阳伽蓝记》卷四,北京:中华书局,2012:278。

向扩散,;三是开始被纳入中国传统的技术体系,并由此逐渐形成了本土化的优良品种;四是其用途悄然由仅仅局限于观赏而转向赏、食并举,以食为主。

随着大规模的人口流动和区域交流,石榴流传愈广,亦为更多的人所熟悉,故频频出现于这一时期文献记载之中。尤其是文人雅士,对石榴颇为青睐,或赋诗作词,或探根溯源,著书立说,流传至今。潘尼所云:"石榴者,天下之奇树,九州之名果也。是以属文之士,或叙而赋之。"前者如曹植的《弃妻诗》有"石榴植庭前,绿叶摇缥青"之句,晋人左思、张载、张协、潘岳、潘尼、夏侯湛、傅玄、庾儵、应贞等均有以石榴为题之赋;后者如曹魏张揖的《广雅》、《埤苍》,西晋郭义恭的《广志》、张华的《博物志》均有对石榴的记述,由此足见当时石榴种植的普遍性。另外,从这些文献记载来看,石榴被作为美化之树而植于庭前屋后,与寻常百姓家开始有了亲密接触。名士潘岳一生对石榴情有独钟,任职河阳令(今河南焦作孟州市)时,不仅庭前种植,故有《河阳庭前安石榴赋》传世,而且在退隐闲居洛阳后,亦于居所种植石榴,"于是退而闲居,于洛之涘。……石榴蒲陶之珍,磊落蔓衍乎其侧。梅杏郁棣之属,繁荣丽藻之饰。华实照烂,言所不能极也"①。

东晋南北朝时期,随着大规模的民族和人口迁徙,以河南为中心,石榴种植开始向北、向南传播。向北首先是进入了河北,并逐渐成为当时的重要产区和新的传播策源地之一。《太平御览》引《襄国记》曰:"龙岗县有好石榴。"襄国(今河北邢台),后赵前期都城,龙岗为襄国之属县。公元335年石虎迁都邺(今河北临漳)后,邺地的石榴种植遂有发展,陆翙的《邺中记》记载,"石虎苑中有……安石榴,子大如碗盏,其味不酸,皆果之异者也",《宋书·张畅传》亦曰"石榴出自邺下",说明东晋十六国时期,河北已成为石榴的重要产地。此外,《齐民要术》之所以对石榴的繁殖、栽种技术和加工利用有详细之记载,说明除了河北之外,北方其他地区的石榴种植可能也已相当普遍。同一时期,随着持续的北人南迁,石榴也逐渐传播至南方地区。从历史文献来看,长江中下游各地和四川均出产石榴,且不乏一些地方名优品种。南朝政治中心的长江下游地区,石榴种植已相当普遍,"青琐门外安石榴,连枝接叶夹御沟"②,反映石榴树作为行道树种植于都城御道两侧;宋元嘉二十七年(公元450年)托跋焘南击刘宋,进入江苏境内,曾要求当地人献上石榴,亦表明这一地区石榴种植较为普遍。另

①〔西晋〕潘岳:《闲居赋》。
②〔梁朝〕吴均:《行路难》。

外,从梁元帝《咏石榴》诗中的“西域移根至,南方酿酒来”来看,似乎已经开始用石榴来酿酒。长江中游地区的湖南、湖北地区也有种植,如《晋隆安起居注》云:“武陵临沅县安石榴,子大如碗,其味不酸,一蒂六实。”《宋书·符瑞志》亦有相同记载。武陵郡在今湖南北部。蜀地也有种植,左思《蜀都赋》的“葡萄乱溃,若榴竞裂”即为例证。“从古籍记载来看,石榴在东汉魏晋南北朝时期由关中向东、向南扩展。先由长安一带传播而到洛阳,再以洛阳为次级策源中心而分别向北部的河北、山东和南部的湖北、湖南扩展。蜀地和江南亦有较广泛种植,早期可能来自南方,也可能源自洛阳一带。”①伴随石榴逐渐推广及其在人们生活中作用的不断提升,石榴种植逐渐被纳入了精耕细作技术体系,从《齐民要术》对石榴的繁殖、栽种技术和加工利用的详细记载来看,这一时期石榴的栽培技术已臻成熟。

第三阶段,唐宋时期的快速发展阶段,主要有几个方面的表现:其一,石榴种植范围得到进一步的扩展,已经遍及全国各地,与之相适应,则是石榴平民化发展。唐人封演的《封氏闻见记》卷七记载:“汉代张骞自西域得石榴、苜蓿之种,今海内遍有之。”②元稹在他的《感石榴二十韵》中亦言:“初到揉珍木,多来比乱麻。”到了宋代,由于石榴遍及村头巷尾,更被一些人视为“村客”③,与两汉魏晋相比,石榴的地位形成了强烈的反差,如欧阳修在他的《和圣愈李侯家鸭脚子》所感慨:“博望昔所徙,葡萄安石榴。想其初来时,厥价与此侔。今也遍中国,篱根与墙头。物性久虽在,人情逐时流。”其二,文化的迅速接纳,并逐渐形成了极富中国内涵的石榴文化。石榴茎干独特,枝叶繁茂,花红似火,且果实籽粒晶莹剔透,美味可口,故深得人们喜好,成为文人墨客吟咏之对象,据统计《全唐诗》中有近百处描写石榴或与石榴有关④,其中不乏脍炙人口的传世佳作。如白居易之《石榴树》:“可怜颜色好阴凉,叶翦红笺花扑霜。伞盖低垂金翡翠,薰笼乱搭绣衣裳。春芽细炷千灯焰,夏蕊浓焚百和香。见说上林无此树,只教桃

①夏如兵、徐暄淇:《中国石榴栽培历史考述》,《南京林业大学学报(人文社会科学版)》2014(2):85-97。

②〔唐〕封演撰,吴贞信校注:《封氏闻见记校注》,北京:中华书局,2006。

③〔宋〕姚宽《西溪丛语》卷上:“昔张敏叔有十客图,忘其名。予长兄伯声,尝得三十客:牡丹为贵客……安石榴为村客。”

④据《古今图书集成》、《广群芳谱》等文献记载可知,隋代咏石榴诗1首,诗散句1句;唐代咏石榴诗28首,赋1首,诗散句21句。详见郭慧珍:《中国古代文学石榴题材与意象研究》,南京师范大学,2012。

李占年芳。”李商隐的《石榴》诗在歌颂石榴之美同时，又流露出对红颜易逝的慨叹之情，“榴枝婀娜榴实繁，榴膜轻明榴子鲜。可羡瑶池碧桃树，碧桃红颊一千年。”到了宋代，这一趋势有了进一步的发展，石榴则被赋予更为丰富的文化内涵，或作为友情之象征而互相赠答，或思乡人之寄托而书写惆怅。值得注意的是，宋人还赋予了石榴诸多神秘包括不祥的一些寓意，这一点在宋人作品中均有反映。“石榴在唐宋时期无论是功用还是含义，都在进一步扩大，并形成了中国所特有的石榴文化。”①其三，石榴的栽培、采收、储藏和加工技术日趋精细，并得到全面推广。唐代郭橐驼的《种树书》对石榴的种植培育过程描写的相当详尽，更进一步提高了人们在栽种石榴时的成活率；宋代石榴品种明显增多，仅《洛阳花木记》就记载了 9 个不同的品种：千叶石榴、粉红石榴、黄石榴、青皮石榴、水晶浆榴、朱皮石榴、重台石榴、水晶甜榴、银含棱石榴；此外，这一时期还将石榴作为盆景栽培，其技术要求更高。其四，用途的更为多元化。这一时期人们对石榴利用价值有了更多的认识，如对其药用价值的进一步发掘，孙思邈《千金要方》和王焘《外台秘要》中详尽地介绍了许多有关石榴的药用价值；再如还把石榴作为染料，“染墨亦良”②，据说石榴裙之得名，即是因为其是从石榴花提炼的颜色染制而得名。

以之为基础，到了明清时期，石榴种植业渐及高峰，不惟栽培技术进一步精进，新品种、优良特异品种迭出，如高濂的《遵生八笺》载：“石榴花八种……余曾四种俱带回杭，至今芳郁。”云南、广东等地石榴佳种更是闻名于世，“石榴遍地皆有，花甚繁茂，结子亦佳，然只桃花红而已。惟阿迷州之石榴有绿色者，子大而味甘，非寻常石榴可比数也。余于信丰见广东石榴，色大红；至云南见阿迷石榴，色淡绿，真双绝也”③。除此之外，石榴文化也在这一时期发展至巅峰，不仅题画诗词蔚然成风，而且形成了许多以石榴为主题的民俗文化。

3.3.2.3　石榴的本土化

(1)风土适应与技术改造

石榴喜温、向阳，抗旱、耐寒，耐瘠薄，具有极强的适应性，因此，在全世界的温带和热带都适宜种植。从引进之初仅仅植于皇家苑囿苑，到最终遍布全国各

①郭慧珍：《中国古代文学石榴题材与意象研究》，南京师范大学，2012。

②〔元〕王祯：《王祯农书》卷九《石榴》。

③〔清〕吴大勋撰：《滇南闻见录》，见方国瑜主编《云南史料丛刊》第十二卷，昆明：云南大学出版社，2001 年。

地,及至村头巷尾,这一顺利的传播过程即是证明。

与之同时,石榴引入中国之初,就被视为奇花异草而备受呵护,因此,也逐渐被纳入中国传统的精耕细作技术体系,接受了园艺技术的系统改造,经历了不同地区自然环境差异所带来的调整,甚至也包括了中国文化某些审美、价值取向下的塑造,石榴自身在植物性状、品种与品质等方面也发生了诸多的变革。

在对石榴生物性状和生理特征认识不断深化的基础上,我国先民采取各种各样的技术方式和方法,提高石榴的社会经济价值。首先是提高石榴的繁殖能力,据研究①,古籍中记载的石榴繁殖方法非常之多,几乎囊括了所有的传统育种方式,如扦插(《齐民要术》)、实生(《北户录)、嫁接(《洛阳花木记》)、压条(《农桑衣食撮要》)、分株(《竹屿山房杂部》)以及移栽(《群芳谱·岁谱》)等,并注意不同时间采取不同的方式,如《群芳谱·岁谱》云:“正月壅培石榴。二月移栽石榴……插压石榴。三月移植石榴。五月移植石榴。十一月壅培石榴。十二月压插石榴。”《洛阳花木记》(1082年)在四时变接法中也提到,“此唯洛中气候可依。若变接它处,须各随地气早处接。”为了保证成活率,还有很多肥种、保苗的方法,如《齐民要术》谓:“竖枝于坑畔。置枯骨、礓石于枝间。下土筑之。一重土一重骨石。平坎止。水浇常令润泽。既生。又以骨、石布其根下。则科圆滋茂可爱。十月中。以蒲藁裹而缠之。二月初乃解放。若不能得多枝者。取一长条。烧头。圆屈如牛拘而横埋之亦得。然不及上法根强早成。安骨、石于其中也。”

其次,是提高其产出量,具体的方式和方法同样的多元化的,如重视水肥,《汝南圃史》卷3《花果部·石榴》(1620年)云:“种不宜深,仍令向阳,日浇数次,有雨即盖,勿使淋去土味。或以麻饼浸水,当日午浇之,则花茂盛。或云盆榴无法,只需浸晒,冬间霜下收回南檐。如土干时,略将水润。至春深气暖,可放石上……养榴之法,无间寒暑,以肥浇为上。大暑中尤宜频浇,常令土润泽,则蛀不生。”在《群芳谱·果谱卷三》以及《品芳录·石榴栽种》(1886年或稍后)中也有类似对水分要求的描述,如“性喜肥,浓粪浇之无忌,当午浇,花更茂盛。蚕沙壅之佳。”再如整形剪枝,石榴极易发生根蘖,任其生长则成丛生状,不易结果,故需疏枝整形,如徐光启的《农政全书》谓:“玄扈先生曰,石榴须春分前剪去繁枝及树梢,则结实大。”至于明清大盛的石榴盆景,则是在不同审美价值取向下对树形的特殊处理,不在本文讨论范围之内,故不赘述。古人还有一

①李玉、王晨、夏如兵等:《中国石榴栽培史》,《中国农史》2014(1):30-37。

种方法，即通过在石榴根部埋上石块、枯骨等，以促使植株生长繁茂，并多结果。《墨娥小录》(16 世纪 60 年代)载："但凡石榴皆因狂花太多而不结子实者，以石块安叉树间，或堆积其根头，则结实也。"《物理小识》卷 9《石榴》亦云："以石置于枝间，则结实。"

复次，提高石榴的适应能力，包括两个方面，一是采取人工举措，帮助石榴幼苗御寒防冻，如《农桑衣食撮要》云："十月，包裹木瓜石榴诸般等树：以谷草或稻草将树身包裹，用草绳或苘麻拴定，泥封。以糠秕培壅其根，免致霜雪冻损。"在北方地区，由于冬季寒冷，故除了幼苗之外，对于成树，也要采取一定的措施，如《齐民要术》记载，当时黄河中下游栽培石榴，冬季需用"蒲藁"裹缠，否则有冻死之虞。第二个方面，则是采取技术举措提高其预防病虫害能力。吴怿等所编撰的《种艺必用》(约 13 世纪中期)对盆栽石榴树体病虫害的管理有记载，"盆榴花树多虫，其形色如花条枝相似，但仔细观而去之，则不被食损其花叶，或木身被虫所蠹。其蛀眼如针而大，可急嚼甜茶，置之孔中，其虫立死。"可见古人对石榴防治虫害方面颇有经验。前面提到的明代周文华《汝南圃史》，也记载了关于虫害的起因和防治的内容："稍失灌溉，蛀即随之，前功尽失。故养榴之法，无间寒暑，以肥浇为上。大暑中尤宜频浇，常令土润泽，则蛀不生。"

最后，还有特别强调嫁接技术。嫁接之术起源于春秋战国时期，从《齐民要术》记载来看，则较之前代有了显著的发展，"由靠接到劈接，由近缘嫁接到远源嫁接，由单纯为了结果到选择接穗和砧木使其兼能提高结实和改良品质"。通过嫁接，一定程度上改进了作物本身的某些生物性状和习性，也不仅有利于增强植株的抗病能力，更能满足人们某些方面需求。如《水云录》(约 16 世纪末)记载，"三月移……其栽插，取嫩枝如枝大者，斩长一、二尺，枝头以指甲刮去一、二寸皮，深插于背阴地中，其榴无有不活。若以白榴枝插于红榴枝上，其花粉红。"《格物粗谈》亦有"木樨接石榴，花必红"之谓。

此外，在人工技术的介入和不同地区自然生态环境共同作用下，石榴在中国传播的过程中也诞生了数量众多的不同品种。如晋人郭巩义的《广志》记载："安石榴有甜、酸种"，说明在 3 世纪石榴已有酸甜之别；再如前文所提到的《洛阳花木记》就记载了 9 个不同的品种：千叶石榴、粉红石榴、黄石榴、青皮石榴、水晶浆榴、朱皮石榴、重台石榴、水晶甜榴、银含棱石榴，或以花而名世，或则以果而取胜。类似情况清代嘉庆年间修编的安徽省《怀远县志 · 土产卷》中也有记载："榴，邑中以此果为最，曹州贡榴所不及也，'红花红实'，'白花白实'，'无籽'榴尤佳。"新品种的形成也是石榴进入中国以后风土适应的结果之一。

表 3-1 历代文献记载的石榴品种一览表①

品种名	性状	文献出处
白马甜榴 富阳榴	(洛阳白马寺)浮屠前荼林,葡萄异于余处,枝叶繁衍,子实甚大,荼林实重七斤,蒲陶实伟于枣,味并殊美,冠于中京。 实大者如碗	《洛阳伽蓝记》 《群芳谱》
海榴	出于海外。结实大,树仅二尺,直垂至盆。栽盆中,堪作美观。	《群芳谱》
黄榴	色微黄带白,花比常榴差大,结实甚多,最易传种。	《群芳谱》
河阴榴	名三十八,中间止有三十八子	《群芳谱》
四季榴	四时开花,秋结实,实方绽,旋复开花。	《群芳谱》
火石榴	其花如火,树甚小,栽之盆,颇可玩,又有细叶一种,亦佳。	《群芳谱》
番花榴	出于山东。花大于饼子,移之别省,终不若在彼大而华丽,盖地气异也。	《群芳谱》
重台榴	中心花瓣如起楼台	《花镜》
江榴	一圆重三四斤,剥出子可二升余,红色鲜明,味亦甘脆。予牧开州时,同寅送十颗,众皆敬异,剖食,子大,味亦殊众。可谓石榴中之王也。	《菜堂节录》
罡榴	石榴有大如中碗者,子实符三十六之数。	《历下志游》
万宝石榴	鲜红者为万宝石榴,子小而味酸。	《洞庭东山物产考》
寿洲石榴	淡红者为寿州石榴,子大而味甜。	《洞庭东山物产考》
饼子榴	有数花攒聚并成一朵者,谓之饼榴。	《汝南圃史》

①根据夏如兵、徐瑄淇的《中国石榴栽培历史考述》和李玉、王晨、夏如兵、曹尚银的《中国石榴栽培史》等资料汇总而成。

续表

品种名	性状	文献出处
台榴	有一花才谢,蒂中更发一花者,谓之台榴。	《汝南圃史》
玛瑙榴	红白相间,比常花最巨。	《汝南圃史》
金荆榴	留仇国有金荆榴,其木文如美锦。木色如真金,密致,花香过于沉檀。	《三才图会》
木兰榴	出西海,颗重五斤。	《事物绀珠》
宝珠榴	花圆如宝珠,名宝珠榴。	《山堂肆考羽集》
密榴	皮黄、核小、子莹如水晶者	《格物丛话》
紫榴	皮斑赤、肉薄、核大者	《格物丛话》
白榴	皮白、子白、味酸涩者	《格物丛话》
南诏石榴	子大,皮薄如藤纸,味绝于洛中。	《酉阳杂俎》
阿迷石榴	惟阿迷州之石榴有绿色者,子大而味甘,非寻常石榴可比数也。	《滇南闻见录》

(2)社会接纳:功能多元化运用的视角

随着人们对石榴生物性状认识的不断深化,石榴身上的各种资源也渐次得到了多方位的开发与利用。

首先,石榴作为重要的时令果品。石榴果实不仅晶莹剔透,而且酸甜可口,营养丰富,故引入之初,石榴虽然是被作为观赏植物而栽培的,但其食用价值很快被人们发现,而且备受青睐。如北魏杨衒之的《洛阳伽蓝记》记载:"白马寺,汉明帝所立也……浮屠前荼林、葡萄异于余处,枝叶繁衍,子实甚大,荼林实重七斤,蒲陶实伟于枣,味并殊美,冠于中京。帝至熟时,常诣取之,或复赐宫人,宫人得之转饷亲戚,以为奇味。得者不敢辄食,乃历数家。京师语云:白马甜榴,一实直牛。"也就是说,至迟到了东汉,石榴已经成为皇室贵族的珍奇果品。此后随着种植范围的推广,至南北朝时期石榴已经进入了寻常百姓家,《齐民要术》详述繁殖、栽培及加工之技术,或可视为证据。李商隐《石榴》诗曰:"榴枝婀娜榴实繁,榴膜轻明榴子鲜。可羡瑶池碧桃树,碧桃红颊一千年。"皮日休的"萧娘初嫁嗜甘酸,嚼破水精千万粒"亦为描述吃石榴之佳句。正如晋人潘尼所云:"石榴者,天下之奇树,九州之名果也。"上表所罗列石榴品种,也不乏或优质或高产之品种。迄今,我国各地还有数量众多的食用性石榴传统品种,如临潼大红袍石榴、泰山红石榴、怀远的水晶石榴、峄县软籽石榴、巧家会理的铜皮石榴、西昌的宝石榴，等等。

其二，作为观赏植物，应用于美化环境，陶冶情操。石榴树姿优雅，树干遒劲，枝叶秀丽，初春嫩叶抽绿，婀娜多姿；盛夏繁花似锦，鲜艳似火；秋季累果悬挂，点点朱金悬于碧枝之间，十分别致，具有极高的观赏价值。因此，引入之初，便被作为奇花异草而植入皇家苑囿，成为一道靓丽风景。《西京杂记》载："初修上林苑，群臣远方各献名果树，……有安石榴十株。"后汉武帝又命人将石榴栽植于骊山温泉宫。后赵武帝石虎也对石榴情有独钟，并在自己的园林中大为种植，《邺中记》载："石虎苑中有安石榴，子大如碗盏，其味不酸。"唐时华清宫有七圣殿，绕殿长满石榴，据称为杨贵妃亲手栽种[①]。受此影响，富贵之家园林亦竞相种植石榴，渐成风气。如西晋文学家石崇很钟情于石榴，将其栽种于园中观赏，并以自己的名字命名。《花史》记载："石崇园中有石榴，名石崇榴。"其尤其到了明清时期，随着江南私家园林兴盛，从北方搜集石榴嘉种更是蔚然成风。除过园林种植之外，石榴树还是宫苑、庭园美化之上佳选择树种，或对植于门庭之外，或列植于道旁，或植之于沟畔溪旁，赏心悦目。梁朝吴均《行路难》云："青琐门外安石榴，连枝接叶夹御沟。"隋大业元年于洛阳故王城营建东宫时，亦以石榴作为行道树，"东都大城……开大道，对端门，名端门街，一名天津街。阔一百步，道傍植樱桃、石榴两行，自端门至建国门，南北九里，四望成行，人由其下。"[②]文人雅士更是以庭院植有石榴为风尚，反映这一现象的诗文甚多，汉魏之际蔡邕的《咏庭前石榴》首开其端，此后诸如晋人潘岳的《河阳庭前安石榴赋》、唐人黄涛的《奉和文尧对庭前千叶石榴》等等，不绝史载。从文献资料来看，到了宋代，石榴更为平民化，甚至成为很多寻常百姓家房前屋后的点缀之物，如戴石屏《村居》所谓"山僻谁家绿树中，短墙半露石榴红"。不仅如此，石榴树干劲壮古朴，根多盘曲，枝虬叶细，花艳果美，是制作盆景的上好树种，将石榴布置于盆中，"缩地千里"，可以展现大自然的无限风光，还能随着季节发生变化，并且能够移动，便于观赏。唐代宫廷已有盆栽之记载。在明朝人的插花"主客"理论中，榴花总是列为花主之一，称为花盟主，辅以栀子、蜀葵、孩儿菊石竹、紫薇等，这些花则被称为花客卿或花使令，更有喻为妾、婢的，可见古人对石榴的推崇。石榴的矮生类型树体矮小，造型容易，花、果均适合观赏，因此是制作盆景的绝

---

①［五代］张洎：《贾氏谈录》。

②［唐］杜宝：《大业杂记·说郛》卷五十七引。

佳材料。如海榴“树仅二尺,栽盆中……直垂至盆,堪作美观”;火石榴“树甚小,栽之盆,颇可玩”①。这些品种一般果实小而酸,主要作为盆景栽培。陆游有“百叶盆榴照眼明,桐阴初密暑犹清”的诗句,描绘了盆栽石榴盛夏开放的艳丽,这也是一个重瓣品种。南宋温革的《分门琐碎录》专门记有“种盘榴法”,表明宋代盆栽普及,已形成了盆栽石榴的专门技术。明代石榴盆栽尤为流行,文人往往将其作为“几案前物”,欣赏把玩。吴宽的《榴》诗有“都下朝千盆,花市此为盛”之句。《汝南圃史》、《群芳谱》等都对盆栽石榴的品种和栽培管理方法有较详细的记述。

其三,作为中药良材,应用于医学领域。随着人们对石榴生物特征认识的不断深化,其药用价值也逐步得到了较为全面的开发。南朝名医陶弘景曰:“石榴有甜酢二种,医家惟用酢者。”《本草纲目》和《食疗本草》记载:“榴者,天浆也,止泻、化瘀、清渴、祛火。”《别录》曰:“咽喉燥渴。”孟诜曰:“能理乳石毒。”乳石毒指头痛口干,小便浑浊。李时珍曰:“治三尸虫。”这是因为三尸虫吃了酸石榴会醉。这是对石榴,尤其是对酸石榴药理性的基本认识,以此为基础,传统中医对石榴进行了全方位的开发利用,认为其果实、外皮、根茎到花朵都成为可以入药的优良药材。酸石榴的果实气味酸,温和无毒。孟诜曰:“治赤白痢腹痛者,取一枚并子捣汁顿服。”李时珍曰:“止泻痢,崩中,带下。”酸石榴皮的气味和果实相同。石榴皮有明显的抑菌和收敛功能。《别录》曰:“止下痢漏精。”甄权曰:“治筋骨风腰脚不遂,行步挛急疼痛。”石榴的果皮中含有碱性物质,有驱虫功效。石榴之榴根气味和榴皮相同,除了和榴皮一样具有抑菌消炎和收敛的功效外,还可以治疗口齿部的疾患。苏颂曰:“治口齿病。”但因根皮有毒,内服应慎重。榴花则有止血消肿功能。苏颂曰:“千叶者治心热吐血,研末吹鼻止血,立效。”且用石榴花泡水洗眼,具有明目效果。以石榴的药用价值为基础,佛教还衍生出认为吃石榴可以去除心中的嫉妒与憎恨。以此同类,也有榴花可代病之说,《岁时广记》:“人目眚赤者,五月五以红绢或榴花及红赤之物拭目而弃之,云:得之者代受其病。”②

除此之外,我国先民还发掘了石榴的许多其他用途。除了生食鲜果之外,石榴还有其他多种加工食用方式。如《齐民要术》中提到的制作“胡椒酒法”和“胡羹法”,即用石榴汁做原料;再如用石榴酿酒,梁元帝萧绎《咏石榴诗》诗中

---

①〔明〕王象晋:《群芳谱》。

②〔宋〕陈元靓撰:《岁时广记》卷一二,清十万楼丛书本。

说"西域移根至,南方酿酒来",他的另一首诗中亦有"樽中石榴酒,机上葡萄纹"之句;石榴还被加工成石榴汁饮用,《王祯农书》谓:"北人以榴子作汁,加蜜为饮浆,以代杯茗。甘酸之味,亦可取焉",还可以同石榴叶充饥果腹。除了食用之外,石榴还有其他用途,如用石榴果皮汁作为黑色染料来给玉器描纹、染色,"凡碾工描玉,用石榴皮汁,则见水不脱。"①或以榴花制作红色燃料染制衣物,如明代诗人蒋一葵在《燕京五月歌》曰:"石榴花发街欲焚,蟠枝屈朵皆崩云。千门万户买不尽,剩将儿女染红裙。"或用石榴根汁来白发染黑。石榴花还能做成胭脂,唐人段公路的《北户录》载;"郑公虔云:石榴花堪作烟支。代国长公主睿宗女也,少尝作烟支,弃子于阶,后乃丛生成树,花实敷芬。既而叹曰'人生能几?我昔初拜,尝为烟支,弃其子。今成树荫映琐闼,人岂不老乎!'"发生饥荒时,还可以用石榴嫩叶作为野菜来充饥果腹,"御饥疗渴"。石榴木也是上等木材,石權树亦是名贵的木材,史载,"隋煬帝時朱宽征南,得此木数十片,用以作枕及案面,沈檀所不及"②。等等,可以说我国古代对石榴的开发已经达到了尽可能的程度。值得一提的是,因为石榴花花色鲜艳,一度还被作为各种装饰品而盛行,或作为妇女之头饰,如杜牧"一朵佳人玉钗上,只疑烧却翠云囊",这一传统一直延续到近代,清人顾禄《清嘉录》云:"五日俗称端五,瓶供蜀葵石榴蒲蓬等物,妇女簪艾叶榴花,号为端五景",又言"《长元吴志》皆载:端午簪榴花艾叶以辟邪",或以榴花纹饰为图案,用以屏风、瓷器,等等。

(3)文化接纳

任何一种外来物种进入输入地,除了适应该地区自然生态环境之外,更包括了被本土社会的接纳和文化的认同,即真正地完成"为我所见—为我所用—为我所好"的接受过程。石榴亦如此,其进入国人视野之后,由于其独特的外在形象和内在品质,故备受各个阶层之青睐,不惟成为历代文人墨客吟咏之对象,入诗入画,形成了诸多流芳百世的文学艺术珍品和历史典故,亦是普通老百姓喜闻乐见美味佳肴,造就了内涵丰富的石榴民俗文化。

其一,多维文化视野下的石榴的命名。虽然石榴由于其独特的外在形象和内在品质而备受各界之青睐,但不同阶层、不同地区、不同文化背景的人们对于却可能石榴有不同的审美和价值取向偏好,故往往赋予石榴不同名称和文化意象,因此也形成了石榴众多异彩纷呈的异名。"可以说,没有其它任何一种果树

①〔宋〕周密撰:《志雅堂杂钞》卷上,粤雅堂丛书本。
②〔明〕朱国祯撰:《咏峙小品》卷一七,文渊阁四库全书。

的异名，能比石榴的异名众多，能比石榴的异名多姿多彩，能比石榴的异名内涵丰富。”①我国关于石榴的最早文字记载见于东汉张衡《南都赋》：“陪京之南，居汉之阳。割周楚之丰壤，跨荆豫而榴，为‘若榴’”。“石榴”一名则最早见于曹植的诗“石榴植庭前，绿叶摇缥青。翠鸟飞来集，拊翼以悲鸣”。据不完全统计，石榴的其他异名还安石榴、若榴、若留、树榴、钟石榴、水晶榴、榭榴、谢榴、栩榴、海石榴、海榴、西榴、丹若、涂林、天浆、沃丹、冉若、金婴、金庞、金杏、金乃、若榴木、吉祥果、瑞阳花等近三十种之多。石榴这些异彩纷呈的名称反映了不同的文化视角和文化价值。如安石榴、海石榴、海榴、西榴、涂林、番花榴等异名，是按照来源而命名，此类名称一般是在石榴传播的早期，还有前文表中所列的一些名称，如白马甜榴、富阳榴、寿洲石榴、河阴榴、阿迷石榴、江榴等，则是以产地而命名石榴新品种。丹若、沃丹、冉若、若榴、若留等异名，侧重状其色美其艳，多见于诗词，为文人墨客之手笔。丹是红色的意思，石榴花火红色的最多，故名“丹若、沃丹”。若木，是古代神话传说中的一种树木，开红花，散发出光。古人认为石榴树像神树若木一样，故异名中带“若”字的甚多。明李时珍《本草纲目》记载“若木乃扶桑之名，榴花丹赪似之，故亦有丹若之称。”汉张衡《南都赋》记载“樗枣若留，穰橙邓橘。”“三十八”、天浆、水晶甜榴、水晶浆榴、金杏、吉祥果等名称，则侧重于石榴的食用价值，或写其实，或言其味。“三十八”这一奇特的石榴品种异名，源于唐代《郭橐驼种树书》的记载，“河阴石榴，名三十八者，其中只有三十八粒子”；而“天浆”之名，则出自唐代段成式的《酉阳杂俎》：“石榴一名丹若，甜者谓之天浆”。

宋人杨万里的“雾谷作房珠作骨，水晶为粒玉为浆”佳句，或可阐释石榴异名多含“水晶”之意蕴。由于石榴的流行，也被纳入了宗教的视野，无论本土起源的道教，还是外来但后来本土化的佛教，均有自己对石榴的命名和解读。如道教的《道书》谓石榴为三尸醉（酒），言三尸虫得此果，则醉也。范成大诗云：“玉池咽清肥，三彭跡如扫”。道家认为人身有“ 三尸”，也叫三彭，包括上尸、中尸和下尸。皆为人身之阴神，即阴气。修道必须驱逐三尸，去除魔障。可能因为石榴的奇异药用价值和营养价值，能帮助道士修炼修为，故道家称石榴为“三尸醉（酒）”。佛教亦认为石榴寓意非凡，故名其“吉祥果”、“子满果”、“颇罗果”，《白宝口抄·叶衣法》中说：“吉祥果者，……石榴也，其形圆表宝珠之体，是施愿圆满义也，又数子满内，是大慈覆护众生义也，故此三形息灾增益之两义

---

①郝兆祥：《多姿多彩的石榴异名》，中国峄城网，2014年10月27日。

也。或石榴云鬼怖木，是有降伏之义欤。或云石榴者增益义也。”据说印度佛教中鬼子母形象多持石榴，到北宋时期与中国民间宗教中的一位新神——送子观音产生融为一体，日本醍醐寺收藏有13世纪的诃梨地母女神画像，右手握着一枝对生石榴，顶端是一朵鲜艳的石榴花。

民间对石榴的命名则以通俗易懂、朗朗上口为原则，亦体现了浓郁的地域特色和民俗文化韵味。如山东民间俗称石榴为“石榴蛋子”，以展示其果实沉实、适生能力强之特点。再如东北地区的“山力叶”、河南的“海石榴”、云南的“水晶榴”、福建的“西榴”、在台湾的“榭石榴”、西藏的“森珠（西藏语）”。在浙江，浙南民间称石榴为“金杏”，平阳、苍南一带叫“金乃”。这一名称的来源还有一点历史背景，即五代时期。浙南地区归属吴越国管辖，因武肃王姓钱名鏐，而“榴”和“鏐”谐音，犯了国讳，为避讳改“石榴”为“金罂”；但发音时，用浙江方言口语，“罂”字则读作“哀”，为避讳，故称石榴为“金杏”，至今这一带还有“笑起糖金杏打裂一色”、“囡儿大起换糖金杏”、“当心糖金杏角捣着”等谚语。石榴在维吾尔语中被称为“阿娜尔”，“阿娜”是母亲的意思。许多姑娘取名为“阿娜尔汗”（石榴姑娘）或“阿娜尔古丽”（石榴花）。古代一个合格的母亲，要有极强生育能力来承载家族繁衍兴旺，犹如一颗硕大籽饱的红石榴。姑娘在她幼年的意识里，母亲就会自觉或不自觉地给她灌输“要做石榴一样的女人”，因而才有了“石榴花一样美丽的姑娘”。

此外，石榴还有一些非常特殊的别名、异名，其来源各异，但背后均隐藏着国人根据石榴特点和历史所寄托的某种文化理念。如“端正树”之名的来源，则与唐玄宗和杨妃有关联，据说杨贵妃喜爱石榴并曾亲手栽植于朝元阁七圣殿，马嵬之变，贵妃自缢，“上发马嵬道旁见石榴，爱之，呼为瑞正树”①。再如颇具趣味的“石醋醋”之名，则源自唐人谷神子的传奇《博异记》，言石阿措（石醋醋）为四大花神之一（绿衣是杨柳花，白衣是李花，红衣是桃花，绯衣是石榴花），一般花神体娇怕风，唯石醋醋例外，一次宴席，风神封十八姨晚到并百般刁难，别的花神只能忍气吞声，对其毕恭毕敬，只有石阿措不卑不亢，历数其对诸花神压制之苦，并最后联合众女神抵抗封姨淫威。可以说是根据石榴的生物特性塑造了一个形象美丽、个性刚烈的女神形象。“石家醋醋喜穿绯”、“醋醋何妨荐酒枝”，这些后世诗人吟咏石榴的诗句，亦形象地展示了石榴绯红衣裙和酸酸之味道。至于“村客”，则可能来源自宋代词人姚宽的《西溪丛语》，其将石榴列为为

①［宋］潘自牧撰：《记纂渊海》卷九二，文渊阁四库全书。

花中三十客之一，戏称石榴为“村客”，一个方面反映了在上层社会中，石榴已经逐渐失宠淡出上品之列的情况，但也同时折射出石榴在中国传播这一时期已经非常广泛的客观情况。诸如欧阳修在他的《和圣愈李侯家鸭脚子》所谓：“博望昔所徙，葡萄安石榴。想其初来时，厥价与此侔。今也遍中国，篱根与墙头。物性久虽在，人情逐时流。”

石榴的命名及其变化，不仅展现了石榴在中国传播过程中广度、深度的变化，也体现了国人对由认知到接受甚至文化消化的过程。正如有的学者所提出的，“‘安石榴’及其一系列别称都不但不是外来词，而且与其他意译词还有所不同，它们包含着一个自主命名的过程，凝聚着汉民族独特的思维方式和文化内涵”①。

其二，石榴的文学艺术表达。石榴形态优美，观赏价值极高，故引入中国之初即作为奇花珍木而备受珍视，亦成为文学艺术青睐之对象。文人墨客各尽其能，或赋诗作词，或泼墨作画，或编撰传奇诗话，形成了类型各异、内涵极为丰富的石榴文化。正如晋人潘岳所谓：“石榴者，天下之奇树，九州之名果也，是以属文之士叙而述之。”囿于资料局限，这里只从内涵表达的角度罗列几个方面简单说明。

第一方面，展现石榴之美并联想至美人，石榴颜值颇高，赏心悦目，引人入胜，故古典文学艺术大凡涉及石榴者均以言其形胜而始，其中还有很多则专题尽述其美，如晋代张协《石榴赋》谓：“烂若柏枝并燃，赫如烽燧俱燎。”梁元帝萧绎《咏石榴诗》云：“涂林应未发，春暮转相催。燃灯疑夜火，连珠胜早梅。西域移根至，南方酿酒来。叶翠如新剪，花红似故裁。还忆河阳县，映水珊瑚开。”唐代皮日休则对石榴的色、香、味倍加赞叹，“蝉噪秋枝槐叶黄，石榴香老愁寒霜。流霞包染紫鹦粟，黄蜡纸裹红瓢房。玉刻冰壶含露湿，斓斑似带湘娥泣。萧娘初嫁嗜甘酸，嚼破水精千万粒。”康熙皇帝亦有一首描述石榴盆景的诗：“小树枝头一点红，嫣然六月杂荷风。攒青叶里珊瑚朵，疑是移银金碧丛。”（《咏御制盆景榴花》）。元代人将石榴花作为曲牌名推广，这就进一步促使了明清士人对于石榴的关注与吟咏。宋人陈深的《题钱舜举写生五首》之一的《石榴》开创了题画石榴诗的先河，元代马祖常的《赵中丞折枝石榴播图》，傅若金的《题画石榴》以及王恽的《宋徽宗石榴图》等诗的出现更加深了明人对于画中石榴的热衷，题画诗词逐渐兴起；到了清代，这种风气依然延续并蔚为大观，近人吴昌硕、张大

---

①楚艳芳：《“安石榴”正名》，《西域研究》2010(4)：108－114。

千,亦有石榴画作传世。曹植把石榴花开比喻成美丽的少女,“石榴植前庭,绿叶摇缥青。丹华灼烈烈,璀璨有光荣”;宋朝诗人杨万里《石榴》的则更为传神,“深著红蓝染暑裳,啄成纹玳敌秋霜。半含笑里清冰齿,忽绽吟边古锦囊。雾縠作房珠作骨,水精为醴玉为浆。刘郎不为文园渴,何苦星槎远取将”,而石榴裙、石阿措之传奇,亦有此风。

图 3-7 《榴实图》①

第二方面,则是抒情类的诗文。文人雅士以石榴的某些生物特点为出发

①〔明〕徐渭:《榴实图》,纸本,纵 91.4 厘米,横 26.5 厘米,台北故宫博物藏。

点，“感时而骋思，观物而兴辞”，或抒发喜爱、相思之情感，或感慨人生沉浮、世态炎凉，或表达浓浓之乡愁……。如李商隐把相思融入石榴花中，“曾是寂寥金烬暗，断无消息石榴红”，巧妙地把内心的寂寥与失望化为外部景物，体现传统古诗情景交融、物我交融之意境；再如宋人杨泽民的《三部乐·榴花》云：“红巾又成半磨，寻双寄意，向丽人低说。但将一枝插著翠鬟，丝发映秋波，艳云近睫。知厚意，深情更切。”词人用成双的榴花来传递自己的浓情厚谊，以此来轻轻诉说自己对丽人的情思。石榴初夏开花，与群艳争芳的春季擦肩而过，引发文人怀才不遇或生不逢时之感慨，如唐代孔绍安《侍宴咏石榴》“可惜庭中树，移根逐汉臣。只为来时晚，花开不及春”，感慨的是自己晚到一步未受重用苦楚；杜牧的《见穆三十宅中庭海榴花谢》“堪恨王孙浪游去，落英狼藉始归来”，则将榴花比喻为女子，痴痴等待王孙的归来，以欣赏她最美的时刻，只可惜王孙归来之时，已是落英狼藉，或以此暗喻才华无人赏识之酸楚心境。明代画家徐渭流世的《榴实图》，气韵极其生动，下垂折枝，绿叶稀疏，缀托着一颗肥硕的大石榴。榴实绽露，似有一触即落之势。画面并题：“山深熟石榴，向日便开口。深山少人收，颗颗明珠走。”作者缘物寄情，以深山石榴自喻，沉痛地抒发了他那胸怀“明珠”而无人赏识、被社会弃置的失落心情。而元稹的《感石榴二十韵》云：“何年安石国，万里贡榴花。通递河源道，因依汉使槎。酸辛犯葱岭，憔悴涉龙沙。初到标珍木，多來比乱麻。深抛故园里，少种贵人家。”则表达了对世态炎凉的感慨。石榴不远万里从异域来至中国，且“榴”、“留”同音，自然会令人联想起远离故乡的游子，故此亦成为人们思乡的寄托，如唐代元稹的《感石榴二十韵》：“非专爱颜色，同恨阻幽遐。满眼思乡泪，相嗟亦自嗟。”再如明代薛瑄的《青州分司榴花》：“照日含风千万朵，故园千里正相思。”

第三方面，托物言志，赋予了石榴某种精神或理念。如江淹的《石榴颂》云：“美木艳树，谁望谁待……照烈泉石，芳披山海。奇丽不移，霜雪空改。”这是对石榴刚烈性格的赞美。石榴花果颜色火红鲜艳，代表了中国颜色之正色，明代朱之蕃《榴火》中的诗句“自抱赤忠迎晓日，应惭艳质媚春风”，即以之喻赤胆忠心。宋代宋祁《澹红石榴》的诗句“移植自西南，色浅充媚质。不竞灼灼花，只效离离实”，则述石榴之奉献精神。苏辙的《石榴》：“堂后病石榴，及时亦开花。身病花不齐，火候渐已差。芳心竟未已，新萼缀枯援。谁言石榴病，乃久占年华。”则以石榴顽强的生命力为凭借，倡言“处悴而荣，在幽弥鲜”之精神。

其三，石榴的民俗文化意蕴。石榴在中国的传播过程中，逐渐与中国传统文化的方方面面尤其是民俗文化相融合，形成了内涵极为丰富的文化意蕴。首先,具有生殖文化的涵义。石榴果实籽粒多且饱满,具有极强的生殖繁衍能力,石榴这一独特的属性,很早被人们所关注,因此一开始就被赋予了生殖文化的诸多内涵。在公元前9世纪的亚述那帕王时期,帝国王宫门两侧以驱魔避邪的神像浮雕中,就有一位手里提着三颗石榴,象征生命的神祇浮雕。波斯人称石榴为“太阳的圣树”,喜欢其榴籽晶莹,象征多子、丰饶。波斯人所崇拜安娜希塔女神,手执石榴象征丰收,她的芳姿常常出现在萨珊波斯的金银器上。古希腊女神之一——主管生育和婚姻的天后赫拉,她的圣物之一亦为石榴。无独有偶,在早期的印度佛教中的鬼子母,其常见造型为左手怀抱爱子,右手持石榴,取义自然与生殖相关。石榴进入中原以后,石榴这一特色也为国人所注意,如西晋潘尼的《安榴赋并序》所谓“千房同蒂,十子如一”。但最早把石榴和生殖联系的文献则为曹植的《弃妇诗》:“绿叶摇缥青,丹华灼烈烈。璀彩有光荣,光荣晔流离。可以戏淑灵,有鸟飞来集。拊翼以悲鸣,悲鸣夫何为。丹华实不成,拊心长叹息。无子当归宁,有子月经天,无子若流星。天月相终始,流星没无精。栖迟失所宜,下与瓦石并。忧怀从中来,叹息通鸡鸣。反侧不能寐,逍遥于前庭。踟蹰还入房,肃肃帷幕声,搴帷更摄带。抚节弹鸣筝,慷慨有余音。要妙悲且清,收泪长叹息。何以负神灵,招摇待霜露。何必春夏成,晚获为良实。愿君且安宁。”而有关女儿出嫁以石榴为嫁妆的风俗,则最早见载于《北史·魏收传》:“(北齐)安德王延宗纳赵郡李祖收女为妃。后帝幸李宅宴,而母宋氏荐二石榴于帝前。问诸人,莫知其意。帝投之。收曰:‘石榴房中多子。王新婚,妃母欲子孙众多。’帝大喜。诏收卿还将来,仍赐收美锦二疋。”从这一段文字来看,用石榴预祝新人多子多孙的风俗已经在一些地区有所流行,唐宋以后,这一民俗渐为普及,“送采定之妇,纱罗衣着,伴以榴花艾叶九子粽,谓之缀节。亦送嫁女及新婿”①。成书于18世纪的传奇小说《镜花缘》第五回也杜撰了一则关于武则天给久无子嗣的侄子送石榴的典故:

公主道:“臣女向在上苑游玩,石榴甚少。今岁忽有数百株之多,不独五色备具,并有花心另挺枝叶,复又生出怀中抱子。奇奇幻幻,夺尽造物之巧。如此异种,不知从何而来?”武后道:“此处石榴,乃朕特命陇右节度使史逸从西域采办来的。据说此花颜色种类既多不同,并有夏秋常开者。此时不但开出异色,且多怀中抱子。世俗本有‘榴开见子’之说,今又开出怀中抱子,多子之象,无过

①[清]孔尚任撰:《节序风录》,清钞本。

于此。宜封为'多子丽人'。朕见此花,偶然想起侄儿武八思,年已四旬,尚无子息。昨朕派往东海郡镇防海口,何不将此送去,以为侄儿得子之兆?"于是分何太监,俟宴过群臣,即将石榴二百株,传谕兵部,解交武八王爷查收。"

直到现在,许多地方的民间还保留着订婚聘礼赠给石榴或石榴花盆,婚礼上新娘在自己的衣服内藏只石榴,结婚礼品也会有一对绣有大石榴的枕头,新房内置放切开果皮、露出籽粒的石榴,祝他们早得贵子;初生贵子,亲友喜欢赠送绣有石榴图案的鞋、帽、衣服、枕头等,以示祝贺。除此之外,传统的民俗画中也不少类似题材的作品,如常见的《福寿三多》、《金衣百子》、《宜男多子》、《榴开百子》、《华封三祝》、《多子多福》、《三多九如》等。《福寿三多》图案有的以佛手、桃子和石榴组合于一盘,有的使三者并蒂,也有的以三种果物作缠枝相联,寓意多子、多福、多长寿。《金衣百子》图案画着石榴和黄莺,寓意高官位显、百子围膝。《宜男多子》图案中把萱草和石榴放在一起者,寓意宜男多子。石榴多籽与民间多子多孙的联想构思,通过口头、行为、心理、典籍记载等方式的世代延袭,形成了祈求人丁兴旺、多子多福的民俗文化。并与"枣栗子"(早立子),"连招花"(连招贵子)等祝愿子孙繁衍的习俗融合,构成了我国社会民俗中独特的生育文化①。与之相联系,石榴也而被作为了爱情的象征。石榴花风姿卓卓,火红艳丽,既喻示女性之美,亦象征对爱情的热烈追求和向往;石榴果"万子同苞、金房玉隔",意味着"多子",象征美满的姻缘;又有并蒂石榴花、石榴果,亦可象征夫妇恩爱或男女合欢。定亲的女孩要给自己的心上人绣石榴荷包或缝制石榴鞋垫,作为爱情的信物。潮汕地区嫁娶婚事,常于新房内放置放并蒂石榴,以示永结同心。在河南灵宝,新婚夫妇常常把两株石榴树种在一起,称为"夫妻树"、"合欢树",以取"玉种兰田、永结连理"之意。在山东峄城,有"石榴分叉移栽栽不活,并蒂石榴疏果留下来的也不长"的说法,寓意夫妻不能分离。浙江永嘉与青田县交界一带,凡在庭院或门口植树,向来有"左栽金罂(石榴)右栽柳"的习俗,寓意金童(石榴)玉女(柳)、金玉满堂。

其次,辟邪趋吉之象征。石榴花作为祥瑞之花,可以辟除一些不祥之物,这跟重阳节饮菊花酒、佩戴菊花一样重要。但石榴花辟邪趋吉的时节则在端午节。石榴花盛开于农历五月,是当令之花,传说中的石榴花神则是钟馗。此时瘟疫流行,古人认为瘟疫是由恶鬼邪神带来的,所以将鬼神钟馗请来镇守。而

---

①乌丙安:《民俗学,从多子的石榴说起》,《神州民俗》2015(13):4-9。

民间所绘的钟馗像,耳边往往都插着一朵艳红的石榴花。"榴花红似火,火红似朱砂。"朱砂色驱邪纳祥,故民间有"榴花攘瘟剪五毒"之说。端午节时用石榴辟邪之民俗至迟在明清时就相当流行,清人顾禄《清嘉录》云:"五日俗称端五,瓶供蜀葵石榴蒲蓬等物,妇女簪艾叶棺花,号为端五景",又言"《长元吴志》皆载:端午簪榴花艾叶以辟邪。"在清人张伤的《夜航船》中亦有端午节插榴花的记载:"端阳日以石榴葵花菖蒲艾叶黄栀花插瓶中,谓之五瑞,辟除不祥。"这一习俗沿袭至今,如江西、安徽的部分地区端午节门前悬挂石榴花,以期"赶鬼除菌"。在山东一些地区,民间还曾经流行端午时节女孩戴石榴花,或用石榴花瓣加白矾染指甲的习俗。广东潮汕地区的民俗中,也对石榴情有独钟,不仅流传"红花(石榴花)是皇帝,红花辟邪气"之俗语,而且更是把石榴作为避邪祛凶之物,广泛应用于生活习俗之中:新娘上轿,要用红花水泼向花轿;小孩受惊吓,用红花水喷洒头部及四肢,以驱走邪气;寿礼、供品、婚嫁的礼物上面,总要附上红花仙草,表示辟邪趋吉;远行时,要贴身携带红花仙草,寓意平安吉祥;如果碰到晦气事,比如探病、悼念后,在进家门前,要用红花仙草浸泡的水洗脸,以求驱除晦气;正月里迎神、游神,走在队伍最前头的是德高望重的长者,他一手拎着一桶水,一手拿着石榴枝,边走边用石榴枝蘸水挥洒,此为开路净道,表示四方吉祥。

图3-8 《黄鸟石榴图》(宋代)

最后,石榴的吉祥之寓意。石榴花火红艳丽,石榴果饱满圆润,石榴籽晶莹剔透,春华而秋实,很吻合中国人大红喜庆、丰产丰收、阖家团圆的心理愿望,因此,在民俗文化之中,石榴往往被赋予了功成名就、红红火火、兴旺发达、和睦和谐、幸福美满等吉祥的象征意义。宋人叶延挂《海录碎事》就记载了一个"榴实登科"的故事,邵武郡(今福建邵武)有一株植树,"士人视所实之数,以为登科之信”，结果当石榴结实之后，这些人果然中榜，且名列前茅。宋代邵雍《梦林玄解》亦云梦到石榴是大吉的征兆。到了明清时期，石榴在民俗生活中更具有突出地位，尤其是中秋八月，石榴成熟之际，人们或用石榴馈赠亲友，传递亲情和友情，即所谓“送榴传谊”；或月圆之际，先用石榴等瓜果祭拜神仙，感谢上苍赐予的丰收，即所谓“八月十五月正圆，瓜果石榴列满盘”，嗣后则阖家团聚品尝圆圆的石榴、月饼，以示阖家团圆、吉祥美满。与这一理念相一致，很多中国人都喜欢在自家庭院里种植一两棵石榴，亦有取其吉祥之意义，祈求生活如石榴花般红红火火、如石榴果般团圆美满。

此外，在积淀深厚的民俗文化体系中，石榴还有着其他各种各样的载体或表达形式，如美术类的石榴门神、石榴年画、石榴国画、石榴剪纸（窗花）等；服饰类的石榴裙、石榴肚兜、石榴刺绣、石榴荷包、石榴鞋垫、石榴地毯、石榴印染等；工艺品类的石榴盆景、石榴玉器、石榴雕塑、石榴瓷器、石榴发饰、石榴砖雕、石榴建筑纹雕、石榴面塑等；非物质文化遗产类的石榴传说、石榴民谣、石榴典故、石榴楹联、石榴民歌、石榴谜语等；还有每逢传统的中秋、端午、七夕等节庆日，以及庆生祝寿、婚丧嫁娶、祭祀庆典等重要仪式、活动，都会与石榴相关联，形成一种相沿成习的文化现象和历史文化传承[①]。

图 3－9　杨柳青年画《福寿三多》

①郝兆祥、褚衍超等：《石榴在中国民俗文化中的象征意义》，《中国石榴研究进展（一）》，2010。

图 3－10　石榴剪纸

图 3－11　年画上的石榴

图 3－12　清乾隆年间瓷器上的石榴

总而言之，石榴进入中国之后，深为国人所喜爱，不但渐渐有了中国文化特色的各种异名、别名，亦入诗、入词、入画，进入中国文化的高雅殿堂，而且在老百姓喜闻乐见的民俗文化中更是留下了浓墨重彩的一笔。也就是说，经过长期的历史积累，石榴这一域外之物，已经深深地融入了中国传统文化体系之中，成了中国文化不可分割的重要组成，也正因为如此，在一些普通百姓的心目中，石榴自然是本土所有，因此，也出现了对石榴历史进行重新塑造的一些民间传说，典型如关于临潼石榴来历的一段传说：相传女娲氏炼石补天时，将一块红色的宝石失落在骊山脚下。有一年，安石国王子打猎，在山林里看到一只快要冻死的金翅鸟，急忙把它抱回宫中，又是喂食，又是治病。金翅鸟得救后，为了报答王子的救命之恩，不远万里，将骊山脚下的那块红宝石衔到安石国的御花园，不久就长出一棵花红叶茂的奇树，安石国王便给它赐名“安石榴”。

3.3.3 葡萄的引进与本土化

3.3.3.1 葡萄的起源和传播

(1)葡萄的起源

葡萄(*vitis vinifera*)，属葡萄科多年生藤本攀缘植物，是世界上最古老的果树之一。据古生物学研究表明，在距今1.3亿年至6700万年的中生代白垩纪地质层中即发现了葡萄科植物。在1万年前的新石器时代，在濒临黑海的外高加索地区，即现在的安纳托利亚(Aratolia)(古称小亚细亚)、格鲁吉亚和亚美尼亚等地区，则发现了积存的大量的野生葡萄种子化石。至于葡萄进入人工栽培的具体年代虽然不可考，但根据历史资料、考古学发现、野生亚种葡萄的分布和葡萄酒酵母的亲缘关系，则大致勾勒出基本的轮廓：现代考古在亚美尼亚Areni附近的山洞里发现了6000年前用于生产大量葡萄酒的陶罐等设备及其他的葡萄遗存，用葡萄制酒需要栽植规模达到一定程度，也就是说，葡萄种植起源的历史应该比这个要早，由此推测，至迟在距今6000年左右，葡萄已经种植并开始了葡萄酿酒；以此为基础，再结合野生亚种葡萄的分布情况，大致可以推测出欧亚种葡萄的初始驯化栽培中心在黑海和里海之间的外高加索地区，也有可能是在西亚的许多地方同时发生的；在公元前6000至公元前4000年的新石器时代，随着原始农业发展，葡萄经过了漫长的驯化过程，研究表明，在这一过程中，葡萄的生物学特性逐渐发生了诸多变化①：浆果含糖量、产量的提高和周年结果；在葡萄驯化栽培的过程之中，可能最早进入人工栽培的是酿酒葡萄，因为酿酒葡萄对果粒和果穗的大小、形状无特殊要求，选择压力较小，而鲜食葡萄是由酿酒葡萄经长时间选择而来；鲜食葡萄种植的发展和传播与伊斯兰教具有密切

①Zohary D, Spiegel - Roy P. Beginnings of fruit growing in the old world. Science (Washington), 1975, 187(4174): 319 - 327. This P, Lacombe T, Thomas M R. Historical origins and genetic diversity of wine grapes. Trends in Genetics, 2006, 22(9): 511 - 519. 转引自王军、段长青：《欧亚种葡萄(Vitis vinifera L.)的驯化及分类研究进展》,《中国农业科学》2010(8):1643 - 1654。

联系,由于伊斯兰禁止饮用葡萄酒,这一方面促使了鲜食葡萄在中东和北非的发展,另一方面也以宗教为纽带,使鲜食葡萄逐渐扩散至西班牙、法国、意大利以及伊斯兰世界国家,并在奥斯曼帝国时期引入巴尔干半岛国家①。

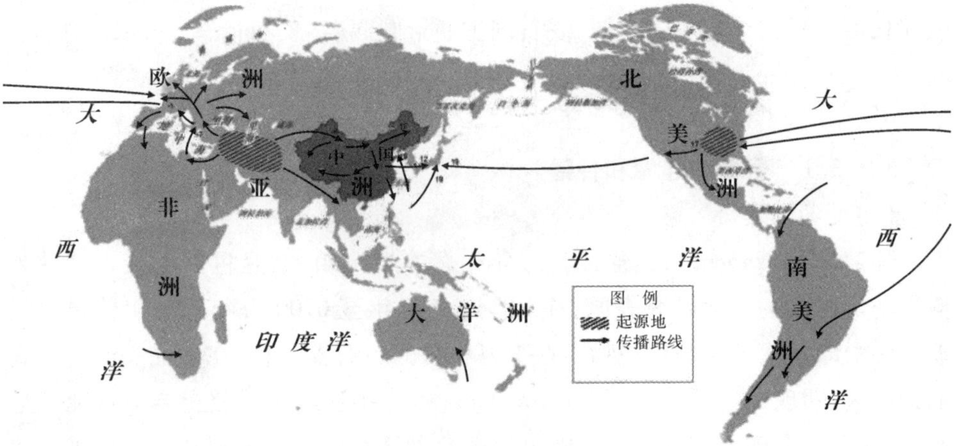

图 3-13　葡萄的起源与传播路线示意图②

(2)葡萄的传播

在进入栽培之后,随着人类活动范围的不断扩大,葡萄及葡萄酒也慢慢被扩散到世界各地。研究表明,可能最先传入了美索不达米亚平原,然后于公元前 3000 年左右传入古埃及地区,在公元前 2500 年古埃及美费斯城普塔戈廷的古墓壁画上,就有描绘人们收获葡萄和酿制葡萄酒的图案。公元前 2000 年前后,两河流域种植葡萄已很普遍。古巴比伦汉谟拉比王朝颁布的法典,已有关于葡萄酒买卖的法律。大约同期,以航海和经商著称的腓尼基人,从古代的科尔希达人那里知道了葡萄,通过他们的航海商贸活动使葡萄传播到更远的地方去。公元前 51 世纪前后存在于今土耳其的基齐尔—伊尔马克河流域的赫梯文明中,有一部著名的《赫梯法典》,其中就有十多条条文与葡萄有关,内容包括:盗窃葡萄藤、烧毁葡萄园如何处治;绵羊进入邻人葡萄园、破坏了已成熟或已收获了的葡萄园如何处罚等,这也反映了赫梯葡萄种植业的发展及其在国家中的重要地位。希腊也大约在同一时期开始了葡萄的种植和葡萄酒的酿造,在希腊

①Mullins M G, Bouquet A, Williams L E. Biology of the Grapevine. Cambridge: Cambridge University Press, 1992: 4-36。

②李根蟠、耿艺:《胡化的餐桌》,《中国国家地理》2007(10):228-241。

的一座古墓的墓壁上有一幅公元前 2 世纪的浮雕,清楚的向世人展示着阿波罗和胜利女神共同向造物主敬献葡萄的景观。公元前 6 世纪,希腊人把小亚细亚原产的葡萄和葡萄酒通过马赛港传入高卢(即现在的法国),并将葡萄栽培和葡萄酒酿造技术传给了高卢人。罗马帝国建立以后,随着对外的不断扩张,葡萄栽培和葡萄酒酿造技术迅速传遍法国、西班牙、北非以及德国莱茵河流域,最终进入欧洲陆地各国,并形成相当的规模,适应这一形势,出现了保护葡萄园的法令,如颁布于公元前 450 年"罗马法"(十二表法,Twelve Tables)即规定:若行窃于葡萄园中,将施以严厉惩罚。在这一过程中,基督教发挥了重要的影响,僧侣们甚至一度把葡萄酒作为交换的货币代表。与之同时,通过人工筛选培育,出现了新的葡萄品种,比如小白玫瑰就出现在古希腊和罗马时期。15—16 世纪,跟随探险家们的步伐,葡萄和葡萄酒的传播速度加快。据记载,1530 年,葡萄种植传播到墨西哥和日本。此后,秘鲁也引入了葡萄种植。随后,1655 年南非开始种植葡萄。哥伦布发现新大陆后,传教士将欧洲的葡萄带到南美洲,欧洲葡萄开始征服美洲。19 世纪,葡萄传入澳大利亚、新西兰等国。到目前为止,葡萄几乎遍布全世界。

图 3-14　叙利亚阿莱普特博物馆藏亚述时期的岩画《手持葡萄串祈祷的国王》[①]

①高火编:《古代西亚艺术》,石家庄:河北教育出版社,2003 年。

图 3－15　古埃及葡萄收获及葡萄酒酿造壁画①

图 3－16　带有葡萄纹饰的耶路撒冷石棺②

3.3.3.2　葡萄在中国内地的引进与传播

作为东亚地区生物多样性的关键地区之一和东亚葡萄种群主要的原生地，我国也有非常丰富的野生葡萄资源，不仅分布范围广阔，几乎涉及所有省区，而且种类数量多达 50 种之多③。正因为如此，我国利用葡萄的历史亦可谓源远流长。公元前 8000 年前的湖南道县玉蟾岩文化遗址、公元前 7000 年前的河南舞

---

①高火编：《埃及艺术》，石家庄：河北教育出版社，2013。

②耶路撒冷斯科石棺，公元 1 世纪初，出土于耶路撒冷斯科普斯山，现藏耶路撒冷博物馆。

③姜建福、魏伟、樊秀彩、孙海生、张颖：《中国野生葡萄分布状况与保护空缺分析》，《果树学报》2011(3)：413－417。

阳贾湖遗址①、公元前3000年左右的浙江省几处新石器时代晚期遗址，如庄桥坟遗址、卞家山遗址、尖山湾遗址、钱山漾遗址等四处新石器时代晚期遗址都发掘出了葡萄的种子②，公元前2500—公元前2200年龙山文化两城镇遗址③中均有葡萄遗存的出土。最新的考古研究发现，约在公元前7000年或更早，中国就有发酵型饮料，推测是由大米、蜂蜜和果实（山楂和/或葡萄）混合发酵而成④，这是迄今为止发现的人类最早的葡萄酒酿造记录。在早期的文字中，也可以发现葡萄的一些资料，如甲骨文。此外，反映先秦时期历史的重要文献《诗经》中也多次出现了关于葡萄的记载。如《王风·葛藟》谓："绵绵葛藟，在河之浒。终远兄弟，谓他人父。谓他人父，亦莫我顾。"此外，《豳风·七月》记载到："六月食郁及薁，七月亨葵及菽。八月剥枣，十月获稻，为此春酒，以介眉寿"。这就表明至迟至三代时期，我国先民已经知道采集并食用各种野葡萄了。但关于栽培葡萄本土起源的证据则目前还基本阙如，还有待进一步的发掘。

（1）葡萄的内地引种

关于中国内地引种葡萄的时间问题，学术界尚有较大争议，大致提出了三种说法，大致梳理如下。

第一种说法，张骞及其使节引入说，这一说法流传甚广，主要依据为文献记载，主要有以下三则：一则为《史记·大宛列传》之记载："宛左右以葡萄为酒，富者藏酒万余石，久者数十岁不败。俗嗜酒，马嗜苜蓿，汉使取其实来，于是天子始种苜蓿、蒲陶肥饶地。及天马多，外国使来众，则离宫别馆旁尽种蒲陶、苜蓿极望。"二则为《博物志》（《齐民要术》引）云："张骞使西域还，得安石榴、胡桃、蒲桃。"⑤三则为《齐民要术》卷四之"汉武帝使张骞至大宛，取葡萄实，于离宫别馆尽种之"⑥。依据上述资料，中外学界皆将葡萄引种之功归于张骞及其使

①河南省文物考古研究所：《舞阳贾湖》，北京：科学出版社，1999。

②郑云飞、游修龄：《新石器时代遗址出土葡萄种子引起的思考》，《农业考古》2006(1)：156－160。

③麦戈文、方辉、栾丰实等：《山东日照市两城镇遗址龙山文化酒遗存的化学分析》，《考古》2005(3)：73－85。

④吕庆峰、张波：《先秦时期中国本土葡萄与葡萄酒历史积淀》，《西北农林科技大学学报(社会科学版)》2013(3)：157－162。

⑤[西晋]张华撰，祝鸿杰译注：《博物志全译》，贵阳：贵州人民出版社，1992：165。

⑥[北魏]贾思勰撰，缪启愉、缪桂龙译注：《齐民要术译注》，上海：上海古籍出版社，2006：234。

节,《酉阳杂俎》卷十八引魏使尉瑾之言:“此物(葡萄)实出于大宛,张骞所致。”①《乾隆重修肃州新志》中亦“不是张骞通西域,安能佳种自西来”之诗句。近代以来,学术界拥趸这一观点的著名学者也比比皆是,如美国学者费劳尔在其《伊朗编》中认为张骞从西域只带回了苜蓿和葡萄树两种植物,而其他都是后人带回而列入张骞名下,但张骞作为先驱者是当之无愧的。法国学者布尔努瓦在《丝绸之路》中亦谓:“张骞于公元前125年左右归国时,或者是稍后于第二次出使回国时,携回了某些植物种子和中国人所陌生的两种苗禾,即苜蓿和葡萄。”②辛树帜先生在《中国果树史研究》中写道:“按上述汉使,即至汉武帝使张骞通西域而言,大宛是现在的土耳其斯坦。由此可知,中国的葡萄是张骞传进来的,约在公元前128年。”孙云蔚先生在《中国果树史与果树资源》中写道:“根据文献资料,我国古代葡萄(欧洲葡萄)是由张骞出使西域期间由中亚细亚一带引入是可靠的。当时引入的可能是葡萄种子(也可能有些是苗木)。引入的人,可能是张骞本人,也可能是张骞同行的其他人员。正因为张骞是正使(总领导),所以文献上当然以张骞为代表。”

第二种说法,李广利破大宛由使节带回说。主要依据有三:一是《汉书·西域传》中的记载:“大宛左右以葡萄为酒,富人藏酒至万余石,久者至数十岁不败。俗耆目宿……贰师既斩宛王,更立贵人素遇汉善者名昧蔡为宛王……汉使采蒲陶、目宿种归。天子以天马多,又外国使来众,益种葡萄、目宿离宫馆旁,极望焉。”③李广利破大宛是在公元前104年,此时张骞已卒(公元前114年),因此,这里的汉使不可能为张骞。故“带回种子的并非李广利,而是那些为了解救人质或前往示威而被派遣到西域的使节,总之都是李广利远征的成果,所以把葡萄的传入归在他的名下也不为过”④。二是《博物志》的记载:“李广利贰师将军伐大宛,得蒲陶。”⑤三是宋代的《太平御览》之记载:“贰师将军李广利征服大宛,携葡萄种归汉。”

第三种说法,西汉以前引进内地说。主要依据如下:其一,葡萄早在司马相如的《上林赋》中就已经出现,即所谓“于是乎卢橘夏熟,黄甘橙楱,枇杷橪柿,亭奈厚朴,梬枣杨梅,樱桃蒲陶,隐夫薁棣,荅沓离支,罗乎后宫,列乎北园”;而《上

①〔唐〕段成式撰:《酉阳杂俎》,北京:中华书局,1981:175。
②〔法〕布尔努瓦著:《丝绸之路》,济南:山东画报出版社,2001:257。
③〔汉〕班固撰:《汉书》,北京:中华书局,1962:3894-3895。
④〔日〕陈舜臣:《西域余闻》,桂林:广西师范大学出版社,2009:29。
⑤〔西晋〕张华撰,祝鸿杰译注:《博物志全译》,贵阳:贵州人民出版社,1992:236。

林赋》的成书时间，根据《史记·司马相如列传》等相关记载，大致可以推测约在梁孝王卒之后、唐蒙通夜郎和西南夷之前，即公元前144年至公元前135年之间，这比公元前126年张骞第一次出使西域回长安的时间早了十几年，故张骞及其使节并非是最早带回葡萄的人①；其二，汉代的医典《神农本草经》中已经开始把葡萄纳入其中，“葡萄味甘平，主筋骨湿痹，益气倍力……可作酒，生山谷”，故李时珍在《本草纲目》即谓：“汉书言张骞使西域还，始得此种，而神农本草已有葡萄，则汉前陇西旧有，但未入关尔。”②；其三，《西京杂记》卷三中记载了汉初高祖赠送葡萄锦的事迹，“尉佗献高祖以鲛鱼、荔枝，高祖报以蒲桃锦四匹”，汉高祖能赐人以蒲桃锦，说明葡萄已经为人们所熟悉；其四，秦咸阳宫殿遗址曾出土带有葡萄形象的壁画，以上资料说明或至迟在秦代葡萄已经在内地开始了种植③。

以上是关于葡萄早期引种内地的讨论，此外，还有三个问题值得进一步的关注。一是我国新疆地区的葡萄种植问题，从现代考古发掘的佉卢文书和尼雅遗址来看，新疆地区葡萄种植的历史至迟可以追溯至公元前4世纪，而且已经达到了相当的规模和水平，这一点也可以得到《史记》、《汉书》等历史文献资料的印证。二则是葡萄有不同的品种，或以酿酒为主，或以食用为主，而且域外引种也绝非一蹴而就。因此，在此后葡萄在中国传播的过程之中，也不乏不同历史时期不断引进新品种记载。第三个问题，则是域外引种中一个比较普遍的现象，即域外物种引进和传播的方式问题，一种为递进式传播，即通过地缘关系渐次传播，类似接力棒式的逐渐递进，多赖民间力量所承担。一种则是跨越式的引进，传统时期京师所在，往往为国家之政治、经济和文化中心，一者万邦来朝，商者辐辏，二者统治者四方搜求，精心经营，故使京畿之地直接成为了新的策源地，这一方式多赖官方力量完成。不难发现，葡萄的引进和传播也同样存在这一特点。

---

①张宗子：《葡萄何时引进我国》，《农业考古》1984(2)：247－250；李次第：《葡萄的中国缘——浅析葡萄及葡萄酒的引入》，《考试周刊》2011(51)：232－234。

②胡澍：《葡萄引种内地时间考》，《新疆社会科学》1986(5)：101－104。

③杨承时：《中国葡萄栽培的起始及演化》，《中外葡萄与葡萄酒》2003(4)：4－7；仲高：《丝绸之路上的葡萄种植业》，《新疆大学学报(哲学社会科学版)》1999(2)：59－64；苏振兴：《葡萄、葡萄酒由新疆传入内地新考》，《新疆师范大学学报哲学社会科学版》2003：88－92；王建文、王有年：《欧洲葡萄栽培和酿酒在中国的传播》，《北京农学院学报》2006(1)：45－49；王赛时：《古代西域的葡萄酒及其东传》，《美食研究》1996(4)：37－41。

(2)葡萄在内地的传播

如上文所述,至迟在公元前4世纪,新疆地区的葡萄种植和葡萄酒酿造已经达到了相当的规模和水平,大量的精绝国考古发现即可证明这一点。到了秦汉时期,西域各地的葡萄种植也是相当普遍,从历史文献和考古发现看,西汉时期在且末、焉耆、龟兹、于田、伊吾等地都盛产葡萄。龟兹有的大户人家可产葡萄达千解。在和田地区民丰县尼雅遗址,曾展示出一处公元1至3世纪的果园面貌。在一处居室的花园里,至今还保存着已经枯干的成排的桃、杏、梅、葡萄等果树。故《史记·大宛列传》云:“宛左右以葡萄为酒,富人藏酒至万余石,久者数十岁不败……。”随着中西交往,尤其是丝绸之路凿空以后,葡萄沿着两条路径开始引进中原,一条由与西域由地缘关系的河西走廊地区渐次递进,一条则是直接引进至京畿之地的关中地区,使这一地区成为新的传播策源地,即所谓的“植之秦中,渐及东土”。葡萄在内地的传播大致可以分为三个阶段。

第一阶段,秦汉魏晋时期的引种及初步传播时期。秦汉时期,中西往来渐为频繁,尤其张骞凿空西域之后,中原政权直接引进葡萄的记载多见之于历史记载,如即《史记·大宛列传》载:“汉使取其实来,于是天子始种苜蓿葡萄肥饶地。及天马多,又外国使来众,则离宫别观旁尽种葡萄苜蓿极望。”《汉书·西域传》亦载:“大宛左右以葡萄为酒,富人藏酒至万余石,久者至数十岁不败。俗嗜目宿……贰师既斩宛王,更立贵人素遇汉善者名昧蔡为宛王……汉使采葡萄、目宿种归。天子以天马多,又外国使来众,益种葡萄、目宿离宫馆旁,极望焉。”但总体而论,这一时期的葡萄的影响范围还相当有限,葡萄种植、葡萄酒仅仅是皇亲国戚、达官贵人之专享。《后汉书·宦者列传》记载了这样一则典故,“灵帝时,让、忠并迁中常侍,封列侯……扶风人孟佗,资产饶赡,与奴结朋……佗时诣让……宾客咸惊,谓佗善于让,皆争以珍玩赂之。佗分以遗让,让大喜,遂以佗为凉州刺史。”至于孟佗贿赂张让的宝物是什么,《后汉书》没有说明,但《三铺决引录注》则给出了一个答案:“佗字伯郎。以葡萄酒一斗遗让,让即拜佗为凉州刺史。”①后苏轼对此事发出了“将军百战竟不侯,伯郎一斛得凉州”之感慨,亦足以表明葡萄酒在当时之珍贵地位。三国时期,魏文帝曹丕在《示群臣诏》既畅言葡萄之益,“甘而不饴,酸而不酢,冷而不寒,味长汁多,除烦解渴,又酿发酒,甘于曲蘖,善醉而易醒。他方之果,宁有匹之者乎”,并极力推广种植。在此

①仲高:《丝绸之路上的葡萄种植业》,《新疆大学学报(哲学社会科学版)》1999(2):59-64。

背景下，葡萄逐渐走出皇宫苑林，逐渐向长安周边引种扩栽并流入民间，并成为一种经济作物[①]。另外，随着政治中心的东迁，葡萄种植也逐渐传入中原大地。晋左思《魏都赋》写洛阳葡萄生长繁茂云“蒲桃结阴”。潘岳撰《闲居赋》，述其洛阳居室园林之盛况，其中亦有“石榴蒲桃之珍，磊落蔓延乎其侧”之句[②]。据《洛阳伽蓝记》载：南北朝时，白马寺前“柰林葡萄异于余处，枝叶繁衍，子实甚大。柰林实重七斤，葡萄实伟于枣，味且殊美，冠于中京”，可见在这一时期葡萄在洛阳地区已经了一定之规模。《齐民要术》之所以详细记载了葡萄的栽培法、采摘法和贮藏法以及制作葡萄干法，亦从一个侧面显示了当时的葡萄种植的扩散情况。与之同时，在河西走廊地区，这一时期的葡萄种植也有所发展，汉魏之际的药物学著作《本草经》载：“葡萄生五原、陇西、敦煌。”《剧谈录》亦载：“汉时，凉州富人好酿酒，多至千余斛，积至十年不变。”[③]魏文帝的《凉州葡萄诏记》中亦有“凉州葡萄味长汁多……酿以为酒，甘于米曲，善醉易醒”的记载，可见在这一时期，河西走廊，尤其是凉州的葡萄栽培和葡萄酒酿造已经达到了一定的规模。此外，根据左思《蜀都赋》所谓的葡萄“结阴乱溃”判断，可能三国时葡萄栽培已传入西南地区。但总体而言，这一时期的葡萄种植范围还比较有限，加之后期频频的兵燹之灾和社会的长期动荡，严重制约了葡萄种植的发展，因此葡萄对大多数人而言还是比较陌生珍贵的，如史载北魏时，宫人们得到赏赐的葡萄，“转饷亲戚，以为奇珍，得者不敢辄食，乃历数家”。北齐时，大臣李元忠曾“贡世宗蒲桃一盘，世宗报以百练缣，遗其书”[④]。甚至到了唐初亦如此，《新唐书》即记载了一则故事，唐高祖李渊宴请群臣，果品中有葡萄在列，侍中陈叔达拿着葡萄却不舍得吃，李渊问其情由，陈叔达回答说：“臣母病渴，求不能致，愿归奉之。”这则故事亦真实反映了当时葡萄之珍稀。

第二阶段，唐宋时期的深入发展。这一阶段的发展主要表现在以下几个方面，一是葡萄种植的迅速扩大。研究表明，“唐十道中种葡萄的达九道，只有岭南道未见葡萄种植的记载。唐时葡萄种植已广泛分布于我国的西域、西北、北方、关中、河朔、西南（包括南诏）、吐蕃，甚至淮南地区，尤其是西域、河西、河东

①〔南朝〕范晔撰：《后汉书》，北京：中华书局，1965：2534。
②〔唐〕房玄龄等：《晋书》卷五五《潘岳传》，北京：中华书局，1974。
③转引自何永基：《甘肃武威的葡萄》，《中外葡萄与葡萄酒（特刊）》1999（11）。
④〔唐〕李百药撰：《北齐书》卷22，北京：中华书局，1974。

的太原地区以及长安、洛阳两京之地,在唐时已是葡萄的重要产地”[①]。两宋时期,随着政治、经济中心南移,南方各地区的葡萄种植及葡萄酒酿造有了较快发展,从《景定建康志》《咸淳毗陵志》《嘉泰吴兴志》《琴川志》《澉水志》《咸淳临安志》《嘉泰会稽志》《宝庆会稽志》《嘉定赤诚志》《淳熙三山志》等地方史志的记载来看,江南的葡萄栽培已相当的普遍。随着种植范围的拓展,葡萄被更多的人所熟识,且渐次进入了寻常百姓生活,如韩愈的“柿红葡萄紫,肴果相扶檠”、白居易的“常撷紫葡萄,绔花红石竹”等诗句,即反映了这一情况。《梦粱录》载:杭城食店,“又有托盘担架至酒肆中,歌叫买卖者”,其中就有木李桃、新胡桃及干果子番葡萄等,则反映了葡萄的商品化趋势。二是葡萄酿酒及种植技术的提升和推广。唐之前,内地消费的葡萄酒均来自西域,破高昌后,西域地区与中原地区的联系更为紧密,西域的各种葡萄优质品种和西域的先进葡萄酒酿造技术随之传入内地,再加之与之俱来的胡人、胡食、胡风的影响和感染,中原地区的葡萄种植和葡萄酒酿造有了较快的发展。史载,唐太宗破高昌、得酒法后,“仍自损益之,造酒成绿色,芳香酷烈,味兼醍醐,长安始识其味也”[②],在他的倡导下,葡萄酒大兴,除了西域、河西走廊以及长安所在的关中地区以外,河东地区、东都洛阳、江南道的金陵、山南道的郢州和荆州,均盛产葡萄及葡萄酒,尤其是河东地区,发展尤盛,甚至形成了自己的葡萄酒品牌——“乾和蒲桃”[③]。而葡萄酒亦是太原府的土贡之一[④],苏轼在《谢张太原送蒲桃》中云:“惟有太原张县令,年年专遣送蒲桃。”[⑤]这一传统一直延续至明初。北宋陶穀的《清异录》载:“河东葡萄有极大者,惟土人得啖之,其至京师者,百二子、紫粉头而已”。葡萄种植和葡萄酒的推广,离不开技术的提升与发展,可以看出,在这一阶段,经过反复的试验摸索,在种植方面总结出了棚架栽培、扦插和嫁接繁殖、埋蔓防冻过冬等技术,这也是葡萄种植推广和一些优良地方品种出现的重要条件;在酿造技术方面,则在不断完善葡萄自然发酵、葡萄汁加曲酿造、干葡萄与谷物混合加曲酿造等传统酿造方法的基础上,进一步发明了酿造蒸馏葡萄酒的方法。三

---

①详见陈习刚:《唐代葡萄种植分布》,《湖北大学学报(哲学社会科学版)》2001(1):77-81;陈习刚:《中国古代葡萄、葡萄酒及葡萄文化经西域的传播(一)——两宋以前葡萄和葡萄酒产地》,《新疆师范大学学报》(哲学社会科学版)2006(3):5-10。

②[北宋]李昉、李穆、徐铉等编纂:《太平御览》卷八四四。

③[北宋]李昉、扈蒙等编纂:《太平广记》卷二三三《国史补》。

④[北宋]欧阳修、宋祁撰:《新唐书》卷三九《地理三》,北京:中华书局,1975。

⑤[北宋]苏轼:《苏轼诗集》卷四八,中华书局,1982。

是葡萄文化本土化的空前发展。从文化层面来看，随着这一时期葡萄及葡萄酒的推广，人们对其认识不断深化的同时，开始了自觉不自觉地把其融入自己文化体系的过程。不惟出现了大量的以葡萄和葡萄酒为主题的文学艺术作品，还把葡萄形象与社会生活的方方面面相结合，如物质层面的葡萄宫①、葡萄馆②、蒲桃髻③、葡萄纹饰等，如精神层面的宗教信仰等，更为重要的是，在这一时期扩散的过程之中，国人逐渐赋予了葡萄更多的中国文化内涵。如道教已经吸纳了葡萄进入自己的体系，并衍生出"王母葡萄"、"葡萄怪"、"太平君子"等文化。再如葡萄颜色鲜艳和多子之形象也逐渐与中国传统的民俗文化相结合，延伸出新的吉祥文化内涵，寓意吉祥、美满，如《云仙杂记》卷七"蒲桃髻"条云："小儿发初生为小髻十数，其父母为儿女相胜之辞曰，蒲桃髻十穗胜五穗。"河南温县唐代杨履庭墓也发现，"棺内西侧的骨架右肩上置残墨一锭，头部有海兽葡萄镜一面"，幼儿骨架"两手附近各放有开元通宝一枚，腰部放小型葡萄镜一面。"④

图 3-17 唐葡萄纹饰铜镜⑤

①如陈子昂的《送著作佐郎崔融等从梁王东征并序》云："匈奴舍蒲萄之宫"（《全唐诗》卷84））；杜甫的《洗兵马》亦云："京师皆骑汗血马，回纥喂肉蒲萄宫"（《全唐诗》卷217）。
②如崔颢《渭城少年行》："葡萄馆里花正开"（《全唐诗》卷130）。
③如冯贽的《云仙杂记》卷七载有"蒲桃髻"。
④河南省文化局文物工作队：《河南温县唐代杨履庭墓发掘简报》，《考古》1964(6)。
⑤沈从文主编：《唐宋铜镜》，北京：中国古典艺术出版社，1958年。

图 3－18 唐永泰公主墓葬壁画《捧果盘侍女图》①

第三个阶段，元明清时期的普及发展阶段。元代统治中原地区的虽然比较短暂，仅有不到100年的时间，但由于其统治阶层非常喜好葡萄及葡萄酒，因此随着其统治触角的延伸，把我国葡萄与葡萄酿酒业在中原地区的发展迅速推进到一个新的高峰。据《元史》记载，元世祖忽必烈至元年间，祭宗庙时所用的牲齐庶品中，酒采用"乳、葡萄酒，以国礼割奠，皆列室用之"。为了保证宫廷和官府葡萄酒的供应和质量，元朝的统治者不但向西域地区索取大量的葡萄酒，还在内地大力推广葡萄种植，在大都、山西太原、南京等地设立官方葡萄园，并在诸处开坊酿造葡萄酒，"太原、平阳一带盛产葡萄，制酒入贡，另外，大都附近、霄州、内蒙古的宣宁、南京、扬州，以及镇江、苏州等江南地区也种植葡萄，酿造葡萄酒"②。此外，元朝政府还允许民间家酿葡萄酒，而且对家酿葡萄酒一度不征税。史载，元大都坊间的酿酒户有的家资巨万，酿造葡萄酒多达百瓮。这使得

①拜根兴、樊英峰：《永泰公主与永泰公主墓》西安：三秦出版社，2004。

②尚衍斌：《元代西域葡萄和葡萄酒的生产及其输入内地述论》，《元代畏兀儿研究》，民族出版社，2011：272－277。

葡萄酒迅速普及至平民百姓家，如生活清贫至靠骑驴卖纱过活的何失亦能自酿葡萄酒招待朋友，其诗《招畅纯甫饮》云："我瓮酒初熟，葡萄涨玻璃"。终生未仕的周权则在《葡萄酒》中不仅详细、形象地描述了葡萄酒的酿制过程，并有"纵教典却鹔鹴裘，不将一斗博凉州"诗句传世。年仅三十而卒的女诗人郑允端则在《葡萄》诗中写道："满筐圆实骊珠滑，入口甘香冰玉寒。若使文园知此味，露华不应乞金盘"。明初，朱元璋对葡萄酒不甚热衷，并以耗费甚巨为由停止了西域、山西向朝廷进贡葡萄酒的旧制，这在一定程度上遏制了中原葡萄业的发展势头。尽管如此，明代的葡萄种植和葡萄酿酒业还是保持了较为平稳的发展状态，王象晋在《群芳谱》中说道："（葡萄）生陇西、五原、敦煌山谷，今河东及江北皆有之，而平阳尤盛"。这一时期栽种的葡萄品种繁多，除了《本草纲目》中提到的草龙珠葡萄，加上马乳葡萄等品种外，《农政全书》还记载了不少的新品种，"水晶葡萄，晕色带白，如着粉，形大而长，味甘。紫葡萄，黑色，有大小两种，酸甜两味。绿葡萄，出蜀中，熟时色绿。至若西番之绿葡萄，名兔睛，味胜糖蜜，无核则异品也。琐琐葡萄，出西番，实小如胡椒，……云南大如枣，味尤长。"①清王朝建立以后，中原地区的葡萄种植和葡萄酿酒业基本持续较为稳定的发展态势，葡萄已在全国"遍地开花"，尤其是寻常百姓家也开始多有种植，或亭台池馆，或房前屋后，虽然规模不大，但也显示了葡萄种植的普及程度。进入近代以来，随着近现代工商业的兴起和近代农业科技的发展，我国葡萄种植和葡萄酒酿造业亦发生了根本性的历史转折，尤其是中华人民共和国成立后，中国葡萄种植业和葡萄酒酿造业才真正进入全面发展时期，创造一系列的辉煌。

3.3.3.3 葡萄的风土适应与技术改造

（1）风土适应

温度：葡萄生长时所需最低气温约12℃—15℃，最低地温约为10℃—13℃，花期最适温度为20℃左右，果实膨大期最适温度为20℃—30℃。如日夜温差大，着色及糖度较好。水分：葡萄对水分要求较高，在生长初期或营养生长期时需水量较多，生长后期或结果期，根部较为衰弱需水较少，要避免伤根免影响品质。光照：葡萄在正常生长期间必须要有一定强度的光照，但光照太强时特别是葡萄进入硬核期较易发生日灼病。土壤：葡萄虽然在各种土壤（经过改良的）均能栽培，但以壤土及细砂质壤土为最好，沙质土虽透气性能好. 但保肥保水能力较差。壤土介于沙质土与黏质土之间。其保水保肥能力较强，多数较

---

①［明］徐光启：《农政全书》卷三零《树艺·果部下》，上海：上海古籍出版社，1979。

为肥沃,在葡萄生长旺盛时,较易流花和单性结果,在高温光照条件好时,结实好、产量高。

研究表明,最早进入人工栽培的葡萄为欧亚葡萄,原产于黑海及里海周围的外高加索地区。我国内地引进葡萄始于西汉,引进的葡萄良种源自大宛国,大致位于今乌兹别克斯坦费尔干纳盆地。这些地区均属于温带大陆性气候,干旱少雨,日光充足,昼夜温差大。受此自然环境影响,葡萄具有耐旱、喜光、对土质要求不高、易存活等特征。因此,我国大部分地区均适宜葡萄的生长,这一点从葡萄在中国内地传播的过程即可得到印证:引种之初直接跨越式到达长安,很快适应关中平原的自然生态环境,“则离宫别观旁尽种葡萄、苜蓿极望”;经过长期的发展,到明清时期已经“遍地开花”,北自内蒙古、南抵海南,西起青藏高原,东至沿海各地,均有葡萄种植,可以说,葡萄本身自然生理因素的适应性是这一结果的根本原因。这是一个方面,但另一方面,毕竟我国地域辽阔,南北自然地理环境具有较为显著的差异性,因此,也必然会对葡萄的种植产生一定的影响,尤其是在技术环节尚不能克服自然因素制约,或技术水平尚不能发掘自然资源优势的情况下。梳理葡萄在中国内地的传播过程及其分布情况,这一点也是比较显著,如从总体而言,传统时期的葡萄种植分布基本呈现出了一个以北方为主、南方为次的基本格局,最主要因素还是自然地理生态之差异,换言之,北方地区地理气候特征与葡萄原产区更为相似,所以更适宜于葡萄的生长和品质提升。当然,这也不能排除技术因素的制约,即是否找到克服或充分利用南方自然环境条件的栽培技术,从葡萄在南方的传播来看,显然是一个不断总结探索的过程。

此外,在葡萄的传播过程之中,由于不同自然生态环境的影响和人工技术的介入,也使得葡萄自身发生了诸多变化,产生了诸多的地方优质新品种,如最早的中国葡萄酒品牌——“乾和蒲桃”①,其原料就极具地方性,“河东葡萄有极大者,惟土人得啖之,其至京师者,百二子、紫粉头而已”②,正因为如此,太原从唐开始持续到明代,一直作为皇家葡萄酒的特贡地。《农政全书》也记载了不少的新品种,“水晶葡萄,晕色带白,如着粉,形大而长,味甘。紫葡萄,黑色,有大小两种,酸甜两味。绿葡萄,出蜀中,熟时色绿。至若西番之绿葡萄,名兔睛,味

①〔北宋〕李昉、扈蒙等编纂:《太平广记》卷二三三《国史补》。
②〔北宋〕陶穀:《清异录》。

胜糖蜜，无核则异品也。琐琐葡萄，出西番，实小如胡椒，… …云南大如枣，味尤长。"[①]再如李渔的《燕京葡萄赋》所赞美北京地区出产的高品质葡萄，"葡萄无他长，只以不酸为贵。酸而带涩，不值半文钱矣。燕地所产，非止不酸不涩，且肥而多肉，值得一吞。吞后余甘，尚恋齿颊。"

(2)技术改造

葡萄引入中原之初，即被纳入皇家苑囿受到了精心呵护，但是谁在种植，用怎样的技术，则由于缺乏史载而不得而知，但也不排除域外种植能手的可能性。现存最早系统介绍葡萄相关技术的则为北魏时期贾思勰的《齐民要术》，其较为详细记载了葡萄的栽培法、采摘法和贮藏法以及制作葡萄干法。此后，随着葡萄的传播和其在社会生活中地位的不断提升，历代皆有反映葡萄栽培和葡萄酒酿造技术的著述，如唐代段成式的《酉阳杂俎》、明代邝璠的《便民图纂》和徐光启的《农政全书》、元代鲁明善的《农桑衣食撮要》和司农司编修的《农桑辑要》等，梳理上述古代历史文献中葡萄相关技术的记载，亦不难发现先民对葡萄进行的诸多中国式技术改造。

首先，种植栽培技术的改造。一是棚架栽培技术，即为葡萄树搭棚架，其主要目就是保证葡萄枝蔓的舒展，"蔓延性缘，不能自举，作架以承之，叶密阴厚，可以避热。"[②]二是埋土防寒技术，北方冬季严寒，故采取相应的过冬技术措施，"十月中，去根一步许，掘作坑，收卷葡萄，悉埋之。近枝茎薄安黍穰弥佳，无穰，直安土亦得。不宜湿，湿则冰冻。二月中还出，舒而上架，性不耐寒，不埋即死。其岁久根茎粗大者，宜远根作坑。勿令茎折，其坑外处，亦掘土并穰培覆之"[③]；而葡萄推广到南方之后，这一点则相对简单，"北方必须舒卷，年远亦难。南方竟以穰草里根可也"[④]。三是扦插育苗法。葡萄栽培运用此法最早见载于唐代段成式的《酉阳杂俎》："具丘之南，有葡萄谷。谷中葡萄，可就其所食之。或有取归者，即失道。世言王母葡萄也。天宝中，沙门昙霄因游诸岳，至此谷，得葡萄食之。又见枯蔓堪为杖，大如指，五尺余。持还本寺，植之遂活。长高数仞，荫地幅员十丈，仰观若帷盖焉。其旁实磊落，紫莹如坠。时人号为草龙珠帐焉。"至元代，这一技术已经相当成熟，《农桑衣食撮要》中对葡萄插条粗细长短、

①〔明〕徐光启：《农政全书》卷三零《树艺・果部下》，上海：上海古籍出版社，1979年。

②〔北魏〕贾思勰：《齐民要术》卷四《种桃奈》第三十四。

③〔北魏〕贾思勰：《齐民要术》卷四《种桃奈》第三十四。

④〔明〕徐光启撰，石声汉校注：《农政全书》卷三零《树艺・果部下》，上海：上海古籍出版社，1979。

插条的贮存、扦插时间、扦插方法和管理事项都提出了相当明确的要求。四是嫁接技术在葡萄栽培中的运用。根据宋人陈元靓的《博闻录》记载，人们是通过将葡萄和枣进行远缘嫁接，进而改良葡萄性状，其法如下："宜栽枣树边。春间，钻枣树作一窍，引葡萄枝从窍中过。葡萄枝长，塞满窍子，斫去葡萄根，托枣根以生。其肉实如枣。北地皆如此种。"此外，《便民图纂》还提到，"以麝入其皮，则葡萄尽作香气，以甘草作针，针其根则立死"，当然具体是什么方法，或者是否科学，则不得而知了。五是葡萄树修剪技术的发展。果树修剪期分为春、夏两期，而葡萄则需夏季修剪。对于这一点，明代就有相当明确的认识，"待结子架上，剪去繁叶，则子得承雨露肥大"①。六是储藏技术。葡萄也是较难贮藏的果品，《齐民要术》提出了窖藏法，"极熟时，全房折取。于屋下作荫坑，坑内近地凿壁为孔，还筑孔使坚。屋子置土覆之，经冬不异也"。明末张岱在《夜航船》中则提出了蜡封法，"葡萄方熟，用蜡纸裹紧，扎封以蜡，可留到冬"。除了上述栽培技术之外，当然也离不开对水肥的重视，如《便民图纂》曰："二三月间，截取藤枝，插肥地，待蔓长，引上架。根边，以煮肉汁或粪水浇之。……其根、茎中空相通，暮溉其根，至朝而水浸其中，故俗呼其苗为水通。浇以米泔水最良。"

其次，酿酒技术的改进。据研究，葡萄酒在我国出现的时间最晚在汉魏时期。魏文帝在《与吴监书》中言："中国珍果甚多，且复为说葡萄。当其末夏涉秋，尚有余暑，酒醉宿醒，掩露而食，甘而不饴，酸而不酢，冷而不寒，味长汁多，除烦解渴。又酿以为酒，甘于曲蘖，善醉而易醒。"说明在此时人们已经采取传统的曲蘖酿酒法酿制葡萄酒，且对葡萄酒有非常高的评价。由于葡萄酒备受世人之追捧，故如何改进酿制技术，追求更好的口感亦是葡萄酒酿造者孜孜以求的目标，甚至亦不乏帝王将相厕身其中，亲力亲为。据《册府元龟》卷 970 载，唐初，"及破高昌，收马乳葡萄实，于苑中种之，并得其酒法。太宗自损益，造酒成，凡有八色，芳辛酷烈，味兼缇盎，既颁赐群臣，京师始得其味。"元代，由于统治阶层对葡萄酒之偏爱和推崇，在传承前代酿酒工艺的基础上，有了新的创造和进步，出现至少了两类、三种葡萄酒酿制方法。第一类为自然发酵法，即把葡萄捣碎入瓮，利用葡萄皮上带着的天然酵母菌，自然发酵成葡萄酒。如哈剌和州酿造葡萄酒的方法是："酝之时，取葡萄带青者。其酝也，在三、五间砖石，砌干净地上，作瓷瓦缺嵌入地中，欲其低凹以聚。其瓮可容数石者。然后取青葡萄，不以数计，堆积如山，铺开，用人以足揉践之使平，却以大木压之，覆以羊皮并毡毯

①〔明〕邝璠撰：《便民图纂》，农业出版社，1963。

之类。欲其重厚，别无曲药。压后出闭其门，十日半月后窥见原压低下，此其验也。方入室，众力下毡木，搬开而观，则酒已盈瓮矣。”[①]元代平民诗人周权的诗作《葡萄酒》，就用文学的笔触形象地描绘了这种酿造方法：“累累千斛昼夜舂，列瓮满浸秋泉红。数宵酝月清光转，浓腴芳髓蒸霞暖。酒成快泻宫壶香，春风吹冻玻璃光。甘逾瑞露浓欺乳，曲生风味难通谱。”元好问的《蒲萄酒赋》所谈到安邑葡萄酒制作方式，也与其大致类似，“一民家避寇自山中归，见竹器所贮蒲桃在空盎上者，枝蒂已干，而汁留盎中，薰然有酒气。饮之，良酒也。盖久而腐败，自然成酒耳。不传之秘，一朝而发之”[②]。第二类为中原传统酿造葡萄酒法，即用粮食和葡萄混酿的办法，具体方法有二，李时珍的《本草纲目》中对此有详细描述：“葡萄酒有两样：酿成者味佳，有如烧酒法者有大毒。酿者取汁同曲酿酢，取入甑蒸之，以器承其滴露，红色可爱，古者西域造之，唐时破高昌始得其法。”但第二类方法酿造的葡萄酒存在一定的缺陷，元好问曾在其《葡萄酒赋并序》中认为，加曲酿制之法“酿虽成，而古人所谓甘而不饴，冷而不寒者固已失之矣。”采用不同的葡萄品种酿酒，会有不同的口感差异，对于这一点，人们也有相当准确的认识，如李时珍引用《饮膳正要》云：“酒有数等，出哈喇火者最烈，西番者次之，平阳太原者又次之。”《农政全书》亦谓：“玄扈先生曰：葡萄作酒，极有利益，然非西种不可。……今山西亦作酒，然不真也。”此外，国人还发现了利用冬季严寒，用冷冻使葡萄酒浓缩以提高质量的方法，“久藏者中有一块，虽极寒，其余皆冰，独此不冰，及酒之精液也”，此冷冻法至今仍普遍采用[③]。据明初叶子奇的《草木子》记载，元代还发明了一种颇为独特的葡萄酒质量检验方法，即每年农历八月，将各地官酿的葡萄酒取样“元朝于冀宁等铬造蒲桃酒，八月至太行山，辨其真伪，真者下水即流，伪者得水即冰冻矣。”

最后，食品加工技术的改造。葡萄除了可以直接食用外，“亦可作醋作糖”，还可做成葡萄干。“西人及太原、平阳皆作葡萄干，货之四方”[④]，平阳安邑县的葡萄干还作为“土贡”，入贡朝廷。《齐民要术》、《农政全书》均记载其制作方法，“极熟者，一一零压摘取。刀子切去带，勿令汁出。蜜两分和，内葡萄中。煮四五沸，漉出阴干便成矣。滋味倍胜，又夏月不败。”葡萄不仅为即食水果，也能

①［元］熊梦祥：《析津志辑佚·物产·异地产贡》。
②［金］元好问：《元好问全集》卷一《蒲萄酒赋》。
③尚衍斌：《元代西域葡萄和葡萄酒的生产及其输入内地述论》，《元代畏兀儿研究》，民族出版社，2011：272－277。
④［明］李时珍：《本草纲目·果五·葡萄》。

制作罐头、果汁和果酱。经过巧妇的加工,还能做成精美的菜肴。如拔丝葡萄、葡萄鱼、葡萄鸡,在为饭菜注入清新果香的同时,亦提高了营养价值。

图 3-19　北魏铜鎏金童子葡萄纹高足杯

3.3.3.4　社会接纳

葡萄营养丰富,酸甜可口,与苹果、柑橘和香蕉并称为世界四大水果,而且树姿优美,适应性强,易繁殖,是庭院绿化的理想果树。因此传入中国之后,逐渐被国人接受,在社会经济生活中产生了重要影响。关于葡萄的食用功能和葡萄酒饮用,前文已经做了较为详细的介绍,故不再赘述,这里仅从其他方面做一简单梳理。

其一,葡萄树的美化功能。葡萄树紫叶茂盛,树形优美,为理想的绿化树种之一。故引进中原之初,即被种植于皇家苑囿,作为园林植物而备受呵护。受此影响,葡萄走出皇家苑囿之后,之所以得到寻常人家的种植,其美化功能功不可没。史载,晋唐时期,不仅长安城附近"乃园种户植,接荫连架"①,也在内地其他地方得到一定范围的传播,一些地方的庭院中广泛栽种葡萄树,不仅因为可以即食新鲜葡萄,还因为盘曲的枝干和茂盛浓密的葡萄叶能用来遮阴纳凉,装饰院落,增添闲适宁静的氛围。故《齐民要术》谓:"蔓延性缘,不能自举,作架以承之,叶密阴厚,可以避热。"甚至到了元代,"南方地区葡萄的种植主要限于池馆庭院,很少在耕地上进行大面积种植,种植的目的主要出于观赏或遮阴,而

---

①〔唐〕段成式:《酉阳杂俎》,北京:中华书局,1981:175。

不是为了酿酒"[①]。明清时期，随着江南地区私家园林的兴起，葡萄种植在江南园林苑囿有了进一步的发展。明人王世贞在《游金陵诸园记》中，对一座名为"西园"的园林有这样的描写："四周水环之，华屋三楹，大抵奇卉名果如频婆杨梅桃李异种白蒲桃尚繁茂，足餖飣。"王世懋在其《学圃杂疏》中记载："葡萄虽称凉州，江南种亦自佳，有紫、水晶二种，宜于水边设架，一年可生，累垂可玩，不但以供餖飣。"诗画般的江南园林，于水榭亭台旁起一架葡萄，晶莹剔透，不仅能品尝鲜果，亦可以赏心悦目，"蒲萄新绿照人明，急管繁弦四坐倾"[②]。明文坛复古前七子之领袖李梦阳亦有类似的诗文："万里西风过雁时，绿云元玉影参差。酒酣试取冰丸嚼，不说天南有荔枝。"这一传统延续至今，很多农户亦在庭院之中种植葡萄，美化、食用集于一身。

其二，葡萄的经济功能。葡萄不仅可以鲜食，亦可酿酒，故具有极高的商品性，因此，葡萄引进中原之后，也很快成了一些人赖以安身立命的主要营生。唐代，随着葡萄酒的发展，河东地区就已经出现了自己的品牌葡萄酒——"乾和葡萄"，久享盛名。据《梦粱录》载，杭城食店，"又有托盘担架至酒肆中，歌叫买卖者"，其中就有葡萄，亦为葡萄商品化适应城市经济兴起趋势之反映。尤其到了元代，由于政府的倡导与扶持，葡萄酒经济已经成为社会经济的重要组成部分。史载，这一时期国内出现了大量的葡萄种植专业户。适应内地葡萄种植面积和葡萄酒产量快速增加之形势，政府开始征收葡萄税和葡萄酒税。元大都酒使司的职责之一就是征收葡萄酒税，《元典章》规定，"大都酒使司，于葡萄酒三十分取一"。据《元史》载，"中统四年（1263 年）十二月，甲戌，敕驸马爱不花葡萄户依民例输税"[③]。不仅如此，葡萄酒在元代还发挥过货币的职能，可以用来借贷和抵押。元政府还允许葡萄酒在民间公开发售。据《元典章》记载，大都地区"自戊午年至至元五年，每葡萄酒一十斤数勾抽分一斤"；"乃至六年、七年，定立课额，葡萄酒浆止是三十分取一。""戊午年"是蒙哥汗八年，即公元 1258 年；至元五年是公元 1268 年。也就是说，至迟在戊午年起，葡萄酒已在大都民间公开发售。元大都坊间的酿酒户有的家资巨万，酿造葡萄酒多达百瓮。葡萄干也是主要商品之一，《齐民要术》之所以介绍葡萄干制作方法，即因为其具有一定的

---

①尚衍斌：《元代西域葡萄和葡萄酒的生产及其输入内地述论》，《元代畏兀儿研究》，民族出版社，2011：272－277。

②〔明〕胡应麟：《少室山房集》卷四十二。

③〔明〕宋濂主编：《元史》卷五《世祖纪二》，北京：中华书局，1976。

市场。《本草纲目》亦谓:“西人及太原、平阳皆作葡萄干,货之四方。”①

其三,药用功能的发掘。在葡萄传播的过程之中,国人也将其纳入了传统的中医药体系,对其药性、治疗功能以及禁忌进行了系统的发掘。关于葡萄的药性,成书于东汉时期的《神农本草经》认为其“味甘,平”,唐代孟诜的《食疗本草》曰:“甘酸,温”,而《本草纲目》则认为葡萄“甘涩,平,无毒”。基于这样的属性,国医将其归入肺、脾、肾经或太阳经②。对于葡萄的治疗功能,也有相当丰富的发掘。《神农本草经》谓:“主筋骨湿痹,益气倍力,强志,令人肥健耐饥,忍风寒。”陶弘景的《名医别录》谓:“逐水,利小便。”唐代甄权所著的《药性论》则云:“除肠间水气,调中治淋,通小便。”《本草图经》云:“治时气发疮疹不出者,研酒饮。”《本草纲目》则认为可以治疗“热淋涩痛、胎上冲心、水肿”。同时因为葡萄业不宜多食,《食疗本草》曰:“不堪多食,令人卒烦闷眼暗。”《本经逢原》云:“食多令人泄泻。”《医林纂要》谓:“多食生内热”。

此外,值得注意的是,明清时期,随着农业集约理念的发展,在江南地区出现了将粮、桑、渔、畜、果等综合为一体的生态农业经营模式,在这一模式中,葡萄种植亦赫然在列,如《农政全书》卷四十一《牧养》中所提出的鱼塘生态农业模式:“池之旁,树以芭蕉,则露滴而可以解泛。树楝木,则落子池中,可以饱鱼。树葡萄架子于上,可以免鸟粪。种芙蓉岸周,可以辟水獭。”

3.3.3.5 文化认同与濡化

(1)名称考释

葡萄之名称,在历史文献记载中又有多种称谓,如先秦时期称之为葛藟、蘡薁等,但可能多指内地各地原产的野生葡萄。至于从西域引进之葡萄,《史记》称作“蒲陶”、《汉书》称“蒲桃”③,《后汉书》则写作“蒲萄”,唐代开始,逐渐使用“葡萄”④。对于葡萄称谓之来历,学界根据域外物制命名的一般原则,各有见解,大致可以归为两类,一类认为之所以有诸多音同字不同之名称,是音译之

---

①[明]李时珍:《本草纲目·果五·葡萄》。

②《得配本草》:“入手太阳经”;《本草求真》:“入肾”;《本草再新》:“入脾、肺二经”。

③[清]吴震方:《岭南杂记》亦记有蒲桃,“形如腊丸,大如桃,高丈余,花开一簇如针,蕊长寸许,五月熟,色清黄,中虚有核如弹丸,摇之有声肉松而甘。”此处所记蒲桃,实为桃金娘科常绿乔木,原产地是海南岛,亚热带地区的武当山也有人工移植的,与汉代以来所说的蒲桃葡萄是名同而形态、性状绝然不同的两种植物。

④陈习刚:《吐鲁番文书中葡萄名称问题辨析———兼论唐代葡萄的名称》,《农业考古》2004(1):154-162。

故，如希腊学家罗念生考证，汉时"蒲桃"二字的发音，直接源于希腊文"botrytis"[①]；而汉学家劳费尔在其名著《中国伊朗篇》则认为葡萄一词是波斯语"budawa"的对音[②]。温建辉的《"葡萄"名称的来源考释》一文，立足山西为我国较早的传统葡萄产区之史实，从介休方言（称葡萄为"budaowan"）入手，亦肯定了"葡萄"之名称来源于波斯语"budawa"[③]。另一类则认为为意译，如李时珍《本草纲目》谓："葡萄，《汉书》作'蒲桃'，可造酒，人酺饮之，则醄然而醉，故有是名"。"酺"是聚饮之意、"醄"是大醉之态。按李时珍的说法，之所以叫葡萄，是因为这种水果酿的酒能使人饮后陶然而醉，于是取"酺"与"醄"字的谐音，将其叫作"蒲桃"、"蒲陶"或"葡萄"二字。虽然今人对李时珍此说有不少的质疑，但从本土化的一个角度来看，这一释名则颇具中国文化的特色。

（2）入诗、入词、入画

自引进之初起，葡萄就受到了历代文人雅士的青睐，所以在古典文学中出现了大量以葡萄为题材的作品，或专赞葡萄之美，或抒发饮用葡萄酒之酣畅，或托物言志，寄意葡萄。如汉魏时期，曹丕在《与吴质书》、《诏群医》均盛赞葡萄："中国珍果甚多，且复为说葡萄。当其朱夏涉秋，尚有余暑，醉酒宿醒，掩露而食。甘而不腻，酸而不脆，冷而不寒，味长汁多，除烦解渴。又酿以为酒，甘于鞠蘖，善醉而易醒。道之固已流涎咽唾，况亲食之邪。他方之果，宁有匹之者。"除此之外，在这一时期的赋文中，亦不乏以葡萄为题材的传世佳作，如曹魏时期钟会的《葡萄赋》，赞美葡萄之淑美；左思之《魏都赋》、《蜀都赋》言葡萄生长之茂盛。唐代，随着葡萄及葡萄酒的传播，以葡萄为主题的文学艺术作品更多，据研究，仅唐诗中涉及葡萄和葡萄酒的就有约 64 首（重收的 5 首），涉及陈子昂、岑参、崔颢、王维、李白、杜甫、韩愈、柳宗元、白居易、元稹、刘禹锡等 37 位杰出的诗人[④]，不乏流芳千古的佳作，如王翰的《凉州词》："葡萄美酒夜光杯，欲饮琵琶马上催，醉卧沙场君莫笑，古来征战几人回。"李白的《襄阳歌》："遥看汉水鸭头绿，恰似葡萄初酦醅。"乔知之的《倡女行》："石榴酒，葡萄浆。兰桂芳，茱萸香。"而韩愈的《葡萄》："新茎未遍半犹枯，高架支离倒复扶。若欲满盘堆马乳，

①转引自卫斯：《从佉卢文简牍看精绝国的葡萄种植业》，《新疆大学学报（哲学人文社会科学版）》，2006（6）：65。

②［美］劳费尔著，林筠因译：《中国伊朗编：中国对古代伊朗文明史的贡献》，北京：商务印书馆，1964。

③温建辉：《"葡萄"名称的来源考释》，《中国酿造》2013（9）：158－160。

④陈习刚：《隋唐时期的葡萄文化》，《中华文化论坛》2007（1）：50－55。

莫辞添竹引龙须。”则通过描绘葡萄生长之态，表达自己仕途困顿、渴望有人援引的心情，是为托物言志之属。还有学者指出，这一时期许多文学作品之所以往往把葡萄、葡萄酒与胡文化之间建立某种关联，可能已经把纯为自然物水果的葡萄和生活之饮品的葡萄酒变成了中原帝国征服西域的一个象征符号，呈现出一种特定的象征意义，被赋予了一种政治话语色彩①。元代葡萄种植及葡萄酒大兴，故元曲中亦有反映，如关汉卿在《朝天子从嫁媵婢》：“鸦，霞，屈杀了将陪嫁。规模全是大人家，不在红娘下。巧笑迎人，文谈回话，真如解语花。若咱，得地，倒了葡萄架。”张可久的《山坡羊·春日》：“芙蓉春帐，葡萄新酿，一声金缕樽前唱。锦生香，翠成行，醒来犹问春无恙，花边醉来能几场。妆，黄四娘。狂，白侍郎。”张可久还有另外一首，即《酒边索赋》：“舞低杨柳困佳人，醅泼葡萄醉晚春，词翻芍药分难韵。乐清闲物外身，生前且自醺醺。范蠡空遗像，刘伶谁上坟，衰草寒云。”明代，甘洌芳醇的葡萄酒亦是文人墨客们觥筹交错、杯盏流转之余灵感迸发的源泉。与这一时期的时代风尚相一致，明代文人的诗句更多的是寄情于景的丝丝情怀和笔墨之间泛着葡萄酒香的风花雪月②。如胡应麟的“蒲萄新绿照人明，急管繁弦四坐倾”之诗句③，魏耕的《客中行》：“我客咸京君客燕，客中逢客自相怜。会须日饮蒲桃酒，何事低头逐少年。”④此外，在这一时期的小说中，如《金瓶梅》、《红楼梦》等，也不乏对葡萄的涉及。

除了文学作品之外，葡萄亦是艺术创作的重要素材。现存中原较早的葡萄画为宋代所属，如北宋时期的绢本画《千手千眼观音菩萨》、南宋林椿的绢本工笔画《葡萄草虫图(纨扇)》。据史载，宋末元初的著名画家温日观就以善画葡萄而著称，其将大草书法融入其中，开后世水墨写意花卉之先河。其画作到了明代依然备受推崇，明初高僧守仁在《题温日观葡萄次韵》谓：“镔刀剪断紫璎珞，累累马乳垂金风。”⑤胡奎有《日观葡萄》一诗：“临池呼得墨龙归，万颗明珠

①海滨：《进贡与却贡——唐诗中葡萄的象征意义》，《陕西师范大学学报(哲学社会科学版)》2011(5)：108－114。

②潘岳：《明代的葡萄种植与葡萄酒》，《农业考古》2011(4)：308－319，325。

③〔明〕胡应麟：《少室山房集》卷七十五《七言绝句八十三首·同胡孟弢王永叔李季宣游曲中戏为二绝》，《文津阁四库全书》431《集部·别集类》，第179页。

④〔明〕魏耕：《雪翁诗集》卷十三《七言绝句·客中行》，《续修四库全书》1393《集部·别集类》，第643页。

⑤〔清〕陈梦雷编纂：《古今图书集成·博物汇编·草木典》第一百十三卷《葡萄部》，第66030页。

落秋昊。”[①]明代也有善画葡萄者，大学士岳正就是其中之一，其画的葡萄被时人称为绝品。著名文人徐渭也善画葡萄，现有《墨葡萄图》传世，图上还有他的题诗：“笔底明珠无处卖，闲抛闲掷野藤中”，表达着郁郁不得志的愤懑心情。此外，葡萄亦是许多工艺品的创作素材，典型如备受推崇的青花瓷，从现在传世的元明两代青花瓷器物来看，葡萄形象已成为一种很常见的纹饰图案。如元青花开光葡萄纹罐、永乐青花折枝葡萄纹大盘、成化青花葡萄纹高足碗、弘治松鼠葡萄纹碗等等。这些瓷器上所绘的葡萄，藤蔓绵绵，果实累累，写实又传神，堪称精品[②]。

图 3－20 （明）岳正《葡萄画》

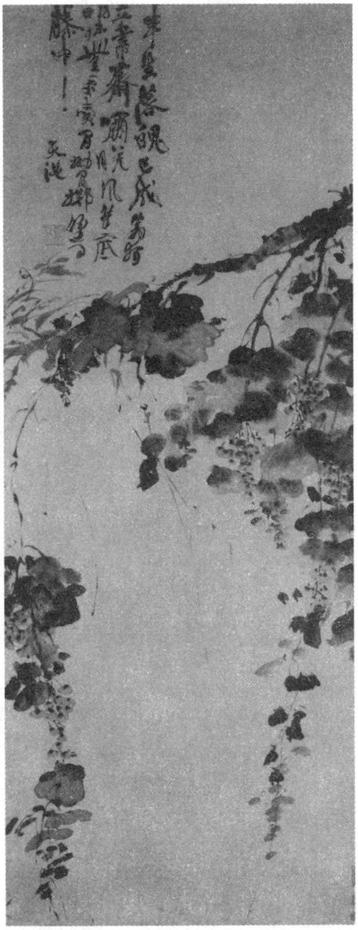

图 3－21 墨葡萄图（明）徐渭 故宫博物院藏

①〔元〕胡奎：《斗南老人集》卷五《七言绝句》，《文津阁四库全书》412《集部·别集类》，北京：商务印书馆，2005：180。
②潘岳：《明代的葡萄种植与葡萄酒》，《农业考古》2011(4)：308－319，325。

(3)葡萄纹饰的中国内涵

葡萄枝叶蔓延,果实累累,形态优美,很早即作为装饰图案出现在各种用品之中。从考古发现来看,早在古希腊时代,葡萄纹饰已经出现,如德国柏林夏洛蒂堡宫所收藏的一件制作于公元前480年左右的古希腊陶碗,碗内部即有手持酒神杖和葡萄藤的狄俄尼索斯(酒神)和他的随从萨梯尔的图画。到了古罗马时代,葡萄纹饰有了进一步的发展,并随着对外扩张和商贸关系的发展而有所传播,甚至在我国内地也留下了一定的痕迹,如甘肃靖远就出土过东罗马帝国时期的葡萄纹饰银盘,山西大同也曾出土过这一时期的葡萄纹饰鎏金高足铜杯。从文献记载来看,我国的葡萄纹饰大约出现在汉代,主要锦缎上的葡萄纹,葛洪的《西京杂记》中有两则相关史料:"尉陀献高祖鲛鱼、荔枝,高祖报以蒲桃锦四匹";"霍光妻遗淳于衍蒲桃锦二十四匹"。但这一时期的葡萄在内地种植尚少,且为特权阶层所专享,故其纹饰内容可能更多还是西域文化的反映。到了唐代,随着葡萄种植的推广和人们对葡萄认识的深化,这一情况出现了变化,葡萄纹饰逐渐融合了中国文化的诸多意蕴,并衍生出众多的形式和载体。唐代的葡萄镜即真实反映了这一变化过程。

瑞兽葡萄镜是唐代典型的葡萄纹饰用品,包括葡萄蔓枝镜、瑞兽葡萄镜、瑞兽鸾鸟葡萄镜。从其内涵来讲,是典型的中西合璧之产物。研究表明,葡萄纹饰起源于古希腊的酒神崇拜,因此,早期葡萄纹饰是伴随酒神的形象而出现的,后来逐渐形成较为规则的图案,往往在葡萄间穿插禽鸟、动物和人类,以表现大自然和谐优美,神秘性减弱而审美性进一步增强。葡萄纹饰这一特点,在出土的古希腊、罗马时代的葡萄纹饰器皿中有反映,在西域出土的诸多文物中也有表现。从唐代的瑞兽葡萄镜来看,一个方面沿袭了西方葡萄纹饰的基本特点,即葡萄纹与人、兽结合的构图方式,但另一方面则已经吸纳了"瑞兽"这一中国文化的元素及其背后的祥瑞文化理念,可以说是东西方文化融合之结晶,亦具有显著的时代转型之特征,"在唐以前,中国的各种装饰纹样以动物为主;唐代开始,纹样题材逐渐由动物为主向植物为主转化。因此,唐代铜镜上的"瑞兽葡萄纹",可以看作是中国纹样转折期的一种经典组合。"①

唐代以后,葡萄纹饰的使用更为普遍,不仅载体多元化,频频出现在酒杯、瓷碗、漆器、银器、锦缎等日用器物上,而且其构图方式和图案内容也更具有中国文化元素,如明清时期的碗类器物上的葡萄纹饰,则出现了中国水墨葡萄画,

---

①李熊熊:《明清瓷器"葡萄纹"寓意之变迁》,《东方收藏》2015(8):47-50。

或强调果实，或突出枝、叶、蔓，惟妙惟肖；而其意蕴，除了“瑞果”的一般涵义以外，也开始与太平、长寿和子孙繁衍等寓意联系起来，具有了“多福、多寿、多子”的“三多”之寓意，明清时期一些瓷画工匠还在葡萄纹旁边特意写上“福寿葡萄”四个字，意即“福”、“寿”、“葡萄”（子）三者的并立合。明清时期尤其后期的葡萄纹饰则多为葡萄松鼠纹，葡萄果实成串成簇，硕果累累，寓意丰收，富贵长寿，而松鼠是形象可爱，且鼠在十二时辰为子，喻“子”之意，故葡萄松鼠纹寓有“多子多福”、“子孙万代”的吉祥祈愿。还有学者认为，明成化而始民窑瓷器上葡萄纹勃兴和内容侧重点的变化，可能其寓意已经不再是吉祥之“瑞果”，而是具有了彰显正人君子寓意之新意①。

(4)宗教及民俗中的葡萄文化

葡萄枝叶繁茂，硕果丰盈，所以也在宗教及民间信仰中占据了一席之地。在早期的传播过程中之中，葡萄逐渐与希腊神话、摩尼教、祆教、佛教、伊斯兰教、天主教等诸多宗教信仰结下了不解之缘，具有极为浓郁的宗教色彩。进入中国内地之后，葡萄也与中国各种宗教和各地的民间信仰发生了必然的联系，并衍生出许多中国文化特色的内涵。据史载，唐西州、庭州、伊州、沙州等地的祆教祭祀活动“赛祆”中，有支出葡萄酒祭神②。归义军时期的敦煌，随着神祇的“碎化”，还出现了葡萄神，“社神职能被诸多新兴神祇所取代或其它传统神祇所侵夺，种植业方面有青苗神和葡萄神”，这两个新的神祇是“在吐蕃占领敦煌末期或张氏归义军早期（848—914年）被捧上神殿的”③。在8至14世纪敦煌地区所盛行的千手千眼观音信仰中，葡萄也有一席之地，伽梵达摩《大悲心陀罗尼经》密教经轨中，千手千眼观音造像流行40大手，40大手具名中第40大手即称为葡萄④，意为五谷不损。此外，敦煌石窟中初唐前期的藻井图案、西安香积寺大砖塔残存的唐代楣石线刻中，均有葡萄纹饰⑤。道教中的葡萄文化也较为

①明大学士岳正不仅擅长画葡萄，而且著有《画葡萄说》，文章在阐述绘画“在意不在象，在韵不在巧”的精髓之外，亦结合葡萄干、节、枝、叶、蔓、果、味、屈伸等方面的特性，来比喻君子之道，对葡萄寓意有了新的总结：“予尝论其（葡萄）干癯者，廉也；节坚者，刚也；枝弱者，谦也；叶多荫者，仁也；蔓而不附者，和也；实中果可啖者，才也；味甘平无毒入药力胜者，用也；屈伸以时者，道也。其德之全有如此者，宜与菊、兰、梅、竹并驰而争先可也。”详见李熊熊：《明清瓷器“葡萄纹”寓意之变迁》，《东方收藏》2015(8)：47－50。

②姜伯勤：《敦煌吐鲁番文书与丝绸之路》，北京：文物出版社，1994。

③余欣：《神祇的“碎化”：唐宋敦煌社祭变迁研究》，《历史研究》2006(3)：59－73。

④王惠民：《敦煌千手千眼观音像》，《敦煌学辑刊》1994(1)：63－76。

⑤陈习刚：《隋唐时期的葡萄文化》，《中华文化论坛》2007(1)：50－55。

丰富,《酉阳杂俎》前集卷18《木篇》载:“贝丘之南有蒲萄谷,谷中蒲萄,可就其所食之。或有取归者,即实道,世言王母蒲萄也。”张读《宣室志》卷5所载晋阳西童子寺之“蒲萄怪”,亦是妖道思想的反映。《清异录》卷下《酒浆门》“太平君子”条载唐穆宗饮西凉州葡萄酒时说:“饮此,顿觉四体融和,真太平君子也。”从上述史料可以看出,葡萄在隋唐时期已经被中国本土的宗教——道教所吸纳。

图3-22　清康熙年间的葡萄纹盘

图3-23　葡萄剪纸

此外,在民俗文化和民间信仰中,葡萄则成了祥瑞文化重要象征,或谓“紫气东来”,或谓“多子多寿”,唐代开始即在民俗文化之中有所反映,如铜镜上的鸾凤葡萄寓意“美满永久的爱情和幸福生活”;如《云仙杂记》卷七“蒲桃髻”条云:“小儿发初生为小髻十数,其父母为儿女相胜之辞曰,蒲桃髻十穗胜五穗。”河南温县唐代杨履庭墓也发现了葡萄镜陪葬的情形,“棺内西侧的骨架右肩上置残墨一锭，头部有海兽葡萄镜一面”，幼儿骨架“两手附近各放有开元通宝一枚，腰部放小型葡萄镜一面。”[①]后世许多地主的庄园建筑和墓葬中，也多有葡萄纹饰的身影，如陕西旬邑的唐家大院，清代名噪一时的巨贾、三品盐运使唐廷铨的遗宅，属明末清初建筑，其大院有葡萄纹饰砖雕，在陪葬中也有葡萄纹饰的石雕。除了这些祥瑞文化象征之外，也有一些地方的民间信仰认为葡萄性属阴，不宜宅前种植，故旧时杭州一带一直有世代相传“门前不种葡萄，屋后勿种柑橘”的说法，或以为葡萄藤长而曲折，柑橘树多刺，会引起家事不顺。值得注意的是，在我国四大民间传说之一的《牛郎织女》中，也给葡萄留下了充分的空间。传说，每年农历的七月七日，若是人们在葡萄架下葡萄藤中静静地听，可以隐隐听到仙乐奏鸣，织女和牛郎在深情地交谈，颇具中国情愫。

①河南省文化局文物工作队:《河南温县唐代杨履庭墓发掘简报》,《考古》,1964(6)。

第四章 域外经济作物的引进及其本土化

经济作物，是指具有某种特定经济用途的农作物，其通常具有地域性强、经济价值高、技术要求高、商品率高等特点，对自然条件要求较严格，宜于集中进行专门化生产，故又称技术作物，按其用途一般分为：纤维作物，即衣被之源的棉花、麻类、蚕桑等；油料作物，如花生、油菜、芝麻、大豆、向日葵、橄榄等；糖料作物，如甜菜、甘蔗；饮料作物，如茶叶、咖啡、可可等；嗜好作物，如烟叶等；药用作物，如人参、灵芝、贝母等。经济作物不仅具有较高的商品性，而且也与人们日常生活密切相关，因此在我国传统的农业体系中具有举足轻重的地位，除了对本土所出经济作物倍加注意外，也包括了不同历史时期从域外不断引进新的种类或优良品种，深刻影响了社会生活的方方面面。

4.1 国内外研究动态

自20世纪四十年代以来，学者们就开始从现代学术意义上考证域外经济作物的起源和引种问题。改革开放以后，这一领域的研究有了进一步的发展，一是表现为随着经济作物种植的大发展，域外经济作物引种研究日益升温并逐渐深入和拓展，二是在全球化浪潮冲击和人们反思全球化的浪潮中，域外引种的本土化研究也逐渐备受重视。总体而言，近年来，随着中外农业科技文化交流研究的深入，对域外引种之后的“采纳和吸收”的本土化过程研究也取得一些成果。但在引种及本土化的系统研究上仍存在一些问题：一是研究很不平衡，多注重对域外经济作物引种的考证，对其引种之后如何融入中国社会生活之中，则较少过问。二是研究集中力量不均，多分散在不同领域和不同专题之下。畸轻畸重，对域外粮食作物的研究很多，而对域外经济作物研究较少，研究域外经济作物种植技术和加工技术的较少，多集中在农业史领域，研究经济作物商品化的较多，多集中在经济史领域，域外经济作物文化的研究多在文学领域，对域外经济作物的医学价值集中在中医领域。三是系统研究经济作物引种及本土化尚未出现，特别是全面研究本土化的著作尚不多见。以下分述重要之成果。

4.1.1 名实考辨、起源引种研究与史料整理

对域外经济作物的实名考辨、引种起源的研究，主要是对古籍中出现的异名、作物形态用现代植物学方法辨别，在此基础上考证其引种及起源。20 世纪 80 年代之前，这一领域的研究已经卓有成效，如吴晗先生的《烟草初传入中国的历史》和《谈烟草》①、梁家勉先生的《烟草史证——中国农植物史证之一》等对烟草名实和传播路径的考察②，万国鼎先生的《花生史话》③、罗尔纲先生的《落花生传入中国》④、和白秀峰的《花生起源及世界各主要产区栽培史略述》⑤以及孙中瑞等的《我国花生栽培历史初探——兼论花生栽培种的地理起源》⑥对花生栽培史的探讨、万国鼎先生的《中国种棉花小史》⑦与程溯洛的《中国种棉花小史》⑧对中国植棉历史及其基本资料的整理初步分析、石声汉先生的《明末以前棉及棉织品输入的史迹》⑨对明末以期的棉及棉织品的输入历史的系统梳理。除此之外，国外学者也在这一方面有所涉猎，如著名东方学者劳费尔在《中国伊朗编》⑩中从语言学角度对通过丝绸之路引种芝麻情况的考证、日本学

---

①吴晗：《烟草初传入中国的历史》，《益世报》“史学”副刊，1935 年 3 月 28 日；吴晗：《谈烟草》，《光明日报》，1959 年 10 月 28 日。

②梁家勉：《烟草史证——中国农植物史证之一》，《九龄农刊》，1948。

③万国鼎：《花生史话》，《中国农报》1962(6)：17。

④罗尔纲：《落花生传入中国》，《历史研究》，1956(2)：78。

⑤白秀峰：《花生起源及世界各主要产区栽培史略述》，《花生学报》，1978(4)。

⑥孙中瑞、于善新、毛兴文：《我国花生栽培历史初探——兼论花生栽培种的地理起源》，《花生学报》1979(3)：89－94。

⑦万国鼎：《中国种棉花小史》，《中国农报》1962(6)。

⑧程溯洛：《中国种棉花小史》，《历史教学》1954(1)：25－27。

⑨石声汉、李凤岐：《明末以前棉及棉织品输入的史迹》，《陕西农业科学》1985(2)：31－38。

⑩[美]劳费尔著，林筠因译：《中国伊朗编：中国对古代伊朗文明史的贡献》，北京：商务印书馆，1964 年。

者日本天野元之助的《中国农业史研究》①、星川清亲的《栽培植物的起源与传播》②和英国著名中国科技史专家李约瑟博士的《中国科技史稿·农学卷》对域外经济作物的研究,等等。日本学者也值得关注,其对世界主要栽培植物的起源及其传播历史进行了较为系统的梳理,具有一定参考意义。

20世纪80年代起到20世纪末,对经济作物引种的考证进入了一个高潮,尤其的是以《农史研究》为主要阵地,在对烟草和棉花等经济作物的考证、引进、传播、演变等方面取得了丰硕的成果。如《农史研究》第二辑中张履鹏的《我国历代作物布局的演变》,第四辑中王达的《我国烟草的引进、传播和发展》、汪若海的《我国最早引种陆地棉的考证》和《对有关我国植棉史论述中的几点异议》,第五辑中章楷的《我国历史上栽培棉花种类的演变》和陈树平的《烟草在中国的传播和发展》;第九辑中于绍森的《华南是中国种棉花最早的地区》、蓝光雄的《宋代福建植棉纺织业的发展及其对社会经济的影响》、(美)李惠林的《中国植物的驯化(续)》等。此外,佟屏亚的《花生的起源与传播》③、叶静渊的《"香芋"与"落花生"名实考》④、游修龄的《花生起源与传入中国的时间问题》、王达的《花生栽培史》(《中国农业百科全书·农业历史卷》)对花生栽培历史做了系统梳理。其他还有对整个栽培植物起源和传播问题进行考证的。如李璠的《中国主要栽培植物的起源和传播》⑤讨论了本土植物的起源和传播问题,卜慕华的《我国栽培植物来源问题》则根据古籍记载,参考国外资料,统计出中国有史以来的主要栽培作物共有236种⑥。李璠的《中国栽培植物发展史》⑦则系统考证了中国栽培植物的历史,其中包含有域外经济作物。

值得注意的是,一些学者将考古学方法引入到域外经济作物引种时间及地点的考证上。郑超雄的《从广西合浦明代窑址内发现瓷烟斗谈及烟学传入我国的时间问题》⑧运用考古学方法考证了烟草传入的具体时间和地点问题。李卫

①[日]天野元之助:《中国农业史研究》,御茶の水書房,1962。

②[日]星川清亲著,段传德、丁法元译:《栽培植物的起源与传播》,河南科学技术出版社,1981。

③佟屏亚:《花生的起源与传播》,《新农业》1985(2)。

④叶静渊:《"香芋"与"落花生"名实考》,《古今农业》1989(1):49-51。

⑤李璠:《中国主要栽培植物的起源和传播》,《世界农业》1982(6)。

⑥卜慕华:《我国栽培植物来源问题》,《中国农业科学》1981(4)。

⑦李璠:《中国栽培植物发展史》,北京:科学出版社,1984。

⑧郑超雄:《从广西合浦明代窑址内发现瓷烟斗谈及烟学传入我国的时间问题》,《农业考古》1986(2):383-387。

勋的《我国更新世花生化石的发现及其意义》①则根据广西发现的更新世花生化石认为中国也是花生原产国之一，陶卫宁的《论烟草传入我国的时间及其路线》②采用文献和考古两种方法考证烟草传入时间当为明正德年间。

20 世纪末 90 年代以来，这一方面的研究出现了主要向花生、向日葵等作物集中的趋势。如任继昉的《茶烟、烟草解》、陈志明的《烟草之别名考释》对烟草的名实问题进行了进一步的考辨③。徐晓望的《明代烟草传播新考》则认为漳州人约在明万历中叶引进烟草，漳州沿海最早种植烟草，细切烟丝这一发明也首先出现在漳州。迄至明末，福建沿海的漳州、泉州、兴化、福州都有了烟草的种植④。张箭的《 <金瓶梅> 、<红楼梦> 之瓜子考》与李昕升等《再谈 <金瓶梅> 、<红楼梦> 之瓜子》在考证烟草、瓜子的称谓及其变化同时，也就两部明清小说中的瓜子是否是向日葵籽的问题展开了讨论。⑤ 李昕升等《嗑瓜子的历史与习俗——兼及西瓜子利用史略》⑥则进一步指出，晚清之前，“瓜子”主要指的是西瓜子，晚清以来南瓜子开始流行，民国时期葵瓜子又异军突起，最终确定了三者三足鼎立的局面。王宝卿等《花生的传入、传播及其影响研究》⑦探索了花生在我国传播的主要方向和扩种的原因以及花生在我国农业经济和人民生活中所起的重要作用。强百发等《中国近代陆地棉引种和驯化评述》⑧则介绍了晚清陆地棉的初步引种工作和晚清以后对陆地棉引进和驯化工作。汪志国等《美棉在中国的引种与发展》⑨介绍了美棉自 1865 年传入中国以后的发展阶段问题。羌建等《美洲陆地棉的引种、推广及其影响研究》在回顾美棉在我国的引种、推广历程的基础上，对其在我国国民经济中所发挥的重大影响进行分析

---

①李卫勋：《我国更新世花生化石的发现及其意义》，《现代地质》1987（Z1）：40－45，173。

②陶卫宁：《论烟草传入我国的时间及其路线》，《中国历史地理论丛》1998（03）：157－164。

③任继昉：《茶烟、烟草解》，《古籍整理研究》1999（1）：23－25；陈志明：《烟草之别名考释》，《湖南烟草》2006（2）。

④徐晓望：《明代烟草传播新考》，《闽台文化研究》2012（1）：32－38。

⑤张箭：《 <金瓶梅> 、<红楼梦> 之瓜子考》，《黑龙江社会科学》2010（3）：85－88；李昕升、丁晓蕾：《再谈 <金瓶梅> 、<红楼梦> 之瓜子》，《云南农业大学学报：社会科学版》2014（4）：117－122。

⑥李昕升、王思明：《嗑瓜子的历史与习俗——兼及西瓜子利用史略》，《广州大学学报（社会科学版）》2015（2）：90－96。

⑦王宝卿、王思明：《花生的传入、传播及其影响研究》，《中国农史》2005（1）：35－44。

⑧强百发、李新：《中国近代陆地棉引种和驯化评述》，《西北农业学报》2006（2）：186－189。

⑨汪志国、王思明：《美棉在中国的引种与发展》，《中国农学通报》2006（3）：421－421。

梳理。此外,关于鸦片的引进问题学界也有关注,如罗其精的《鸦片传入我国前后——兼谈“鸦片”一词的来历》[①]考证罂粟传入中国的时间和作用及鸦片一词的由来,而王宏斌的《罂粟传入中国及在古代的医药价值析论》[②]在讨论传入问题的同时,对罂粟的医学价值作了一定的阐述。

4.1.2 域外经济作物的栽培、引种动因及影响研究

叶依能的《烟草:传入、发展及其他》[③]是较早在考证之余谈及烟草传入对我国影响的文章。王宝卿、王思明的《花生的传入、传播及其影响研究》[④],考证了花生的传入时间、地点、路线,探索了花生在我国传播的主要方向和扩种的原因,并阐述了花生在我国农业经济和人民生活中所起的重要作用。张箭的《论美洲花生、葵花的传播和对中国饮食、文化的影响》[⑤]论述花生、葵花这两种比较重要的干果油料作物的起源、发展、传播、栽培、食用、加工的历史以及它们对中国人零食结构习惯的影响。王思明的《美洲作物在中国的传播及影响研究》和张箭的《新大陆农作物的传播和意义》[⑥]则系统全面论述了美洲引进作物的影响和意义。陶卫宁的《明清时期我国烟草生产迅速发展的原因探析》[⑦]从经济、社会、自然三方面论述烟草迅速发展的原因。蓝勇的《明清美洲农作物引进对亚热带山地结构性贫困形成的影响》[⑧]则论述美洲作物的消极影响。韩国学者元廷植的《新作物与明清时期经济的发展——以福建烟草为中心》[⑨]以明清时期新经济发展动力的出现为背景,对福建地区烟草产业的形成及发展过程进行了分析,进而阐明在近代中国经济发展过程中,新作物的突显作用。吴启纲的

①罗其精:《鸦片传入我国前后——兼谈“鸦片”一词的来历》,《吉首大学学报社会科学版》2003(3):115-117。

②王宏斌:《罂粟传入中国及在古代的医药价值析论》,《广东社会科学》2009(5):99-108。

③叶依能:《烟草:传入、发展及其他》,《中国烟草科学》1986(3)。

④王宝卿、王思明:《花生的传入、传播及其影响研究》,《中国农史》2005年(1):35-44。

⑤张箭:《论美洲花生、葵花的传播和对中国饮食、文化的影响》,《农业考古》2004(2):85-91。

⑥张箭:《新大陆农作物的传播和意义》,北京:科学出版社,2014。

⑦陶卫宁:《明清时期我国烟草生产迅速发展的原因探析》,《农业考古》1999(01):229-231。

⑧蓝勇:《明清美洲农作物引进对亚热带山地结构性贫困形成的影响》,《中国农史》2001(4):3-14。

⑨[韩]元廷植:《新作物与明清时期经济的发展——以福建烟草为中心》“明史在中国史上的地位”国际学术研讨会,福建厦门,2010-6-24。

《明清之际烟草在中国快速传播的内在历史动因》[1]指出烟草很快发展成为仅次于棉花的重要经济作物，造成这一现象的最根本原因是明清之际的经济商业因素，具体来说是烟草的高利润、资本主义生产关系萌芽、商业交通路线、白银货币化四大因素。曾芸的《向日葵在中国的传播及其动因分析》和《向日葵在中国的传播及其影响》[2]在理清向日葵传入中国的时间、路径及在中国分布和演进的情况的基础上，对向日葵在中国传播的动因及其对中国经济、社会、文化等方面的影响进行较为系统的研究。苑朋欣的《清末美棉的引种、推广及其影响》[3]则认为清末美棉的引种和推广，既是近代社会经济发展的结果，又是导致和促使近代社会经济发展变化的重要诱因。吴朋飞、侯甬坚的《鸦片在清代山西的种植、分布及对农业环境的影响》、郭夏云等的《罂粟种植与清末山西农民生计问题——以“文交事件”为中心的区域经济社会考察》[4]等从不同角度阐述了清代鸦片在山西种植及其对农业环境的影响。

4.1.3 域外经济作物的区域性研究

农业区域断代史也涉及域外引种作物，如吴建新的《明清广东主要外来作物的再探索》[5]阐述了明清时期花生、烟草等在广东的引进和传播情况。而陈冬生的《明清山东种植结构变化及对农业的影响》、李令福的《明清山东省棉花种植的发展与主要产区的变化》、王保宁的《花生与番薯：民国年间山东低山丘陵区的耕作制度》、王传堂的《美国大花生传入山东的考证》[6]等论文发表从不同角度阐述了明清以来山东省域外经济作物的引进、传播、分布变化及其影响情

①吴启纲：《明清之际烟草在中国快速传播的内在历史动因》，《社会科学论坛》2010(9)：165－171。

②曾芸：《向日葵在中国的传播及其动因分析》，《古今农业》2005(1)：191－201；曾芸、王思明：《向日葵在中国的传播及其影响》，《农业考古》2006(4)：71－79

③苑朋欣：《清末山东美棉的引种和推广》，《农业考古》2009(6)：22－24。

④吴朋飞、侯甬坚：《鸦片在清代山西的种植、分布及对农业环境的影响》，《中国农史》2007(3)：37－46；郭夏云：《罂粟种植与清末山西农民生计问题——以“文交事件”为中心的区域经济社会考察》，《社会科学战线》2011(12)：114－120。

⑤吴建新：《明清广东主要外来作物的再探索》，《古今农业》2008(4)：63－70.

⑥陈冬生：《明清山东种植结构变化及对农业的影响》，《古今农业》2001(2)：44－59；李令福：《明清山东省棉花种植的发展与主要产区的变化》，《古今农业》2004(1)：12－21；王保宁：《花生与番薯：民国年间山东低山丘陵区的耕作制度》，《中国农史》2012(3)：54－68；王传堂：《美国大花生传入山东的考证》，《中国农史》2015(2)：24－30。

况。马雪芹的《明清时期河南省部分经济作物的种植与分布》①介绍了明清时期一些经济作物的种植于分布情况，丁德超的《试论清末民国时期河南花生的产销状况》②则提出近代河南花生商品化程度的提高，不仅满足了国内外榨油加工工业的市场需求，而且扩展了河南农村市场的发展空间，在此基础之上形成了一批花生集散地。王鑫宏的《近代河南美棉种植及产生的影响》③认为棉在河南的推广种植体现出了商品化、区域化和规模化等特点，一方面带动了河南棉业相关产业的发展，另一方面则挤压了粮食生产，造成不良影响。秦华杰、吴长城、樊志民的《明清时期华北棉业研究》④对明清时期的华北棉业的发展情况作了较为系统的梳理。周邦君的《晚清四川鸦片生产及其动因探析》、卢志顺的《民国四川鸦片产业探析》、秦和平的《鸦片在西南地区的传播及其种植面积考订》、刘雁翔等的《天水鸦片种植及禁烟考述》⑤等论文则对不同地区的鸦片种植及鸦片产业情况进行了不同程度的梳理。钟毅锋《烟草的流动——永定烟草历史及其文化》⑥则以福建永定为单元作了较为系统地剖析，认为永定独特之地理位置和历史机遇催生了永定烟商，而他们的出现导致了永定社会结构的变迁和与之相适应的永定社会文化。郭声波等《历史上中国花生种植的区域特点与商业流通》⑦指出中国花生种植具有鲜明的区域特点且作为商品流通带有明显地域性，这是由于中国地域广阔，各地自然环境差异较大造成的，这种地域差异，也影响到花生用途及由此产生的花生文化异彩纷呈。

另外，硕士论文有宋军令的《明清时期美洲农作物在中国的传种及其影响研究》（河南大学，2007）、吴玉娴的《从明清文献看外来植物的引进与传播》（暨南大学，2007）、羌建的《美洲陆地棉的引种、推广及其影响研究》（南京农业大学，2007）、曹兴兴《中国古代嗜好性作物研究》（西北农林科技大学，2011）、邓

①马雪芹：《明清时期河南省部分经济作物的种植与分布》，《史学月刊》2003（7）：36－41。

②丁德超：《试论清末民国时期河南花生的产销状况》，《农业考古》2013（1）：225－231。

③王鑫宏：《近代河南美棉种植及产生的影响》，《安徽农业科学》2011（35）：22182－22182。

④秦华杰、吴长城、樊志民：《明清时期华北棉业研究》，《广东农业科学》2010（2）：304－308。

⑤周邦君：《晚清四川鸦片生产及其动因探析》，《西华大学学报哲学社会科学版》2006（6）：39－43；卢志顺：《民国四川鸦片产业探析》，《四川省社会科学院》2008；秦和平：《鸦片在西南地区的传播及其种植面积考订》，《中国农史》2003（2）：13－20；刘雁翔、魏丽红：《天水鸦片种植及禁烟考述》，《天水行政学院学报》2005（2）：63－64。

⑥钟毅锋：《烟草的流动——永定烟草历史及其文化》，《厦门大学》，2008。

⑦郭声波、张明：《历史上中国花生种植的区域特点与商业流通》，《中国农史》2011（1）：15－22。

啟刚的《域外经济作物的引进及其本土化研究》(西北农林科技大学,2013)等论文涉及域外经济作物引种问题。

4.1.4 域外经济作物的本土化研究

目前域外引种作物的本土化研究成果有曾雄生的《麦子在中国的本土化历程——从粮食作物结构的演变看原始农业对中华文明的影响》(2001 年,原始农业对中华文明形成的影响研讨会论文集),论述了小麦在中国上千年的本土化过程及影响。杨海莹《域外引种作物本土化研究》(西北农林科技大学,2007)对粮食作物、蔬菜瓜果、经济作物所有域外引种作物的本土化历程及对社会文化、农业经济的影响做了基础性的研究。邓启刚等《明清时期烟草的本土化改造与适应》[①]认为烟草经历了一个逐渐引入、消化和吸收的本土化过程,最终适应了中国的自然环境、技术环境和人文环境,从而迅速成为明清时期重要的经济作物之一。樊志民的《农业进程中的"拿来主义"》[②]对本土化做了专门研究,提出宋清间以高产、经济作物引种为主,经济作物中的棉花、烟草等经济作物,对孕育近代工业和作物结构的作用很大;而引种作物的本土化是一个"渐进的、动态"的过程,涉及与社会、经济、科技、文化的各个方面对接与适应,特别提出了引种本土化的文化接纳问题。朱宏斌的《浅论农业科技文化交流史研究的基本维度》[③]从理论和学科建设的角度,提出"科技文化交流不仅涉及两个或多个文明体系之间的接触与碰撞,它包括相当丰富的内涵,涉及众多的层次与方面。应当从不同角度关注历史时期的这一社会文化现象。"朱宏斌的《汉唐间北方南传农业技术在江南地区的本土化发展》[④]论述了北方旱作农业技术向南方的转移及在南方的本土化。邓啟刚的《明清时期烟草的本土化改造与适应》[⑤]认为,明清之际,烟草作为一种域外作物引种至中国,但烟草的种植和推广面临着风土不适、技术缺失、文化冲突等障碍,随着"有风土而不唯风土"理论的深化、种植加工技术的改造与创新、文化的包容与接纳,烟草经历了一个逐渐引入、消化和吸收的本土化过程,最终适应了中国的自然环境、技术环境和人文环

---

①邓啟刚、朱宏斌:《明清时期烟草的本土化改造与适应》,《农业考古》2013(3):135-139。
②樊志民:《农业进程中的"拿来主义"》,《生命世界》2008(7):36-41。
③朱宏斌:《浅论农业科技文化交流史研究的基本维度》,《农业考古》2011(1):28-32。
④朱宏斌:《汉唐间北方农业技术的南传及其江南地区的本土化发展》,《中国农史》2011(4):48-55。
⑤邓啟刚、朱宏斌:《明清时期烟草的本土化改造与适应》,《农业考古》2013(3):135-139。

境，从而迅速成为明清时期重要的经济作物之一。

4.2 域外经济作物的起源与引进

经济作物是指具有商品性突出、地域性强、经济价值高或蕴含经济价值、劳动密集的作物逐渐从农作物中分化出来，作为手工业、工业加工原材料而进行生产、交换、出售的农作物。“域”泛指包括少数民族地区范围内在内的中国现有版图，以变化的历史疆域和自身立场为参照，域外经济作物是指原产地在中国疆域之外的蕴含经济价值的，可作进一步加工出售的农作物。对农作物各自的原产地进行梳理，将有助于了解其在原产地的气候环境及形成独特作物形态、生活习性形成的原因。

4.2.1 域外经济作物的起源与传播

4.2.1.1 域外油料作物的起源与传播

(1)芝麻的起源与传播

芝麻是世界上最古老的油料作物之一，属于胡麻科芝麻属，一年生草本植物。现代科技表明，芝麻种籽含油量高达61%，是优良的植物油原料。全世界年种植面积在1000万亩以上的国家有中国、印度、苏丹和缅甸，这四个国家的合计种植面积占世界总面积的75%以上，在世界芝麻产量中具有重要的地位。据联合国FAO数据库2000年统计，芝麻总产量278.8千吨，中国占81.2千吨，居世界第一。

芝麻是最古老的油料作物之一。埃及、伊朗和印度考古学资料和文学记载表明，人类种植芝麻的历史大约有4300年。学术界对芝麻的起源与演化颇有争议，“非洲说”、“印度说”、“巽它群岛说”、“爪哇群岛说”，等。多数传统研究者支持“非洲说”，认为芝麻起源于非洲热带地区，主要依据是非洲存在大量野生芝麻种，在目前已发现的37个芝麻属中非洲就有28个，另外，芝麻也一直是非洲重要的经济作物。劳费尔的《中国伊朗编》也认为：“这植物的原产地在非洲热带，那里有二十种，而印度只有两种”①。还有一些学者认为芝麻可能存在多个起源中心，除非洲之外，印度也是芝麻的起源中心。芝麻属中仅有的一个

①[美]劳费尔著，林筠因译：《中国伊朗编：中国对古代伊朗文明史的贡献》，北京：商务印书馆，1964：166。

栽培种就是印度种,且栽培种的变异类型十分丰富。除印度外,还可能间接起源于埃塞俄比亚、中亚细亚等地。也有少数学者持"巽它群岛说"和"爪哇群岛说",认为巽它和爪哇群岛曾发现野生芝麻。但有人认为,芝麻个体独自生长容易退化为野生状态,依个别野生芝麻不能确定原产地。笔者据此认为:非洲很可能是芝麻的原产地,其他各地的野生芝麻可能是栽培种的退化。印度人在芝麻的人工栽培驯化上做出了贡献,培育出了栽培种,中亚、西亚等地从印度或非洲引种。非洲、印度、巽它群岛、爪哇群岛是靠近赤道的热带、亚热带地区,相同或相似的地理环境为历史悠久的芝麻异地引种提供可能性。

(2)花生的起源与传播

花生也是一种重要的油料作物,属于蝶形花科落花生属,一年生草本植物,种子有花生果皮包被。花生营养丰富,含有大量的蛋白质和脂肪,滋养补益,延年益寿,有"植物肉"、"素中之荤"之美称,是重要的植物油原料。我国所产花生在世界农产品中占有很大份额,据联合国 FAO 数据库 2000 年统计,全世界产量 3472.8 千吨,中国花生产量 1451.6 千吨,居世界第一。

花生的原产地在南美秘鲁、巴西、玻利维亚一带,以玻利维亚为中心,向周边的秘鲁、巴西、危地马拉、阿根廷扩散,由说阿拉瓦克语的印第安人所驯化栽培(游修龄 1993)。据考古发现,今秘鲁沿海的史前废墟中多处出土远古花生,年代为公元前 3000 至公元前 2000 年。1875 年,在利马海岸的安康镇史前墓葬中又发掘出了大约在公元前 750 至公元前 500 年的炭化花生粒①。至今,在巴西北部至南纬 35 度,从安第斯山麓到大西洋岸边还广泛存在多种野生花生。美洲最早的史料《巴西志》中已有花生植株形态的明确描述,古代印第安人把花生称为"安胡克"。哥伦布到达美洲大陆后,花生第一次进入欧洲人的视野。花生通过来往于欧美两地欧洲商船传播到世界各地。带回欧洲后,由于人们对其生理特性和价值缺乏认识,对其利用仅停留在外观上,作为"奇花异草"种植在花圃中以供观赏。但随着欧洲殖民者的扩张,"原产于南美的花生,15 世纪传入南洋群岛"②,由此,花生已经传播到中国边境地区。

(3)向日葵的起源与传播

向日葵含油料高,是榨取食用油的理想原料,属于菊科向日葵属,一年生草本植物,茎直立,粗壮,高 1—3 米,种子密集生长在花盘中,性喜温暖,耐旱。全

①王宝卿、王思明:《花生的传入、传播及其影响研究》,《中国农史》2005(1):35-44。
②万国鼎:《花生史话》,《中国农报》1962(6):17。

球年总产量2000多万吨,主产区有俄罗斯、欧盟、乌克兰、阿根廷,中国葵花籽产量约342万吨,居世界第五。

研究表明,整个向日葵属有大约60—70个种,除去3个种分布于南美洲外,其余绝大多数的种都原产于美国及邻近地区,其中最重要、最为人熟知的两个种是向日葵(*Helianthus annus*)和菊芋(*Helianthus tuberosus*)。现在美国仍有野生向日葵的分布,在加拿大的边远地区,亦发现有古印第安人用向日葵种子制粉和榨油的痕迹。此外,在南美洲也发现有向日葵种子的炭化物①,而且南美秘鲁人对向日葵情有独钟并定其为国花,故有学者认为秘鲁或亦为向日葵的原产地之一,或不能排除向日葵的起源驯化、人工栽培可能是在美洲各文明中心独立进行的可能性②,或是随着古印第安人的流动而逐渐扩散到美洲各地,成了美洲许多地区重要的农作物之一。1510年,向日葵引种至西班牙,被作为观赏植物而种植在马德里的花园里。16世纪以后,随着欧洲殖民者触角的延伸,向日葵逐渐扩散至世界各地。

4.2.1.2 域外衣被作物棉花的起源与传播

棉花是重要的衣被原料,属于锦葵科棉属,多年生或一年生,据品种及棉纤维长度、粗细程度不同,可分为粗绒棉、细绒棉和长绒棉三大类。粗绒棉,指亚洲棉(又称中棉)和非洲棉(又称草棉或小棉)各品种的棉花,棉瓣紧密、形状较小,纤维粗短富有弹性,长度一般在23毫米以下。细绒棉,指陆地棉各品种的棉花,籽棉棉瓣肥大蓬松,纤维柔软有弹性,纤维细而长,长度一般在25—32毫米。长绒棉,指海岛棉各品种和海陆杂交棉,籽棉棉瓣较蓬松,部分有皱纹,纤维细长柔软,品质优良,纤维长度一般在33毫米及以上。到20世纪70年代,陆地棉在世界棉花总产量中已占85%,在中国棉花总产量中占98%,目前,棉花已完成粗绒棉淘汰更新历程,形成粗绒棉多用于实验,新疆为重要的长绒棉产地,陆地棉成为衣被作物中后来居上者的格局。根据联合国FAO数据库2009年统计,全球棉花籽棉总产量30430.9千吨,中国1913.1千吨,居第一。

亚洲棉的原产地仍存争议,主要有两种观点。一是"亚洲棉起源于非洲说",郝钦逊(J. B. Hutchinson)认为非洲棉有一个野生种阿非利加,而亚洲棉未发现野生种,由此推测远在人类农耕之前,亚洲棉是由非洲棉在热带气候的特

---

①吴存浩:《中国农业史》,北京:警官教育出版社,1996:988。

②张箭:《论美洲花生、葵花的传播和对中国饮食、文化的影响》,《农业考古》2004(2):85－91。

定环境条件下演变而成①。二是“亚洲棉起源于印度说”，弗里克塞尔(P. A. Fryxell)推测，亚洲棉和非洲棉是在不同环境条件，由不同农业和文化中心分别驯化而成。但亚洲棉在印度的栽培驯化史至少说明了印度对棉花的贡献。在印度河流域信德地区的古墓中发现了公元前2750至公元前3000多年的棉织品和棉绒遗迹，属于多年生型原始亚洲棉，这是至今人类利用棉花最早实物证据。最早的文字记载见之于3500年前的印度《佛陀经典圣诗》里提到“织布机上的线”，距今2800年的印度佛经中棉花已经屡见不鲜②。在公元元年以前，棉纺织品的使用已经传到了地中海地区。公元1世纪，阿拉伯商人将精美的细棉布带到了意大利和西班牙。大约9世纪，摩尔人将亚洲棉的种植方法传到了西班牙。另外一路向东传播到东南亚各国及中国、朝鲜和日本。

非洲棉原产于非洲南部，栽培的非洲棉为一年生，植株矮小，叶小，生长期短，产量低，品质差，但抗性好，是非洲大陆栽培和传播较早的棉种，故称非洲棉。最先传播到阿拉伯地区种植，然后传入中亚细亚的伊朗、巴基斯坦，再传入我国的新疆及西北地区。

陆地棉原产地一般认为在美洲大陆墨西哥高地及加勒比海地区、危地马拉和南美洲西北的安第斯山区域，所以又称陆地棉或高原棉所以又称陆地棉或高原棉(Up - land cotton)③。起源中心在美洲中部的墨西哥，“现确定的全世界32个棉属野生种中有9个原产于墨西哥”④。据域外史料记载，早在纪元以前，墨西哥的乌雅族和阿西德克族人已经栽培彩色棉花，用以纺织衣服和毯子。1519年，西班牙征服者埃尔南·科尔特斯带领西班牙人进入墨西哥南部和尤卡坦半岛，征服了墨西哥中部的阿兹特克帝国，当时阿兹特克人已经种植各种颜色的棉花，纺成土布，做成华丽服装。海岛棉原产于南美洲、中美洲、加勒比海群岛和加拉帕戈斯群岛等大西洋沿岸群岛。新航路的开辟后，陆地棉和海岛棉引种到欧亚非和北美洲。

4.2.1.3 域外嗜好性作物的起源与传播

(1)罂粟的起源与传播

罂粟属于罂粟科罂粟属，一年生或二年生草本植物。全株粉绿色，叶呈椭

---

①中国农业科学院棉花研究所和江苏省农业科学院经济作物研究所主编:《中国的亚洲棉》，北京:农业出版社,1989:2 - 4。

②佟屏亚:《棉花的传播史》,《中国棉花》1978(5):37 - 38。

③李璠:《中国栽培植物发展史》,北京:科学出版社,1984:237。

④林昕:《世界主要产棉国家对彩色棉的研究与开发》,《种子》2001(2):62 - 65。

圆形,抱茎而生;花绚烂华美,蒴果为球形或椭圆形,种子众多。罂粟蒴果切割后会流出白色乳浆,加工后即为嗜好毒品鸦片,进入人体后会使人产生依赖性和上瘾性。同时也是多种镇静剂的来源,如吗啡、罂粟碱等,具有麻醉性。目前,罂粟以南亚、西亚为两大主要产地,我国除少量药物特许规范种植之外,已全面禁止非法种植。

据西方学者考证,罂粟的原产地是地中海东部、小亚细亚、埃及等地。考古学家在地中海东海岸的群山中发现了新石器时代罂粟的遗迹,英国的化学家约翰·埃文斯(John Even)也在一件距今3500年之久的塞浦路斯陶瓶上发现了鸦片的痕迹。公元前1500年埃及的药物志《埃伯斯纸草书》中就有记载用罂粟果汁可治伤止痛和防止婴儿夜晚哭泣的记录①,埃及女皇依基斯用来鸦片治疗头痛②。5000多年前的苏美尔人称其为"快乐植物",埃及人曾把它当做治疗婴儿夜哭症的灵药。布思(1999)在《鸦片史》中认为罂粟可能已用于远古宗教祭祀或麻醉。

受到埃及文明的影响,罂粟也进入了希腊、罗马人的生活。公元前3世纪,古希腊和罗马的书籍中已有鸦片的详细描述。希腊人在公元前3000年已经将鸦片掺入食物,称其"安神止痛,多眠忘忧"③。希腊大诗人荷马称它为"忘忧草",维吉尔称它为"催眠药"。罗马历史学家提图斯·李维在著书中写道,罂粟是一种麻醉剂④。"忘忧"、"催眠"、"快乐"等词上和帮助睡眠等功效可看出西方对罂粟的利用,超出观赏和食用范畴之外,已发现其刺激及麻醉作用。罂粟传入阿拉伯地区后被广泛种植,随着阿拉伯帝国东扩,罂粟又引种到印度恒河流域⑤。

(2)烟草的起源与传播

烟草也是一种嗜好作物,属于茄科烟草属,叶互生,叶片大,矩圆形。又分为黄花烟、红花烟和碧冬烟3个亚属,红花烟是一年生或二三年生草本植物,只适宜在较温暖地区种植。黄花烟是一年生或两年生草本植物,耐寒力较强,适宜在较高纬度地区种植。烟叶含有烟碱(尼古丁)、糖类、羧酸、蜡质、色素及其

①G.莫赫塔尔主编:《非洲通史(第二卷)》,北京:中国对外翻译出版公司,1984:125。
②满洲禁烟局:《阿片东渐史》,长春:满洲事情案内所刊,1941:41,194。
③李圭:《鸦片事略》见《中国近代史资料丛刊·鸦片战争》(六),上海:上海人民出版社,1957:138。
④[俄]利瓦略夫著,王以铸译:《古代罗马史》,北京:三联书社,1957:20-23。
⑤苏智良:《中国毒品史》,上海:上海人民出版社,1995:26。

他生物碱,易上瘾。目前,世界烟草主产国有中国、美国、巴西、津巴布韦等,其中中国占总产量的35%,居世界第一。2012年,中国烟草行业上交国家财政7166亿,同比增19%。

烟草的原产地在中南美洲的厄瓜多尔及附近地区,美洲的印第安人就是烟草的最先使用者和栽培驯化者。考古发现美国亚利桑那州北部印第安人居住过的洞中,发现遗留的烟草和烟斗中吸剩下的烟丝。印第安人在采摘和品尝植物时,发现烟草有辛辣味,可以提神解乏,开始咀嚼烟草,后来烟草被用于祭祀或防病治病,在原始宗教生活中占据重要地位。根据欧洲探险家日记记载,1492年,哥伦布在圣萨尔多的格纳海里岛上,看到当地印第安人在一个长管的一端燃烧着植物的叶子,另一端用嘴含住,由鼻孔中喷出一股烟雾[①],但也有直接咀嚼或用鼻吸的。哥伦布回到欧洲后,把烟草带入了欧洲,此后烟草随着殖民扩张的步伐而迅速传播到世界各地。

4.2.1.4 域外经济作物原产地与作物形态的关系

域外经济作物的植株形态和生理特征无一不显示它对原产地环境的巧妙适应性,经过上千万年的自然选择,在特有的原生环境下逐渐形成特殊的作物形态。

芝麻的习性是原产地干燥高温热带草原气候的反映。芝麻均有喜高温、怕涝的习性,整个生育期都需要充足的阳光,适宜降雨量较少的地区。罂粟的原产地在地中海东部、小亚细亚和埃及,受到以冬季温和多雨,夏季炎热干燥为特征的地中海气候的影响,形成了喜光,耐寒,不耐湿、热,生长期要求雨水少,日照长,不宜在低洼、潮湿,光线差的环境中栽植,原产地多为春季播种,以便在炎热少雨的环境下生长成熟。棉花原产地环境多为高温、干旱、短日照的热带和亚热带的荒漠草原,形成喜光、喜温的习性。

美洲的环境比较封闭,特殊的环境孕育了形态殊异的作物。花生的生长习性更加巧妙的适应着原产地南美秘鲁、巴西、玻利维亚的半干旱的多风少雨地区气候,在原产地环境下,花生形成了蔓生、地下结实、短日照、闭合等特性。茎蔓匍匐在地面生长是为了避免被风刮倒,蔓生的茎和会闭合的复叶,尽量减少了水分在夜间的蒸发,以适应干旱的气候和低纬度地区的日照。花生开花受精后,子房即钻入地下的沙土中发育成实,避免嫩荚裸露造成水分丧失。在此基础上,印第安人从花生野生种中驯化成了一年生的栽培花生。向日葵在北美和

①始兴县政协文史委员会等:《始兴文史资料·烟草史料专辑·金叶之路》,第115页。

南美雨热同期的特有环境下，形成了相旋光性明显的特征，养成了既喜温又耐寒，既需水量大又耐寒的习性，在自然环境影响的基础上，“野生向日葵在古印第安人的培育和选择下，花盘逐渐变大变圆，籽粒增多增重，分枝习性逐渐退化，渐渐只开一朵花，结一巢果，最后终于进化成了栽培向日葵”①。烟草原产于中南美洲的厄瓜多尔及附近地区热带地区，降水量较多，因而形成烟草叶大，喜光、喜肥、蒸腾作用强，生长过程需水量大等习性。

4.2.2 域外经济作物的引进

美国学者劳费尔在《中国伊朗编》中曾高度称赞：“中国人的经济政策有远大眼光，采纳许多有用的外国植物以为已用，并把它们并入自己完整的农业系统中去……在植物经济方面，他们是世界的权威。”②经济价值高的经济作物自然也因“有用”而被引种栽培于中国土壤之上，并呈现出多阶段、多品种、多路径等特点。然而，域外经济作物引种之初，因自然、社会环境的差异，面临着一系列的障碍，并非立竿见影就能取得成效。

4.2.2.1 域外经济作物的引种历程

我国的引种史经历了“所谓的三次引种高潮，即秦汉时期—唐宋时期—明清时期，由于各自的社会背景与需求有别，故引种作物的侧重点与引入路径亦有不同。”③自汉以来，经济作物的引种从未间断，但各阶段的侧重不同。明清时期，由于社会需求的变化和商品经济的发展，成为域外经济作物引种的集中时期。

(1)明清以前的域外经济作物引种

明清以前的域外经济作物引种，主要通过西北方的丝绸之路和南方丝绸之路、海上丝绸之路等南方通道，原产地多集中于西亚、非洲、南亚等地。芝麻的引种即通过陆上丝绸之路引种，我国史籍中最早记载芝麻的是约成书于西汉的《神农本草经》：“胡麻……一名巨胜。”④芝麻初名胡麻，胡麻之“胡”字说明其引种自域外，古人对胡麻引种于域外的认识很清楚，如《毛诗稽古编》云：“蜀秫

---

①张箭：《论美洲花生、葵花的传播和对中国饮食、文化的影响》，《农业考古》2004(2)：85－91。

②[美]劳费尔著，林筠因译：《中国伊朗编：中国对古代伊朗文明史的贡献》，北京：商务印书馆，1964：9－10。

③朱宏斌：《浅论农业科技文化交流史研究的基本维度》，《农业考古》2011(1)：28－32。

④〔清〕孙星衍等辑：《神农本草经》卷一。

……此种未入中国，如胡麻、安石榴之类，皆后世始得而栽之。”[①]南朝梁时陶弘景的《本草经集注》曰：“本生大宛，故名胡麻”。北魏贾思勰《齐民要术》曰：“《汉书》：张骞使外国得胡麻”[②]。宋《御览》引《本草经》云：“张骞使外国得胡麻，胡豆”[③]，明李时珍的《本草纲目》记载，“汉使张骞始自大宛得油麻种来，故名胡麻，以别中国大麻”。《太平御览》引杜笃《边论》说，汉征匈奴，开拓疆土，引进胡麻。中国原有大麻，子可榨油。引进来的也可榨油，故名胡麻[④]。劳费尔的《中国伊朗编》中认为，胡麻与胡豆很可能“都是由伊朗地区来的，只不过在中国适应了水土，因为这两种植物都是古代西部所特有的栽培植物，所谓中国的野胡麻必定是由栽培变成的野生植物”[⑤]。他肯定胡麻从伊朗引种，但由于史料缺乏，他对其引种时间也不太清楚。综合史料，只能认为芝麻至迟到汉代已经引种中国，具体引种时间已无从考证。

棉花的域外引种也经历了多阶段、多品种、多路径优胜劣汰的历史过程。棉花的引种正好说明“即使是同一种作物，不同时段引入也不一定是同一个品种，也可能存在着品种之差异”[⑥]。中国目前没有发现原产的野生棉。学者们一致认为中国人所种植的各种棉花都是从域外引种的。汉文史料中最早记载棉花的是成书于战国时的《尚书·禹贡》中“岛夷卉服，厥篚织贝”的记载。“卉服”就是指的棉纺织品，说明至少在2000年以前，大致在我国广西、云南、新疆等边疆地区的少数民族已经引种棉花作为纺织原料。《后汉书·南蛮传》载：“武帝末，珠崖太守会稽孙幸调广幅布献之。”[⑦]说明汉时我国海南地区已有棉花种植。

明代徐光启的《农政全书》对棉花的域外引种做了明确阐述，“盖自古中国所以为衣者，丝麻葛褐，四者而已。汉唐之世，远夷虽以木棉入贡，中国未有其种，民未以为服，官未以为调。宋元之间，始传其种入中国。”[⑧]石声汉先生认

---

①〔清〕陈启源：《毛诗稽古编》卷二十八。

②〔北魏〕贾思勰：《齐民要术》卷二《胡麻第十三》。

③〔北宋〕李昉等编：《太平御览》卷八四一《豆》。

④〔北宋〕李昉等编：《太平御览》卷九七二《果木部九》蒲萄类。

⑤〔美〕劳费尔著，林筠因译：《中国伊朗编：中国对古代伊朗文明史的贡献》，北京：商务印书馆，1964：115。

⑥朱宏斌：《浅论农业科技文化交流史研究的基本维度》，《农业考古》2011(1)：28－32。

⑦〔南朝〕范晔：《后汉书·南蛮传》卷八十六。

⑧〔明〕徐光启：《农政全书》。

为,“到西晋为止,中原和江南地区已经有:(甲)由西亚中亚传入的‘白叠’;(乙)由云南边境传入的‘桐华布’;(丙)由交趾传入的‘古贝’,或‘木绵布’”[①]。可见,明末以前棉花引种中国的呈不同品种、分阶段和多路径特点,大致分为南北路径。南路棉花是从南路传入印度的亚洲棉,自秦汉以来,经东南亚阿萨姆、缅甸、越南传入我国西南云南和南部的海南岛和两广等地。其中又可细分为东西两路,分别传入我国西南和东南等地。宋元之际,亚洲棉已翻越五岭,传播到长江和黄河流域广大中原地区。北路棉花是从西亚、中亚传入的非洲棉。大约在南北朝时期,翻越葱岭,经丝绸之路传入新疆高昌。由此可见,明清以前,棉花主要停留于西南、西北局部边疆地区。直到宋元之后,才逐渐扩展到黄河流域和长江流域。相比之下,亚洲棉在我国引种历史最长、范围最广、影响最大。

罂粟在我国有悠久的引种史。但目前学术界对罂粟最早引种时间尚存争议,有人认为魏晋六朝时期就已有罂粟种植。邓之诚先生考证道:《冷斋夜话》引陶弘景《仙方注》曰:“断肠草不可知。其花美好,名芙蓉花。”认为“断肠草即指罂粟花、知其流入中国已久,盖远在六朝之际矣。”苏智良在《中国毒品史》中依据《旧唐书》“乾封二年,遣使献底也伽”的记载,认为“底也伽”即罂粟制成的合成药[②]。唐代国力强盛,中西交通发达,唐朝与阿拉伯地区之间交往甚密,因而推断“鸦片是古阿拉伯人传入中国的”,认为“罂粟的传入,始于唐代”[③]。林梅村的《汉唐西域与中国文明》和陈邦贤《中国医学史》均持相同观点。但有学者认为“底也伽”只是药物,“并非作致幻剂使用,所以其传入中国不能视为鸦片传人之始。”[④]王纪潮先生的《底也伽考——含鸦片合方始传中国的问题》认为,“其传入中国的途径恐怕也不止拜占庭经阿拉伯一线,可能还有自印度而来的途径”,并认为“含有鸦片的类似合方在隋唐以前流行于印度和西亚,似有在底也伽之前传入中国之可能。”[⑤]从唐代引进罂粟合成药品,是罂粟为中国人了解罂粟的一种途径,但不排除在唐之前就已经有罂粟引种的可能。

丝绸之路开通之后,罂粟可能随着商人和僧侣从丝绸之路经西域引种中国。题为汉代黄玄钟《蓬莱山西灶还丹歌》中记载:有一种植物,“俗呼米囊,书

---

①石声汉:《石声汉农史论文集》,北京:中华书局,2008:209。

②苏智良:《中国毒品史》,上海:上海人民出版社,1995:31。

③苏智良:《中国古代的鸦片与罂粟种植》,中国古代毒物学史研讨会,2003。

④吴志斌、王宏斌:《中国鸦片源流考》,《河南大学学报(社会科学版)》1995(5):29-33。

⑤王纪潮:《底也伽考——含鸦片合方始传中国的问题》,《自然科学史研究》2006年(2):139-148。

无名。性凉。出黔南。叶青青,花含子。治恶热闷。"但《蓬莱山西灶还丹歌》地名、官名、韵律都属唐代,当系唐人托伪。因此,不能以此作为汉代已有罂粟的证据,相反其反映的是唐代罂粟种植情况。唐代国力强盛,中国与阿拉伯贸易及朝贡活动日益频繁,广泛种植于阿拉伯帝国的罂粟也由此引种中国,罗运炎先生即认为"罂粟的种子,即由阿拉伯商人,携入中国。"①公元9世纪,印度也已经种植罂粟,唐代海上丝绸之路发达,史籍中记载罂粟出于"黔南",唐代四川等地也见"米囊花"。由此观之,可以肯定的是罂粟在唐以前就已引种,引种途径可能有南路印度南洋及北路丝绸之路两线。

(2)明清时期的域外经济作物引种

明清时期,随着海交之路和新航路的开辟,引种史上迎来了以经济作物和高产粮食作物为特征的第三次高潮,引种的重要经济作物多为美洲作物,经济作物原产地集中于美洲新大陆,如花生、向日葵、陆地棉、烟草。这一时期经济作物的集中引种奠定了后世经济作物的完整体系,充实了经济作物的内容,推动着经济作物的更新换代,是域外经济作物大放光彩的时代。

学术界对花生引种中国的时间地点已作了较多考证。花生最早见于文献记载的是明朝弘治十六年(1503年)的《常熟县志》,记载:"落花生,三月栽,引蔓不甚长。俗云花落在地,而子生土中,故名。霜后煮熟可食,味甚香美"。1500年左右,花生集中出现在福建、江浙、广东一带。1504年的《上海县志》和1506年的正德《姑苏县志》、明代黄省曾(1490—1540)《种芋法》和明代王世懋《学圃杂疏》(1587年撰)中都认为"落花生,产嘉定",清代浙江方志指出:"落花生……向自闽广来。"清人张璐在《本经逢原》中也说"长生果产闽北。"这与塞尔·伍德认为的葡萄牙人于16世纪初从海路将其传入中国相印证②。万国鼎先生认为,首先引种的是福建,浙江的花生可能从福建转引③。何炳棣认为地方志对花生的记载多有疏漏,花生实际引种中国的时间可能比现存史载的要早④。

---

①罗运炎:《中国鸦片问题》,上海:上海兴华报社,1929:1。

②拉塞尔·伍德:《五个世纪的交流与变化:葡萄牙人在全球范围内进行的植物传播》,见:黄邦和等(主编)《通向现代世界的500年:哥伦布以来东西两半球汇合的世界影响》,北京:北京大学出版社,1994:290。

③万国鼎:《花生史话》,《中国农报》1962(6)。

④[美]何炳棣:《美洲作物的引进、传播及其对中国粮食生产的影响》,《世界农业》1979年(4):34-41。

花生的更新换代和地域推广是通过多次引种实现的。明代引种的多为小粒花生,小粒种花生引种后,中国又多次引种域外优良品种。赵学敏的《本草纲目拾遗》(1765 年成书)记载,“落花生,一名长生果,出外国,昔年无之。康熙初年,僧应元往扶桑觅种寄回,亦可压油”①。近代美国弗吉尼亚大花生的引种是对花生品种影响较大的一次。1887 年《慈溪县志》说:“近有一种自东洋至,粒较大,尤坚脆”,由传教士引种到上海、山东,很快在长江以北推广开来,大规模种植,改变了原有油料作物结构。

向日葵的引种速度也很快。一般认为中国最早记载向日葵的文献是王象晋《二如亭群芳谱》(1621 年):“西番葵,茎如竹,高丈余,叶似蜀葵而大,花托圆二三尺,如莲房而扁。”②姚旅《露书》(1619 年)记:“万历丙午年,忽有向日葵自外域传至,其树直耸无枝,一树一朵或傍有一两小朵,其大如盘,朝暮向日,结子在花面,一如蜂窝,一如蜀锦开花,花黄色,子如荜麻子而扁。孕妇忌经其下,能堕胎”③。万历丙午年即 1606 年。有学者据明万历年间赵山函《植品》的相关记载认为,向日葵为万历年间由西方传教士传入④。1995 年,河南省新安县荆紫山发现了明正德 14 年(1519 年)重修玉皇阁时的琉璃瓦,瓦上有向日葵图案⑤,但也有学者对琉璃瓦上是否真为向日葵表示怀疑。

笔者据明代诗集考证,在王象晋出生之前,在明代李梦阳的《空同集》卷第二十八和明代王锡爵(1534—1614)《增定国朝馆课经世宏辞》中已出现向日葵,标题分别为《丈菊和王左史》、《丈菊》,后者标注作者为明弘治十五年(1502 年)状元康海(1475—1540),其诗载:“丈菊今朝得,低垂九尺阑,发迟冬已破,移早露犹团,飨蕋(蕊)搴难及,怜芳仰屡观。纵令他处有,争伴醴筵欢。”诗人的“丈菊”从别处移植而来,种植在园圃之中,虽尚未长大,但诗人已幻想着其长大后的美景。李梦阳和王崇文(即王左史,与康海同朝为官)分别于 1530 年和 1520 年去世。河南省新安县荆紫山发现的向日葵图案在时间上(1519 年)来说是可能的。因此,可将向日葵在中国最早的记载年代上推一百年,即最迟不超过王崇文去世的 1520 年。

目前学术界对向日葵域外引种的路线虽还有不甚明了的地方,但已初见端

①[清]赵学敏:《本草纲目拾遗》卷七《果部上》“落花生”。
②[清]汪灏:《广群芳谱》卷四十五·附录·西番葵。
③吴玉娴:《从明清文献看外来植物的引进与传播》,暨南大学,2007 年。
④吴存浩:《中国农业史》,北京市:警官教育出版社,1996:988。
⑤张宗子:《河南新安荆紫山发现向日葵图案琉璃瓦》,《古今农业》1995(2):53 -56。

倪。叶静渊(1999)认为①,明代我国云南与缅甸之间的通衢大道可能是途径之一。陈炎认为②,1570年西班牙人占领马尼拉后,中国通过马尼拉开辟了一条横渡太平洋通往美洲的新航路,使亚、美两大陆开始了联系。西属美洲的各种农作物如玉米、马铃薯、向日葵等就是通过这条“太平洋丝绸之路”从菲律宾运过来的,再由菲律宾传至南洋各地,并进一步传到中国。曾芸③在认为上述途径都有可能的基础上,又补充了东北路线,即从俄国经东北引入含油量较高的品种。因此,向日葵引种也呈现多路径、多次、多品种特点,但各路径影响程度不同。从地方志的记载来看,影响最大的应当是第二条路线,即通过海上丝绸之路,由南亚西班牙殖民地马尼拉引种而来。向日葵最早的记录多出现在沿海,明代浙江、河南、山东都是在中东部,在时间上领先,影响也最大。第一条路线云南与缅甸之间的路线时间可能靠后,影响也小一些。第三条路线出现的最晚,直到清末民初才出现,但俄国培育的出油量更高的品种成为向日葵形成规模种植和成为油料作物的关键路径,直接影响着今天向日葵产区分布。

清末,大机器生产已为必然趋势,虽然明清以来中棉已遍布中国南北,但纤维短、产量低,只能进行手工生产,而美洲陆地棉纤维长、产量高,更适用于机器生产,更具优势。中国人又积极引种品质更优良的新品种。1898年,张之洞在武汉创办机器织布局的过程中,深感中国棉花品质不能满足机器大生产的需要,以白银二千购买陆地棉种子,在湖北的天门、孝感、武昌等地分发给农民种植,积极引种陆地棉。但由于风土不适应、技术缺失等原因品质迅速退化。此后张謇等人又陆续多次引种实验,相继引入了乔治斯、皮打琼、奥斯亚、银行存折棉等陆地棉品种。民国以后,又引种脱字棉、金字棉、爱字棉、脱字棉、杜兰歌、科伦比亚棉、隆字棉、埃及棉及海岛棉等品种。通过多次引种实践,对陆地棉各品种在中国的适应性有了初步认识,认为脱字棉和斯字棉适合黄河流域,爱字棉和德字棉适合长江流域,此后,隆字棉、珂字棉和岱字棉等陆地棉也在我国推广。明清之际,烟草开始引种中国。学术界对烟草最早引种的时间、地点和路线问题的考证已较有成效。在烟草引种最早引种中国的时间上,吴晗先生在《谈烟草》中认为“明末名医张介宾(景岳)在他的著作中,第一次提到烟草的

---

①叶静渊:《“葵”辨——兼及向日葵引种栽培史略》,《中国农史》1999(2):66-73。

②陈炎:《海上丝绸之路与中外文化交流》,北京:北京大学出版社,2002。

③曾芸:《向日葵在中国的传播及其影响》,《古今农业》2005(1):71-79。

历史和故事。"[①]《景岳全书》中记载:"烟草自古未闻。近自我万历(公元1573—1620年)时,出于闽广之间。"[②]认为烟草是明朝万历年间开始引种我国的。其后,郑超雄(1986)运用考古资料推断烟草传入中国的时间应当在万历之前的明嘉靖年间(1552—1566年),率先传入地是广西[③]。也有人折中万历说和嘉靖说,提出烟草传入中国的时间应该在1558—1575年之间[④]。

在烟草引种中国的首种地与引种路线上,吴晗先生认为烟草首先在福建、广东一带出现,其传播的路线是"由日本传到朝鲜,又传入我国东北的,另一路则从菲律宾传到福建、广东,又从闽广传到北方。第三条是由南洋输入广东。"[⑤]吴晗先生的这一观点得到了学术界普遍肯定。此外,在传入路线上,也有人对吴晗先生经朝鲜传入中国东北的观点做了一些补充,认为"烟草传入东北的最初途径应该是通过明代万历年间朝鲜战役中来自广东的嗜食烟草的官兵带入。"[⑥]也有人增加了由俄国传入蒙古,再传到新疆的路径[⑦]。目前学术界将烟草引种中国的时间确定为大致在嘉靖或万历年间是合理的,引种路径存在南、北、中多条路线,时间先后上略有差异,最早引种地在福建、广东东南沿海一带。

引种往往不能一蹴而就,烟草曾有三次影响较大的引种,一是明代红花烟草传入闽广一带,再传入内地以及中南部地区;二是明清时期耐寒的黄花烟草传入东北地区、华北地区和西北地区;三是20世纪初,烤烟传入中国,以及中后期白肋烟、香料烟、马里兰烟传入,奠定了今天中国烟草品种基础。(唐启宇1986)虽然目前学术界在烟草引种的时间、地点和路径上仍存部分争议,但对烟草是明清之际从域外引进的美洲作物的这一史实基本达成了共识。

虽然中国的罂粟引种史悠久,但直到元明时期,罂粟及其提取物才开始以嗜好作物的身份而进入中国人的大众视野。元代,鸦片以"战利品"形式传入中国,但仅限于"少量进口"。明时,殖民者在东南亚大肆鼓吹种植罂粟,从罂粟汁

①吴晗:《谈烟草》,《光明日报》,1959年10月28日.
②[明]张介宾:《景岳全书》,北京:人民卫生出版社,2007。
③郑超雄:《从广西合浦明代窑址内发现瓷烟斗谈及烟草传入我国的时间问题》,《农业考古》1986(2):383-387。
④赵明春:《烟草传入中国始自漳州及成因考》,《福建烟草》1996(2)。
⑤吴晗:《谈烟草》,《光明日报》,1959年10月28。
⑥王元春、李敏莉、夏炳乐:《明清之际烟草在中国的传播和影响》,《阜阳师范学院学报(社会科学版)》2006(3):123-125。
⑦汪银生、张翔:《明清时期福建烟草的传入与发展》,《农业考古》2006(1):179-182。

提取鸦片。据《明会典》记载,东南亚之暹罗(泰国)、爪哇、榜葛赖(马六甲)等地多产乌香[①]。乌香即鸦片,东南亚以贡品形式,经海路入贡明朝。同时据《本草纲目》,西北的陕西、甘肃已懂提取鸦片之术,其生产技术可能也由西北传入,鸦片及生产技术的引进,将大大改变罂粟的命运,罂粟转变为追求刺激性的嗜好作物。

4.2.2.2 域外经济作物引种之初面临的障碍

域外经济作物引种会遇到地理上山川阻隔,交通不便等障碍,但即使成功到达了中国疆域内,能否适应中国的自然、社会环境,也将面临风土不适应、技术不同步、文化观念不接纳、原有作物的排斥等诸多障碍,可能致使域外经济作物引种却难以长久生存。

(1)自然因素:风土适应的挑战

域外经济作物引种能否成功是由多种生态条件综合决定的,气候和土壤条件是最基本的,如果引种地与引种源地间气象条件较为相似,引种就容易获得成功[②]。气候条件随地域的改变而变化,地域性是农业最基本的属性。域外经济作物的引入地与原产地之间气候、土壤等差异上跨度较大,特别是花生、向日葵、烟草等美洲作物风土差异跨度之大前所未有。域外经济作物在原产地经历了长期的自然进化和人工培育,形成一些与环境相适应的固有的特殊习性,这些习性与原产地的环境相契合,但与中国环境相差甚远,如果对这些域外引种作物的特殊习性没有给予充分的认识,照搬本土原有经验,将劳而无获。在原产地气候影响下,域外经济作物各自形成了相应的播种时间。引种中国之后,自然环境改变,甚至相差巨大,如地中海气候与中国气候的水热配置恰恰相反,原产于南半球的经济作物与中国的播种季节也完全相反。如果生搬硬套原产地或中国的播种时间,往往会因温度、光照、水分配置失衡而致作物死亡。

中国南北气候差异明显,成为域外经济作物本土化地域拓展的瓶颈。由于纬度、海拔、距海洋远近的不同,沿着青藏高原东南边缘,向东经过秦岭—淮河一线,形成 1 月 0℃ 等温线,以北是暖温带,冬季结冰,原产于热带、亚热带的经济作物在北方难以安全过冬。等温线以南是亚热带,1 月气温在 0℃ 以上。同时,这条分界线与 800 毫米等降水量线大致重合,以北是半湿润区,以南是湿润

---

①〔明〕申时行:《明会典》卷九十七。

②李树岭、赵玲:《农业气候相似原理与农作物引种的气候诊断方法》,《黑龙江气象》1999(2):10-12。

区,年平均降水较多,原产于干旱地区的经济作物也因怕涝而难以生存。如芝麻在干旱的中亚、西亚环境下形成了怕涝的特性,要南方扩展就必须解决排水问题。棉花原产于热带、亚热带地区,形成了其喜光、喜温的特点。宋元以前,棉花长期停留于边疆地区。据《新唐书·西域列传》记载:"高昌……有草名白叠,撷花可织为布。"[①]新疆棉花生产也只在高昌一地。亚洲棉"其种自海外来,树高数十尺,喜温恶寒,莫能过岭以北。"[②]北方寒冷,不利于棉花生长,未经长期驯化和品种改良,难以在中原地区生存下来。

花生在原产地环境影响下,较能适应中国南方的自然环境,但在向北地域拓展过程中,不适应北方纬度高,日照长等环境。据《晒书堂笔录·长生果》记载18世纪八十年代北方的一场宴会中,花生被当作外地产物而用于宴饮。"余于乾隆丁未游京师,友朋燕集、杯盘交错之时,擘壳剖肉,炒食尤甘美,俗人谓之落花生。"[③]作者听别人说这东西叫落花生,可见落花生在北方尚属稀罕之物。19世纪中叶,山东才出现花生的记载:"蒙阴种者甚多,沂水尚少。"可见风土环境对花生引种推广的限制作用。

(2)技术因素:技术缺失的障碍

一般而言,科技文化交流中受交通和交流载体的属性等因素影响,器物的交流直接而容易,而技术的交流往往较抽象而困难。相对于物质传播,技术传播往往带有滞后性和相对隔绝性。域外经济作物的技术包括栽培技术与加工技术,技术对域外经济作物的影响甚大,技术的进步将直接推动域外经济作物的发展。但在域外经济作物引种之初,由于技术传播的滞后性,中国人对域外经济作物在原产地形成的习性认识和栽培、加工技术都无现成的历史经验可循,域外经济作物引种中国之后面临着技术缺失的障碍。如《南史·列传》、《旧唐书·南蛮列传》中虽记载了南方林邑国、呵罗单国、婆利国、中天竺国曾遣使携棉花进贡,但中原人对棉花仅停留在耳闻阶段,对其种植技术不甚了解。烟草引进之初也是以烟草制成品形式进入中国,进而引种烟草作物,但域外的栽培技术对中国影响较小。罂粟在原产地早已有了罂粟提取鸦片的技术,罂粟已作为兴奋物品使用,用于镇痛或致人迷幻,但其提取兴奋物的加工技术未同步引入中国。罂粟的域外加工技术的缺失是罂粟长期以来未作为嗜好作物而得

---

①〔北宋〕欧阳修、宋祁等撰:《新唐书》卷二百二十一上《列传第一百四十六上》。
②〔清〕屈大均:《广东新语》卷十七《宫语·南海庙》。
③〔清〕郝懿行:《晒书堂笔录》长生果。

到大面积种植之原因。

(3)文化因素:旧有观念与文化的抵触

因域外经济作物来自不同的文化区,初传中国,人们面对陌生事物时,在感到新奇之余会因原有认知结构和心理保护而产生本能的排斥或误解,集中表现为文化冲突与利弊选择的困惑。文化冲突指不同的文化相互接触所产生的竞争和对抗状态。利弊选择困惑指人们对事物的利弊价值判断感到迷茫。人们对域外引种作物的认识必须经历较长的过程。在短时间内,一些域外作物的价值和功能没有得到正确认识,未得到重视,往往产生排斥和误解心理,即表现为文化不接纳现象。

向日葵引种之初,人们仅仅将其作为观赏植物和药用植物看待。“向日葵……结子最繁,状如蓖麻子而扁。只堪备员,无大意味,但取其随日之异耳”①,人们只关注其随日而转的习性和美丽的外貌,对葵籽的食用价值及油料价值未得到重视。直到晚清,《抚郡农产考略》才首次提到:“向日葵,子可榨油。”明王象晋《群芳谱》:“丈菊……取其子种之,甚易生。花有毒,能堕胎。”迷信其花有毒,能堕胎,对向日葵功用多有误解。

花生初传中国,医家对其毁誉参半,未给予充分的重视,依附于山药、香芋等种植技术的著作内,对花生产生了颇多误会,不宜多吃,甚至一度认为花生有毒。明代兰茂《滇南本草》称“小儿不宜多食,生虫变为疳积”②,认为小孩不能多吃花生。清代陈其瑞称“落花生……多食生痰。……然其性能动火生痰,常人只宜少吃。曾见兴化令王翁一子,酷嗜此物,后患软瘫,岂非动火生痰之明验欤。……更为生痰,老人尤不宜多食”③,认为常人当少吃,尤其是老人。清代胡建伟《澎湖纪略》:“炒食,气甚香美适口,人多嗜焉。但其性太热,多食非宜。”④明代郭林的《物理小识》和赵学敏《本草纲目拾遗》都认为花生油或花生生啖“致下泄”。人们认为花生与黄瓜相反,不得同食。清代赵学敏引刘启堂经验秘方:“长生果……不可与黄熟瓜同吃,吃则立死。”⑤赵学敏认为黄瓜指香瓜,香瓜与花生同吃会中毒。从现代科学观点看,花生干燥,多食的确难以消

①张箭的《论美洲花生、葵花的传播和对中国饮食、文化的影响》认为“备员”大概是充凑干鲜果品糖果糕点之类的零食之数,但即使已经用作零食,也不过处于充数的地位。

②〔明〕兰茂:《滇南本草》卷一。

③〔清〕陈其瑞:《本草撮要》卷三《果部》。

④〔清〕胡建伟:《澎湖纪略》卷八。

⑤〔清〕赵学敏:《本草纲目拾遗》卷七《果部上》。

化，但与黄瓜同食中毒则是误传，可能是人们食用了腐烂变质的花生，出现黄曲霉素中毒或过敏现象。

人们面临烟草和鸦片时遇到的文化冲突和利弊选择困扰较为明显。种植烟草与我国传统农业文化相冲突。我国素来以农为本，以“强本抑末”的农业文化为根基。明清时期人地矛盾突出，“烟食不果腹，冷不御寒，米谷为养命之宝，既赖之以生，则当加爱惜。至于烟一种，于人生日用，毫无裨益，而种植必择肥饶善地，尤为妨农之甚也。”①烟草与传统重农文化内涵甚相冲突，明末清初的最高统治者大都极力禁烟，纷纷颁布法令对种烟、吸烟者严加处罚。烟草引种之初，带来的损害健康、败坏社会风气、铺张浪费等危害也逐渐为人所发现。明《物理小识》即已警告世人烟草“久服则肺焦诸药多不效其症忽吐黄水而死”②，反烟呼声至始不断，有人将其称为“妖草”、“野葛”，以示憎恶。吸烟之人对烟草充满了疑惑和彷徨。

元明医家曾警告世人鸦片不可滥用。金元四大医家之一的朱震亨曾指出“今人虚劳咳嗽，多用粟壳止勤；湿热泄沥者，用之止涩。其止病之功虽急，杀人如剑，宜深戒之。”③明代医家对其使用也比较谨慎，《本草纲目》“时珍曰：每服一丸，未效再进一丸，不可多服”。清代程杏轩《医述》“鸦片来自西夷，国俗皆裸葬，累积百年，掘取此土，与罂粟花瓣等物杂糅而成。罂粟花瓣本有毒，加以死人之血肉，食之焉得不死？且食之既久，离之愈难”④，认为鸦片乃不洁之物。王硕《易简方》云：“粟壳治痢如神。但性紧涩，多令呕逆，故人畏而不敢服。若用醋制，加以乌梅，则用得法矣。”即罂粟壳“多令呕逆”。直接提取的鸦片也有一股难闻之味，只为了壮阳或治病才作药物使用。随着鸦片所带来的副作用日益明显，人们在使用时不免带有复杂的心理。鸦片又被称为“烟土”就是一例，鸦片价值颇贵，而以金换土，带有既厌恶，又欲罢不能之感。因此，即使鸦片及提取技术已传入中国，但一段时期内，人们仍然对其有所顾忌。人们对鸦片的使用止于药用，常人不食，并非作为嗜好品迅速而欣然接受。

(4)先占因素：原有作物排斥的障碍

如果域外经济作物想进入到一个陌生的环境中，引入地是否有相类似的、

---

①杨国安：《中国烟叶史汇典》，北京：光明日报出版社，2002：170。

②〔明〕方以智：《物理小识》卷九。

③〔明〕李时珍：《本草纲目》谷部第二十三卷《谷之二·罂子粟·壳》。

④〔清〕程杏轩：《医述》卷十六《方药备考》。

可替代的原有作物及原有作物的优良程度对其发展有重要影响。如引入地原已有相似的原有作物，将会因原有作物形成的固有惯性而排斥域外经济作物的发展。如棉花在引种中国之前，中原地区虽然没有棉，但本土已有丝、麻、葛等衣被原料，基本满足了人们对衣被保暖的需求，棉尚无迫切引种之需求。向日葵、花生引种之后也受到本土原有油料作物的排斥，推迟了其用于榨油及向油料作物转变。如果引入地先占的、原有的可替代物，域外经济作物引种之后，在稀缺性和好奇心的驱使下，将不受原有作物排斥的障碍而迅速发展。如烟草引种之后，中国本土没有具有先占优势的可替代原有作物的障碍，人们也不受原固有饮食习惯的羁绊，在稀缺性和好奇心的驱使之下，很快解决了文化冲突和利弊选择困惑，迅速为中国人所接纳。

4.3 域外经济作物的本土化

劳费尔在《中国伊朗编》所称的“采纳”和“并入”不仅仅指引种，更重要的是在引种之后，如何进行采纳与并入，以使域外作物适应新的环境。劳费尔这里的“采纳”和“并入”就已含本土化的意味。域外经济作物本土化是指在经历初次引种和继续多次引种的基础上，中国传统精耕细作农业技术、传统手工业加工技术、消费利用方式对其进行技术改造，将其融合、吸收于各自技术体系之中。在兼容并包的文化观念下，中国人对域外经济作物进行初步认识和利弊选择，以开放、宽广的胸怀和良好的文化兼容性，使其逐渐脱去域外色彩，赋予其中国传统的文化内涵，为中国传统文化所接纳。通过这种全面而系统的本土化接纳和改造机制，使域外经济作物适应中国的新环境。

4.3.1 风土适应

人们文化观念上对鸦片的接纳，使社会需求量逐渐加大，刺激了种植规模发展和加工，栽培、加工技术的本土化也促使域外经济作物的本土化适应。域外经济作物的本土化适应主要表现在三方面：其一，随着栽培历史的延长，域外经济作物在地域上不断发展；其二，在中国新的气候环境下，域外经济作物在引种之初所具有某些原产地形态特征逐渐退化消失，形成适应中国气候环境的新形态；其三，形成了适应地方小气候的地方特色品种，形成一方特产。

(1) 域外经济作物在中国的地域拓展

人们通过技术改造突破了气候瓶颈的限制，更大范围适应了中国南北的气候，使域外经济作物本土化的地域不断拓展。地域拓展是本土化程度不断加深的过程，表现为域外经济作物随着时代的推移而在地域上不断扩展，与各地特色的气候环境相结合，形成更普遍适应性的过程，具有时间和空间上纵横交织、同时进行的特点，推动着域外经济作物本土化向更深、更广的程度发展。

自汉引种之初，芝麻多种植于北方的关中、山西等地，如《本草经》说胡麻"生上党"。宋代芝麻种植已达规模，清代徐松依《宋会要辑稿》载宋仁宗天圣元年(1023年)"在京油麻，元纳油醋库，后为专典乞钱，三司创置受纳芝麻库，隔手支与油醋库，岁费万余石。"①芝麻已成为油料作物中的大宗。经过上千年的本土化过程，芝麻种植地域也很广泛，据清代顾祖禹《读史方舆纪要》引《元志》记澎湖屿"三十六岛，巨细相间，坡陇相望，有七澳居其间，大约有土无木，土瘠不宜禾稼。产胡麻、菜豆，山羊尤多。"②元代偏远的澎湖列岛上也已有芝麻种植了。如今，芝麻在我国北方内蒙古、河北、山西、甘肃、河南、青海、湖北、安徽、新疆、山东等地都有栽种，其中河南、湖北、安徽三省已成为我国芝麻的主产区。

棉花引种中国之后，唐宋以前，长期停留于中国南部、东南部及海南岛和新疆等地。宋元以来，棉花及种植加工技术逐渐被引入江南地区。棉花逐渐为中原人所栽培，种植、加工技术水平得到提高。宋时，长江流域的松江地区的棉花种植较为普遍。宋末元初时，棉花推广到长江流域，由于品种和技术得到改良，发展很快。元代王祯《农书》曰："近江东、陕右亦多种。"木棉向北方推广速度的加快，引起了元政府的关注，曾于至元二十六年(1289年)"置浙东、江东、江西、湖广、福建木棉提举司。责民岁输木棉十万匹"，政府的力量推动了棉花在这些地区的本土化。明代时，棉花种植已十分普遍，邱濬《大学衍义补》称："至我朝，其种乃遍布于天下，地无南北皆宜之，人无贫富皆赖之。"清代棉花种植更加普遍，"予尝北至幽冀，南抵楚粤，东游江淮，西极秦陇，足迹所经，无不衣棉之人，无不衣棉之土。"旧大陆棉花在中国本土化广度已遍布天下。陆地棉引种之初，仅在上海、湖北、陕西等多地进行试种，经过多次实验及引种，陆地棉在中国的种植地域也不断得到扩展，成为我国主要栽培的棉花品种，旧大陆棉基本逐渐退出历史舞台。

中国不断吸收域外的改良成果，促进本土花生品质、产量的提高，栽培地域

①〔清〕徐松：《宋会要辑稿·续会要》油醋库。
②〔清〕顾祖禹：《读史方舆纪要》卷九十九。

不断从东向西、从南向北推广。从有关方志推测,到明朝末年,福建泉州、漳州、兴化、邵武、汀州,广东广州、潮州、高州、雷州、廉州、琼州等府都有花生种植。乾隆年间四川地区的《三农记》称:“今湖田沙地遍植”花生。道光时期的《永州府志》记载“旧志郡境间一有之,今见道、宁、永间沙土遍种,收获甚多。”康熙中叶到道光年间的一百多年间,花生在湖南的地域扩展迅速。但小粒花生蔓生,收获颇费时,受风土不适应的障碍,向北推广的地域有限。日本富含油脂的花生的引种,推动了花生榨油及经济商品进程。美国弗吉尼亚大花生颗粒大,产量高,植株直立,结实集中,便于收获。引种之前已在美国经历了较长时间的驯化,能适应北方气候、日照环境,被称为“洋花生”或“大花生”。山东近海多沙地,大花生引种后迅速适应了山东的土壤气候。大花生经济价值浮现,受到人们的欢迎,又从北向南传播。至民国24年,大花生已遍布山东、四川、广西、河南、河北,甚至成为大宗商品,出口海外。

向日葵引种后长期零星种植于苗圃之中,没有形成产区。直到民国十九年(1930年)黑龙江《呼兰县志》:“葵花,子可食。有论亩种之者”,首次出现向日葵采大田形式种植的记载[①]。人们对向日葵油挖掘较晚。民国二十二年(1933年)《车里》记载云南的一些县用向日葵籽榨油,称为西番莲油。俄国含油量高的向日葵品种和榨油技术的使用,向日葵从苗圃走向大田,逐渐在北方地区形成以东三省起点,经华北的河北、山西、内蒙古,向西北延伸到新疆、甘肃、宁夏等地的一条向日葵种植带。

明清以前,罂粟作为药材或观赏植物而零星种植,元代开疆扩土,在对外战争中,鸦片作为战利品传入中国。明清时期,鸦片价格高昂,国内开始种植鸦片,其危害性引起清政府禁烟运动,反而导致价格更高,白银大量外流,但对外贸易逆差仍难遏制,禁烟失败后,一些士大夫提出加大鸦片本土化种植,以抵制外国洋土,如林则徐谓:“鄙意亦以内地栽种罂粟,于事无妨。所恨者,内地之民嗜洋烟而不嗜土烟。”[②]李鸿章则认为,“暂弛各省罂粟之禁,而加重洋药之税厘,使外洋烟土既无厚利,自不进口”,这样“不但夺洋商利权,并可增加税项”[③],由此,清政府对鸦片解禁,鸦片大量种植。清代林鸿年《咸阳道中见罂粟花感赋》:“浓红淡白间禾麻,流出膏脂几万家。原隰畇畇田上下,可怜栽遍米囊

---

①曾芸:《向日葵在中国的传播及其影响》,《古今农业》2005(1):71－79。
②杨国桢:《林则徐传》,北京:人民出版社,1995:433。
③陈忠倚:《皇朝经世文三编》卷四十六《兵政二》海防二。

花。”民国时期，在军阀和地方官僚的纵容下，19世纪30年代，罂粟种植泛滥成灾。浙江、四川、贵州、山西、陕西和云南都成为种植大省，云南省“罂粟种得漫山遍野，每年出产的鸦片，数量不下数千箱”①。

烟草的本土化种植发展很迅速。地方志记载表明，到康熙年间，中国已经有15个省种植烟草：福建、辽宁、江西、浙江、广西、山东、云南、江苏、安徽、台湾、河北、广东、陕西、河南、山西、湖南十五省②，各地形成烟草种植区，以烟草为特产，乾隆时，“烟草处处有之”。但此时，尚没有产生烤烟技术的原因。烤烟及技术的传入，迟至20世纪初才开始。

(2)作物生物习性的本土化适应

域外经济作物经过中国传统栽培和加工技术的改造，其自身形态也在不断适应。这是域外引种和传统农业技术对作物改造的结果，也是作物自身在遗传性和变异性作用下对中国的气候和技术环境的适应。

花生被引入中国栽培以后，在自然环境和本土种植加工技术的改造之下，其形态相应的发生了一些改变。花生在南美原产地长期炎热干燥、多风多沙土环境下，形成了匍匐蔓生以防风、在干燥沙土中结实等特点。从《常熟县志》等记载的花生初传的性状来看，花生“引蔓不甚长”，具有蔓生特点。但中国南方大多风力不大，夏季多雨。花生原有的节约水分和抗风特性变得没有必要。且蔓生使花生果实分散，不便于收获，用力颇多。人们通过园艺技术及域外再次引种，将蔓生、不便于收获的品种淘汰，着重培养半直立、直立丛生型和结荚集中型，以便收获时可以一把抓，但花生在原有环境下形成的最大特点——在地下黑暗环境下结实的生物特性难以改变。因此在新的环境之下，它仍然要求沙性土壤，人们多种植于沙地，顺应这种特性。

一些作物在引种之初还可能发生某些退化。如由于自然环境的变化，向日葵曾出现过花开两朵的现象。姚旅《露书》记：“万历丙午年(1606年)忽有向日葵自外域传至。其树直耸无枝，一如蜀锦开花，一树一朵或旁有一两小朵。其大如盘，朝暮向日，结子在花面，一如蜂窝。”人们希望向日葵籽粒饱满，将营养集中于种子之中，而花开两朵不利于营养的集中。清代汪灏《广群芳谱》记载：“丈菊……虽有傍枝，只生一花。”此时的向日葵还有傍枝，但已只开一朵花了。在技术改造的作用下，适应了人们对种子品质的要求。

---

①牟安世：《鸦片战争》，上海：上海人民出版社，1982：107。

②吴玉娴：《从明清文献看外来植物的引进与传播》，暨南大学，2007年。

棉花在中国的作物形态适应性改变主要有两点，其一，多年生到一年生的转变，棉花原产地气温高，棉花能够过冬，形成了多年生棉花。徐光启称“南方吉贝，数年不凋，其高丈许，亦不足怪。”①我国华南和西南地区即云、贵、闽、广一带，因气候相似，引种的棉花也多为多年生种。王祯《木棉图谱叙》曰：“夫木棉产自海南，诸种艺制作之法，骎骎北来。江淮川蜀，既获其利；至南北混一之后……”，认为北方一年生棉花与南方多年生棉花源流相同。在向长江流域及以北地区本土化的过程中，由于冬季温度低，棉花不能过冬，第二年须人工再播种，由此形成一年生棉花。其二，木本性向草本性转变。人们长期将亚洲棉花称为“树棉”或“木棉”，并与攀枝花相混淆，原因就在于其木本性。宋代时，江南地区引种的棉花仍保留了木本特点。宋代方勺《泊宅编》曰：“闽广多种木绵，树高七八尺。”②七尺约为2.1米，可见其高大。但棉花的木本性随着纬度北移其高度逐渐降低，唐代慧琳《一切经音义》载“罽宾以南，大者成树，以北形小，状如土葵”。在中原地区气温、光照条件和“打顶”等技术改造下，棉花的疯长性得到限制，高度降低，便于采摘，“灌木性”特征淡化。

烟草在美洲原产地炎热多雨的气候条件下，进化形成了喜光、喜肥、蒸腾作用强、生长过程需水量大等习性。通过大量劳动力投入，烟草在摘顶打叶技术和晾晒加工技术影响下，烟草叶面肥大，形成适宜晾晒烟的烟草品种。

（3）地方性品种增多

通过技术改造，域外经济作物与中国地方气候环境、社会需要相结合形成许多地方品种，域外经济作物及其制成品造就了一方特产。

芝麻在中国形成了很多品种，宋代有白油麻和乌油麻之分，宋代寇宗奭《本草衍义》云：“白油麻与胡麻一等，但以其色言之，比胡麻差淡，亦不全白，今从止谓之芝麻”，白芝麻做饭，黑芝麻榨油。花生也形成了许多地方品种，成为某些地区的特产。据清代连横《台湾通史》记载：“土豆：即落花生，有数种：曰大花，曰二花，曰鸳鸯，曰钮仔。蔓生，花黄，结实土中，故名。种于沙园。澎湖最多，嘉、彰近海次之。”清代朱仕玠《小琉球漫志》卷九八月记载“鸳鸯种，落花生之早出者；其子甚小，与晚出者异。新旧邑志未载。”清代《唐赞衮台阳见闻录》记载，“今闽省产者，出兴化为第一，名黄土，味甜而粒满；出台湾，名白土，味涩而粒细。”花生地方品种繁多，在产量、味道、出油率上可有优劣。

---

①〔明〕徐光启：《农政全书》蚕桑广类 · 木棉。

②〔宋〕方勺：《泊宅编》卷三。

清末以前，棉花经过各地的培植，各地方性品种大放光彩，被后世统称为“中棉”。据明代《农政全书》记载，“中国所传木棉，亦有多种；江花出楚中。棉不甚重，二十而得五，性强紧。北花山畿辅山东，柔细中纺织，棉稍轻，二十而得四，或得五。浙花出余姚，中纺织，棉稍重，二十而得七。吴下种，大都类是。更有数种稍异者：一曰黄蒂，穰蒂有黄色，如粟米大；棉重。一曰青核，核青色，细于他种；棉重。一曰黑核，核亦细，纯黑色，棉重。”棉花地方品种及产地的相对集中之地相应出产棉布特产品。松江棉产业起步最早，叶梦珠《阅世编》：“吾邑地产木棉，行于浙西诸郡，纺织成布，衣被天下。”①松江布又以三梭布、番布、兼丝布、药斑布最受欢迎，其中的番布出自乌泥泾，传自黄道婆，十分精美，“一匹有费至白金百两者”②。三梭布又名丁娘子布，“东门外双庙桥有丁氏者，弹木棉极纯熟，花皆飞起，收以织布，尤为精软，号丁娘子布，一名飞花布”③，其进贡朝廷，远近闻名。棉花、棉布成为代表一方的特产。

由于各地烟叶品质和人们口味不同，烟草种植、加工技术带有浓郁的地域性，烟草加工技术日益走向精细化和多样化，形成各自产区和各种不同口味的地方名烟，如闽烟、杜切烟、香丝烟、兰花烟、红烟、纽烟、折子烟、四川晒烟、兰州水烟、衡烟、济宁烟、苏干丝烟、油丝烟、莫合烟、蛤蟆烟等。地方性的烟草产区及加工技术成就了一方特产。

4.3.2 技术改造

4.3.2.1 精耕细作技术体系下的本土化改造

观念上接纳了域外作物及本土引种观念，技术层面的对接也是域外经济作物能否在中国实现本土化的关键所在，有了技术的支持将大大加快本土化的速度和广度。但这难不倒天生与植物打交道的中国农民。中国有着悠久农业历史传统，经过长期的积累，逐渐形成了一套完整的以精耕细作为特征的农业技术体系。在农业思想、耕作技术、肥料的施用、宜播期的选择、多熟制的发展等都走在世界前列，中国北方干旱少雨，南方炎热多雨，与气候环境相适应，逐渐分别形成了以“保墒”为特点旱作栽培技术和以“排水”为主要特点的稻作栽培技术。在长期的农业技术发展过程中，北方旱作技术体系逐渐移植发展为南方

---

①〔清〕叶梦珠：《阅世编》卷七。

②〔清〕褚华：《木棉谱》。

③《康熙松江府志》卷四。

水田耕作体系，晒田技术使稻田水旱皆宜，促进多熟制和山地的发展。稻作技术与麦作技术南北呼应，发达而完整的技术体系为域外经济作物栽培技术形成因地适宜的本土化技术提供了条件。

在套用中国本土传统的农业栽培技术之外，人们并不拘泥于传统，对域外经济作物的特性给予特别重视，使域外经济作物栽培技术走向精细化和劳动密集化，体现了“因地制宜”、“融合与发展并重”的原则，为域外经济作物在中国的生存提供了技术保障。

(1)传统选地、整地技术对域外经济作物的本土化改造

传统农业重视相地、选地，种地之前必先相地之宜。北魏贾思勰《齐民要术》认为芝麻地“宜种白地”，“白地”即同一种作物没有连续种植的非连作地，清代宜曾《农圃便览·四月》中也记载：“种芝麻，……忌重茬。”芝麻连作会导致产量大大减少，很少结荚。随着本土化向南发展，其“怕涝”习性凸显，开花期如果水分过多，会造成芝麻减产。魏晋以后北方农业技术南传，芝麻在南方种植选地时常注意“高地芝麻洼地豆。”将芝麻种植在高地、旱地、山地中。棉花对选地也有要求。元《农桑辑要》认为棉花选地应“择两和不下湿肥地”，棉花除了适合沙质土壤外，亦可在黏壤地生长，清代《棉花图》“宜夹沙之土”也即此意，带沙的轻黏壤地最为适宜。

花生为短日照作物，且具有结实地下等特殊习性，选地也具有一些特殊性。《汝南圃史》和《稼圃辑》称“宜栽背阴处”。花生结实需要土质松软和黑暗环境，以便果针入地。因此人们多将其种于沙地之上。南方地区河流密布，水利发达，河滩沙土众多，正好为其提供了条件，如康熙《衢州府志》“堆沙植之，花落沙土，结实如茧”，花生多植于沙地之上。花生种植于沙地之上的技术为花生结果传代提供了最大的技术保证。

经过长期的观察和实践，人们对烟草和罂粟的生活习性也有所认识，在选地和整地过程中特别注意。清代张翔凤在《种烟行》中写道：“沙田种烟烟叶瘦，山田种烟烟叶枯。根长全赖地肥力，气厚半借土膏腴。”①即说烟草喜欢通气性好、肥沃的沙田。认识到烟草“肥瘠殊而产亦殊”②，《菸经》对人粪、菜饼、豆饼、麻饼、桐饼、兽粪不同有机肥对烟草品质的影响作了细致的分析。另外，人们已认识到烟草喜旋光性，认为烟地以向南之斜坡多得日光者为良，赵敏学所撰的

①转引自杨国安:《中国烟叶史汇典》,北京:光明日报出版社,2002:78。
②转引自杨国安:《中国烟叶史汇典》,北京:光明日报出版社,200:75。

《本草纲目拾遗》中记载:“凡烟种有‘山’‘田’之分,山种者味厚,田种者味薄,多草气。”[①]《菸经》对人粪、菜饼、豆饼、麻饼、桐饼、兽粪不同有机肥对烟草品质的影响作了细致的分析。另外,人们已认识到烟草喜旋光性,认为烟地以向南之斜坡多得日光者为良,赵敏学所撰的《本草纲目拾遗》中记载:“凡烟种有‘山’‘田’之分,山种者味厚,田种者味薄,多草气。”(杨国安 2002:175)《菸经》详细论述了不同土壤地形下培育的烟草的特点。《四时纂要》记载“罂粟尤宜山坡,亦可畦种”[②],认为罂粟应当种植在上坡地和畦里,以便排水。

《氾胜之书》认为“凡耕之本,在于趣时和土,务粪泽”。“和土”即传统整地过程中重视深耕和作畦的思想源头。棉花具有直根性,对此《四时纂要》已有充分认识,“木绵无横根,只有一直根,故未盛时少遇风露,善死而难立苗。”因此棉花地的整地强调“耕不厌熟”,“又田不下三四度翻耕,令土深厚而无块,则萌发善长而不病。”[③]使土层深厚细碎无块,以使苗株生长顺利,否则直根的棉花难以立苗。明代方以智在《物理小识》称:“棉花……播于锄熟旱地,为沟宜深”[④],耕耙熟之后,再深挖沟。挖沟是为了降低地势,利于培土扎根,防止风吹。这是对棉花直立根特征采取的应对措施。

整地过程中常采用作畦法。作畦法利于中耕管理和排水,是对自然地势的改造,实为《吕氏春秋》中“上田弃亩,下田弃甽”原则的发展。如元代《农桑辑要》要求棉花地应深耕熟耕,“深耕三遍,耙盖调熟,然后做成畦畛。每畦,长八步,阔一步;内半步作畦面,……用杷耧平,起出覆土,于畦背上堆积”[⑤],对畦的宽窄都有要求,反映了棉地耕作技术更加精致。罂粟种植对作畦技术也有继承。宋代李复《种罂粟》:“堂下开新畦,布艺自区别。”花生在南方种植,明宋诩

---

①转引自杨国安:《中国烟叶史汇典》,北京:光明日报出版社,2002:175。

②韩鄂:《四时纂要》秋令卷之四。

③韩鄂:《四时纂要》春令卷之二。《四时纂要》中“种木棉法”的地区和时代存疑,石声汉认为“这段决不是唐末所能有的材料,只能是南宋或明代朝鲜书刻印时刻书人插进去的。”(石声汉:《中国古代农书评价》,北京:农业出版社,1980:91)王毓瑚、天野元之助也持此观点。但万国鼎认为:“又不象是后人加入的”(万国鼎:《韩鄂<四时纂要>》,《中国农报》1960:101)。曾雄生的《中国农学史》(福建人民出版社 2012)则认为可能是五代末期的作品,地区为渭水及黄河中下游。倪根金的(倪根金:《<四时纂要>研究二题》,《南都学坛(哲学社会科学版)》2000)认为则是唐代作品。但无论如何《四时纂要》中记载的“种木棉法”仍对宋以前植棉技术有很大史料价值。

④〔明〕方以智:《物理小识》卷九。

⑤〔元〕司农司编纂:《农桑辑要》卷二《木棉》。

《竹屿山房杂部》(浙江巡抚采进本)为最早系统记载花生栽培技术的文献,“二三月治地作畦,当畦两壖种之,离二尺一本,环覆以棚”①,明代花生种植多为在畦内种植,作畦便于排水通风,也便于照顾花生的短日照属性而以棚遮盖。明方以智《物理小识》“二三月种之,一畦不过数子。”可见作畦法为域外经济作物整地环节的普遍应用的技术。

传统农学对整地环节施基肥十分重视。宋代苏颂《图经本草》记载罂粟种植技术,“圃人隔年粪地,九月布子,涉冬至春,始生苗,极繁茂。不尔则不生,生亦不茂。俟瓶焦黄,乃采之。”②种罂粟需隔年施粪。元代《农桑辑要》记载棉花施肥以牛粪作基肥,“覆以牛粪,木易长而多实。若先以牛粪粪之,而后耕之,则厥田二三岁内土虚矣。”或覆于种上,或翻耕于土中。烟地的整地过程继承了传统深耕、连作施肥理论。在下种前,老地要深耕,“挖土深半寸,即以火焚其面……更挖深三寸,能翻覆之更善,宽筹熟粪使肥泽。”③如连作则肥力受损,需要采取早犁、深耕、施基肥,防火烧田灭虫灭草等措施,整地培土要力求密匀,以增强通气性。

(2)传统浸种、播种技术对域外经济作物的本土化改造

传统农学十分重视种子处理,下种之前对域外经济作物种子进行处理,能增加幼苗的抗逆性。《四时纂要》中对棉籽已浸种处理,“又种之时,前期一日,以绵种杂以溺灰,两足十分揉之。”用尿灰掺和棉籽,明显是对溲种技术的继承。《农桑辑要》也要搓灰,即“用水淘过子粒,堆于湿地上,瓦盆覆一夜。次日取出,用小灰搓得伶俐,”瓦盆覆盖是为了增温催种。明《物理小识》也称:“棉花:夏前湿子,染以草灰。”④《棉花图》中的棉种选择,浸种技术更加进步一些,因棉花种籽较厚,不宜出苗,因而在选种时就要讲究,“选取表黑核,冬月收而曝之,清明后淘取坚实者,沃以沸汤,俟其冷,和以柴灰种之”,“沃以沸汤”和《农桑辑要》相吻合。烟草下种之前也要用温水浸种、粪灰催种法等对种子进行处理:“摊种子于数层木质布上,厚四分寸之一,复以木质布覆之。团以浸于温水,安近于火炉之暖地,时润以温水,三四日则发小白点而萌芽焉……雍以精良热粪灰,此粪料处于鸡屋者善。粪灰汁一分,配以水三分,浇芽蘖上。”⑤

---

①[明]宋诩:《竹屿山房杂部》卷十一。
②[明]李时珍:《本草纲目》卷二三。
③杨国安:《中国烟叶史汇典》,北京:光明日报出版社,2002:223。
④[明]方以智:《物理小识》卷九。
⑤杨国安:《中国烟叶史汇典》,北京:光明日报出版社,2002:223。

在传统播种技术的改造下，形成了一套域外经济作物特殊性相对应的播种技术。如考虑到芝麻粒小，播种进行了特殊处理，《齐民要术》"漫种者，先以耧耩，然后散子，空曳劳"。漫种前用空耧整地覆土，是充分考虑到芝麻粒小，破土力弱的特殊性，因"劳上加人，则土厚不生。"农谚"麦种沟，谷种浅，荞麦芝麻盖半脸"，"盖半脸"即形容芝麻播种宜浅不宜深。用耧车耧种，也因芝麻细小，故"炒沙令燥，中半和之"，这种巧妙的方法解决了耧车溜种的密度和均匀问题。《博闻录》记载罂粟"种讫，以竹帚扫之"，类似于种芝麻的"空曳劳"，也是考虑到罂粟籽粒小的原因。烟草借鉴了南方水稻移栽技术，先划定烟厢，"在畦之种萌蘖满大而后移栽"①，清末还出现了薄膜技术的雏形，待到"萌蘖怒发，则将所覆撤去"②，保证了幼苗脆弱期的顺利生长。

在北方旱作农耕技术体系下，北方域外经济作物的播种常需要掌握时机。北方多春旱，旱作农业技术在播种时常采用"趁雨下种"或"趁露下种"等方法，以使种子充分"和土"。《齐民要术》载芝麻播种需"截雨脚"③，因为"若不缘湿，融而不生"。唐郭橐驼《种树书》(一题元俞宗本)："罂粟九月九日夜，夜种之，花必大，籽必满"，《博闻录》载"重九日种。又中秋夜种之"，趁夜下种，烟草移栽时也需趁阴雨天进行。这些技术是北方"保墒"技术常用的方法。

"不误农时"是传统农耕播种技术的优良传统，春秋时期《孟子·梁惠王上》即已提出"不违农时，谷不可胜食也。"这一传统也必然用于域外经济作物的技术改造。《齐民要术》要求种植芝麻要不误农时，当春种植。"月半前种者，实多而成；月半而后种着，少子而多秕也"，当是督促播种不要拖延之意。《四时纂要》认为棉花播种应当在"节进则谷雨前一二日种之，退则后十日内树之。大概必不违立夏之日。"如节气提前当在谷雨前一二天下种，节气推迟，当在谷雨后十天内下种，不能超过立夏。

随着地域不同，播种季节并非一成不变，既没有照搬原产地的播种季节，也没有固守"春种夏长秋收冬藏"的思维，需要因地制宜灵活的选择宜播期。芝麻引种中国之后，因各播种季节的不同而分为春芝麻、夏芝麻和秋芝麻。《四民月令》和《齐民要术》记述中心在北方，《齐民要术》认为北方春播最好，夏播其次。崔寔曰"二月、三月、四月、五月，时降雨，可种之"，南宋《陈旉农书》记述中心在

---

①杨国安：《中国烟叶史汇典》，北京：光明日报出版社，2002:222。
②杨国安：《中国烟叶史汇典》，北京：光明日报出版社，2002:223。
③〔北魏〕贾思勰：《齐民要术》胡麻第十三。

南方，记载“油麻有早晚二等”，“三月种早麻”，“五月中旬后种晚油麻”，南方农谚称“清明高粱谷雨谷，立夏芝麻小满黍”，清代祁隽藻《马首农言》：“立夏种胡麻，九股八格杈。”芝麻已推迟到立夏之后种植，但也不能太晚，如“小满种胡麻，到秋只开花。”但更南的地区则有秋种的。种植季节的微调还可以通过技术手段补救。如《农圃便览》记载如果芝麻种植季节错过了，需“先耕地熟，多送粪”、“种晚芝麻粪必多”，可通过多施基肥、追肥补救。

罂粟原产地与中国水热配置相反，因此罂粟引种中国后，没有墨守春播秋收的成规，而是选择了秋种。宋代苏辙《种药苗诗》称罂粟“与麦皆种，与麦皆熟”，播种季节与宿麦相同。同时，随着地域差异，播种季节又有微调，如清代罂粟在气候温润的浙江台州大量种植，多为春种夏收。花生本为南果，多为夏种冬收，清代沈茂荫《苗栗县志》卷五引《淡水厅志》云：“土豆，即落花生。……北方名长生果。俱系夏月种，冬月收实。”在向北方纬度较高地区地域拓展过程中，其种植时间相应推迟，北方多为改为秋种。

在烟草种植上，人们灵活选择种收季节，形成“春种夏采，夏种秋采”[①]的格局，即南方冬季温度相对较高，利用多熟制谷物收获后的空档期，选择在冬季播种冬烟，如“冬至阳生播种宜。一藏五千四十八，教儿满撒莫遗留”[②]；烟草原是热带、亚热带作物，如果温度过低，生长缓慢，难有收成，中国北方冬季寒冷，烟草难以过冬。在北进过程中，烟草育苗时间推后，山东、湖北、四川等省份“烟草春种夏花，秋日取其叶晒干”[③]，选择春季播种春烟；纬度更北的地区还有夏天播种的夏烟，并进一步引进耐寒的黄花烟品种。在烟草种植技术的保障下，各地通过选择不同宜播期巧妙规避了烟草的过冬问题，满足了烟草成熟期喜光、喜热的特性，保障了烟草在更大范围的生存。

由此可见，播种季节不是绝对的，可以在一定范围内微调，这种灵活多变的播种期，便于与中国复杂得多熟制相搭配，提高复种指数，为域外经济作物本土化地域扩展提供了条件。

(3)传统中耕、管理技术对域外经济作物的本土化改造

传统中耕管理环节很重视中耕锄草、灌溉等技术对作物生长的影响。随着经济作物的经济价值日益突出，人们在中耕管理环节投入越来越大，呈现密集

---

①杨国安：《中国烟叶史汇典》，北京：光明日报出版社，2002：20。
②杨国安：《中国烟叶史汇典》，北京：光明日报出版社，2002：33。
③杨国安：《中国烟叶史汇典》，北京：光明日报出版社，2002：23。

化趋势。西汉《氾胜之书》:“胡麻相去一尺。区种,天旱常溉之,一百常收百斛。”如果天旱,芝麻需要灌溉。贾思勰时已使用锋、耩除草,但“锄不过三”。芝麻中后期耐旱,杂草不易生,三遍就够。但南方和东部温和多雨,杂草易生,《农圃便览》要求“以锄六遍为度”,次数有所增加,元代《农桑衣食撮要》记载,“频锄草”,需要在嫩苗时勤锄草,是对《氾胜之书》“早锄早获”理论的继承,所谓“芝麻锄得嫩,抵上一遍粪”。从“锄不过三”到“锄六遍为度”再到“频锄草”,增大劳动力的投入以适应于不同地域和土壤,获取更大的收益。随着南方水田开挖渠排水晒田的中耕技术的应用,芝麻在水分较多的南方平原地区也能种植,使芝麻在南方种植更为普遍。

棉花是中耕环节密集化趋势最明显的域外经济作物之一。《四时纂要》记载棉花中耕:“立苗后,锄不厌多,须行四五度。”立苗后,锄治次数不嫌多,须要锄四五遍。元时的《农桑辑要》对棉花的种植技术记载的更加系统,“锄治常要洁净。概则移栽,稀则不须。”需要间苗,“每步只留两苗,稠则不结实。”明《物理小识》载:“当芒种时三耘则茂。……中通曰:棉花逢雨便薅,不薅则土结皮,故棉花尝锄数十次”指出了“锄不厌多”的原因。棉花作畦促进了棉花中耕管理技术十分烦琐,需要根据棉花长势而多次灌溉、锄草、施肥、间苗、打顶、治虫等程序。灌溉、锄草、施肥、间苗、打顶技术在明《农政全书》中所引张五典种法已基本成型:“或花苗到锄三遍,高耸,每根苗边,用熟粪半升培植。锄非六七遍尽去草茸不可。种之疏密:苗初顶两叶时,只划去草颗;宜密留,以备死伤。再锄尚宜稍密。三锄则定苗颗,宜疏不宜密。大约每花苗一颗,相距八九寸远;断不可两颗连并。苗之去叶心,在伏中晴日,三伏各一次。有苗未长大者,随时去之。”[①]从中可见棉花中耕技术的劳动密集程度。

打顶技术是在传统农业技术对棉花的本土化技术改造中的独特应用。《四时纂要》中尚未提出棉花打顶技术,但《农桑辑要》中已提出:“苗长高二尺之上,打去冲天心;旁条长尺半,亦打去心。叶叶不空,开花结实。直待绵欲落时为熟。”明《物理小识》:“秋前摘去散头,则花繁子多。花三出结铃亦三瓣,纺布以此。”这一过程需要经历好几遍,十分烦琐。但这个过程对棉花产量影响极为重要。“以摘苗与不摘苗者比较,摘苗者每亩可多收棉二三十斤,凡不摘苗者,稍梗易长,去地愈高,力不足而铃多落,其歉收以此。”[②]可见,打顶是为了“力

---

①〔明〕徐光启:《农政全书》蚕桑广类·木棉。
②〔清〕王晋之:《山居琐言》治生宜精理桑棉。

足”,防止棉花向上疯长而导致营养消耗。

烟草中耕的管理要经打叶、疏叶、打顶(摘蕊)等细致工序,烟草打顶与棉花打顶技术相似,“摘去顶穗,并除叶间傍枝,勿令交揉,则聚力于叶。”①去掉“顶端优势”,以使最具经济价值的烟叶增产,但人们也认识到打顶技术对烟草的影响是辩证的,“惟除蕾则烟之香气减,欲取其香则不必除蕾,欲增收量则去蕾可也”,认识到打顶技术对产量和烟叶品质的矛盾影响,烟草与茶一样,追求口感,即“用叶以伏月采者佳,生顶上者,嫩而有力,色嫩黄,名盖露烟”②,“盖露”为上品,以品质见长。此外,棉花也需要间苗,《农政全书》称“功须极细密”,通常需要三遍以上,可见其烦琐而细致。打顶和间苗技术大大提高了烟草的产量及品质,也因其中耕过程需要投入大量的人力,使烟草种植技术也走向密集化。

花生的“压枝技术”也较独特,可能为传统桑树压条技术基础上的发展。《四时纂要》“白桑无子,压条种之”③,是对无性繁殖技术的运用。清代屈大均《广东新语》卷记载“落花生,草本蔓生,种者以沙压横枝,则蔓上开花”④,清代曾曰瑛《汀州府志》卷之八物产:“花生,种出西国……黄花开时,随以沙土压之,即于土中结实,冬后掘土取实。”即在花生开花时,需要用土将蔓藤压于土下,才能促进花生结实。虽然当时人们不知花生地下结实是因为需要黑暗和外力刺激的原理,但人们已经认识到人工捧土覆盖的方法可以使花生增产。

罂粟的适应性较强,秋天种植后,只需间苗一次,不需要特别的施肥、浇灌和田间管理,便能很好的生长,但人们仍然不忘锄草。宋代李复《种罂粟》:“常虑蒿莠生,锄剃不敢阙。”诗人常为罂粟锄草,以防杂草争肥,并以此为生活情趣。“想从今、无暇斸蔷薇,锄罂粟。”⑤烟草的中耕锄草必须要早,因为“唯淡巴菰之根,生长特速,不时几时即布满畦中,故耘淡巴菰之田宜早,”灌溉要勤,粪肥要做特别的保障,并创造出以豆汁、米泔灌溉的独特灌溉方法。

此外,域外经济作物还常常与其他作物间作套种或轮种,形成多熟制。棉花引种后,常与芝麻混种,“芝麻多种于棉花地旁”⑥,“又或杂植芝麻,云能利

---

①杨国安:《中国烟叶史汇典》,北京:光明日报出版社,2002:175。
②[清]赵学敏:《本草纲目拾遗》卷二《火部》。
③[唐]韩鄂:《四时纂要》春令卷之一。
④[清]屈大均:《广东新语》卷二七《草语》。
⑤[宋]徐安国:《全宋词·满江红其一·约斋同席用马庄父韵》。
⑥[清]尹会一:《敬陈农桑四务疏》。

棉"[①],棉花多虫,还与大蒜、葱等有刺激性的作物间种,以防虫,两相得利。明《物理小识》指出棉花"惟种荞麦不必多锄。"明代《农政全书》记载了松江等地在小麦田内套作棉花的棉麦或棉稻两熟制,"种棉二年,翻稻一年……收棉后周田作岸,积水过冬,入春冻解,放水候干,耕锄如法,可种棉,从亦不生。"②棉稻两熟制在南方适用范围很广,此外,还有与蚕豆、黄花苕、大麦等轮种,"既养地力,工作亦轻"③。

(4) 传统收获、储存技术对域外经济作物的本土化改造

域外经济作物的收获采摘多需要把握时机,早收早摘、多次收获的方法。芝麻粒小易洒落,北方气候较干旱,芝麻的收种时需要特别小心,在芝麻种囊尚未裂开时或尚未成熟时就要收割,如果成熟后再取收割必然会遭受更大损失,有农谚云"芝麻晚了一包叶,棉花晚了桃不结","捶胸割油菜,顿足拔芝麻",以小的牺牲来确保大的利益。收割时直接割断芝麻秆,且"刈束欲小。"因为"束大则难燥;打,手复不胜。以五六束为一丛,斜倚之。不尔,则风吹倒,损收也。候口开,乘车诣田斗薮;倒竖,以小杖微打之。不定期丛之。三日一打。四五遍乃尽耳。"这是针对芝麻细小的特点而需要采取特殊保护措施,以防止芝麻脱落,需要将芝麻捆成小束,相互斜靠在田里干燥,等到芝麻种囊裂口,将芝麻秆倒立,用小棍轻打,三天这样打一次,重复四五次才能将芝麻全部收获,这种直接在田里加工脱壳的方法避免了运输过程的损失。《物理小识》记载棉花采摘须"旋熟旋摘,随即摊于箔上,日曝夜露。待籽粒干,取下。""旋熟旋摘"采用的是多次采摘方法,这一技术也为烟草的收获及收晒的方法相类似,收烟"有伏采秋采之别",分为初伏、三伏两个时间段收晒,以便充分获取收益。烟子留种"择秀茂烟苗,照常培溉,仅摘其叶而不打头……俟叶摘尽,连标截下,悬于岩端。"④花生收种较为简便,但早期引种的小粒花生,结子分散,颇费人力,大花生引种后,由于结实集中,便于收获,而很快得到推广种植。这些技术许多都为今天所用沿用。罂粟的收种集中在对罂中细小种子的利用。宋苏颂《图经本草》:"九月布子,涉冬至春,始生苗,……俟瓶焦黄,乃采之。"⑤宋代李复《种罂粟》:"纷纷金蕊落,稍稍青莲结。玉粒渐满房,露下期采折。"待罂粟花开结子后再采摘

①〔清〕方观承:《棉花图》。
②〔明〕徐光启:《农政全书》木棉。
③〔清〕江志伊:《农书述要》种木棉法。
④杨国安:《中国烟叶史汇典》,北京:光明日报出版社,2002:226。
⑤〔明〕李时珍:《本草纲目》二三卷。

其籽。罂粟采用传统"成熟而收"的方式,使其经过了上千年也与中国人"相处"的平安无事。

(5)传统园艺技术对域外经济作物的本土化改造

域外经济作物引种之初,往往被试种于园圃之中,精心培育实验,园艺技术就为其提供了经验。如向日葵引种之前,锦葵科的葵已有悠久的栽培历史,作为蔬菜食用,并形成了一套成熟的种植技术。人们将向日葵归为葵类,自然也将葵的栽培技术移植于向日葵栽培上。因此向日葵多种植在园圃篱笆之中,明代文震亨的《长物志》:"葵花种类莫定,初夏花繁叶茂,最为可观,一曰向日,别名西番莲"①。向日葵"甚易生",《花镜》中以之为"七月花使令"②,以至于不用怎么管理也可以成活,七月开花。有些园圃中的域外经济作物很晚才进入大田作物行列,如向日葵在清代还没有形成大田种植规模,大多零星种植于苗圃或墙边田畔,《抚郡农产考略》谓:"向日葵,墙边田畔,随地可种。"

在明清以前,中国人主要将其视为观赏植物及药用植物,而种植于园圃或药圃内,"朵朵东园一丈开。浇红泼绿美人来。信知西子非凡种。曾是蓬壶旧结胎。"③宋代方回《治圃杂书》载其园圃之中有"花有如罂粟,能同橘不迁。……元勰齐民术,夷吾土物篇。园丁初未读,口诀自相传。"④认为罂粟种植于园圃中,如同橘难以移植,只限于在园圃之中,进行施肥、锄草、收获,产量较小,未将之作为嗜好性作物使用,社会需求量也小,其影响仅囿于药房和一些文人雅士,长期未能进入大田栽培。

4.3.2.2 传统手工业技术对域外经济作物的本土化改造

经济作物有别于其他作物的重要特性之一是其与加工业联系紧密,具有工业、手工业原料的属性。加工技术的发达程度及规模决定着经济作物种植规模。人们在引进域外科技的同时,也对域外科技及域外作物进行加工技术层面的本土化改造。

(1)传统榨油技术对域外油料作物加工技术的本土化改造

在引种中国前,芝麻在域外已经作为主要的油料作物利用。由于芝麻出油量高,芝麻在引种中国之初,也作为重要的油料作物而种植。芝麻加工技术的

---

①〔明〕文震亨:《长物志》卷二五《花木葵花》。
②叶静渊:《"葵"辨——兼及向日葵引种栽培史略》,《中国农史》1999(2):66-73。
③《嘉兴藏·嵩山野竹禅师录》卷十三《罂粟》。
④〔宋〕方回:《全宋诗·治圃杂书二十首》,一说作者为金元好问。

本土化与芝麻种植规模相关,如果芝麻加工技术跟不上,芝麻在中国的推广将大受影响,而芝麻种植普遍,也促进芝麻加工技术的不断发展。《齐民要术》在芝麻的农业栽培和收获环节刻意关注其出油量是否损耗,说明已形成与之配套的榨油技术。《齐民要术》载芝麻与麻子种道旁,“收此二实,足供美烛之费也”,可见榨油已成北魏种植芝麻的目的之一。

在芝麻引种中国之前,早已有作为油料作物的大麻子,中国谷物加工脱壳技术已经有了一定程度的发展。芝麻含油量高,传统的油料加工技术“舂捣法”运用于芝麻上很容易出油,“舂捣法”实际是从谷物脱壳技术发展而来,宋李昉《太平御览》卷八百二十九资产部九舂条载:“《说文》曰:舂,捣粟也。”这种方法也应用于芝麻取油上,较为简单有效,宋代吕乔年说:“如油麻之为物,其中本有油,故一加砧杵则油便出”①。随着技术的发展而不断产生出效率更高的芝麻油加工技术。

压榨法是利用杠杆原理取油具榨油的方法。元代王祯《农书》中将杠杆取油具分为“卧槽”与“立槽”两种。在榨油之前需将芝麻炒熟,“凡欲造油,先用大镬爨炒芝麻,既熟,即用碓舂,或辗碾令烂,上甑蒸过”,之后上槽压榨,大大提高了芝麻的出油率。明代《天工开物》称“北京有磨法……以治胡麻”②,将炒过的芝麻直接入磨,原本磨面的磨成为个体家庭加工芝麻普遍使用的工具。宋代司马光编定的《类篇》还提到了对芝麻油饼进行二次压榨,提高利用率。在花生引种之际的明清时期,油料加工动力上使用畜力,“又治巨石为规,设机运动,大牯负碾”③,使加工规模扩大。明代江南地区有民谣:“小满动三车:丝车、水车、油车,谓之动三车。”④说明榨油工具已成为人们日常生活中的常见事物。

花生作为油料作物的记载始见于康熙《台湾府志》,“落花生即泥豆,可作油。”台湾在17世纪末18世纪初已经将花生用于榨油,成为生产植物油的原料。《台湾府志》载花生:“用以榨油,销用甚广。”可见已作物商品出售。大陆花生榨油的最早记录见于清代乾隆二十五年《三农纪》:“炒食可果,可榨油,油色黄浊,饼可肥田”⑤,认识到花生可榨油,油枯可肥田。贵州《贵县志》记载:“每年出息可抵谷石之半”,榨油“每年不下千数万斤。”在贵县,花生种植已经

①[宋]吕祖谦撰,吕乔年辑录:《丽泽论说集录》卷八《门人集录史说》。
②[明]宋应星:《天工开物》·膏液第十二·法具。
③[明]徐鸣时:《横溪录》卷三《风俗》。
④《万历嘉兴府志》卷一《风俗》。
⑤[清]张宗法:《三农纪》。

达到规模生产，直接推动榨油加工规模化发展。清代徐景熹《福州府志乾隆本》卷之二十五载："落花生，《樵书》：……炒熟之，作松子之味，可为油，亦奇物也。"在台湾花生油还被作为工资用以结账，《台湾私法债权编》记载："内港担夫工资三十文、生油（落花生油）一篓、麻粒（胡麻）一石"，花生油充当了一般等价物，说明花生油作为商品已被人们普遍接受。清代浙江《桐乡县志》载"四月小满动油车、水车、丝车，曰小满动三车。"①油车的地位从明代的第三上升为清代第一，油车使用更加频繁。出现这种现象的主要原因是从域外引种了新的油料作物——花生，种植花生榨油已成为人们的一份重要收益。当然，花生在油料作物中的地位是一步步形成的。据清代王士雄《随息居饮食谱》（成书于清咸丰十一年）记载，起初的小粒种花生"入馔颇佳，榨油甚劣"，通过进一步域外引种出油率和产量高的新品种，才进一步推动了花生作为经济作物的商品属性，提高了其在油料作物中的地位。

（2）传统纺织技术对域外衣被作物加工技术的本土化改造

我国纺织技术自古发达。在对麻、丝的织造、染色整理工艺上已经十分发达，但棉花种植及棉花加工技术长期停留在少数民族地区。随着棉花向北推广及本土化进程加快，棉纺织工艺在继承丝麻工艺的基础上逐渐发展。元代的黄道婆将海南岛一带的棉花纺织技术带到了江南松江乌泥泾，直接刺激了棉花种植规模。元代末年的《南村辍耕录》载"国初时，有姬黄婆者自崖州来，乃教以作造杆弹纺织之具"。清初《沪城备考》载"元贞年间，携踏车椎弓归，教人以杆弹纺织之法，而木棉之利始传。"清代《棉花图》记载的棉花加工技术包含轧核、弹花、拘节、纺线、挽经、布浆、上机、织布、炼染等工序，这里面许多工序是对我国传统丝麻纺织技术的继承与发展，其中轧核和弹花是棉花特有的新增工序。

轧核是棉花加工技术中的难关，也是核心技术。在黄道婆回江浙之前，中原地区的人们只能用双手手工轧核，一朵朵花核分离，黄道婆教会了人们如同擀面皮一般用铁棒赶籽，《农桑辑要》中记载："用铁杖一条，长二尺，粗如指，两端渐细，如赶饼杖杆。……逐旋取绵子，置于板上，用铁杖回旋，赶出籽粒，即为净棉。"但这种方法较手工剥棉效率有所提高，但也费时费神，效率不高。元代"木棉搅车"的出现，是扎棉技术的改革。王祯《农书》记载："二轴相轧，则子落

①〔清〕李光地：《御定月令辑要》·卷九·四月令·桐乡县志。

于内,棉出于外。比用辗轴,功利数倍。”[1]这是手摇轧车,一车需有三人操作。明代后期,出现了仅需一人操作的脚踏轧车。《嘉庆松江府志》记载上海一带的轧车以“木楔笼紧”,花与籽分离的更彻底。清代《棉花图》中的轧车多了一个“毂”,以防止“一足偏左而用力不专”[2]。

弹花是第二道工序,俗称弹棉花,方勺《泊宅编》载轧棉之后“以小竹弓弹令纷起”[3],黄道婆将一尺多长的小竹弓改为四尺长的大竹弓,元代王桢《农书·农器·纩絮门》载:“当时弹棉用木棉弹弓,用竹制成,四尺左右长;两头拿绳弦绷紧,用县弓来弹皮棉。”并用绳弦代替线弦,用檀木加工成击弦弹棉的槌子。弹出的棉花均匀细致,保证了棉纱的质量。明代竹弓代之以木弓,增加了长钓竿,弓弦,由线改为蜡丝,韧性增强,更加有力。

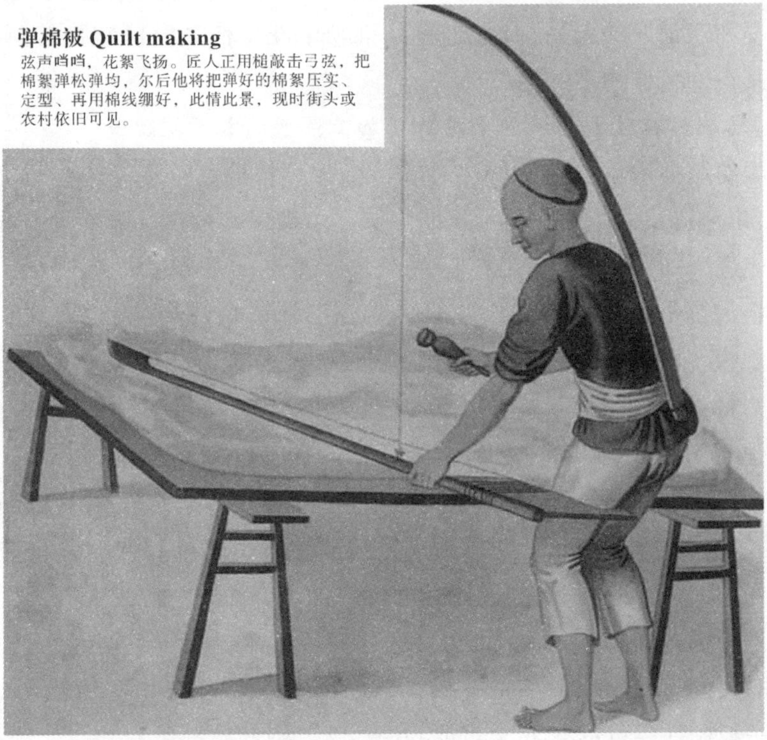

图4-1 弹棉被图

除了轧核和弹花之外,织布、炼染等都与继承了我国传统纺织技术,《棉花

①〔元〕《王祯农书》卷二一。
②〔清〕褚华:《木棉谱》。
③〔明〕方勺:《泊宅编》。

图》“机之制与丝织同”①,《王祯农书》谓:“便知器用两相通”,明代《天工开物》“普天织葛、苎、棉布者,用此机法,布帛更整齐坚泽”②,而其他印花、染布等工艺基本继承了丝麻技艺。

(3)晾晒传统和制茶技术对域外嗜好作物加工技术的本土化改造

农业民族的粮食保存技术以晾晒腌制为主,没有烧烤的习惯。茶叶是我国传统的嗜好作物,有着完备的制茶方法,晒茶是从农作物收获贮存中自然发展而来的最初级工序,“从春秋到东汉”制茶“以晒干为主”③,晾晒传统直接影响到烟草和罂粟的加工。

图 4-2 烟草加工图

明清时期的烟草加工调制主要采取晾晒,形成中国晾晒烟技术。《菸经》记载了晒烟法,“晒菸之法不同,有生晒者,先以青菸上帘搭架,于无树木遮盖之处将菸笠站直倚于架上三日……有遏草熟晒者,比生晒易干。一二日生晒者色

①〔清〕方观承:《御题棉花图·上机》。
②〔明〕宋应星:《天工开物·乃服》。
③曹兴兴:《古代嗜好性作物研究》,西北农林科技大学,2011。

黄，熟晒者洪黄……有将笠摊于平地晒者，易干省工……有绳索挂晒者……”①烟叶晒干后要进行剪蒂、剔筋、切丝、火炒等刨烟工序：“烟叶晒干，先减去其蒂，叶上粗筋细细剔尽，然后用版两片，将烟叶夹好，刨落纷纷，形如细发。”②将大片烟叶变为可吸食的烟丝，即为生烟，“以火酒喷制，或为油炒”③进一步焙烘，制成熟烟。烟草的火炒工序也受到制茶炒青制法的影响，明代方以智《物理小识·卷九》“暴干以火酒炒之曰金丝烟。”为了满足不同口感，在烟丝中加各种诸如檀香、兰花子等香料制成带有香味的特制烟。

长期以来，由于加工技术的制约，罂粟仅用于药用或食用，没有转化为嗜好作物。元代时，鸦片已在元朝上层贵族之中使用，但其提取技术还没有引入中国，本土的罂粟尚未用于提取毒品。明清之际，为了贸易需求，西方国家在东南亚、西亚等殖民地的大肆鼓吹种植鸦片，其提取技术可能由阿拉伯人传入西北或通过海路传入中国。明朝成化年间，中国开始出现用罂粟制作鸦片的记录。成化年间，一些地区出现了鸦片提取技术，甘肃总督王玺在他的《医林集要》曰：“罂粟花花谢后三五日，午后于壳上用大针刺开外面青皮十余处，次日早津出，以竹刀刮在瓷器中，阴干，每用小豆大一粒，空心温水化下，忌葱蒜姜水，如热渴以蜜水解之。”这是中国鸦片提取技术的最早记载。明朝李挺在《医学入门》中也有类似记载，并增加了储存方法。李时珍在《本草纲目》采集了鸦片汁液的方法“罂粟结青苞时，午后以大针刺其外面青皮，勿损里面硬皮，或三、五处，次早津出，以竹刀刮，收入瓷器，阴干用之。故今市者犹有苞片在内。”并引用王玺“阿芙蓉是天方国种红罂粟花，不令水淹头，七八月花谢后，刺青皮取之者。”鸦片在刮入之后需要阴干，为保持鸦片湿润，还需用锡纸包裹。

4.3.2.3 传统消费利用方式对域外经济作物本土化的改造

消费利用方式，是指域外经济作物经过了种植栽培、收获之后，通过加工，生产出成品，人们对成品的使用或食用方式。如烟草的吸食方式，罂粟的使用方式，花生、向日葵的食用方式。消费利用方式与加工方式二者既有区别，又有紧密的联系。区别在于加工尚处于生产阶段，而使用或食用已属于消费阶段。联系在于加工技术制约着消费方式，而消费方式引导和促进加工技术的改变。消费利用方式的变迁与其经济作物属性紧密相连，在很大程度上受传统饮食习

---

①杨国安：《中国烟叶史汇典》，北京：光明日报出版社，2002：135。
②杨国安：《中国烟叶史汇典》，北京：光明日报出版社，2002：53。
③杨国安：《中国烟叶史汇典》，北京：光明日报出版社，2002：52。

惯、消费习惯等固有习惯的影响。

(1) 油料作物消费利用方式的本土化改造

中国自古饮食、医学、养生不分家。人们对域外油料作物的消费方式也体现出这一特点。经济作物常担当粮食作物角色,芝麻、花生、向日葵的油料作物属性因各自含油量不同和科技发展水平而不同步。芝麻由于含油量高,引种之后很快被当作油料作物取油,还广泛应用于人们的饮食、保健、养生、润滑、照明等日常生活乃至战争军事之中。南宋庄季裕《鸡肋编》记载:"胡麻……炒焦压榨,才得生油,膏车则滑。"元代王祯《农书》记载:"胡麻出胡地,大而少异。取其油,可以煎烹,可以燃点。"①即除了用于烹饪,还用于照明。中国人将芝麻油分为生熟两种,"宗奭曰:炒熟热压之生油但可点照,再煎炼之熟油始可食而不中点照"。② 熟芝麻油经过了提炼,再用作照明是有点浪费了。除了照明之外,芝麻油还作为火攻的武器而成为军事战备物资。

由于花生品种、本土油料作物的阻碍、产量和种植面积等的原因,长期以来花生被用做食物,煮食或炒食。明末宋应星《天工开物》所列油料作物中没有花生,说明花生栽种尚不普遍,并没有被视为油料作物。花生的出油率高低也直接影响着其消费利用方式。花生榨油的可考记载迟至清代。花生产量及品种的改善,使花生用于油料加工,其消费方式也随之转变。花生的消费利用不仅限于对种子及油的利用,花生油粕也用于肥田,参与农业耕作环节。如清代王石鹏《台湾三字经》"肥料粪,油粕倾;藉牛力,助苦耕(其肥料惟用人粪尿、豚粪及落花生油粕)"。向日葵的消费利用方式起初被视为观赏植物,其花叶也入药,后其种子逐渐被视为瓜果零食,清末才由于含油量高的俄国品种引种东北,向日葵作为油料作物用于榨油才受到人们重视。棉花引种中国后,随着棉花加工规模的扩大,棉花向中原地区推广,种植面积扩大,加工技术进步,被轧出的棉籽,本无多大价值,清《棉花图》载"棉之核压油可以照夜",棉油多用于照明,棉花的经济价值因消费利用方式的变化而得到进一步提升。

(2)嗜好作物消费利用方式的本土化改造

烟草传入和引种中国之后,作为消遣品,在消费方式上中国人更变出了许多本土化的吸食花样来。可以说,烟草的每一种吸食方式的出现,都是全球化与本土化的产物。最先出现和流行的方式是旱烟。"旱"是为区分后来出现的

---

①《王祯农书》卷十六《农器图谱九》。

②〔明〕方以智:《物理小识》卷九。

水烟而言。旱烟的发展经历了一个过程,烟草初传时可能采取的是共吸方式:“烟初入内地时,食者将烟草置瓦盆中,点火燃之,各携竹管向烟,群聚而吸之,其管不用头;今者人人随身携带矣。”①(杨国安)由于共吸不方便,其后在竹管上加头,安放烟丝,便于个人用嘴分吸,做成长长的烟筒,形成“左比剑佩右弓铰”的中国烟民形象。旱烟烟具制作简易,农业地区竹子取材易得,成本低廉,利用烟筒可以将所有烟丝燃尽,符合农业民族儒雅节约的性格和需求,而没有发展为域外直接用嘴猛吸的雪茄。

烟民将烟玩的炉火纯青,外国人绝难匹敌,中国烟民可利用吐出的烟雾创造出各种栩栩如生形象,“或为山水楼阁,或为人物,成为花木禽兽,如蜃楼海市,莫可名状。众客咸以为古未曾有”②,成为令人叫绝的特色烟技,虽有夸大,但足以显示烟草之流行及本土化之深刻。

水烟是继旱烟之后而出现的吸烟方式,水烟最早可能源自阿拉伯,但中国人将其发扬光大。随着旱烟的流行,人们意识到烟毒的危害,试图降低烟毒,认为在吸旱烟时“先含水在口,故烟性虽烈而不受其毒”③,因而水烟流行。“烟既行百余年而水烟出矣。水烟者,起于甘肃之兰州。兰州五泉山下产烟草,既制,必隔水吸之……渐自秦而晋、而豫、而齐鲁燕宋,大江以南,今且遍天下无不至矣。”④兰州烟叶与他处迥异,力猛够味,只有通过“隔水吸之”的方式吸食,兰州水烟一时声名鹊起,而水烟的吸食方式也由西向东,由北向南反向传播,运用于各地烟草,以降烟毒。水烟烟具也不断精美无比,“用水烟袋吸之,烟从水过。其状有鹤形、象形、葫芦形等。”⑤

鼻烟是从域外引进的一种烟草吸食方法,其“制烟为末,研极细,色红,入鼻孔中,气倍辛辣”⑥,携带方便,能避免火灾,其品在淡巴菰之上。“鼻烟来自大西洋意大里亚国,明万历九年利玛窦泛海入广东,旋至京师献方物始通中国。”⑦鼻烟在烟草传入中国时就就已通过进贡方式直达统治者。起初在中国未流行,社会需求量小,需求依靠进口。雍正三年,经域外屡次进贡后,在上层社会

---

①杨国安:《中国烟叶史汇典》,北京:光明日报出版社,2002:54。
②[清]张潮:《虞初新志》卷十六。
③杨国安:《中国烟叶史汇典》,北京:光明日报出版社,2002:178。
④杨国安:《中国烟叶史汇典》,北京:光明日报出版社,2002:20。
⑤[清]秦武域:《闻见瓣香录》卷四。
⑥杨国安:《中国烟叶史汇典》,北京:光明日报出版社,2002:52。
⑦杨国安:《中国烟叶史汇典》,北京:光明日报出版社,2002:106。

兴起，上行下效，相习成风，中国也始制鼻烟。鼻烟壶从初传入的玻璃、玛瑙材质发展到木质、铜质、金银质、瓷质、陶质等各种材质，融合中国传统书法、绘画、园林、雕刻、陶瓷等艺术于方寸之间，被视为珍贵玩物，超出物质本身而成为炫富夸耀的象征，形成具有中国艺术特色的鼻烟文化。

明清以前，对罂粟的消费利用多用于饮食或药用，而未作为嗜好作物对待。明代虽有了鸦片提取技术，但生产量尚小，王玺称“每用小豆大一粒，空心温水化下”，食用方式如同服药，因而罂粟限于药用，没有大规模推广。明清时期，鸦片制成品及提取技术通过贸易、战争、纳贡等方式进入中国，其刺激性与致幻性与中国房中术相结合，其消费方式从普通药品转变为“御女金丹”。虽然，人们此时的主观消费方式是药用，但实际已使提取物中上瘾物质进入人体。罂粟用于房中术，是其向嗜好作物转化的过渡。

中国人对鸦片食用方式进行的本土化改进，适应了中国人的口味和需求。罂粟晒干之后含多种生物碱，其味道和气味并不佳，食用时需要像吃药丸一样吞服，所产生的兴奋和刺激效果不够强烈，时间也不长，以这种方式吞食的鸦片称为“生鸦片”。随着域外各式各样鸦片成品的传入，吸食熟鸦片的方法也由域外传入。据记载，在17世纪上半叶，东南亚热带地区的苏门答腊人首先发明了服食熟鸦片的方法。他们将提取的鸦片浆汁煮熟，再滤掉残渣，制作为熟鸦片。中国人在此基础上改进鸦片的食用方式和加工制作方法。李圭的《鸦片事略》载：“明末，苏门答腊人变生食为吸食。其法：先取浆蒸熟，滤去渣滓，复煮和菸草叶为丸，置竹管就火吸食。……沿海居民，得南洋吸食法而益精思之，煮土成膏，镶竹为管，就灯吸食其烟。不数年，流行各省，甚至开馆卖烟。”[1]鸦片一经烧之后，原本腥臭味，竟然变为了诱人的香味，“镶竹为管，就灯而吸”的吸食方法使鸦片从此流行起来。

中国人将鸦片称为“大烟”、“洋烟”、“烟土”，将吸食鸦片，叫“抽大烟”。烟草与鸦片相结合的“烟枪法”是域外鸦片吸食方式本土化的体现，大大推进了鸦片的传播。在域外鸦片大量进口中国的同时，另一种嗜好作物——烟草也引进中国，很快在社会上形成吸烟风气，政府屡禁不绝，反而刺激了鸦片的替代需求。中国人养成的吸烟习惯及风气，直接为鸦片的传播提供了有利的环境。鸦片掺杂在烟丝之中，诱导嗜烟如命之人体验鸦片，使烟民成为鸦片的吸食人群。鸦片的吸食方式直接借鉴了中国旱烟、水烟的吸食方式，利用烟草的吸食烟具，

---

①李圭：《鸦片事略》卷上。

或在烟草烟具上稍加发挥,创造出便于静静平躺的鸦片烟具、烟床,这种平躺吸食的方式适应了明清时期的享乐奢靡之风。

鸦片与烟草结合后,烟草和鸦片的吸食方式融为一体,中国人不断进行本土化的改进和发明,又采用吸食纯鸦片的本土化方式,不再添加烟草,以追求更加强烈的刺激,这种猛烈的本土化的吸食方式使鸦片瘾更难根除,形成全国烟馆遍地之势。

4.3.3 社会接纳

域外经济作物本土化适应直接推动了经济的发展,特别是明清以来,“经济作物的引进推广,不仅直接促进了社会经济的繁荣,更从深层次加速了中国农业产业分化与农业商品化趋势,成为孕育滋生中国资本主义萌芽的主要因素之一。”[①]域外经济作物为中国农业结构调整、国计民生、对外贸易、商品经济的繁荣发展做出了巨大贡献,推动了中国经济向现代转型。

4.3.3.1 农业结构的接纳

域外经济作物在传统农业结构中占有一席之地,调整了原有作物和农业结构比例。传统农业以温饱为目标,更加重视粮食作物。在域外经济作物经济利益带动下,人们将经济作物从种植业中分离出来,进行专门化、集中化种植。“经济作的引种,标志着种植业内涵已发生变化。养体农业(食物性农业)比重下降,由占较高份额转化为较低份额。而非食物性农产品供求比重上升,使经济作物种植与大田粮食生产相区别。”[②]经济作物得到前所未有的重视,在农业生产结构上比例增加,在某些地区经济作物种植面积超过粮食作物,甚至对粮食作物产生排斥现象。如芝麻在引种之初就被作为油料作物,部分代替了原油料作物的功能,花生成为油料作物之后,对芝麻在油料作物的地位有一定的冲击,但原有作物并没有完全消失,只是地位下降或沦为野生,种植规模缩减。鸦片加工及消费方式的改变刺激其种植规模迅速扩大,占据粮食作物生存空间。域外经济作物本土化使一些原有作物地位及粮食作物地位受到挑战、下降甚至淘汰,从而推动作物品种的不断自我更新。

地区性经济作物的本土化发展使作物结构地域性增强,形成专业的生产区域和专业种植户,这些地区粮食作物比例相对下降,经济作物比例有所上升,农

---

①朱宏斌:《浅论农业科技文化交流史研究的基本维度》,《农业考古》2011(1):28-32。
②樊志民:《农业进程中的拿来主义》,《生命世界》2008(7):36-41。

业结构发生变革成为普遍现象。如太湖流域的松江府属太仓州地区是历代重要的粮食作物产区,但由于“种花费力少而获利多,种稻工本重而获利轻”①,纷纷种植棉花出售获利,而不再种水稻。烟草在清代种植获利颇多,大大超过粮食作物,因此,山西保德州“凡河边淤土,不以之种禾黍,而悉种烟草”②,作物结构区域单一化也使粮食作物受到排斥。

4.3.3.2 中国传统衣食结构的接纳:以花生、棉花为例

花生寓意着长寿多子,成为重要的零食干果,提高了零食在饮食结构中的地位。《常熟县志》记载花生收种之后将其煮熟加工后直接食用,其“味甚香美”。清代叶梦珠《阅世编》卷七记载了炒花生的方法:“万寿果,一名长生果,……成实之后,采荚去壳,用沙微炒,以色淡黄为度,则味松而香,可充笾实,且以其名甚美,故宾筵往往用之,亦此地果中,昔无而今有者。”用沙微炒,不易炒焦,香脆无比,常作为干果零食,招待来客。《清稗类钞》:“糖果(蜜渍品)、干果(落花生、瓜子之类)、鲜果(梨、橘之类)。”《台湾通史》记载花生“或佐食,或以子煮糖充茶品,台人莫不嗜之。”

在零食之外,花生还与源远流长的酒文化结下了不解之缘,成为佐酒佳品,常用于宴席。《清稗类钞》中记载:“其佐酒者,则煮咸栗肉、干落花生、核桃、榛仁、蜜枣、山查、鸭蛋、酥鱼、兔脯。”四川名小吃酒鬼花生,更是成为花生的佐酒功能的代表。

花生还作为丰富烹饪菜肴的食材。《清稗类钞》还记载了一道名为“清汤花生猪肚”的福建菜肴:“闽人重视落花生,不若他处之仅视为下酒之果物也。筵宴时,每与猪肚同荐,曰清汤花生猪肚,谓为极有补益之品。意谓猪肚为猪全身最佳之品,花生佐之,大益脾胃也。”将嫩花生洗净,带壳用水煮,放些盐,即成煮花生,这样可以避免上火。人们认为落花生“长于土中,故暖胃”因而在煮稀饭时剥几粒花生或压碎后放锅,即成养胃的花生粥。花生除了用于制作粥之外,还被捣碎加入面食糕点之中,清代连横《台湾通史》:“糕饼之馅,多用豆,或以麻,或捣落花生为末而和之。”清末,花生成就了一道川菜名菜——宫保鸡丁,将花生的香脆特点发挥得淋漓尽致。这是将域外引种作物的成果与中国传统饮食文化相结合基础上进行发展的典范。如今,花生在中国已发展为煮花生、炒花生、盐碱花生、花生牛轧糖、花生酥、鱼皮花生、酒鬼花生等,成为人们生活中

①〔清〕高晋:《皇朝奏议》卷六一《奏请海疆禾棉兼种疏》。
②〔清〕陆耀:《烟谱》卷四六。

最喜爱的零食和宴席佳品之一。

衣被原料主要解决人类生存必备的保暖问题，由于域外衣被作物的引种，我国衣被原料格局经历了由桑蚕、丝麻为主到以棉花为主的演变。宋元以前，中原地区衣被原料以蚕丝、麻、葛、苎等为主，丝绸虽细腻、保暖、舒适，但生产繁琐，价格昂贵，官宦富人多衣丝帛。葛麻较粗糙，保暖性差，生产较易，成为普通百姓的主要衣被原料。《汉艺文志》曰："麻、苎、葛曰布"，普通百姓由此而称布衣。随着棉花在中原地区本土化的深入，中国衣被原料也从棉麻为主到以棉花为主，原本丝麻一统天下的衣被原料格局被打破。自宋代以来，棉花沿着闽广北上，棉花种植区域及纺织技术迅速发展，棉花进入普通人的生活，被广泛用于制造帽子、衣服。帷帐等生活用品。北宋苏籀《闽中秩满》诗说："径从南浦携书笈，吉贝裳衣皂帽帷。"①说明棉花早在北宋就已经制成衣帽。元明清以来，每到冬季来临前，妇女就忙着为老人、小孩赶制棉衣、棉鞋、棉帽，一般百姓也不用等到"七十者衣帛"，以使老人小孩保暖，平安过冬。棉花所制的棉制品已成为人们保暖御寒的必备生活品。

4.3.3.3 社会经济的接纳

(1)成了许多农户赖以养家糊口的主要营生

随着经济作物本土化程度加深，不少农民种植目的尚为自用或自食用，在物质供给上，提高了农民的衣食水平，一些地区产量提高，经济作物所蕴含的经济附加值得到开发，获利颇多，增加了农民收益，不少人因此致富。如棉花的种植使江南地区富裕起来。域外经济作物的引种，为农民致富提供了广阔的路径。宋代谢枋得《谢刘纯父惠布》记载："嘉树种木棉，天何厚八闽，厥土不宜桑，蚕事殊艰辛。木棉收千株，八口不忧贫。江东易此种，亦可致富殷"②。清代山东农民种植棉花，"多能起家，而贫者以富。"③福建农民因"膏田种烟，利倍于谷"，"永民多借此以致厚实焉"④。花生使许多不宜于种植的山地、河滩得到开发，尽其地力。据《明清徽商资料选编》："黟为山邑，田少于山，土地瘠确……近时日益加多，所种蔗苎薯蓣落花生之属，产额最巨，颇称能尽地力，需要不事外

①〔宋〕苏籀：《双溪集》卷二。
②〔宋〕谢枋得：《谢叠山文集》。
③《乾隆夏津县志》卷之四。
④《道光永定县志》卷一六。

求。”①落花生为贫困山区增加了收益。

(2)成了国家税收的主要来源之一

随着域外经济作物的本土化,政府开始对其征税。棉花、花生、芝麻等都成为征税对象,特别是烟草和罂粟税收税额高,成为明清政府税收的重要来源。明清政府在禁止种植烟草、罂粟失败之后,对其征收重税。征税额是普通作物的数倍,但种植烟草、罂粟收益较高,易于完税。为了税收收益,地方官大都纵容,甚至鼓励种植,烟草、鸦片税成为清政府财政的一大块支柱。域外经济作物与国家税收挂钩,变相得到政府保护,使域外经济作物种植业和加工业更加迅速发展。

(3)跻身对外贸易

域外经济作物的本土化,使得中国国内能够自给自足,在对外贸易中,能获得外汇收入。1785 到 1833 年,中国对英出口的商品中有许多为域外经济作物,中国始终处于顺差地位。中国花生在满足国内需求的同时,还向日本、欧洲等引种和出售,在欧洲花生有“唐人豆”之称,清代王石鹏《台湾三字经》记载“落花生(本岛糖业、茶业甚盛,其落花生堪为食料,并可制油,输出法国)。”烟草也出口到海外,返销菲律宾。史载“今反多于吕宋。载入其国售之”,烟草多输入南洋,“与南洋进行烟草贸易,利可十倍。”②

随着经济全球化的发展,国内市场被纳入全球资本主义市场范围内,对外贸易也很大程度刺激着经济作物的本土化发展。如美国内战期间,“棉花供给不足,始引起各国植棉之注意而为中国棉花输出之动机,是年中国棉花输出于欧洲之额达三十九万一千二百八十七担,即五百磅之捆约十万捆”(羌建等 2009),推动了中国棉花本土化发展。鸦片战争前 45 年(1794—1839)西方商人向中国输入鸦片总计达 42 万箱。占中国进口总额高达 50% 左右(孙玉琴 2008),使中国白银大量外流,为抵制域外鸦片的输入,中国本土鸦片大量种植,1870 年,本土鸦片已达到 7 万箱,已超过了进口洋烟的数量。至 19 世纪 80 年代,国产烟土的总量已是进口烟土的二至四倍。本土鸦片抵制了洋烟的进口,并对洋药造成了很大的冲击,使之进口数量逐年下降。1906 年中国本土鸦片约为 58.4 万担,而进口鸦片仅为 5.4 万担,这表明中国鸦片的自给率也达 91% 以上,已经实现了自给,有效地遏制了白银外流,鸦片的解禁,对清政府有利,而对

①胡存庆:《黟县乡土地理 · 物产》转引自张海鹏、王廷元主编:《明清徽商资料选编》,合肥:黄山书社,1985。

②《乾隆海澄县志》。

于黎民百姓却贻害无穷。

(4)成为活跃商品经济发展的重要促进因素

域外经济作物本土化促进了农业商品化,经济作物本身包含了较粮食作物较多的经济属性,也促进了粮食作物的商品化。棉花种植获利颇多,“八口之家,种棉一畦,岁获百斤,无忧号寒。市肆所鬻,每斤不逾百钱,得之甚易,服之无致。妇子熙熙,如登春台,有由来也,闽中地号炎海,……而棉花绝少生产,购自江浙,价常加倍。”[①]由于本土化的区域差异,棉花利润高,江浙获利很大。

由于域外经济作物经济价值的凸显,经济作物种植业和加工业的劳动密集型促使出现专门性的棉农、烟农,形成一条生产、加工、销售、消费一体的专门化、商品化的经济作物产业链。域外经济作物本土化的成功扩大了专业生产与地域间的分工,有助于社会劳动生产率的提高,导致交换的需要。河南棉花种植业兴盛,但“豫省民家有杼者,百不得一”,由于棉花加工技术本土化地区不平衡,河南只提供棉花原料,不当地生产,由“商贾贩于江南”[②],通过加工延长生产链条,提高棉花的附加值。

原来的传统产粮区,却纷纷逐利益种经济作物,反而导致“粮荒”,需要从其他地区转运粮食救济,经济作物因此也促进粮食作物的商品化。与地域相连的特产往往成为珍奇之物,商人将特产贩运到其他地方,高价出售,获得利润。明清时期的徽商就是在这样的背景下发展起来的。商人活动于各个区域之间,交换着区域间的经济作物原料和粮食作物,极大的活跃了地区间经济。

(5)推动民族资本主义的发展

域外经济作物商品化的发展,使农民直接与市场相联系。农民生产和加工活动受到市场导向作用的影响。但由于市场调节的盲目性和滞后性,多数小农势单力薄,盲目追求经济,难以抵御市场风险,在市场影响及其他因素的作用下,一些小农破产,成为“无恒产者”,以为他人做工为业,农业内部阶级分化加快。由于经济作物大都需要大量的人力,随着种植规模的扩大,农忙时节或平时,在某些经济作物的专业生产区中,“农民无田者,为人佣作曰长工”,“计时而受值者曰短工”,“农月暂佣者曰忙工”。由此出现了带有雇工性质的“短工”、“长工”、“忙工”,社会资本和劳动力分工,并以雇佣关系形式加以合作,在域外

①〔清〕贺长龄、魏源:《皇朝经世文编·户政·农政中·种棉说》。

②光绪《畿辅通志》卷二三一。

经济作物的种植和加工业中普遍出现，提高了农业生产、加工的劳动生产率，成为中国近代资本主义萌芽的标志。

明末清初，随着棉花在中原地区的本土化种植和加工，棉花产区和加工规模不断扩大，在江南棉花形成专门化的，以交易获得利润为生产目的的棉花种植和加工区及加工手工工场，带有资本主义萌芽色彩的“机户出资，机工出力”的雇工形式在江南棉纺织手工工场里出现。虽然由于种种原因，资本主义的萌芽尚不具备较好的发展条件，还不足以突破整体的自给自足的自然经济封锁，长期以来发展缓慢，但其在棉纺工业中出现的“机户出资，机工出力”的雇工形式无疑具有开创之功。20 世纪初，一些地区模仿西方的公司募集制，组成农林牧垦殖企业，种植烟草、棉花等域外经济作物，为工业提供原材料，特别是美洲烤烟和陆地棉的成功引种更加推动了现代大工业的发展。第一次世界大战期间。欧洲对中国棉花、花生、烟草等原料性商品需求增加，刺激了国内相应经济作物生产，棉花、花生、烟草等出口贸易增长，域外经济作物对中国经济发展的影响更大，促使着商品经济及棉纺织业、油料加工业、烟草加工业等工业的发展，推动着民族资本主义经济发展，孕育了近现代民族资本主义萌芽，为近现代民族工业的发展奠定了物质基础，甚至对中国社会阶层和变革都产生深远的影响。

4.3.3.4 进入了传统医药学的利用体系

中国医学养生文化源远流长，中国医学多采用植物入药，域外经济作物引种后多多少少都会与医学养生发生联系。域外经济作物被传统医学广泛用于治病和养生。

(1)域外油料作物在传统医学中的应用

芝麻引种中国后很快为中国医学接纳，为医学家所重视。芝麻入药部位分为种子、叶、油。入药记载始见于约成书于东汉的中国现存最早的药物学专著《神农本草经》，“补五脏，益气力，长肌肉，填脑髓，久服轻身不老”，被列为上品。中国饮食与医学自古不分家，芝麻被用于食疗，通过“吃”来治病，苏轼十分重视芝麻的食疗作用，还治好了多年的痔疮，在《与程正辅四十七首(之三十三)》写道：“其间更食胡麻、茯苓面少许取饱。胡麻，黑芝麻是也。去皮，九蒸曝白，茯苓去皮，捣罗入少白蜜，为面，杂胡麻食之，甚美。如此服食已多日，气力不衰，而痔渐退。”[①]宋寇宗奭《图经衍义本草》及唐慎微《证类本草》等医书皆

①[宋]苏轼：《苏轼集》卷一百十五。

载胡麻“味甘，平，无毒。主伤中，虚羸，补五内，益气力，长肌肉，填髓脑，坚筋骨，疗金疮，止痛，及伤寒温疟，大吐后虚热羸困。久服轻身不老，明耳目，耐饥渴，延年。……以作油，微寒，利大肠，胞衣不落。生者摩疮肿，生秃发。”①芝麻油可顺产、消肿、生发。芝麻叶名“青蘘”，功能与种子相似，亦可以沐头。《衍义》、《本草易读》等医书还称：“叶作汤沐，润毛发，乃是今人所取胡麻叶。以汤浸之，良久涎出，汤遂稠黄色，妇人用之梳发。”清代汪讱庵《本草易读》补充了芝麻油用途：“香油，甘，微寒，无毒。凉血解毒，止痛生肌。解诸毒而杀虫。”②并列举了芝麻油对耳聋有塞、蚰蜒入耳、蜘蛛咬伤、冬月唇裂、小儿丹毒、毒蜂螫、蛇伤、喉痹肿痛、肿毒初起、痈疽发背、血干难产、胎死腹中、猝热心痛、眉毛不生、汤火伤等均有疗效，几乎成为居家必备的“万金油”。此外，芝麻油不但可用于治人，还可用于畜牧兽医，如《四时纂要》：“牛虱方：以胡麻油涂之，即愈。猪肚亦得，六畜涂之，亦瘥。”③

医学上虽存“花生之谤”，但对花生的药用价值仍较为重视。清代邹存《检外治寿世方》卷二须条下记载“又落花生净肉炒极焦极细。捻须一二日后。色黑如漆。”花生被外用，焦后磨细可让白须还黑。清代丁尧臣《奇效简便良方》卷二杂症记载只需“任意食落花生，至二百斤愈”，可治黄肿。清代吴仪洛《本草从新》卷十果部与清代姚澜《本草分经》对花生的食疗功效描述相似：“落花生，润肺补脾。辛甘而香。润肺补脾。和平可贵。”

明清的医家和文人都认为向日葵花可堕胎或治难产，清代张锡纯《医学衷中参西录》中也以向日葵作难产大顺汤的药引：“大顺汤，治产难，不可早服，必胎衣破后，小儿头至产门者，然后服之。……或丈菊花瓣一钱作引皆可…… 且谓其性能堕胎。然用其堕胎之力以催生，则诚有效验，是以大顺汤用其花瓣作引也。”④并认为可治淋病、花柳：“且知其性滑，曾单用以治淋甚效。后与鸦胆子同用（鸦胆子去皮四十粒，用丈菊子一两炒捣，煎汤送下）治花柳毒淋”，但相比其他域外引种作物来说，医学上对向日葵入药的记载不多。

（2）传统医学对罂粟药用价值的认识

古代罂粟与其药物身份密不可分。罂粟在医学上的药用价值经历了从作

①《四库全书》子部《医家类》证类本草卷二十四。

②〔清〕汪讱庵：《本草易读》卷五《胡麻百九十五》。

③〔唐〕韩鄂：《四时纂要》春令卷之一。

④〔清〕张锡：《医学衷中参西录》医方（二十九）治女科方。

药引到适用广泛的滋补品的地位转变。在唐代时，同时期的阿拉伯国家就以罂粟配置药丸，将罂粟入药，并以药物的形式进贡中国。宋代对罂粟的药用价值颇为重视，认为罂粟可通便、治疟疾、呕逆、腹痛、咳嗽等症状。宋徽宗时寇宗奭在《本草衍义》中指出："罂粟米性寒，多食利二便，动膀胱气，服石人研此水煮，加蜜作汤饮，甚宜。"宋代对罂粟的主要利用部位集中在其种子罂粟米上，将其煮粥做汤，以利于服用石方之人通便。宋徽宗时王璆《百一选方》中以罂粟子和罂粟壳入药，作为治痢疾的良方。宋代严用和在《济生方·卷二》载："今人治咳多喜用罂粟乌梅之类。"①

罂粟还被当作滋补品用于养生。宋代苏轼很重视养生，他听说罂粟作汤有利于养生，于是作《归宜兴·留题竹西寺三首》"道人劝饮鸡苏水，童子能煎莺粟汤"。苏辙认为罂粟："苗堪春菜，实比秋谷。研作牛乳，烹为佛粥。老人气衰，饮食无几；食肉不消，食菜寡味。柳石钵，煎以蜜水，便口利喉，调肺养胃。……幽人衲僧，相对忘言。饮之一杯，失笑欣然。"②罂粟种子用于人们日常调理。

元明清以前，罂粟的这三种利用方式没有使罂粟成为毒品，也没有像域外那样作为致幻剂使用，中国人将其作为食物及药物看待，需要等其米成熟后使用，未将"米囊"刺破，取其汁液。因此罂粟对人们的毒副作用影响相对要小，尚未形成成瘾人群。

元明清时期罂粟加工方式改变，开始提取鸦片，域外鸦片也以制成品传入，其医药价值为医学家的注意。元朱震亨指出曰"治嗽多用粟壳，不必疑，但要先去病根，此乃收后药也。治痢亦同。凡痢须先散邪行滞，岂可遽投粟壳、龙骨之药，以闭塞肠胃。"③但罂粟壳不得乱用。明代李时珍《本草纲目》在罂粟之后另以谷部第二十三卷谷之二列条记录阿芙蓉，释名为"阿片"，"俗作鸦片，名义未详。……主治泻痢脱肛不止，能涩丈夫精气。"鸦片以提取物进入人体，镇痛效果明显，这对于缺医少药的中国下层百姓来说，鸦片几乎被视为灵丹妙药。

(3)传统医学对烟草药用功效的盲目推崇

烟草在初传欧洲时，被作为观赏植物对待，而中国因具有中医本草传统，烟草初传时被当作疗效显著的药材，医学界对其大为推崇。《本草汇言》载："此药

①[宋]严用和：《济生方》卷二。
②[清]汪灏：《广群芳谱》卷四十五。
③[明]李时珍：《本草纲目》谷部。

气甚辛烈，得火燃取烟气吸入喉中，大能御霜露风雨之寒，避山蛊鬼邪之气，小儿食此能杀疳积，妇人食此能消症痞。"明代名医张景岳在著作《景岳全书》中称赞烟乃"顷刻取效之神剂也"，认为可以壮阳、祛风湿。医学界的对其功能的夸大和推崇，成为烟草迅速本土化的重要推手。

清初社会繁荣，受文字狱盛行、优待八旗子弟等政策的影响，文人多消极避世，社会风气奢靡，资本主义萌芽，市民阶层兴起，有消费欲望和能力。烟制品中具有独特的"尼古丁"成分，医学界认为其具有"忘忧"、"辟瘴"、"祛寒"的作用，恰恰迎合了人们寻找精神慰藉的需求。加之没有根深蒂固的习惯阻碍，人们受到中医理论的鼓吹，出于好奇心，纷纷相互模仿吸食，在感受到烟草带来的前所未有的刺激之后，大肆渲染其有"疗百疾"之功效。传统医学的盲目推崇使人们一时对烟草趋之若鹜。

4.3.4 文化的接纳与濡化

中国人接触、了解陌生的域外经济作物需要一个文化接纳的过程。相比技术因素，中国人对待域外引种作物的态度和文化认同对其本土化具有更大的影响，如果中国人对域外引种作物没有认同感，将大大推迟域外经济作物的本土化的进程，甚至会导致域外经济作物在中国难以扎根。可以说，文化接纳程度决定着域外经济作物在中国扎根的深度和域外经济作物对中国影响的深度。

4.3.4.1 从异名上看中国人对域外经济作物的接纳

新事物引进一地，必有一名。引种之初，名字多带有域外色彩。但随着本土化程度的加深，人们多从自身角度出发，对其命名。各式各样富含中国特色的异名异彩纷呈。

异名体现了本土文化对其的认同和接纳，是在中国社会环境下本土化的产物。本土化速度越快，异名越多，本土化达到一定程度，逐渐出现统一名称。如果中国原本没有类似的东西引进中国，一般先以音译命名。如烟草被音译为"淡巴姑"，棉花被音译为"织贝"、"白叠"、"吉贝"等，鸦片音译为"阿芙蓉""阿片"等名。随着本土化的加深，人们逐渐从作物形态、品质上赋予一些新的本土名称，如"烟草"、"长生果"等。如果原本中国有相似的，则将其融为本土一类，先进行分类，再据其特征加以冠词命名，比如"西番菊"、"胡麻"、"番豆"、"番菊"、"西番菊"、"西番莲"、"西番葵"等。

芝麻除了"胡麻"之外，随着本土化的深入，并之而起的是各式各样具有农耕色彩的土名，如方茎、狗虱、油麻、巨胜、脂麻、芝麻等名，其“胡性”淡化。因其茎有棱，呈方形，故三国时吴普称其为“方茎”。因芝麻粒小，有黑色种，就像狗身上的虱子，因此《别录》称其为“狗虱”，最形象不过。“胡麻”常和另一种油用亚麻相混淆。二者在植株形态和种籽上都存在很大差别，但由于中国本土麻类种类繁多，常混淆误用。为了加以区分，隋代改称“交麻”，因能出油，唐初孟诜《食疗本草》称其为“油麻”。异名的发展还受到统治者避讳制度的影响。前秦石勒是胡人，将“胡麻”改名为芝麻。宋代时期，民间已经根据其油料作物的特征，改称脂麻、油麻，后改称芝麻，“芝”形容华美、华丽，同时不失含油之意，成为统一的本土化名称。

向日葵引种之初，人们在其名字前冠以“西番”或“番”字，并将这种新作物放入已有的作物类别之中。人们将其归为葵类，作为本土葵的一个变种看待。如明代王象晋的《群芳谱》载“西番葵，茎如竹，高丈余，叶似蜀葵而大，花托圆二三尺，如莲房而扁”，与蜀葵、锦葵等植物一并叙述，以蜀葵类比，将其视为相似之物。此外，在观察到向日葵开花之后，又在菊花之后附录一则《丈菊》：“丈菊一名西番菊，一名迎阳花。茎长丈余，干坚粗如竹。叶类麻。多直生”。另外，由于向日葵“花托圆二三尺，如莲房而扁”，也被人归为莲类。明代《长物志》曰：“葵花种类莫定……一曰向日，别名西番莲。”[①]在确定归属之后，人们根据其明显的向日而转的特性，冠以“向日”或“迎阳”，最终“向日葵”成为顺口而有意义的名称，一直沿用至今。

花生因植株形态特殊而备受文人关注。清代《广东新语》载“凡草木之实，皆成于花，此独花自花而荚自荚，花不生荚，荚不蒂花，亦异甚。”[②]清代《澎湖纪略》已注意到花生入地结实的果针：“落花生……蔓生，黄花。花谢时，花心如针入地，即成子”[③]人们根据其特殊植株形态，为其命名，如落花生、土露子、土豆、人参豆、地果、无花果、落花参、落花甜、落地松、豆魁等。随着认识的深入，人们又据其品质来命名，如成寿果、万寿果、延寿果、长生果、豆魁、人参豆、落花参等，突出其营养价值；有的名称因地域不同在方言流传中发生讹化，如“落地松”、“滴露生”、“滴花生”；也有表达美好愿望的如及第果、相思果。虽然，明代的地方志和私家著书中已广泛使用“落花生”一词，但“土露子”、“土豆”之类异

①〔明〕文震亨：《长物志》卷二。
②〔清〕屈大均：《广东新语》卷二十七《草语》。
③〔清〕胡建伟《澎湖纪略》卷八。

名不断，到17世纪中期以后，花生异名更多起来，说明了花生在清代本土化进程加快。所有异名之中，"落花生"最能概括其特点，逐渐成为正式名称。20世纪三四十年代，随着汉语的口语发展，"落花生"日益简化为"花生"，成为日常生活中最通常使用的名称。

汉文史籍中原本只有丝绵之"绵"，而无木字旁之"棉"。随着中原地区与边疆交往频繁，中原人逐渐认识棉花，将其称作"织贝"、"白叠"、"吉贝"、"古贝"、"木绵"等。蔡沈传云"南夷木棉之精好者，亦谓之吉贝。海岛之夷以卉服来贡，而织贝之精者，人入篚也"①。唐李延寿《南史林邑国传》"林邑国出古贝，古贝者，树名也"。《前汉书货殖传》中提到"荅布"，三国孟康注"荅布，白叠也"。学者据语言学考证，"白叠"、"吉贝"是梵语的音译，传抄讹化为"古贝"②。中原人在音译时选择"吉"、"贝"二字可能已寓意吉祥、宝贝之意。"白叠"也是中国人音译时据所贡棉织品形态而命名③。明《农政全书》引沈怀远《南越志》曰："桂州出古终藤，结实如鹅毛，核如珠王旬。治出其核，约如丝绵，染为斑布。"学者认为"古终"、"古终藤"是北路非洲草棉种的中国异名，是其阿拉伯语的音译，与今英语棉花发音相似。实际也体现出中原人对草棉的本土化认识，将"古终藤"视为藤类。《广州记》语"枝如桐枝"，"梧桐木"源于"古终"的讹化。为了与本土梧桐区分，另外产生"橦木"之名。

随着棉花向北方、东部拓展，中原人根据棉花特征，又创造了本土的"木棉"、"木绵"、"木棉树"、"木绵树"和"棉"等词。棉与本土桑蚕最大的差异在于动物和植物的不同，为了区分，有意突出其"木本"属性。唐杜佑《通典》记载："木棉濮，有木棉树，多叶，又生房甚繁，房中棉如蚕所作，其大如桊。"宋代艾可叔《木棉》诗云："收来老茧倍三春，匹似真棉白一分。"[④]宋代同时使用"绵"与"棉"，如宋自逊《看人取木绵》："木绵蒙茸入机杼，妙胜春蚕趼中缕。"通用现象一直延续到明代。虽然宋静道《入地眼全书》中已经出现棉花："天下棉花熟，贮布广贤。"⑤但直到明末清代时，"棉花"才成为普遍使用的词语，如顾炎武《日知录》"又令益种棉花，率蠲其税，岁终具数以闻。"⑥这种现象与我国本土

①〔清〕赵翼：《陔余丛考》。
②章楷：《中国植棉简史》，北京：中国三峡出版社，2009：1。
③刘咸、陈渭坤：《中国植棉史考略》，《中国农史》1987(1)：35－44。
④〔南宋〕艾可叔：《全宋诗·木棉》。
⑤〔明〕静道和尚：《入地眼全书》入地眼全书龙法卷二。
⑥〔明〕顾炎武：《日知录集释》卷四。

桑蚕文化密不可分，棉花与丝、帛、麻相混同，随着棉花本土栽培面积扩大，将丝旁换成木旁，但棉、绵都为衣被作物，因而“木棉”、“木绵”通用。随着棉花在中原地区传播，特别是宋元以后加速推广，棉花原有的“木本”特性逐渐淡化，人们将注意力集中于其“花”上，“棉花”一词从宋才开始出现并逐渐使用。

罂粟引入中国之初，古人根据本土化认识而将其命名为罂粟，古代将大腹小口的酒器称为“罂”，罂粟就是形容其果如同装粟米的酒器，罂粟之中也有如粟一般的米，因此，又取名“米囊”，而到了宋代，罂粟因其果实性状与鼓相似，又被称为“鼓子花”，并给予了新的文化含义。鸦片作为罂粟的产品，是以舶来品的身份引入中国的，中国人音译为阿片、鸦片、雅片、阿扁等。因鸦片多为黑色，如乌鸦一般黑，选择了“鸦”字，“雅”含有优雅之意，因此“鸦片”与“雅片”使用较多。明朝作为东南亚的贡品，传入之初被命名的“乌香”二字，色香俱全。甘肃、陕西因西北阿拉伯穆斯林文化影响，依阿拉伯语将鸦片音译为“阿芙蓉”，一个美丽的花名。鸦片与烟结合后，又称作鸦片烟。后鸦片又得名“福寿膏”。《黑籍冤魂》第一回：“且说中国自鸦片进口，流传内地……遂起他个美名，叫作‘芙蓉膏’，又叫作‘福寿膏’”，“福寿”二字，正适应了喜欢多福多寿的中国人的观念，“福寿膏”一名也成为商人宣传其功效的招牌，以至于国人都以为其能增福增寿。巧合的是，随着鸦片的毒害日深，等中国人察觉，知其利弊，感叹道“然则鸦片者，哑骗也。洋人协其音以愚我。”①

4.3.4.2 对域外经济作物的文化调节与利弊选择

为了解决文化冲突与利弊选择，在烟草“尼古丁”的独特魅力下，更多的人赋予了烟草“瑶草”、“仙草”、“芬草”、“相思草”、“金丝烟”、“金丝醺”、“返魂烟”等美称。各种关于烟的传说也迅速应运而生：如传说烟乃高丽国王妃化成，有海外鬼国王之女因病被弃山中，即将死去，嗅烟返生的传说；也有传说明朝军队征滇，几乎全军覆没，但吸烟之人毫发无损；还有“鬼嗜烟”、“火神吃烟”等传说，如在清代小说《后三国石珠演义》“须是寻得一种仙草到来（此亦是妖草矣），人人各佩一叶，自然勇气百倍，自然妖不能侵。……此名为金丝草，细叶紫花，平常人食之可以去毒，又能去邪气”②。这些传说反映了吸烟者初吸烟时的彷徨，对吸烟利弊不明，为了调和文化冲突，吸烟者为吸烟行为提供心理支持而生，以缓解自己内心因冲突而引起的不适，同时宣传吸烟有利，拉拢更多不吸烟

①〔清〕翟灏：《台阳笔记》鸦片烟论。

②〔清〕梅溪遇安氏：《后三国石珠演义》第二十三回。

者吸烟,以取得文化认同,传说由此而来。

另外,烟雾缭绕与中国传说中的神仙境界相契合,“牧羊小儿住洞天,炼丹也结炼心缘,他时功满紫烟去,试看碧陶五色鲜。”①托名修身养性、得道成仙。由于烟草所具有上瘾性的“独特魅力”,在反对声中,烟草仍然融入普通人的生活之中,吸烟在人群中空前普及,据《烟草谱》载“上自公卿大夫,下逮农工商贾,妇人女子,无人不嗜。”②烟草的美名越来越多,恶名越来越少,也不再表达其外来含义,取得普遍心理认同。

鸦片在引进中国之初,以制成品的形式走了“上层路线”,元明代上层统治者有“带头之功”,鸦片的上瘾性和刺激性决定了其“独特魅力”更大,在“御女金丹”的壮阳功效的鼓吹之下,人们很快解除了疑虑,在“利弊”二字中选择了利。李时珍曰:“俗人房中术用之。京师售一粒金丹,云通治百病,皆方伎家之术耳。”鸦片已在京城作为稀罕的“金丹”出售,用于房中术,虽李时珍对此持反对态度,但承认鸦片“主治:泻痢脱肛不止,能涩丈夫精气 ”,客观上推动了人们在观念上对鸦片的盲目接纳。1958 年,考古学家在对明定陵的考古研究过程中,对万历皇帝朱翊钧的遗骨进行了化验,结果显示其中遗留有吗啡成分。鸦片在明上层统治者之中被使用被证实。印证了清人的猜测:“然此物初入中国,宫禁先受其毒,明神宗三十年,不召见廷臣,即为此物所累故也。”③上层社会皇亲国戚、社会显达的示范作用,在观念中提升了鸦片的价值,鸦片价值一路飙升,“块土价值数万块,终岁但供一口烟”④。

罂粟入药为鸦片的流行提供了“混淆视听”的机会。明代方以智《物理小识》曰:“罂粟……或以治泻痢,或用为房中药,性暖而涩,未为大害。”鸦片为药,不为害的观念在禁烟后仍然存在,“雍正七年,福建巡抚刘世明奏称,漳州府知府李国治拿得行户陈远私贩鸦片三十四斤,业经拟以军罪。及臣提案亲讯,则据陈远供称,鸦片原系药材,与害人之鸦片烟,并非同物。当传药商认验,佥称此系药材,为治痢必需之品,并不能害人。惟加入烟草同熬,始成鸦片烟。”⑤巡抚刘世明认为鸦片是药品,陈犯无罪释放,反而治了知府本人的“故入人罪”,雍正皇帝朱批:“妄以鸦片为鸦片烟,甚属乖谬。”观念上未对鸦片毒害性认识

①杨国安:《中国烟叶史汇典》,北京:光明日报出版社,2002:40。
②杨国安:《中国烟叶史汇典》,北京:光明日报出版社,2002:57。
③〔清〕李岳瑞:《春冰室野乘》卷上《鸦片遗闻》。
④阿英编:《晚清文学丛钞 传奇杂剧卷(上下)》,北京:中华书局,1962。
⑤〔清〕李岳瑞:《春冰室野乘》卷上。

清楚。

在其消费方式本土化之后，鸦片被视为"海外灵膏"，有诗云："琉璃八角银作台，隐囊卧褥相对开，海外灵膏老鸦翅，象牙小盒兰麝味，锦衣儿郎富家子，爱逐秦宫同卧起，东轮西魄出没藏，短檠巧夺日月光……"，人们对鸦片极为珍爱，成为富贵奢侈生活的象征，富人对此趋之若鹜，积极为其正当性宣传，如"按烟字，从火、西、土。造字之时，已肇今日鸦片之谶。天雨粟，鬼夜哭，有似哉。"①从"烟"字上借助谶纬之说，为鸦片正名，认为这种从西方而来的东西是注定的。在富人的宣传下，穷人乃至乞丐也想尝尝富人的享受滋味，鸦片最终为人接受。

随着花生在中国的本土化程度加深，人们认为花生有毒的观念逐渐得以澄清，清代张璐《本经逢原》就为花生"平反"："长生果，一名落花生，甘温无毒。……味甘气香，能健脾胃，饮食难消运者宜之。或云与黄瓜相反，予曾二者并食，未蒙其害，因表出之。"②清代汪昂《本草备要》记载："按：落花生《本草》未收，本无当医药之用，然能益脾润肺，实佳果也。因世人谤之者多，附见于此，明其有利无害也"。对于花生生痰之说，也有了澄清。《本草纲目拾遗》："玉神庵尼清慧言，花生人云服之生痰，有一大家妇咳嗽痰多，医束手不治，庵尼云上劝服花生，每日食二、三两，渐觉稀少，不半年，服花生二十余斤，咳嗽与痰喘皆除，想亦从治之法也。童鹿言，花生本有涤痰之功，予家凡患咳嗽，止用生花生去壳膜，取净肉冲汤服，咳嗽自安，岂非化痰之功，善于瓜蒌、贝母。世俗以火炒食，反能生痰。"③对花生利弊的认识从"花生生痰"发展为"花生本能祛痰"，找到了"花生生痰说"的原因是火炒，提倡花生宜用盐水煮食。随着加工方式的改变，人们对花生形成了辩证的弊利观，在观念上逐渐接受了花生，并赋予其长生果之类的美称，应用于日常饮食之中。

另外，贾思勰、李时珍等人记载称"张骞使外国得胡麻"，将引种之功归于张骞，此说当采自民间传说，这种民间文化现象借助张骞的声望，为芝麻赋予了传奇色彩，赋予了芝麻合理地位，实质是为了解决文化冲突，减少本土化阻力而做出的文化调节。

4.3.4.3 域外经济作物与中国衣食文化的融合

技术改造决定了域外经济作物对中国影响的广度、文化接纳决定了域外经

---

①阿英编：《鸦片战争文学集》（上下册），北京：古籍出版社，1957：765。

②〔清〕张璐：《本经逢原》卷三《果部》。

③〔清〕赵学敏：《本草纲目拾遗》卷七《果部上·落花生》。

济作物对中国影响的深度，二者共同决定了域外经济作物在中国发展的速度。历史的积淀越深，人们所赋予其的中国文化内涵越丰富，本土化程度越深。除了直接的对经济的影响，域外经济作物与中国衣食文化、医学养生、民俗风气、文学艺术、农业结构、经济发展的全方位的、深刻的融合，在更深层次上将域外经济作物纳入中华文明之中。

(1)芝麻与饮食的“胡化”与“仙化”

汉唐以来，随着民族融合及芝麻本土化程度加深，芝麻在本土化过程中，融入中国传统饮食文化，不但改变了中原地区农耕民族长期以动物油脂为主的脂肪来源结构，适应了农牧结构变迁趋势，增加了植物油比重，更有特色的是芝麻的引种促进了中国饮食文化呈现“胡化”与“仙化”特点，诞生了“胡麻饼”、“胡麻羹”、“胡麻饮”、“胡麻饭”等带有神奇色彩的饮食。

图 4－3　卖芝麻秸图

胡麻饼可能是随着芝麻引种而同时引进的域外饮食文化，唐代时成为人人喜食的美食。汉代刘熙《释名》记载“胡饼作之大漫冱也，亦言以胡麻着上也”①，可见胡麻饼是以面粉为主料，将芝麻撒在上面，再以芝麻油、香料等辅料而制成的食品，酥脆油香、咸淡适中、营养丰富。《续汉书》有“灵帝好胡饼，京师贵戚皆竞食胡饼。”《太平御览》有吕布率军到达乘氏城下“李淑节作万枚胡饼先持劳客。”《肃宗实录》有“杨回忠自入市，衣袖中盛胡饼。”《资治通鉴・玄宗

①〔汉〕刘熙：《释名》卷二。

纪》有:"至德元载,安史之乱,玄宗西幸,仓皇路途,至咸阳集贤宫,无可果腹,日向中圣上犹未食。杨国忠自市胡饼以献。"唐代大诗人白居易在《寄胡麻饼与杨万州》"胡麻饼样学京都,面脆油香新出炉,寄于饥馋杨大使,尝看得似辅兴无",对胡麻饼的味道大加赞誉。胡麻饼在唐代长安驰名,促进了芝麻油在烹饪中的广泛应用,为中国传统文化注入了新的活力。

追求长生不老一直是古人的愿望,人们十分重视饮食的营养保健功能,芝麻因营养丰富,被作为八谷之一,烹饪为饭。《齐民要术》胡麻第十三按:"白者油多,人可以为饭,惟治脱之烦也。"即白芝麻可做饭,不过加工脱皮较难。宋代寇宗奭《图经衍义本草》曰芝麻"苗梗如麻,而叶圆锐光泽。嫩时可作蔬,道家多食之。"随着医家对芝麻营养价值的推崇,道家提倡"胡麻羹"、"胡麻饮"、"胡麻饭"等,将其与养生、成仙得道相联系,使芝麻在饮食文化上呈现"仙化"特点。东汉时期,芝麻就已被方士用于养生炼丹了。东汉魏伯阳着《周易参同契》记载"巨胜尚延年,还丹可入口。"由此而产生各种芝麻养生的传说。《南史》载隐士刘虬"罢官归家静处,常服鹿皮袷,断谷,饵术及胡麻。"[①]《太平广记》引《列仙传》曰:"关令尹喜,与老子俱之流沙西,服巨胜实,莫知所终。"传说老子服用芝麻后得道。《鲁女生别传》曰:"女生,长乐人也,少好道。初服饵胡麻及水绝谷八十馀年。更少壮,色如桃华,一日能行三百里,走及獐鹿。"这些传说为胡麻增添了神秘色彩。唐代炼丹家还用芝麻油炼丹:"准药一斤,用生胡麻油五升,缓火煮之,令垒垒小沸,不得火猛。如此九日九夜止"。[②]宋代苏轼的《服胡麻赋》曰"世间人闻服脂麻以致神仙"。元代《王祯农书》引用《续齐谐志》"天台胡麻饭"的传说,即汉明帝时,浙江剡县人刘晨、阮肇入天台山采药,迷路后遇两女子,邀至家中,曾做胡麻饭给二人吃。将胡麻饭与神仙联系,宣传了其养生功效。"其麻又可以为饭……古人山间多食胡麻饭。"[③]可见,由芝麻引起的养生之风盛极一时,为中国饮食文化增加了神秘的"仙化"特色。

(2)向日葵与中国饮食的"零食化"和"休闲化"

中国自古以正餐为饱,较少有吃零食的习惯,虽然瓜子早已有之,采瓜中之籽之意,将西瓜等种子加以食用的,但西瓜籽等难剥,产量也低,未形成食用之风气。明清市民经济兴起,人们空闲时间较多,葵花籽的出现恰恰迎合了这样

①《南史》卷五十《刘虬传》。
②〔宋〕金陵子:《正统道藏洞神部众术类·龙虎还丹诀》。
③〔元〕昙照:《智者大师别传注》。

的时代需求，使中国饮食文化出现“零食化”与“休闲化”趋势。

中国人对饮食的要求更注重享受与休闲，而不再只满足于正餐。瓜子之名沿袭自西瓜子，但相比西瓜子，葵花籽好去皮，放牙齿中间一咬就能去壳，别有风味，其地位迅速超过其他瓜子，而成为零食之王。瓜子适应了中国人休闲、缓慢的、优雅的生活方式，成为平常人茶前饭后，谈天说地的必备零食。瓜子有三个特点：第一，吃不饱；第二，吃不厌；第三，要剥皮。这三个特点，没有难倒中国人，反而让中国人在休闲的民俗环境下养成了技艺高超的嗑瓜子技术，用牙磕开小缝，且吸且咬，且咬且吃，且吃且谈，且谈且笑，速度飞快，极为娴熟，特别是一些闲来无事的女子，对瓜子更是爱不释手，瓜子也为其增加了不少女人味。文人也嗜爱瓜子，嗑瓜子成为“雅癖”。“江北窭户，大都植葵荫门，剥而啖之，香腴松美，比诸西瓜子，南瓜子，别有风味。最好浴罢乘凉，与家人庭除闲坐，备香瓜子，谈仙说鬼，其乐可傲南面。余姚戚饭牛先生有香瓜子癖，每日能啖香瓜子凡十数斤，遂有香瓜子大王之号。闻其操觚为谐着时，必须剥香瓜子以助文思，往往一稿既成，而香瓜子遗壳堆积如小丘，亦雅癖也。”（郑逸梅 1988）

为了适应人们不同的口味，瓜子被加工成各式各样的口味的瓜子，以供人选择。如将八角、薄荷、生姜、小茴香、花椒、桂皮、牛肉、白糖、食盐、植物油等香料与精选预煮好的葵花籽再煮入味，再进行烘烤、晒干后就做成了香脆可口的五香瓜子。此外，还有甜味瓜子、茶瓜子、咸味瓜子等等，但人们对白味瓜子也很喜爱，这种不甜不咸，百吃不厌的食品，越吃越香，根本停不下来。

（3）罂粟对中国饮食文化情趣的提升

罂粟引种中国后，中国人将罂粟融入饮食文化之中。魏晋以来，服石之风盛行，人们以罂粟为物质载体，在追求饱食之余更加追求饮食情趣。罂粟本意为装米的容器，故称“米囊”。宋代寇宗奭在《图经衍义本草卷之三》记载“罂子粟：味甘，平，无毒。主丹石发动，不下食，和竹沥煮作粥食之，极美。一名象谷，一名米囊，一名御米。花红白色，似髇箭头，中有米，亦名囊子。……研子，以水煎，仍加蜜，为罂粟汤，服石人甚宜饮。”将罂粟视为“粟”、“御米”、“谷”。将米囊之中的米混合竹子经加工后提取的汁液，加水煮粥，味道极美，又称佛粥。或将种子研磨成粉，加蜂蜜后做汤。魏晋以来，服五石散等石药之风盛行，罂粟汤为服石人饮用。

宋代对罂粟的认识和利用进一步加深。宋代李复《种罂粟》：“饱闻食罂粟，能涤胃中热。问邻乞嘉种，欲往愧屑屑。适蒙故人惠，筠篋裹山叶。”苏辙《种药苗二首其一种罂粟》诗：“罂小如罂，粟细如粟。与麦皆种，与穄皆熟。苗堪春菜，实比秋谷。研作牛乳，烹为佛粥。”即以罂粟种籽作粥。吴则礼诗《垧请作枣饮诗》曰：“罂粟作腐杏成酪，来问白苏依饱知。”章甫诗曰：“作腐罂粟然，加点须姜蜜。”宋人已经将罂粟加工为豆腐之类的，加以蜜糖等辅料食用。南宋时，林洪发明了罂粟饼，又称为鱼饼，将罂粟子洗净磨乳，去渣，煮沸后收聚到较小囊中，压制成小块，服食时以红曲水酒蒸后取出，制成鱼鳞状的小薄块加以食用。

(4)烟草与中国传统饮食文化内涵的扩大

烟草的传入和本土化扩大了传统饮食文化的内涵。《烟草说》：“人情饥则求食，渴则求饮，饮食外无治饥渴者。饥渴外亦无所以为饮食者，乃有举异此而须臾不离者，烟草也。”①烟是在饮食之外新扩充的内涵，烟有“烟酒”、“芦酒”、“烟茶”的别称，吸烟也不叫吸烟，而称为“吃烟”、“饮烟”、“喝烟”。清代《食物本草会纂》里言：“普天之下，好饮烟者无分贵贱，无分男妇，用以代茗代酒，刻不能少，终身不厌”，因烟“盖多食之，以其能令人醉也。”②烟因具有与酒、茶相似的促进交际功能，并可随身携带，便于分享，而常常“代茗代酒”，甚至“功盛于茶，味逾于酒。”③形成烟、酒、茶三者并立之势，并且“烟酒不分家”，大有超过饮茶之势。

4.3.4.4 域外经济作物对中国民俗风尚的影响

民俗是依附人民的生活、习惯、情感与信仰而产生的物质文化与精神文化的统称，在长期的劳动生产活动和日常生活中，域外经济作物在中国本土衍生出具有中国特色的生产劳动民俗、禁忌和吉祥观念、婚丧嫁娶、礼仪习俗、宗教巫术、岁时节日等民俗，深深的融入到民族文化之中。

(1)域外油料作物衍生出的独特民俗

芝麻寄托了中国人的一种特殊的情感，人们常用“芝麻开花节节高”表达美好祝福，含有高升，日子越过越好之意，如清代《靖江宝卷》载，“家里发大财，养儿子，日子好过了，芝麻开花节节高。”④芝麻还可辟邪，《四时纂要·正月》记载：“又缕悬苇炭，芝麻稭排，插门户上，却疫疠，禁一切之鬼。”芝麻秆插门，具有驱鬼的作用。清代节庆民俗有送祟习俗“除夕，铺芝麻秸地上，日踹岁，送祟之

---

①转引自杨国安：《中国烟叶史汇典》，北京：光明日报出版社，2002：115。
②转引自杨国安：《中国烟叶史汇典》，北京：光明日报出版社，2002：47。
③杨国安：《中国烟叶史汇典》，北京：光明日报出版社，2002：38。
④《靖江宝卷》一二零卷。

意也。”[1]送祟犹送鬼，以芝麻秆铺地送走鬼神给人带来的灾祸，人们以芝麻秆祈福避祸，向往平安。

农耕民族的生育观念来源于农业生产劳动，常视种地为种人，种人为种地。芝麻多子，芝麻与安石榴一样，也成为“多子多福”的象征，在生产劳动形成独特的“种胡麻”习俗，即唐代农耕习俗认为种植芝麻必须夫妻共同播撒种子，才得丰收，否则芝麻不饱满，甚至颗粒无收。这种隐喻在唐朝女诗人葛鸦儿《全唐诗·怀良人》的诗中也有体现：“蓬鬓荆钗世所稀，布裙犹是嫁时衣。胡麻好种无人种，正是归时底不归。”芝麻种下之后就不用管了，但是夫君你不回家，我一个人怎么种芝麻呢？托种芝麻而表达妻子对丈夫的思念之情。这个习俗演变为明代顾元庆《夷白斋诗话》引南人的一句歇后语：“长老种芝麻，未见得”，“和尚种芝麻，不开花”，和尚独身，没有妻子，按照这种习俗，如果和尚种胡麻必定会没收获。此后，这个歇后语就广为流传，当一方不赞同对方的观点，便可回答“长老种芝麻”即“不见得是这样”。

花生不但因其有长寿果、万寿果等美称，常被用于招待客人，寓意着祝福长寿。花生也被农耕民族赋予了多子多福的含义。多子多福是传统农耕民族的愿望，花生引种中国后，在人们生活中越来越普遍，喜欢讨彩头的中国人，看重花生的“生”字与生孩子的生字为同一字，因此逐渐将花生用于民俗之中。《雨蓑翁食物便览》：“香芋一名落花生，久服多男”，即源于此。闹洞房时，红枣、花生、桂圆、瓜子（莲子）是必不可少之物，各取一字即为“早生贵子”之谐音。提前在做喜被时就要将红枣、花生、桂圆、瓜子（莲子）缝入被褥内。成婚当天，须由儿女双全、家庭和美的妇女将红枣、花生、桂圆、瓜子（莲子）洒落于新床之中，边撒边要唱“铺床歌”，让小男孩去抢，俗称“撒床”或“铺床”。喜宴上也要用红枣、花生、桂圆、瓜子（莲子）做成“早生贵子汤”供新人和亲朋享用，这一风俗保留至今。花生引种后，也成为腊八粥的佐料，成为节庆习俗饮食食材之一。花生与芝麻属于素食，在提倡素食的佛教寺院及居士生活中被广泛使用，也被作为宗教香油被奉为贡品。

花生、向日葵还对中国社会行为风俗和习惯产生了深刻的影响。中国人的娱乐生活离不开戏，瓜子随着戏剧、评书等休闲活动的盛行而发展起来。在戏园子里总少不了瓜子、花生、茶等，供戏迷们解馋助兴之用。中国人热情好客，逢年过节，瓜子成为招待亲朋好友的必备之物，以解客人无聊之感。熟人见面，

---

①〔清〕李光庭：《乡言解颐》卷五《物部下》。

如果一方在吃瓜子，就分一些给对方，特别是如果有小孩，往往给小孩所有兜里都装得满满的，以表达热情。

嗑瓜子成为中国人所独有的行为艺术。嗑瓜子需要用上下门牙咬有壳的或硬的东西，配合着瓜子被磕破的声音、抓瓜子、喂瓜子、吐瓜子皮等麻利和连贯的动作成为常见的饮食行为。另外，善于想象而充满诗意的中国人，也赋予了向日葵文化的含义，产生了中国式向日葵传说，向日葵被赋予向往光明、厌恶黑暗之意。向日葵形象光明，佛教中常采用向日葵作为装饰。秋葵叶子的向日倾现象早已在中国文化中扎下根来，葵常常用来表示忠心，特别是君臣、君民的忠顺。向日葵花盘向日性更明显，以向日葵象征领袖或者榜样，更为形象。由此，向日葵在中国文化中被赋予了积极向上，追求光明及忠君、崇拜、钦慕等多重含义。

(2)棉花与中国民俗文化的融合

在西方，人们将结婚第二年称为“棉婚”，形容两人关系如棉布韧性、温暖，但尚禁不起大风浪。婆婆要送棉籽给新人栽种，以此祝愿二人幸福。棉花虽然进入中原时间较晚，但也在中国民俗文化上打上了深深的印记。

棉花引种之初，人们在种植棉花时还产生了一些种植习俗，看似迷信，如《四时纂要·种木棉》记载：“七月十五日，于木绵田四隅掴金铮，终日吹角，则书桃不殒”[①]在棉花地四隅敲打出金属的声音，整体吹响号角，那么棉套坐果率就高。虽不能视为现代的音乐助长法，却反映了人们乞求棉花丰收的内心世界。

棉花改变了传统“男耕女织”和“布衣”的内涵，在棉花普及之前，普通百姓所穿衣服多为麻布所制，“男耕女织”为传统农业社会的特征，随着棉花及棉纺业的发展和普及，普通百姓也能穿上棉衣，传统“女织”的内涵由原来的桑蚕业、葛麻业转变为棉纺业。“布衣”的内涵也从“麻衣”变成了“棉衣”。

礼服、丧服是民俗文化的重要内容，“古礼服、丧服，布皆是麻，未有木棉也。”[②]随着棉花的本土化，棉制品成为民间红白喜事必不可少之物。新婚中，一床红艳艳的棉被是嫁妆必不可少之物，大红布象征吉祥如意，新人拜堂须肩上“搭红”，即以红棉布搭肩。在乔迁之喜及上梁仪式中，也须在大梁上搭红棉布，用以辟邪。中国人视生死为大事，棉布在丧葬中必不可少，洁白的棉布，正

①〔唐〕韩鄂：《四时纂要》春令卷之二《种木棉》。
②〔清〕姚际恒：《诗经通论》卷七。

与中国传统丧葬文化中以白色象征死亡、凶兆相契合，死者最亲密的亲人须穿棉制的白色衣裤，死者入棺前，需用新棉花最后一次给死者"沾脸"，视死如事生，敛棺前须为死者铺上厚厚的棉被，还须为死者准备单数件的棉制寿衣陪葬。"披麻戴孝"是中国丧葬文化传统的特征，其内涵也随着棉花的引种及本土化而发生变化，"披麻"一般还是须用麻，但"戴孝"多又麻布转变为白色或黑色棉布，以白布为常见，分发给众人包头顶，如陕西礼泉县丧葬风俗"凡进丧场者，叩一个头，都得承一顶棉孝。"丧葬散席后，还需为客人打发棉布。

棉花还被制作为各种民间手工艺品。棉花推进家庭棉纺业发展的同时，成为"女红"的重要内容。女性平日里常用碎棉条做鞋垫，纳千层底，加上象征吉祥或感情的刺绣，做成精美手工艺品送人，蕴含着深深的情意。唐代堆锦、明清布贴画、布堆画及后世的布雕画都以棉、丝等为材料，经过剪裁、絮棉花、渲染描绘等工序制成民间工艺品，为节日和民间生活增加了喜庆气氛和情趣。棉花也被广泛应用于蜡烛制造中，用细谷梗裹棉花作灯芯。元宵节时，安徽宿州的人们还将手工制作的面食捏成各式各样的性状，面盘中间缠上棉花，蒸熟成型，倒入香油后点燃，也可吃掉。"棉花灯"还成为邻里间赠送的礼物。棉花洁白无瑕的形象，还与糖文化结合而成"棉花糖"，成为不少人的回忆。

棉花在人们日常生计中作用越来越重要，人们以一定的方式来表达人类与棉花的感情。《清嘉录》载"七月二十，俗称棉花生日。忌雨，喜晴。"中国人将七月二十这一天定为棉花生日，七月大致为棉花收获季节，此时不能下雨，否则棉花容易变黑腐烂，陕西临潼一带有"元宵日夜雨，寒食必雨，是夜灯结蘣（蕊），棉花成"①的习俗说法，这种流传于关中的时令经验未必灵验，灯结之蕊，即灯花也，就是用棉线作的灯芯燃烧后结成的，将棉花做的灯芯与棉花收成联系在一起反映了民间经验和习俗。将棉花融入民间节日民俗之中，展示了中国农民祈求棉花丰收的愿望及对棉花的感恩之情。当然，除了对农作物表示感恩之外，对于棉花及棉纺技术本土化有功绩较大的黄道婆也立庙纪念，黄道婆去世后，乡人"莫不感恩洒泣而共葬之，又为立像祠焉。越三十年，祠毁，乡人赵愚轩重立。"②对黄道婆的感情已上升为民间信仰高度，每年农历四月初四黄道婆生日时，人们将聚集于黄母祠乞求保佑。

随着近现代化学纤维的使用，全棉时代已经一去而不反，人的衣着样式

---

①《清文渊阁四库全书·都会郡县之属·陕西通志》卷四五。
②〔明〕徐光启：《农政全书·南村辍耕录》。

也已改变,但在中国人文化观念中却还深深的有着“全棉情结”,人们购买衣服时,往往会关注衣服的含棉量,含棉量高低成为衡量衣服质量的重要标准,棉花所特有的舒适、天然、透气、保暖特性,使其在衣被原料中的地位仍然无可动摇。

4.3.4.5 域外嗜好作物与中国社会风尚的嬗变

花生、向日葵、烟草和罂粟在中国的本土化转变过程即反映了农业功能从注重解决温饱到兼重享受的转变,中国人在满足了温饱需求之外,开始从农业中追求享乐与情趣,中国社会风尚也随之相发生转变。当然,这也与明清时期的社会政治气氛有关,明清文人多消极避世,社会风尚奢靡,商品经济日益繁荣使市民阶层兴起,人口数量增加,闲人较多,与之相应而出现许多娱乐消遣活动,烟草、鸦片、花生、向日葵的出现正好迎合了人们的消费需求。

茶馆、戏院等无处不见这些消遣物的踪影,瓜子、花生养成了中国人吃零食的习惯,成为小姐、太太们的最爱,“倚门吃瓜子”更加增加了闲散、慵懒、节奏缓慢的休闲气息,但同时,随之而来的随地吐花生、瓜子皮现象也对社会风尚有不良影响。

明清时期,随着烟草的本土化,吸食烟草的人越来越多,以至形成“虽三尺童子,莫不食烟”的普遍现象。为了规范吸烟行为,《烟谱》提出吸烟应遵守“八宜”、“七忌”、“七节”、“五可憎”,主张吸烟应当分场合,不能毫无节制。这些礼仪和习惯长期积累,就形成烟俗,融入中国人的日常生活。烟成为热情好客的中国人待人接物必备之物,当时有谚云“开门七件事,而今增烟而八矣。”①汉族及一些少数民族以递烟、敬烟、点烟表示友好,结婚要发喜烟,祭祀要供奉烟草。一些地区或民族的婚俗中烟草寄托了特殊含义。比如瑶族“问烟”习俗中,烟充当了订婚的媒介,在部分佤族中,若女孩子给男青年点烟则表示心许,云南部分彝族还创造出烟盒舞。烟草根植于中国民俗习惯和精神世界中,在中国传统文化中打下深深的印记,这是烟草在当今社会继续延续、屡禁不止最根本的原因。

汉以来,娇艳美丽的罂粟花,人们纷纷作诗词加以赞叹,但也有“以色事他人,能有几日好”的贬低。宋代,这种意味有所发展,如明俞弁《山樵野语》卷十:“诗人以妓女无颜色者谓之鼓子花。”罂粟姿态艳丽,宋代女子多尚淡妆,“鼓子花”便被用来比喻容色不佳,需要浓妆艳抹才能接客的妓女。明清以后,罂粟一

---

①杨国安:《中国烟叶史汇典》,北京:光明日报出版社,2002:57。

词几乎被鸦片之名遮盖过去,鸦片对中国民俗和社会风气破坏极大。鸦片被用于性功能,往往让世人追求过度享受,吸食鸦片的行为,更加导致家破人亡,因毒瘾发作,为换钱抽烟,做出作奸犯科之事,鸦片还引起人意志消沉,无心做事,贪图享受,懒惰成性,当时就有人指责烟草和鸦片之类有瘾之物败坏了社会风气,使人沉溺于享受,影响社会秩序。这种享受之风,对于社会发展来说极为不利。

第五章

域外引种及其本土化进程中特殊地区

域外作物进入中国，大抵有两种具体的传播方式，一种是跨越式，即由域内外使者、商贾、宗教人士等直接传至中原腹地某一点，其往往为京畿地区，然后以此为新的策源中心而渐次推及全境；第二种则为渐进式传播，即基于地缘关系，先引进到边疆地区，然后递进传播至中原各地，是为接力棒式的传播，且往往为多个传入点。在这两种传播方式中，无论是京畿地区，还是边地，往往成了中外农业科技文化交流进程中非常特殊的地区，发挥了非常独特的作用和影响。具体到域外农业科技文化引进和本土化进程而言，其既是域外引进物种的最早落脚地，和最早开始本土化驯化的场所，也往往成为内地传播的重要策源地。本章仅以两汉西域屯田和秦汉上林苑为例，对这一问题做一简单说明。

5.1 屯田：以两汉时期的西域屯田为例

5.1.1 两汉时期的西域屯田概况

众所周知，两汉时期既为西域屯田始兴之际，也是中国历史上西域屯田的鼎盛时期之一。西域屯田始之于西汉武帝时期，背后则承载着遏制匈奴、控制西域的长远目标。史载，西汉初年，由于人民疲于兵革和国力不足，面对拥有“控弦之士三十万”匈奴的频频侵扰，只好采取和亲、厚贿等手段以换取边境的暂时安宁，尽管如此，“匈奴数背其约，边境屡被其害”①，其锋镝甚至抵至京畿腹地，故而安定西北边境即成为西汉政权的心腹之患和重要的议题。历经文、

①《汉书》卷九十四下《匈奴传第六十四》。

景时期之积累，西汉王朝国势日盛，汉武之时更是出现了“天下殷富，财力有余，士马强盛”①的鼎盛局面，这为西汉中央政权采取强硬措施解决匈奴侵扰问题创造了基本前提。公元前127年至公元前119年，西汉政权对匈奴先后采取了三次大规模的军事行动，兵锋直扫漠北，匈奴遭重创，控弦之士损失殆半，“是后匈奴远遁，而漠南无王庭”②。在军事打击的同时，西汉政权还辅之于对匈奴过去控制地区的经营开发，如仅武帝期间就曾移民百万至北部边境屯垦戍边。不唯如此，为了铲除匈奴在西域的据点和经济后盾，雄才大略的汉武帝还策划了在西域联结盟友，“断匈奴左右臂”，以根除隐患的远大策略。张骞出使西域即是这一谋略的具体实施，虽然并未达到直接目的，但对于汉武帝的整体计划而言，其“凿空”之功还是尤为关键。以之为基础，进军西域，展开争夺控制西域的活动，以其作为削弱匈奴的重要手段，就成为两汉政治的一项重要内容。

兴建西域屯田经过了充分的酝酿准备。汉武元封三年(公元前108年)赵破奴率军进攻楼兰、车师，太初年间李广利两伐大宛，宣帝本始年间常惠兴兵龟兹，公元前36年陈汤攻灭北匈奴郅支单于……等等，可以说，正是这一系列战争的胜利，为进一步采取经济措施，组织屯田以经营开发西域创造了必要的前提。因此，在战争进行的过程中，屯田西域之策也逐渐被提上了议事日程，并开始了渐次的准备和推进。如在河西之役后，西汉“初置张掖、酒泉，而上郡、朔方、西河、河西开田官，斥塞卒六十万戍田之”③；漠北战役之后，“汉度河，至朔方以西至令居，往往通渠，置田官，吏卒五六万人”④。经几代之苦心经营，终于在东起朔方，西至河西的漫长边境线上，构筑了大规模的屯田带，其不仅是防御匈奴犯边的重要屏障，也为以后的西域屯田积累了经验，更是西域屯田的坚实后盾和重要策源地。

西汉西域屯田始之于乌孙北部伊犁河谷的雷肱。汉武帝元封年间，“又以公主妻乌孙王，以分匈奴西方之援国。又北益广田至雷肱为塞，而匈奴终不敢以为言”⑤。自雷肱屯田首开先河而后，西域屯田的范围及其规模逐渐拓展，渐呈后世人所共见之势。从地域范围而言，由起初的仅局限于北道而逐渐遍及天山南北，如分布于北道的雷肱、赤谷屯田，中道的轮台、渠犁、车师、北胥鞬、焉

①《汉书》卷九十四下《匈奴传第六十四》。
②《史记》卷一一零《匈奴列传》。
③《史记》卷三十《平准书第八》。
④《汉书》卷九十四下《匈奴传第六十四》。
⑤《史记》卷一一零《匈奴列传》。

耆、姑墨屯田，南道的伊循、楼兰屯田等；从其发展规模而言，则在当时的西域来看，还是相当有影响力。史载西汉屯田之初，规模并不是很大，“而敦煌置酒泉都尉，西至盐泽，往往有亭。而仑头（即轮台）有田卒数百人，因置使者护田积粟，以给使外国者”[①]；但至宣帝年间，仅渠犁的田卒即增至1500人左右，且“轮台与渠犁地皆相连也”[②]。从今轮台县境内汉代城堡、渠道、田埂等屯田古迹分析，汉代后期的轮台屯田规模的确有了很大的发展。再如在赤谷的“三校”屯田，学界据文献记载分析，人数不下两千，亩积约达四万；考古资料也显示出“三校”屯田分布的广泛，特克斯河流域的昭苏和伊塞克湖东南的赤谷都有其遗迹[③]。

东汉时期，承前代经营之基础，有了进一步的发展。西汉末年，王莽举措失当，引起西域诸国离叛迭起；再加之中原纷争不已，中央政权对西域的控制力明显削弱，因此匈奴乘虚而入，使得曾盛极一时的西域屯田随之废绝；东汉初立之际，考虑到政权不稳、国力不足等因素，亦不遑外事，除对匈奴也采取了赂遗妥协的政策之外，也对西域采取放弃之方针；这使得单于愈为骄横，“辞语悖慢”，大肆犯边，“焚烧城邑，杀略甚众”[④]，西域诸国更是“城门昼闭”。这一严峻形势迫使东汉政府不得不改弦更张，逐渐对匈奴开始采取强硬政策，在此背景下，经营西域屯田成了必然的选择。东汉永平年间，五路大军西北出击匈奴，大胜，遂以陈睦为都护，驻龟兹，同时又置戊己校尉驻车师前后部管理军队屯田，自此“西域自绝六十五载，乃复通焉”[⑤]，汉政权经营西域屯田的历史序幕也再次开启。东汉在西域屯田，由于整个经营方略之摇曳，并不是像西汉一样持之以恒，而是时断时续，出现了三废三继的现象：两汉之交屯田废绝和汉明帝派大军北征匈奴、西取伊吾庐，并留吏士先后在伊吾庐、楼兰、金满城、柳中等地屯垦，是谓“一废一兴”；公元77年，汉章帝以“不欲疲敝中国以事夷狄”为由撤都护、废屯田，是谓二绝；公元91年，窦固兵破伊吾，再次统一西域，班超领西域都护，大力屯田于高昌壁且固城、伊吾庐、疏勒等处，是为二继；公元107年，和帝鉴于

---

①《史记》卷一二三《大宛列传》。

②《汉书》卷九十六下《西域传第六十六下》。

③苏北海先生考证认为，昭苏和赤谷为乌孙之春、夏二都；两地都有汉代屯田的遗迹，如昭苏发现的铁铧和赤谷境内规模宏大的灌溉渠系。转引自赵予征：《丝绸之路屯垦研究》，乌鲁木齐：新疆人民出版社，1996：40。

④《后汉书》卷八十八《西域传第七十八》。

⑤《后汉书》卷八十八《西域传第七十八》。

“西域阻远,数有背叛,其费不已”①,再次诏罢都护,屯田三绝;123 年,班勇将兵五百出屯柳中,苦心经营,再兴辉煌,是为三继。自此而后,西域屯田才基本上趋于稳定。

东汉屯田的历史发展虽然屡遭挫折,但其规模、体系在某些方面还显然胜过西汉,如楼兰屯田。罗布淖尔出土汉简文书显示,西汉也曾经在此置军侯、设亭燧、开井渠、建仓库②,但其规模要小得多,总体上尚属尝试性的屯垦。东汉时期的楼兰屯田似乎囊括了伊循屯田,规模甚大,而且成效显著。1980 年在属于东汉时期的古楼兰官署和屯田遗迹中发现了堆积厚达 70 厘米、宽 1 米的、其间夹杂有小麦的糜子堆;在车尔臣河下游和米兰河流域的伊循屯区(据考古学家考证研究,伊循即位于今若羌东北的米兰一带),也发现了东汉时期的水利灌溉系统遗址,其渠道严整,分水束水工程配置相当的系统科学,足见东汉楼兰屯田之规模。《水经注》中也有类似记述:“敦煌索劢字彦义,有才略。刺史毛亦表行贰师将军,将酒泉、敦煌兵千人至楼兰屯田。起白屋,召鄯善、焉耆、龟兹三国兵各千人,横断注宾河。河断之日,水奋势激,波陵冒堤。……大战三日,水乃回减,灌浸沃野,胡人称神。大田三年,积粟百万,威服外国”③。

5.1.2 西域屯田与中西农业科技文化交流

西域屯田的初衷,虽以控制西域、以在同匈奴的战争中居于主动这样的军事和政治目的为主旨,但其所产生的经济与文化意义,特别是其对中西文化交流的作用与影响,是不容忽视的。

首先,西域屯田是中西交通畅通的经济与安全保障。早在楚汉相争之时,匈奴的触角就已经伸向了西域,并凭借军事优势率先控制了西域各族。西汉武帝年间,三次大规模的战争使得匈奴无法在漠南立足,遂向西北退却,以阿尔泰山以南的西域诸国为据点和后盾侵扰西汉,或遮杀汉使,或拦劫商旅,或抢掠屯区,成为西域安定和中西交通往来的严重障碍;另外,中西交通往来常常经过广阔的戈壁沙漠,道路艰险,往往会有供给不足而半途而废之虞,因此保障丝路安全和物资供应即成为中西往来交通的关键因素。而两汉的西域屯田基本上都占据了西域战略及丝路交通之要塞;而且屯田之众以土壤肥沃、水草丰美的绿

---

①《后汉书》卷八十八《西域传第七十八》。
②黄文弼:《罗布淖尔汉简考释》,《西北史地论丛》,上海:上海人民出版社,1981。
③〔北魏〕郦道元:《水经注·河水注二》。

洲为依托，或亦兵亦农，或专力田谷，“因戍营田，因田积谷”①，经济交通意义非同小可。

这一方面作用，在西域屯田之初即有充分地表露，如《册府元龟·屯田序》追述：“自敦煌西至盐泽，往往起亭。而轮台、渠犁皆有田卒数百人，置使者校尉，以给使外国者”②，即反映了屯田供给往来的作用。后来随着屯田区域和规模的进一步拓展，这一功能有了进一步地延伸与发挥，如东汉一统西域之后，“立屯田于膏腴之野，列邮置于要害之地。驰命走驿，不绝于时月；商胡客贩，日款于塞下。”③一方面，在丝路各道星罗棋布的屯田，以及绵延相继在其间交通线路上城垒和燧烽，在军事上互为犄角，成战略策应之态势，维护了西域的政治与社会安宁，保障了丝路交通的安全畅通；而另一方面屯田生产及设置在商道要邑上的关哨驿站，稽查、并为往来商旅所提供了必需的粮草供给，保持了丝绸之路交通的延续畅行。因此，在古老的丝绸之路上，呈现出东西使者商贾络绎载道、中外物品川流不息的繁忙景象，西域作为中西经济文化交流孔道桥梁的地位也因之而更为坚实巩固。丝路沿线东西方文物的交互发现即为明显例证。

关于屯田对于中西交流的这一作用，也可从东汉时期西域屯田的发展历史过程中略见一斑。其三废三兴与中西交通“三通三绝”的相伴生，即生动地反映了屯田与西域安定、中西交通交流之间的休戚关系。

其次，西域屯田是播传中原先进农业科技文化的重要基地。就两汉在西域屯垦的作用而言，尤以军事政治意义为要，但亦不乏组织生产等经济意义。因此，虽不同时期各处有张有弛，不尽相同，但作为中央政权的一个有效分支，大都形成体系，不仅有系统的管理体系，而且从事农业生产者、所采用的生产工具、生产技术、生产制度、甚至还有社会文化制度与观念，都本之于中原，以当时中原盛行之体系为主体，甚至在某种程度上而言是中原文化的一个细胞裂变体。其在西域的运作，势必会产生强烈的辐射与影响作用，因此也自然而然就使之成为传播中原先进文明的重要策源地。考古资料也验证了这一点，如各种先进的农业工具、冶炼中心及多处灌溉水利设施遗址大都发现于两汉屯垦分布之处，即可以说当时各种先进生产技术的西进与传播，几乎无不与西域的屯垦相关联。

---

①〔宋〕王钦若等编修：《册府元龟》卷五百三《邦计部屯田》。

②《汉书》卷九十六下《西域传第六十六下》。

③《后汉书》卷八十八《西域传第七十八》。

考古资料中,相关于屯军生产经济活动的内容相当丰富,其从方方面面具体反映了中原种植业技术在西域的使用与传播情况。如《罗布淖尔汉简考释》简40所记 的"食粟四石二斗"①、楼兰遗址所发现的粟的遗物以及大量糜秆用于建筑的痕迹、尼雅遗迹有陈积的小米和麦粒麦穗、古城塔东有深达70厘米的糜子堆,等等,即反映了屯田种植的作物种类与产量等基本情况;楼兰汉简中类似于"河平四年十一月庚戌朔辛酉口守居卢訾仓车师戊校"的记载,则反映了屯区粮食的仓储情况;史籍文献也有关于屯军粮食生产基本上实现自给并能供给来往军队商旅的记载②,等等。西域屯田种植的几种主要作物粟、麦③、稷等,大都在中原有较长的种植历史,而且已经形成了相当发达的耕作技术体系,其在西域的广泛种植和丰富产出,一定是以中原先进技术运用为基础的。

考古资料显示,在生产工具方面,屯区已经较为普遍地使用了铁器、牛耕等生产工具及相关技术。两汉经营西域的过程之中,往往官给牛犁谷种,铁制农具当然位列其中④。如昭苏乌孙古墓中出土的属于西汉时期的铁铧,重3.1公斤,长35厘米,舌形,在形制、大小与敦煌、关中发掘的同一时期的铧基本相类;尼雅遗址中出土的铁铲、铁锛、铁镰等农具,也大致有类似特征。除此之外,牛耕技术也有积极的推广,如"右二人牧牛验"⑤及"因主薄奉谨,遣大侯究犁与牛谐,营下受试"⑥等的记载,即显示出屯区养牛以及用牛犁耕的事实;在拜城克孜尔千佛洞175窟洞的壁画中也发现了与嘉峪关汉墓牛耕图及山西平陆汉墓的二牛抬杠图风格极为相似二牛抬杠图;另外,从两汉各屯田的规模也可推测出其利用的耕种基本方式。居延汉简的资料及今汉代屯址随处可见沟壑纵横的田野还显示,曾在两汉时期盛极一时的代田之法也曾推广及西域屯田,可见先进传统农田技术在西域屯田传播发展的深度。

农田水利技术也西域屯田非常注重的技术内容之一。众所周知,两汉是中

①黄文弼:《罗布淖尔汉简考释》,《西北史地论丛》,上海:上海人民出版社,1981。

②典型如《汉书·陈汤传》中关于公元前36年,西域副校尉陈汤率大军追击北匈奴郅支至康居,其所沿途需粮草即大多数源自于屯区的记载。

③小麦虽然最早源自于西亚,而且以西域桥梁传入中原,但其在中原与旱作技术体系相融和后,发展更为迅速,种植技术水平甚至远远超越了西域某些地区。

④中国社会科学院考古研究所:《居延汉简》甲乙编,北京:中华书局,1980;黄文弼:《罗布淖尔汉简考释》,《西北史地论丛》,上海人民出版社,1981。

⑤侯灿:《楼兰新发现木简纸文书考释》,《文物》1988(7):40-55。

⑥罗振玉、王国维:《流沙坠简》,上虞罗氏宸翰楼影印,1914。

国古代农田水利发展史上最为辉煌的时期之一，不仅水工技术承前代之积累而达到很高水准，而且水利工程迭起，在规模、分布范围上都有了前所未有的突破与发展，这些特点在西域屯田中也得到了集中的体现。从现今发现的汉屯田遗址来看，几乎没有一处不包括有水利遗迹，而且大型的、高技术的水利工程比比皆是。如上文所举的沙雅境内长达百余公里的“汉人渠”、今若羌境内的规划严整、设施齐全的伊循灌渠系统等等。文献资料也详细记述了几种水利技术在西域的传播运用情况，如《史记》中关于大宛学习汉人凿井的记载，《汉书》、《后汉书》中关于井渠法在西域运用的记载以及上文引《水经注》中相关记述等等。汉代西域农田水利技术的运用及水利工程的兴修，大都与屯田屯卒相关。从史载看，不仅屯田所兴建水利工程令“胡人称神”，而且兴修过程中还有大量的西域人民参与其中。这些技术及工程运用，不仅推动了屯区生产经济发展，也对于改革西域地区粗放的漫灌传统和西域农业的整体发展有明显示范促进作用。

中原先进园圃技艺在西域屯田中也有运用和发展。“韭三畦，葱三畦，葵七畦，……城官中亭园条，其出入多过条者勿减”，“障卒十人……一人守园一人助”[①]，可见屯田有相当严格的培育菜蔬制度；《楼兰尼雅出土文书》500 号简文也有类似的相关记述，“加浇种菜，预作冬储”，即反映出屯区蔬菜种植培育之数量、规模等状况；居延汉简中所见如“□以九月旦始运粪”(73.30)等内容，即说明施肥技术环节已运用于西域屯田；另外，在尼雅屯区遗址中所发现的众多干蔓菁实物及田埂区划，也可从考古角度佐证当时中原先进园圃技艺通过屯垦在西域的传播情况。

除此之外，屯垦军民似乎也兼营各种手工业，典型如冶炼业。从考古发掘来看，汉代西域的冶炼中心大都分布于屯区及其附近，如楼兰、伊循附近的若羌、鄯善等地，北胥鞬屯区附近的莎车，以及姑墨、龟兹、山国等等。今库车附近发现两处汉代矿冶遗址，出土有铁矿石、坩埚、灰陶三耳罐及陶瓴(鼓风管道)，此陶瓴与汉代关中“霸陵过氏瓴”形制相同；尼雅遗址出土有烧结铁、石凿、铁铲、铁锛、铁镰等；洛浦县阿其克山遗址出土有陶鼓风，上述遗址中均见汉五铢钱，说明其皆为汉代统一西域后兴办[②]，其对于铁器文化在西域的流布推广意义深远。此外，丝织技术、制陶技术，甚至造纸技术，都是通过屯垦在西域有了不

---

①中国社会科学院考古研究所:《居延汉简》甲乙编，北京:中华书局，1980。

②周泓:《从考古资料看汉唐两朝对古代新疆的管辖经营》，《新疆师范大学学报》(哲社版) 2000(4):40－49。

同程度的传播与流布。

从屯田的类型分析,似乎也可觅踪迹。两汉的屯田,基本上分为三种类型,即军屯、民屯和犯屯,前两者一般都由官方提供牲畜、工具及谷种,而后者则主要自给。在这三种类型中,尤其是民屯在这一方面的作用似乎更为显现。参加民屯者,往往包括了大量的内地应募者,这些志愿者不仅自己长住垦区,多数还携家带口,举家或举族而来,其所携带的物品,除各种生活必需品之外,也包括自备的各式农牧器具。如罗布淖尔出土的34号汉简中就记录了一个叫宋均的屯戍者,其从南阳郡涅阳石里的家出发时,就带上了妻子和“私从者”若干,类似的记载在出土的汉简中还不少①;再如西汉末年,负责在车师屯田的刁护,其妻子部族约2000余人都随他参与屯垦。这些屯田者在西域的生产也自然而然是其在中原的延伸或翻版。此外,政府也常常给予某些援助,如《居延汉简》41记:“家属六人,官驼二匹,食率匹二升”。从汉简记录看,屯田者不仅各式工具,如各种武器及斧、锯、锥、凿、锄、锸、绳索、著、衣箧等生产工具和生活用具一应俱全,而且其六畜养殖亦颇具规模。另外,参加屯田的许多人,后来定居于西域各地,同西域各族人民共同生产生活、互通婚姻,逐渐融入了其社会体系中,成为中原先进技术文化传播的重要载体之一,这对于改变许多地区“不田作种植”的习俗无疑会发生潜移默化之影响。总而言之,屯田这种植入西域具体而微的中原社会文化体系,在其与西域各族人民紧密联系交往中,势必产生了强烈的示范与辐射影响,促进西域经济与社会的发展。

5.1.3 西域屯田与域外引进农业科技文化的本土化

西域屯田不仅是西方科技文化东传的中转站,也是汲取西域各国科技文化的前沿阵地。西域屯田不仅是保障西方文化科技东来的重要支柱,而且参与了对西域科技文化的汲取吸收。屯垦者在西域长期的生产生活中,积极参与西域各国政治与经济活动,与各族人民建立了密切联系与交往,这一过程中势必受到西域文化的浸淫熏陶,在耳濡目染中逐渐接受或学会西域的诸种生产技术和文化礼俗,从而使得屯垦区最先成为吸收西域科技文化的前哨。《居延汉简》的记载中就不乏这样的例子,如屯区所栽培的作物,即包括了葡萄、大蒜、蔓菁、香料及其他诸种西域物产。这说明,在西域诸种物产传至中原之前,许多都可能已经在屯垦区内进行过试种,屯卒对其栽培技术也有了一定的掌握。

①中国社会科学院考古研究所:《居延汉简》甲乙编,北京:中华书局,1980。

另外,因为屯牧也是屯田的重要任务之一,因此蓄养西方各种奇畜,学习相关技术,也成为屯卒们的生产活动的主要内容之一。从有关文献记载看,一般的屯区都设有牧士专事放牧,而汉简中较为详细的记载,则从考古学角度给予了有力佐证。如“都护军侯张 所假官騂牝马一匹。齿八岁,高五尺八寸”及“用二私马至敦煌,辄收入”①等等的记载,不仅反映出屯军畜养的牲畜种类,也显示出其制度似乎还有官养和私养的区分。两汉政府的许多马苑分布于西域的屯垦区内,“牧师诸苑三十六所,分置北边、西边,分养马三十万头”②,“令民得畜边县,官假母马,三岁而归,及息什一,……用充入新秦中”③,即说明屯区的放牧也往往是关内马匹的重要来源。与西域畜牧技术发展相适应,发达的毛纺毛织技术也往往是屯垦军民学习掌握的内容。

还有一点值得注意,即参与屯垦者中的许多人回到中原以后,也会在生产生活中自觉不自觉地扮演西方技术文化播传者的角色,这也是西域屯田汲取传播西方科技文化的一条重要途径。

5.2 皇家苑囿:以秦汉上林苑为例

皇家苑囿,即皇家园林,为专供皇家贵族畜养禽兽、繁衍草木和游猎赏玩之专门场所,源自于“囿”。研究表明,商代的甲骨文中已经有了一定的反映,即从其活动内容来看,可能“囿”已初具园林的一些特征,而且从史载来看,商代帝王不仅为“囿”之兴修颇费周折,而且亦有了专人经营管理之痕迹,如《史记》就记载殷纣王“原赋税以实鹿台之钱……益收狗马奇物……益广沙丘苑台,多取野兽蜚鸟置其中……乐戏于沙丘”④。到了周代,皇家之囿有了进一步的发展,不仅有了明确的记载,如灵囿、具囿、蛇渊囿、野囿之名,而且有了明确的管理制度。秦汉时期,以社会经济发展和中央集权政治体系为依托,皇家苑囿获得了空前的发展,不惟数量、规模远远超迈前代,而且经过不余其力之经营,其内涵之丰富程度也非前代所能比拟,往往成为具有供皇帝狩猎、游乐、居住等多种功能为一体的综合性园林。由于其皇家的属性,因此在这些苑囿之中,“奇果佳

①黄文弼:《罗布淖尔汉简考释》,《西北史地论丛》,上海:上海人民出版社,1981。
②[汉]卫宏撰:《汉官旧仪 附补遗》,北京:中华书局,1985。
③《汉书》卷二四下《食货志第四下》。
④《史记》卷三《殷本纪》。

树，瑰禽异兽，靡不毕至”，往往汇集了域外的诸多引进物种，使这些皇家苑囿不仅成了域外引进物种的最早落脚地，也成了对它们最早进行本土化驯化的重要实验基地。而且，在某些程度上讲，其也是这些域外引进物种中原进一步传播到新起点或新的策源中心，即所谓的“植之秦中，渐及东土”。这里仅以上林苑为例，做一简单的梳理。

5.2.1 上林苑概况

上林苑始建于战国时期的秦国，为秦五苑之一，初时仅为供秦王游猎的普通苑囿；秦始皇时期，规模有所扩大，《史记·秦始皇本纪》载：“徙天下豪富于咸阳十二万户。诸庙及章台、上林皆在渭南”，又“营作朝宫渭南上林苑中。”出土的文物秦封泥“上林丞印”、秦军印“上林郎池”①亦印证了这一点。清人张澍谓：“秦始皇上林苑中作离宫别馆一百四十六所。”②何清谷先生考证后认为，“根据现有的旁证推测，大约是北起渭水之南，南至秦阿房宫之南，最远到今长安区斗门镇附近的北常家庄，东到今灞河西岸，西面似以沣河为界”③。汉武帝时期，开始了更大规模的扩建，“举籍阿城以南，盩厔以东，宜春以西，提封顷亩，及其贾直，欲除以为上林苑，属之南山”④，使上林苑达到了空前的规模。关于这一时期上林苑的范围和规模，史载有一定的差异，如《汉书·东方朔传》云：“武帝广开上林，南至宜春、鼎胡、御宿、昆吾，旁南山而西，至长杨、五柞，北绕黄山，滨渭而东，周袤数百里。”萧统《文选》则谓：“上囿禁苑，林麓薮泽，陂池连乎蜀汉。缭以周墙，四百余里。”⑤张衡的《西京赋》亦谓：“上林禁苑，跨谷弥阜。东至鼎湖，邪界细柳。掩长杨而联五柞，绕黄山而款牛首。缭垣绵连，四百余里。”⑥虽然有些文学笔触可能有一些夸饰的成分，但也大致反映出了上林苑地域广袤的共同点。现代研究表明，在上林苑鼎盛之时，“东南至鼎湖宫，即今蓝田县西南焦岱镇；南至秦岭；西至长杨宫和五柞宫，即今周至县东部；西北至黄山宫，即今兴平市东田阜一带。再沿渭河而东，到泾、渭交汇之处及灞河东岸。

---

①周晓路、路东之：《秦封泥集》，西安：三秦出版社，2000.

②张澍编辑：《三辅故事》，北京：中华书局，1985：21。

③何清谷校注：《三辅黄图校注》，北京：中华书局，2006：271。

④《汉书》卷六十五《东方朔传第三十五》。

⑤〔梁〕萧统编：《文选》，上海：上海古籍出版社，1986：10～11。

⑥〔梁〕萧统编：《文选》，上海：上海古籍出版社，1986：64。

相当今西安市周围的广大地区。”①

作为皇家苑囿，上林苑除了规模浩大之外，也有着非常丰富的动植物种类。据《三辅黄图》记载：“帝初修上林苑，群臣远方，各献名果异卉三千余种植其中，亦有制为美名，以标奇异。”上林苑修建初期，仅群臣进献的植物就三千余种，加之苑中天然生长的植物，植物种类之多显而易见。动物资源亦很丰富。“佽飞具缯缴，以射凫雁，应给祭祀，置酒，每射、收得万头以上，给太官”，“上林苑中，天子秋冬射猎，取禽兽无数实其中”②国家进行祠祀时，所“用鱼鳖千枚以上”，“用鹿千枚，麕兔无数”③，均出自上林苑。上林苑中建造了数目众多的离宫别馆和园林建筑，在其规模基本定型时，有“门十二，中有苑三十六，宫十二，观二十五”④。这些宫观各有用途，一部分用于皇帝处理政务、起居、娱乐，如建章宫、宣曲宫、平乐观；另一部分则是安置动植物所用，如茧观、白象观、白鹿观等。另外，“汉上林苑有池十五所”⑤，有承露池、昆灵池、天泉池、龙池，等等。

5.2.2 上林苑引进域外物种名录

在这些数量众多的动植物资源中，除了上林苑本地的原产之外，更多则是来自不同地区、不同国家的物种，其中不乏域外引进的。根据《秦汉上林苑栽培树木初考》⑥、《秦汉上林苑栽培植物再考》⑦、《上林苑生态环境的变迁》⑧、《秦汉上林苑植物图考》⑨等研究成果，并结合《南方草木状》、《洞冥记》等相关史料，对上林苑中曾经云集的域外物种不完全统计如下：

---

①何清谷校注：《三辅黄图校注》，北京：中华书局，2006：272－273。
②〔汉〕卫宏撰：《汉官旧仪 附补遗》，北京：中华书局，1985：16。
③〔汉〕卫宏撰：《汉官旧仪 附补遗》，北京：中华书局，1985：16。
④刘庆柱辑注：《三秦记辑注 关中记辑注》，西安：三秦出版社，2006：67。
⑤刘庆柱辑注：《三秦记辑注 关中记辑注》，西安：三秦出版社，2006：49。
⑥包琰、冯广平等：《秦汉上林苑栽培树木初考》，《农业考古》2011（4）：273－292。
⑦冯广平、包琰、刘海明等：《秦汉上林苑栽培植物再考》，《中国植物园》2011（14）。
⑧李健超：《上林苑生态环境的变迁》，《生态学杂志》1984（6）：41－43。
⑨冯广平：《秦汉上林苑植物图考》，北京：科学出版社，2012。

表 5-1　上林苑中域外物种名目

类别	种名
植物类	葡萄 紫花苜蓿 胡桃(核桃)柰 林檎 紫文桃 瀚海梨(新疆梨)霜桃 东王梨 大麻薇(救荒野豌豆) 弱枝枣 玉门枣 西王枣 羌李 蛮查 羌查 巴旦杏 扶老木(笻竹)沙棠 夜舒荷(睡莲)指甲花(凤仙花) 耶悉茗 茉莉花 抱木 迷迭香 山姜 菖蒲 留求子 诸蔗 胥余(椰树) 煔树(杉树) 蜜香树 仁频(槟榔树) 橙 枇杷 梅 枫 南华李(紫李 绿李 朱李 黄李) 荔枝 杨梅 甘蕉 龙眼(桂圆)千岁子(石山苏铁) 杜衡 枫香 珊瑚树(木棉) 芭蕉 枫人 土沉香 蜀葵 蜀漆树 桂树 生金树 女香树 胡麻(芝麻)红兰花 薰陆香 芫荽(香菜)甜瓜 胡豆(蚕豆)胡瓜(黄瓜)西瓜 胡蒜(大蒜)阳桃 茄树 茵墀 抱香履 篃簩竹 豆蔻花 鹤草 甘藷 水莲 水蕉 蒟酱草 芒茅 肥马草 冬叶 乞力伽 赪桐 花水 葱 茄绰菜 蕹 吉利草 良耀草 榕树 益智子 朱槿 桄榔 诃梨勒 苏枋 水松 刺桐 棹树 紫藤 榼藤 椰树 柑 橄榄树 海枣树 五敛子 蕙 钩缘子 海梧子 海松子 庵摩勒(余甘) 石栗 人面子 云丘竹 石林竹 思摩竹 箪竹 越王竹 五味草
动物类	騊駼 駃騠 驒騱 蛩蛩 驴 骡 大象 骆驼 九真之麟 黄支之犀 鸵鸟汗血马 乌孙马 狮子 虎 牦牛 青兕 马来貘 犀牛 孔雀 百足蟹 蒙古马 花蹄牛 龙文犀 驳骡 封牛 细鸟 黑鹇 白鹇 长鸣鸡(荆鸡) 伺晨鸡 细鸟

5.2.3　上林苑接纳域外物种的条件

秦汉时期,受汉匈间往来密切、丝绸之路开通等因素的影响,中国与域外间的农牧科技文化交流频繁,包括农作物嘉种和精良畜种在内的大量域外物种引入我国内地,形成了我国历史上第一个引种高潮。因这些四处搜罗而来的域外物种稀有,统治者出于猎奇、享乐的需求,于是便将其充于上林苑等苑囿中,以观赏目的来畜养。

上林苑具备的客观条件使其成了最佳的安置场所:首先,关中地区拥有优越的农业自然资源。根据竺可桢对我国历史上气候变化的研究,秦汉处于温暖期,而关中地区的气候比现在要温和湿润;从前文可知,上林苑拥有广袤的地域和复杂的地形,能够为多种类型鸟兽的栖息以及植被的生长提供适宜的生存环境;关中灞、浐、泾、渭等八水从苑中贯穿而过,天然湖泊星罗棋布,诸多的人工湖泊、池沼点缀其间,为上林苑的动植物提供了水源;苑中丰富的天然动植物种质资源，有利于物种间的自然杂交，促进繁衍生息。史载，建章宫旁的奇华殿便集中了四方的器服珍宝，“火浣布、切玉刀、巨象、大雀、狮子、宫马，充塞其中”①；《洞冥记》亦曾载：“（昭祥苑）苑周回四十里，万国献异物，皆集苑中。”②昭祥苑，武帝时所修，为甘泉苑之小苑，专门用来展览外国所献异物珍宝。

其次，上林苑作为秦汉时期最大的皇家苑囿，倍受统治者之重视，因此，能够集中全国之力对其管理和维护，对引进的物种悉心照料和看管。第一，上林苑有着严密的组织管理体系，主管官员具有较高的政治地位。秦朝时，上林苑由位列九卿的少府负责，其属官上林中十池监直接管理苑中池沼；武帝时，随着上林苑规模的不断扩大，设置独立于少府的水衡都尉来管理，水衡都尉下属有五丞九令，“上林、均输、御羞、禁圃、辑濯、锺官、技巧、六厩、辩铜九官令丞。又衡官、水司空、都水、农仓，又甘泉上林、都水七官长丞皆属焉”③。这些官员分工明确，负责管理苑中各项具体事宜。除此之外，啬夫、苑人之类的小吏会协助令、丞管理。第二，对苑中的管理人员，上林苑设有较为严格的奖惩体系进行约束。譬如，扶荔宫中的一株荔枝因枯萎而死，“守吏坐诛者数十人”④。与此相应，对于表现好的官员，有时候甚至是破格提拔。据史料载，汉文帝亲临虎圈，询问身边的上林尉禽兽的情况，上林尉答不出来，此时管理虎圈的啬夫却详细地回答了所提问题，汉文帝大加赞赏并欲封其为上林令。第三，上林苑设置有专门的宫观对苑中的动植物进行分类管理和饲养，为域外物种安置提供了良好的人工环境。依据史料记载，扶荔宫特意为栽培热带草木而修建，葡萄宫种植西域葡萄，长杨宫中有垂杨数亩，白象观、白鹿观饲养白象和白鹿，建章宫附近设有虎圈和狮子圈，等等。最后，上林苑象征了皇帝的权威，对于擅自闯入、扰乱苑中秩序的行为，将会受到严惩。秦朝时，秦二世“入上林斋戒，日游弋猎，有行人入上林中，二世自射杀之”⑤；西汉杨县人减宣担任右扶风位时，因为怨恨成信，而成信逃跑到上林苑中，“宣使郿令格杀信，吏卒格信时，射中上林苑门，宣下吏诋罪，以为大逆，当族，自杀”⑥，只因手下人射中了上林苑中的大门，便被判定为灭族，国家对上林苑的保护程度可见一斑。总之，从秦至汉，愈加优越的人

---

①何清谷校注：《三辅黄图校注》，北京：中华书局，2006：213。

②转引自林剑鸣、吴永琪：《秦汉文化史大辞典》，北京：汉语大词典出版社，2002：548。

③《汉书》十九上《百官公卿表第七上》。

④何清谷校注：《三辅黄图校注》，北京：中华书局，2006：247。

⑤《史记》卷八十七《李斯列传第二十七》。

⑥《史记》卷一二二《酷吏列传》。

工管理条件确保了上林苑的有序运转。

最后,到秦汉时期,我国园圃业、林业及畜牧业已有了一定发展,劳动人民积累了丰富的栽培、育种经验及饲养管理和繁育技术,在当时先进的农学思想和理论的指导下,结合伴随域外物种引进来的农业科技,苑中的园艺匠人能够对域外物种妥善培育,保证较高的成活率。以代田法为例,在其作为新的耕作方法出现时,便最先在上林苑等离宫别苑中进行示范应用,使得苑中所种粟的产量大增;上林苑亦曾采用先进的温室栽培技术、嫁接技术等措施维持果蔬的生长。

5.2.4 上林苑与域外引进物种的本土化

域外引进的各类农业物种,最初大都汇集于上林苑之中集中培育,在此过程之中,上林苑不仅客观上承担了域外引进物种试种、试育的试验基地,而且在此基础上成了其本土化的驯化中心和在内地进一步传播的新策源中心[①]。

(1)嘉种西来,植之秦中

其一,从气候相似性原理而言[②],关中盆地大致都处于中纬度地带,与引进来源地的气候条件存在一定的相似之处,这也是这一时期引进上林苑的域外物种大多数能够引种成功的关键因素之一。引种到上林苑的域外物种,虽然起源地各有差异,但大多数已经在西域诸国有了相当长时期的培育,并逐渐形成了一定的自然适应能力。另外,从动植物生长发育的环境而言,上林苑所在的关中盆地不仅与西域诸地纬度相当,而且气候、土壤、水肥等条件更为优越,更适宜于这些物种的生长,故很容易引种成功。例如,苜蓿和葡萄,原产于大宛国(在今费尔干纳盆地),丝绸之路开通后,“汉使取其实来,于是天子始种苜蓿、葡萄肥饶地”[③]。在引进关中的短时间内便成功栽培,据史料记载,“离宫别观旁尽种葡萄、苜蓿极望”[④],不仅试种成功,且有了一定的种植面积。再如石榴,自西域安石国传入我国后,汉武帝便命人立即在上林苑等汉宫苑内种植,生长良好,深得武帝喜爱,后又在骊山温泉宫有所种植。

其二,上林苑多元性的地形地貌为域外引进作物的差异性发展创造了一定

①郭建新、朱宏斌:《秦汉时期上林苑农业功能之探析》,《农业考古》2014(6):15-18。

②引种的气候相似性原理为德国著名林学家 H. M. Mayr 在《欧洲外地园林树木》、《在自然历史基础上的林木培育》等著述中所提出,其核心观点是:木本植物引种成功的最大可能性,关键要看原产地气候条件与新地区气候条件的相似性。

③《史记》卷一二三《大宛列传》。

④《史记》卷一二三《大宛列传》。

条件。上林苑地域广阔，方圆数百里之广，地形差异较大，尤其是南北之间，由秦岭到黄土高原南缘，涵盖山、川、河、谷等各种地理形态，落差数千米之大，仅仅平原地形，亦包括了冲积平原、洪积平原、黄土台塬等等，这一复杂地形地貌，为多样性生物的适应提供了多元性的环境，这就为域外引进作物的差异性发展创造了重要条件。

此外，还有一点值得注意，即上林苑当地固有的丰富的植物物种资源，与经过长期搜求而来的品种数量众多外来作物形成了一个共同的生态群，这也为自然和人工的杂交提供了重要前提。

(2)精心培育，技术改造

其一，秦汉农业技术尤其是园艺技术的发展为域外引进作物的驯化改造提供了保障。秦汉时期，我国北方农业精耕细作的技术体系基本形成。以之为基础，这一时期的园艺技术也达到新的水平，出现了诸多集约型的经营生产技术，如防旱保墒技术、施肥、种子处理、扦插、嫁接和家畜的精细饲养、杂交等方法，这些技术发展，为上林苑更好地培育苑中的域外物种驯化提供了一定技术保障。从文献记载来看，对于域外引进的奇花异草、珍禽异兽，皇家往往设立专门的馆舍进行培育，如特意为栽培热带草木而修建的扶荔宫，为种植西域葡萄的葡萄宫，驯养珍禽异兽的白象观、白鹿观、虎圈和狮子圈等等。在这些专门的馆舍中，亦配备有数量不小的专业技术队伍进行一流化的集约训育，如扶荔宫中的一株荔枝枯萎而死，“守吏坐诛者数十人”，仅此即足见投入人力资源之大。文献中的“啬夫”、“苑人”即可能为专门的技术官员或管理人员，《史记·平准书》载，因散家财助国而受到武帝器重的卜式就曾到苑中牧羊，“式乃拜为郎，布衣屩而牧羊。岁余，羊肥息。上过见其羊，善之”。《汉书·食货志》亦记载日：“其没入奴婢，分诸苑养狗马禽兽，及与诸官。”这一过程，不惟是对域外引进农业物种技术改造之先声，亦有了初步的成效，如采用嫁接方法改良果树，培育出了一些特色品种。据史料记载，“汉武帝园，一名樊川，一名御宿。有大梨，如五升瓶，落地则破。其主取者，以布囊承之，名含消梨。”笔者推测，此梨的培育大概是采取了嫁接的办法，因而果型大，肉质脆嫩。位于甘泉苑垣外的棠梨宫，农史学家辛树帜曾从文化视角对其进行过分析，并认为，宫观以棠梨命名，“顾名思义，亦知是棠与梨嫁接之品种”。据史料记载：“汉武帝园，一名樊川，一名御宿。有大梨，如五升瓶，落地则破。其主取者，以布囊承之，名含消梨。”[①]笔者推

---

①刘庆柱辑注:《三秦记辑注 关中记辑注》,西安:三秦出版社,2006:47。

测，此梨的培育大概是采取了嫁接的办法，因而果型大，肉质脆嫩。位于甘泉苑垣外的棠梨宫，农史学家辛树帜曾从文化视角对其进行过分析，并认为，宫观以棠梨命名，“顾名思义，亦知是棠与梨嫁接之品种”①。据《群芳谱》记载，历史上有名的汉帝杏是从上林苑留传出来的种，“圆而黄，熟最早，味最胜，一名汉帝杏，谓武帝上林苑遗种也。大如梨，黄如桔，出济南。”②需要指出的是，虽无直接史料证实以上品种的嫁接对象引自域外，但因域外品种往往具有中原果实所不具备的优良性状，所以不排除这种可能。上林苑还培育有如拳头般大小的侯栗、榛栗、瑰栗、魁栗、峄阳栗和果大如升的紫柰。以原产于西南地区的梅为例，在汉上林苑中已培育了至少7种品种。需要指出的是，虽无直接史料证实以上品种的嫁接对象引自域外，但因域外品种往往具有中原果实所不具备的优良性状，所以不排除这种可能。上林苑还培育有如拳头般大小的侯栗、榛栗、瑰栗、魁栗、峄阳栗和果大如升的紫柰。以原产于西南地区的梅为例，在汉上林苑中亦培育了至少7种品种。此外，蒙古马、乌孙马、大宛马等精良畜种引入上林苑中后，除了用于供皇帝游猎驰骋、赏玩，苑中的御厩将其和本土原有品种进行杂交，采借其优良特质，形成新的品种。张衡在《东京赋》中所言“天马半汉”并非凭空之言，多少反映了这一现象。这些经过改良的后代不但具有本土环境的适应性，同时还继承了域外物种的一些优良性状。这些虽然大都非直接证据，但也间接反映了上林苑对域外引进物种的技术改造情况。

其二，精心管护。如前文所述，上林苑有着严密的组织管理体系。秦朝时，上林苑由位列九卿的少府负责，其属官上林中十池监直接管理苑中池沼；武帝时，随着上林苑规模的不断扩大，设置独立于少府的水衡都尉来专门管理，水衡都尉下属有五丞九令，“上林、均输、御羞、禁圃、辑濯、锺官、技巧、六厩、辩铜九官令丞。又衡官、水司空、都水、农仓，又甘泉上林、都水七官长丞皆属焉”③。这些官员分工明确，负责管理苑中各项具体事宜。除此之外，啬夫、苑人之类的小吏会协助令、丞管理。除了严密的组织管理体系之外，还有系统严格的管理制度。对苑中的管理人员，上林苑设有较为严格的奖惩体系进行约束。譬如扶荔宫中的一株荔枝因枯萎而死，“守吏坐诛者数十人”④。与此相应，对于表现好

①辛树帜编著：《我国果树历史的研究》，北京：农业出版社，1962:129。
②〔明〕王象晋纂辑，伊钦恒诠释：《群芳谱诠释 增补订正》，北京：农业出版社，1985:98。
③《汉书》十九上《百官公卿表第七上》。
④何清谷校注：《三辅黄图校注》，北京：中华书局，2006:247。

的官员，有时候甚至是破格提拔。据史料载，汉文帝亲临虎圈，询问身边的上林尉禽兽的情况，上林尉答不出来，此时管理虎圈的啬夫却详细地回答了所提问题，汉文帝大加赞赏并欲封其为上林令。

其三，为了保障域外引进作物的生长，在上林苑还出现了创造人工环境的现象。如为了所引进热带物种所需的热量、光照和水分，上林苑建造温室，最大限度地模拟其原产地的环境以保证物种的正常生长。以荔枝命名的扶荔宫便是其中的温室之一，用来种植从南越等热带和亚热带地区得到的甘蔗、龙眼、指甲花、荔枝等南方花木。专门为皇室种植蔬菜的太官园中也自制有温室，除了用来种植反季节蔬菜，大概也可以种植南方蔬菜。《拾遗记》中也有类似的关于移植试验的记载，“汉兴，至于哀、平、元、成，尚宫室，崇苑囿……孝哀广四时之房……及夫灵瑞嘉禽，艳卉、殊木，生非其壤”①。

物种的推广进程受农业科技的水平影响，正如李爱军所言，“跨地区的引种和物种推广，必须解决相应的科技问题。科学技术的发明和应用，关乎作物推广与发展的成败、快慢”②。我国农业历史悠久，至秦汉时期，在野生植物和动物的驯化、饲养方面已积累了大量的经验知识，为上林苑中域外物种的引种驯化提供了重要参考，促使上林苑成为一些物种的最优良的生产地之一，并也指导着这些物种在国内各地区的推广。一些域外作物经过精心栽培和驯化，习性逐渐得到了改变，表现出新的功能与价值，加速了在我国的本土化进程。例如，胡瓜，最初瓜小、肉薄，引入关中后，经过苑人及后世人对其性状的不断选择和改进，瓜型品质得到了明显提高，还育成了适应不同季节和气候条件的新品种，也就有了现在的家常菜黄瓜。又如胡荽，根据劳费尔在《中国伊朗编》中对其的研究可知，西域对其的记载主要见于医药著作中，可见在西域主要被当作药用植物。在传入关中及以后的扩种过程中，口感愈加醇香，人们发现其更适合作调味品，因此，国人主要将胡荽作为蔬菜大量种植，还总结出了一系列种植方法，这在我国古代农书中有大量记载。

(3)示范推广，渐及东土

在过渡性的栽培、驯化的过程中，上林苑中的园艺匠人逐渐熟悉了这些域外物种的生长规律和生活习性，进行了一定的育种。随着数量增加，其所具备

①[晋]王嘉撰，孟庆祥、商微姝译注：《拾遗记译注》，哈尔滨：黑龙江人民出版社，1989：181。
②李爱军：《我国封建社会时期农作物地域推广发展及其规律探讨》，福建师范大学，2005：66。

的娱乐、观赏价值又开始向实用价值转变。位居全国五大名榴之首的临潼石榴,果大、籽多、味道香醇,追根溯源,其最早就是上林苑对从涂林国引入的安石榴的精心培育后形成的适合关中地区的品种,如今其能够享誉海内外,也和这一悠久的栽培历史有关系。《云阳宫记》就曾记载了苑中的培植梨园,"云阳车箱坂下,有梨园一顷,梨数百株,青翠繁密,望之如车盖。"①《西京杂记》中记载的瀚海梨、东王梨等域外品种极有可能就种植于其中。诸如此类的果园在作为景观的同时,为皇帝提供可口、新鲜的水果,调节了皇室饮食结构。

对上林苑中的时新域外物种,由于其特殊性,故除了为皇家所专享之外,一些皇亲贵族、富商大贾也通过各种途径有所搜罗,逐渐形成了竞相养殖的社会风尚,仅《西京杂记》中就有不少的史料,如梁孝王之兔园,"梁孝王好营宫室苑囿之乐,作曜华之宫,筑兔园。园中有百灵山,山有肤寸石、落猿岩、栖龙岫、又有鴈池,池间有鹤洲凫渚。其诸宫观相连延亘数十里,奇果异树瑰禽怪兽毕备,主日与宫人宾客弋钓其中。"再如鲁恭王"好斗鸡鸭及鹅雁。养孔雀䴔䴖,俸谷一年,费二千石。"茂陵富商袁广汉的私家园林也甚为典型,"于北邙山下筑园,东西四里,南北五里,激流水注其内。构石为山,高十余丈,连延数里。养白鹦鹉、紫鸳鸯、牦牛、青兕、奇兽怪禽,委积其间。积沙为洲屿,激水为波潮,其中致江鸥海鹤,孕雏产鷇,延漫林池。奇树异草,靡不具植。屋皆徘徊连属,重阁修廊,行之,移晷不能遍也。广汉后有罪诛,没入为官园,鸟兽草木,皆移植上林苑中。"

值得注意的是,上林苑不仅作为一个规模庞大的皇家园林,而且也承担了调节社会经济的重大使命,在这一过程之中,域外引进物种也逐渐扩散到民间,乃至寻常百姓家。从历史记载来看,上林苑从整个园林的规划、布景到植物的栽种、培育再到动物的驯化、饲养等一系列烦琐的工作中,除了自上而下的管理机构负责管理和维护外,还雇用了大量的平民百姓进行经营。大致分为两种情况:一是皇帝招募百姓到上林苑进行种植、饲养。正如前文中所说的,高祖曾下令使民在苑中种田,以后虽有变迁,但一直有居民在苑中从事耕作、畜牧和渔猎等生产活动。二是"假田"于民,即国家把苑中的土地借给流民进行耕种生产,经常出现在灾荒年间。汉宣帝于地节三年(前67)曾经下诏:"池禁未御幸者,假与贫民。"②元帝初元二年(前47)春三月,"诏罢黄门乘舆狗马,水衡禁囿、宜

①王铎著:《中国古代苑园与文化》,武汉:湖北教育出版社,2003:114。
②《汉书》卷八《宣帝纪第八》。

春下苑、少府做飞外池、严禁池田假与贫民”[①]。《后汉书》也记载:“秋七月辛亥,诏以上林池禁田赋与贫人。”[②]在这一过程中,一些园艺匠人或民众也接触并逐渐熟悉了一些域外引进物种,一些经过选育具有一定产生价值的物种也可能因此而渐次流布民间或向周边地区辐射推广,最终昔日仅供王公贵族享用的珍物也因此成了普通百姓唾手可得的寻常之物。还有一点,即上林苑破败之际,虽然大部分毁于战火,但也有一部分却因此流落民间,成了传播扩散的一条重要途径。

此外,以上林苑为核心的关中地区还成了域外引进物种推广的策源中心。由于为皇家之园林,故通过各种途径进入中原的域外物种首先云集于上林苑之中,经过精心培育驯化,逐渐完成了风土适应和技术改造。而京畿之地亦是皇室贵族、富商大贾、能工巧匠荟萃之处,近水楼台先得月,凭借地缘优势和资源优势,上林苑中的一些品种亦首先在关中地区开始了一定程度的扩散,濡化以关中地区为策源中心,渐次向周边地区辐射扩散,最终形成了“植之秦中,渐及东土”之态势。如石榴,首先植之于上林苑,然后扩散至临潼,至东汉时期,随着京城的东迁,洛阳的石榴种植也曾盛极一时,如白马寺已栽种成片的石榴树,果实大者达七斤之重,且有很高的品质。当时该地区曾流行的谚语“洛阳甜榴,一实值牛”,反映了百姓对洛阳石榴的高度评价,也暗示了石榴原本在王公贵人家的价值。汉以后,石榴更是广为传播,直至如今,我国南北各地均有分布。骡、驴、骆驼,最早产自西域,在秦时始传入我国内地,当时极为罕见,作为奇畜养于上林苑等宫苑中以供王公贵族们赏玩。至汉武帝时,苑中依然有喂养。经过皇家苑囿的长期饲养,匠人与苑官必定能够掌握一些饲养经验。伴随“骡驴骆驼,衔尾入塞,驒騱騵马,尽为我畜”[③]盛况的出现和总结的喂养要领的逐渐推广传播,最初的奇畜逐渐出现在民间,成为主要的役用家畜。如驴,指东汉时期已经广为分布,“驴者乃服重致远,上下山谷,野人之所用耳。”[④]苑中的大宛马等西域马种通过人工杂交等方法,后代大量繁殖,除了直接用来作战马外,国家把其中的一些投放民间,用于驿递运输,而民间又将其进行新的育种,使汉马的质量得以普遍提高。譬如《汉书·昭帝纪》载,元凤二年(前79年),昭帝下诏:“颇

---

①《汉书》卷九《元帝纪第九》。

②《后汉书》卷三《肃宗孝章帝纪第三》。

③(汉)桓宽撰,王利器校注:《盐铁论校注》,天津:天津古籍出版社,1983:26。

④《后汉书》卷一百零三《志第十三·五行一》。

省乘舆马及苑马,以补边郡三辅传马”。据研究,“陕西、甘肃、四川、贵州出土的大批汉代中期以后的陶马、铜马,以及四川、山东、陕西、江苏等汉画像石中所见的马匹形象,都可反映出大宛马的一些特征,这足以说明中原的传统马种已掺入了大宛马的血液,且这一改良品种的足迹已基本遍及中国。”①

(4)制为美名,文化改造

经过上林苑培育的域外物种在“植之秦中,后渐生东土”②的过程中,不但对百姓的物质生活产生了深刻影响,而且逐渐融入了人们的精神生活,逐渐拉开了文化接纳的序幕。

第一,融入中国文化元素的命名。引入中原的域外物种,有自己的原名,最初可能是按照音译的方式简单命名,但移植上林苑等皇家苑囿后,其优美之形态或独特之口备受赏识,故皇帝往往也不时召集群臣、雅士进苑共赏,在这一过程中亦君臣共同为这些珍奇命名、撰文,如《三辅黄图》记载:“帝初修上林苑,群臣远方,各献名果异卉三千余种植其中,亦有制为美名,以标奇异。”虽然其中大部分的名称今天已经不为人所知,但在诸如《上林赋》及后世的诸多文献中也可觅其踪迹,如“蒲陶”、“駣駼”、“駃騠”、“驒騱”等,虽还没脱离音译的范畴,但也可见中国文化的一些元素。再如苜蓿,其传入关中后,人们按伊朗字的发音依旧称其为“目宿”。当地人看到其随风摆动的可人景象,大加赞美,“乐游苑自生玫瑰树,树下多苜蓿……风在其间,常萧萧然,日照其花有光彩③”,于是又将其称为“怀风”、“光风”,茂陵人又把它叫作连枝草。乐游苑,始建于汉宣帝神爵三年(前59年),依此推测至少在汉宣帝时苜蓿即有这些别名。“目宿”在演变中演化为加了草字头的“苜蓿”,更加准确地表达了其作为牧草的含意。乌孙马始引入我国之时,汉武帝见其神俊挺拔,便赐名“天马”,之后有人进献大宛的汗血马,于是便称大宛马为“天马”,而改乌孙马为“西极马”。枇杷,《本草衍义》在论及其名称的由来时,载曰:“(枇杷叶)其形如琵琶,故名之”④。胡蒜,因具有根茎大、瓣多、辛中带甘的特点而受到中原人的喜爱,称其为“大蒜”,以区别本土固有的小型蒜种。胡瓜、胡荽自引种栽培以后,名称几经变化,至今仍有多种称谓,都是被中国文化改造、融入国人生活的表现。

---

①张波、樊志民主编:《中国农业通史·战国秦汉卷》,北京:农业出版社,2007:242。
②[宋]苏颂编撰,尚志钧辑校:《本草图经》,合肥:安徽科学技术出版社,1994:560。
③[晋]葛洪撰,周天游校注:《西京杂记》,三秦出版社,2005:21-22。
④[宋]寇宗奭撰:《本草衍义》,北京:人民卫生出版社,1990:134。

第二，云集于上林苑中的域外物种，作为文艺形象大量展现于文学、艺术作品中，“催生了一系列以上林苑为主题的文学作品。如司马相如《上林赋》及《游猎赋》、扬雄《羽猎赋》、班固《西都赋》和张衡《西京赋》等，其中有不少笔墨细致描绘了游苑之乐。”①如形态婀娜、花色艳丽之石榴树，自栽种于上林苑等宫苑中，“是以属文之士或叙而赋之，遥而望之”②。汉武帝喜得乌孙马和大宛马，先后欣然创作三首《天马歌》进行歌颂，作为郊祀歌保留在了乐府诗中③；驴骡在西汉作为驿递交通工具普及于民间之时，作为文学象征，广泛出现于一些诗赋中，如贾谊之《吊屈原赋》、东方朔之《七谏·谬谏》、杨雄之《反离骚》等。根据《西京杂记》记载，西汉时曾流行葡萄纹锦缎，“霍光妻遗淳于衍蒲桃锦二十四匹”④，“尉陀献高祖鲛鱼、荔枝，高祖报以蒲桃锦四匹”⑤，蒲桃即葡萄，表明葡萄纹饰在当时成了重要的艺术表现形式；另外，从出土的汉代铜镜可以看出，其纹饰形象所采用的奇花异草、珍禽奇兽，多出自域外。

第三，国人在潜移默化中把一些引进物种与本土文化和固有的民俗观念相结合，赋予了其一定的民俗意义。如多籽的石榴果实、成串多粒的葡萄寄托了人们“多子多福”的美好愿望；核桃之核谐音似“和”，象征平安幸福，核桃仁状如大脑，凹凸密集的纹理象征人的智慧，因此这些均被视为吉祥物，出现于婚礼、节庆等民俗活动中；雄壮威武的狮子和中国固有的祈福理念相联系，被视为辟邪、吉祥的瑞兽。当然，域外物种在接受文化改造的过程中，离不开彼此文化的冲突和磨合。狮子起初被译为“狻鹿”，为了和猛兽“狻猊”避免混淆，便根据梵文的音“师”来称呼，加以“犭”会意，就有了“狮”的称呼。“汉家天马出蒲梢，苜蓿榴花遍近郊”⑥，天马与榴花亦被赋予了某种政治文化内涵，成了汉朝天威远播流沙的标志。

---

①喻曦、李令福：《浅析秦汉上林苑农业的多功能性》，《中国农史》2012(3)：3－10。

②〔晋〕潘岳：《安石榴赋》。

③汉武帝有三首《天马歌》传世，兹录如下：《天马歌(一)》：“太一贡兮天马下。沾赤汗兮沫流赭。骋容与兮跇万里。今安匹兮龙为友。”《天马歌(二)》：“太一况，天马下，沾赤汗，沫流赭，志俶傥，精权奇，籋浮云，晻上驰，驱容与，迣万里。今安匹？龙为友。”《天马歌(三)》：“天马徕，从西极，涉流沙，九夷服。天马徕，出泉水，虎脊两，化若鬼。天马徕，历无草，径千里，循东道。天马徕，执徐时，将摇举，谁与期？天马徕，开远门，竦予身，逝昆仑。天马徕，龙之媒，游阊阖，观玉台。”

④〔晋〕葛洪撰，周天游校注：《西京杂记》，三秦出版社，2005：33。

⑤〔晋〕葛洪撰，周天游校注：《西京杂记》，三秦出版社，2005：145。

⑥〔唐〕李商隐：《茂陵》。

引进物种逐步本土化的几个阶段往往以风土调适期发挥观赏价值为开端，之后相继进行或同时进行，上林苑在整个过程中发挥着重要作用。值得一提的是，上林苑在引进那些对自然条件选择性强、适应性弱的物种的过程中，也不是一帆风顺，也曾出现引种、育种失败的情况。据记载，“上木，南北异宜，岁时多枯瘁”①。以荔枝为例，“自交趾移植百株于庭，无一生者，连年犹移植不息。后数岁，偶一株稍茂，终无华实，帝亦珍惜之”②。园林植物引种驯化成功的标准之一是，“引种植物能以正常的有性或无性繁殖方式进行繁殖”③，可见荔枝在上林苑的引种是不成功的。又如汉武帝太初二年，大月氏国进贡了一只双头鸡，“四足一尾。鸣则俱鸣。武帝置于甘泉故馆，更以余鸡混之。得其种类而不能鸣。”④

综上所述，在秦汉时期形成我国历史上第一个大一统格局，中外、国内各地交流日益频繁的大背景下，上林苑作为这一时期规模最大的皇家园林，所具备的得天独厚的条件，使其在客观上成了国家引进新品种的转植培育中心、传播中心和推广基地，开创我国域外物种引种及本土化的先例，对后世人认识这些域外动植物的习性，扩大栽培、饲养面积，丰富我国的物种种质资源有着积极意义，同时也促进了我国传统文化和农业的发展。

①何清谷校注：《三辅黄图校注》，北京：中华书局，2006：247。

②何清谷校注：《三辅黄图校注》，北京：中华书局，2006：247。

③戴思兰主编：《园林植物育种学》，北京：中国林业出版社，2006：56。

④［晋］王嘉撰，萧绮录，孟庆祥、商孅姝译注：《拾遗记译注》黑龙江人民出版社 1989：148。

参考文献

【1】〔西汉〕司马迁. 史记. 北京:中华书局,1982.

【2】〔西汉〕氾胜之撰,石声汉校释. 氾胜之书今释. 北京:科学出版社,1956.

【3】〔汉〕桓宽撰,王利器校注. 盐铁论校注. 天津:天津古籍出版社,1983.

【4】〔东汉〕班固. 汉书. 北京:中华书局,1975.

【5】〔西晋〕张华撰,范宁校正. 博物志校正. 北京:中华书局,1980.

【6】〔西晋〕葛洪撰,周天游校注. 西京杂记. 三秦出版社,2005.

【7】〔南朝〕范晔. 后汉书. 北京:中华书局,1965.

【8】〔北魏〕贾思勰撰,石声汉校注. 齐民要术今释. 农业出版社,1958.

【9】〔北魏〕贾思勰撰,缪启愉、缪桂龙译注. 齐民要术译注. 上海:上海古籍出版社,2006.

【10】〔唐〕韩鄂撰,缪启愉校释. 四时纂要校释. 北京:农业出版社,1981.

【11】〔唐〕孟诜撰,张鼎增补,尚志均辑校. 食疗本草. 合肥:安徽科学技术出版社,2003.

【12】〔唐〕李延寿. 北史. 北京:中华书局,1974.

【13】〔唐〕苏敬. 新修本草. 上海:上海卫生出版社,1955.

【14】〔唐〕段成式撰. 酉阳杂俎. 北京:中华书局,1981.

【15】〔宋〕郑樵. 通志略. 上海:上海古籍出版社,1990.

【16】〔宋〕马端临. 文献通考. 北京:中华书局,1986.

【17】〔宋〕欧阳修、宋祁. 新唐书. 北京:中华书局,2003.

【18】〔宋〕吴自牧撰,符均、张社国校注. 梦粱录. 西安:三秦出版社,2004.

【19】〔宋〕李昉等. 太平御览. 北京:中华书局,1998.

【20】〔宋〕李昉. 太平广记. 北京:中华书局,1961.

【21】〔元〕鲁明善撰,王毓瑚校注. 农桑衣食撮要. 北京:农业出版社,1979.

【22】〔元〕忽思慧撰,刘玉书点校. 饮膳正要. 北京:人民卫生出版社,1986.

【23】〔元〕大司农司编,马宗申译注. 农桑辑要译注. 上海:上海古籍出版社,2008.

【24】〔元〕王祯撰，王毓瑚校. 王祯农书. 农业出版社，1981.
【25】〔明〕李时珍. 本草纲目. 中国文史出版社，2003.
【26】〔明〕王象晋. 群芳谱. 海南出版社，2001.
【27】〔明〕邝璠撰，石声汉、康成懿. 便民图纂. 北京：农业出版社，1982.
【28】〔明〕徐光启撰，石声汉校注. 农政全书校注. 上海：上海古籍出版社，1979.
【29】〔明〕宋濂. 元史. 北京：中华书局，1976.
【30】〔清〕赵学敏. 本草纲目拾遗. 北京：中国中医药出版社，1998.
【31】〔清〕杨一臣撰，翟允褆注释. 农言著实注释（第二版）. 西安：陕西人民出版社，1963.
【32】〔清〕吴其濬. 植物名实图考. 北京：商务印书馆，1957.
【33】〔清〕汪灏. 广群芳谱. 上海：上海书店出版社，1985.
【34】罗振玉，王国维. 流沙坠简. 上虞罗氏宸翰楼影印，1914.
【35】白寿彝. 中国通史. 上海：上海人民出版社，1999.
【36】费孝通. 中华民族多元一体格局. 北京：中央民族学院出版社，1989：4.
【37】梁家勉. 中国农业科技史稿. 北京：农业出版社，1989.
【38】石声汉. 中国农学遗产. 北京：农业出版社，1981.
【39】万国鼎. 五谷史话. 北京：人民出版社，1962.
【40】赵俪生. 古代西北屯田开发史. 兰州：甘肃文化出版社，1997.
【41】林剑鸣. 秦汉社会文明. 西安：西北大学出版社，1985.
【42】张波. 不可斋农史文集. 西安：陕西人民出版社，1997.
【43】张波. 西北农牧史. 西安：陕西科技出版社，1989.
【44】张波，樊志民主编. 中国农业通史（战国秦汉卷）. 北京：中国农业出版社，2007.
【45】樊志民. 秦农业历史研究. 西安：三秦出版社，1997.
【46】樊志民. 问稼轩农史文集. 杨凌：西北农林科技大学出版社，2008.
【47】刘光华. 汉代西北屯田研究. 兰州：兰州大学出版社，1988.
【48】李根蟠. 中国古代农业. 北京：商务印书馆，1998.
【49】夏亨廉，林正同. 汉代农业画像砖石. 北京：中国农业出版社，1996.
【50】中国农业百科全书编辑委员会. 中国农业百科全书·作物卷. 北京：农业出版社，1991.
【51】中国农业百科全书总编辑委员会. 中国农业百科全书·农业历史卷. 北京：农业出版社，1995.

【52】董恺忱,范楚玉. 中国科学技术史・农学卷. 北京:科学出版社,2000.
【53】邹德秀. 中国农业文化. 西安:陕西人民教育出版社,1992.
【54】李长年. 农业史话. 上海:上海科学技术出版社,1981.
【55】陈文华. 中国古代农业科技史图谱. 北京:农业出版社,1991.
【56】韩茂莉. 中国历史农业地理. 北京:北京大学出版社,2012.
【57】吴存浩. 中国农业史. 北京:警官教育出版社,1996.
【58】曾雄生. 中国农学史. 福州:福建人民出版社,2008.
【59】李璠. 中国栽培植物发展史. 北京:科学出版社,1984.
【60】佟屏亚. 中国玉米科技史. 北京:中国农业科技出版社,2000.
【61】张芳,王思明. 中国农业科技史. 中国农业科技出版社,2011.
【62】唐启宇. 中国作物栽培史稿. 北京:农业出版社,1986.
【63】周昕. 中国农具发展史. 济南:山东科技出版社,2005.
【64】向达. 唐代长安与西域文明. 北京:哈佛燕京社,1933.
【65】陈竺同. 两汉和西域等地的经济文化交流. 上海:上海人民出版社,1957.
【66】张星烺编注,朱杰勤校订. 中西交通史料汇编.(全四册),北京:中华书局,2003.
【67】安作璋. 西汉与西域关系史. 济南:齐鲁书社,1979.
【68】周一良. 中外文化交流史. 郑州:河南人民出版社,1987.
【69】黄文弼. 罗布淖尔汉简考释. 西北史地论丛. 上海:上海人民出版社,1981.
【70】中国社会科学院考古研究所. 居延汉简甲乙编. 北京:中华书局,1980.
【71】沈福伟. 中西文化交流史. 上海:上海人民出版社,2006 第二版.
【72】陈炎. 海上丝绸之路与中外文化交流. 北京:北京大学出版社,1996.
【73】姜伯勤. 敦煌吐鲁番文书与丝绸之路. 北京:文物出版社,1994.
【74】林梅村. 汉唐西域与中国文明. 北京:文物出版社,1998.
【75】林梅村. 古道西风——考古新发现所见中外文化交流. //哈佛燕京学术丛书第六辑,北京:三联书店,2000.
【76】毛民:《榴花西来——丝绸之路上的植物. 北京:人民美术出版社,2005.
【77】赵予征. 丝绸之路屯垦研究. 乌鲁木齐:新疆人民出版社,1996.
【78】钟敬文,萧放. 中国民俗史. 北京:人民出版社,2008.
【79】[日]中山时子. 中国饮食文化. 徐建新,译. 北京:中国社会科学出版社,1992.
【80】王学泰. 华夏饮食文化. 北京:中华书局,1993.

【81】王利华. 中国烹饪史略. 南京:江苏科学技术出版社,1987.
【82】王仁湘. 饮食与中国文化. 北京:人民出版社,1994.
【83】王熹. 中国习俗史. 北京:人民出版社,1994.
【84】沈从文. 唐宋铜镜. 北京:中国古典艺术出版社,1958.
【85】赵冈,刘永成、吴慧、朱金甫、陈慈玉、陈秋坤. 清代粮食亩产量研究. 北京:农业出版社,1995.
【86】林被甸,刘婷. 美洲农作物与中国的饮食文化. 北京:北京大学出版社,1994.
【87】佟屏亚,赵国磐. 马铃薯史略. 北京:中国农业科技出版社,1991.
【88】苏智良. 中国毒品史. 上海:上海人民出版社,1995.
【89】丁世良,赵放. 中国地方志民俗资料汇编. 北京:图书馆出版社,1997.
【90】曹志耘. 汉语方言地图集》(三卷),北京:商务印书馆, 2008.
【91】王思明. 美洲作物在的传播及其影响研究. 三峡出版社,2010.
【92】张箭. 新大陆农作物的传播和意义. 北京:科学出版社,2014.
【93】杨国安. 中国烟叶史汇典. 北京:光明日报出版社,2002.
【94】辛树帜编著,伊钦恒增订. 中国果树史研究//中国农史研究丛书. 北京:农业出版社,1983.
【95】孙云蔚. 中国果树史与果树资源. 上海:上海科学技术出版社,1983.
【96】张平真. 中国蔬菜名称考释. 北京:北京燕山出版社,2006.
【97】程兆熊. 中华园艺史. 台北:台湾商务印书馆,1985.
【98】王烨. 中国古代园艺. 北京:中国商业出版社,2015.
【99】中国农业科学院棉花研究所和江苏省农业科学院经济作物研究所主编. 中国的亚洲棉. 北京市:农业出版社,1989 年。
【100】高火. 古代西亚艺术. 石家庄:河北教育出版社,2003.
【101】高火. 埃及艺术. 石家庄:河北教育出版社,2013.
【102】[美]劳费尔. 中国伊朗编:中国对古代伊朗文明史的贡献. 林筠因,译. 北京:商务印书馆,1964.
【103】[英]李约瑟. 中国科学技术史. 科学出版社、上海古籍出版社,1999.
【104】[美]费正清. 美国与中国. 张理京,译. 北京:商务印书馆,1973.
【105】[日]篠田统. 中国食物史研究. 高桂林,译. 北京:中国商业出版社,1987.
【106】[日]西嶋定生. 冯佐哲,邱茂,黎潮,合译. 中国经济史研究. 北京:农业出版社,1984.

【107】[日]木村正雄. 中国古代帝国の形成—特にその成立の基础条件. 东京:不昧堂,1965.
【108】[日]镰田重雄. 秦汉政治制度の研究. 东京:日本学术振兴会,1962.
【109】[日]滨口重国. 秦汉隋唐史の研究. 东京:东京大学出版社,1971.
【110】[日]天野元之助. 中国农业史研究·增补版,东京:御茶の水书房,1979.
【111】[日]藤田丰八. 西域研究. 杨錬,译. 北京:商务印书馆,1937.
【112】[日]星川清亲. 栽培植物的起源与传播. 段传德,丁法元,译. 郑州:河南科技出版社,1981.
【113】[日]陈舜臣. 西域余闻. 桂林:广西师范大学出版社,2009.
【114】[美]何炳棣. 黄土与中国农业的起源. 香港:中文大学,1969.
【115】[英]布瑞. 中国农业史(上、下册). 李学勇,译. 台北:台湾商务印书馆,1994.
【116】莫赫塔尔. 非洲通史(第二卷). 北京市:中国对外翻译出版公司,1984.
【117】[俄]利瓦略夫. 古代罗马史. 北京:三联书社,1957.
【118】[美]谢弗. 唐代的外来文明. 吴玉贵,译. 北京:中国社会科学出版社,1995.
【119】[瑞士]德康多尔. 农艺植物考源. 俞德浚,蔡希陶,编译. 上海:商务印书馆,1936.
【120】[苏]瓦维洛夫(Н·И·Вавилов). 主要栽培植物的世界起源中心. 董玉琛译. 北京:农业出版社,1982.
【121】[美]西蒙兹(Simmonds,N·W·). 作物进化. 赵伟钧,译. 北京:高等教育出版社,1987.
【122】[德]夏德(F. Hirth).《大秦国全录》(《中国及罗马东边地. China and the Roman Orient),朱杰勤,译. 大象出版社,2009.
【123】[美]何炳棣. 美洲作物的引进、传播及其对中国粮食的影响[J]. 世界农业,1979(4-6).
【124】张波. 我国农史研究的回顾与前瞻[J]. 中国农史,1986(1):20-26.
【125】李根蟠,王小嘉. 中国农业历史研究的回顾与展[J]. 古今农业,2003(3):70-85.
【126】王思明. 20世纪农史研究的回顾与展望[J]. 中国农史. 2002(4):6-13.
【127】樊志民. 农业进程中的“拿来主义”[J]. 生命世界. 2008(7):36-41.
【128】曾雄生. 麦子在中国的本土化历程——从粮食作物结构的演变看原始农

业对中华文明的影响. The Influence of Agriculture Origin on Formation of Chinese Civilization——Proceedings of CCAST (World Laboratory) Workshop. 2001.
【129】李昕升,王思明. 近十年来美洲作物史研究综述(2004—2015)[J]. 社会经济史研究. 2016(1):99－107.
【130】李根蟠. 中国农业史上的“多元交汇”——关于中国传统农业特点的再思考[J]. 中国经济史研究. 1993(1): 1－20.
【131】杨联陞. 从历史看中国的世界秩序[J]. 国史探微. 台北:联经出版事业公司,1983:1－19.
【132】葛剑雄. 秦汉时期的人口迁徙与文化传播[J]. 历史研究. 1992(4): 47－61.
【133】郝延平. 中国与域外:近代国史上的内与外. //陈国栋主编. 汉文化与周边民族(第三届国际汉学会议论文集历史组). 台北:中央研究员历史语言研究所,2003:25－64.
【134】朱宏斌,郭向平. 历史上西北地区农牧交互关系探析[J]. 内蒙古大学学报(社科)(汉). 2003(1):44－48.
【135】朱宏斌. 战国秦汉时期中外农业科技文化交流的类型与模式[J]. 西北农林科技大学学报(社科版),2006(3).
【136】葛承雍. 唐昭陵六骏与突厥葬俗研究[J]. 中华文史论丛. 第60辑,1999。
【137】朱宏斌. 汉唐间北方农业技术的南传及在江南地区的本土化发展[J]. 中国农史. 2011(4):48－55.
【138】蓝勇. 中国辛辣文化与辣椒革命. 南方周末,2002－1－25.
【139】张艺凡,朱宏斌. 辣椒传入中国的地域文化影响[J]. 农业考古,2013(1): 221－224.
【140】赵志军. 小麦传入中国的研究——植物考古资料[J]. 南方文物,2015(3):44－52.
【141】李裕. 中国小麦起源与远古中外文化交流[J]. 中国文化研究,1997(3): 51－58.
【142】彭卫. 关于小麦在汉代推广的再探讨[J]. 中国经济史研究,2010(4): 63－71.
【143】卫斯. 我国汉代大面积种植小麦的历史考证——兼与(日)西嶋定生先生商榷[J]. 中国农史,1988(4):22－30.

【144】李根蟠,耿艺.胡化的餐桌[J].中国国家地理,2007(10):228－241.
【145】靳桂云.中国早期小麦的考古发现与研究[J].农业考古,2007年(4):11－200.
【146】葛承雍.唐昭陵六骏与突厥葬俗研究[J].中华文史论丛,第60辑,1999.
【147】王毓瑚.我国自古以来的重要农作物[J].农业考古,1982(1):13－20.
【148】韩茂莉.论历史时期冬小麦种植空间扩展的地理基础与社会环境[J].历史地理,2013(1):178.
【149】惠富平.汉代麦作推广因素探讨——以东海郡与关中地区为例[J].南京农业大学学报(社会科学版),2001(04):63－66.
【150】惠富平,荆峰.汉代黄河流域麦作发展的环境因素与技术影响[J].中国历史地理论丛,2007(04):24－27.
【151】郝二旭.唐五代敦煌地区的面粉加工业[J].中国经济史研究,2011(1):104－111.
【152】曾雄生.论小麦在中国之扩张[J].中国饮食文化,2005(1):99－133.
【153】卫斯.我国圆形石磨起源历史初探[J].中国农史,1987(1):26－29。
【154】罗尔纲.王蜀黍传入中国[J].历史研究,1956(3).
【155】陈树平.玉米和番薯在中国传播情况研究[J].中国社会科学.1980(3):187－204.
【156】郭松义.玉米、番薯在中国传播中的一些问题[J].清史论丛.第7辑,北京:中华书局,1986:80－110.
【157】曹树基.玉米和番薯传入中国路线新探[J].中国社会经济史研究.1988(4):62－66.
【158】韩茂莉.近五百年来玉米在中国境内的传播[J].中国文化研究,2007年(1):44－56.
【159】游修龄.玉米传入中国和亚洲的时间途径及其起源问题[J].古今农业,1989(2):1－10.
【160】佟屏亚.试论玉米传入我国的途径及其发展[J].古今农业,1989(1):41－48.
【161】章楷.番薯的引进和传播.农史研究(第二辑).北京:北京出版社,1982.
【162】胡锡文.甘薯来源和我们劳动祖先的栽培技术.//农业遗产研究集刊(第2册).北京:农业出版社,1958.
【163】王家琦.略谈甘薯和<甘薯录>[J].文物,1961(3):27－29.

【164】夏鼐. 略谈番薯和薯蓣[J]. 文物,1961(8):58－59.

【165】吴德铎. 关于甘薯和<金薯传习录>[J]. 文物,1961(8):60－61.

【166】丁颖,戚经文. 中国之甘藷[J]. 中华农学会报,1948:23－186.

【167】杨宝霖. 我国引进番薯的最早之人和引种番薯的最早之地[J]. 农业考古,1982(2):79－83.

【168】周源和. 甘薯的历史地理——甘薯的土生、传入、传播与人口[J]. 中国农史,1983(3):75－88.

【169】张箭. 论美洲粮食作物的传播[J]. 中国农史,2001(3):89－95.

【170】倪志佳,项梦冰. 番薯的词汇地理学研究[J]. Modern Linguistics,2014(2):44－67.

【171】朱宏斌. 中国古代西北农牧边缘地带的社会经济与文化[J]. 中国农史,1999(4):45－49.

【172】朱宏斌. 浅论农业科技文化交流史研究的基本维度[J]. 农业考古,2011(1):28－32.

【173】项梦冰. “甘藷”及其他[J]. 承泽堂方言论丛. 北京:语文出版社,2014.

【174】李天赐. 华侨引种番薯新考[J]. 中国农史,1998(1):107－112.

【175】梁家勉,戚经文. 番薯引种考[J]. 华南农学院学报,1980(3).

【176】翟乾祥. 马铃薯引种我国的初步探索[J]. 中国农史,2001(2):91－92.

【177】翟乾祥. 华北平原引种番薯和马铃薯的历史. //中国古代农业科技. 北京:农业出版社,1980.

【178】谷茂,信乃铨. 中国引种马铃薯最早时间之辨析[J]. 中国农史,1999(3):80－85.

【179】谷茂,马慧英,薛世明. 中国马铃薯栽培史考略[J]. 西北农业大学学报,1999(1):77－81.

【180】丁晓蕾. 马铃薯在中国传播的技术及社会经济分析[J]. 中国农史,2005(3):12－20.

【181】尹二苟. 马首农言中“回回山药”的名实考订——兼及山西马铃薯引种史的研究[J]. 中国农史,1995(3).

【182】楚雪,王哲,韩业庭. 从“洋芋”到“土豆”的文化融合——马铃薯跨文化传播现象研究[J]. 甘肃社会科学,2012(4):127－131.

【183】盛诚桂. 中国历代植物引种驯化梗概[J]. 植物引种驯化集刊,1985(4):85－92.

【184】叶静渊.我国茄果类蔬菜引种栽培史略[J].中国农史,1983(2):37－42.
【185】石声汉.试论我国从西域引入的植物与张骞的关系[J].科学史集刊,1963(4):16－33.
【186】李荣华.魏晋南北朝时期张骞形象考述[J].中华文化论坛,2014(2):100－103.
【187】张箭.汉代域外农作的引进和发展[J].休闲读品,2013(8):135－140.
【188】殷晴.物种源流辨析——汉唐时期新疆园艺业的发展及有关问题[J].西域研究,2008(1):17－26.
【189】魏露苓.隋唐五代时期园艺作物的培育与引进[J].中国农史,2003(4):18－23.
【190】胡澍.葡萄引种内地时间考[J].新疆社会科学,1986(5):101－104.
【191】杨承时.中国葡萄栽培的起始及演化[J].中外葡萄与葡萄酒,2003(4):4－7.
【192】尚衍斌.元代西域葡萄和葡萄酒的生产及其输入内地述论[J].元代畏兀儿研究.民族出版社,2011:272－277.
【193】苏振兴.葡萄、葡萄酒由新疆传入内地新考[J].新疆师范大学学报(哲学社会科学版),2003(4):88－92.
【194】陈习刚.吐鲁番文书中葡萄名称问题辨析——兼论唐代葡萄的名称[J].农业考古,2004(1):154－162.
【195】陈习刚.吐鲁番文书所见唐代葡萄的栽培[J].农业考古,2002(1):224－229.
【196】陈习刚.吐鲁番文书中的“酢”、“苦酒”与葡萄酒的种类[J].西域研究,2010(3):64－75.
【197】陈习刚.中国古代葡萄、葡萄酒及葡萄文化经西域的传播——两宋以前葡萄和葡萄酒产地[J].新疆师范大学学报哲学社会科学版,2006(3):5－10.
【198】陈习刚.隋唐时期的葡萄文化[J].中华文化论坛,2007(1):50－55.
【199】王艳明.从文书看中古时期吐鲁番地区的葡萄种植业[J].敦煌研究,2001(2):82－88.
【200】刘树琪.葡萄与葡萄酒在中原地区的传播和发展[J].山东社会科学,2014(3):134－138.
【201】仲高.丝绸之路上的葡萄种植业[J].新疆大学学报(哲学社会科学版),

1999(2):59－64.
【202】温建辉."葡萄"名称的来源考释[J].中国酿造,2013(9):158－160.
【203】潘岳.明代的葡萄种植与葡萄酒[J].农业考古,2011(4):308－319,325.
【204】李熊熊.明清瓷器"葡萄纹"寓意之变迁[J].东方收藏,2015(8):47－50.
【205】余欣.神祇的"碎化":唐宋敦煌社祭变迁研究[J].历史研究,2006(3):59－73.
【206】李婵娜.张骞得安石国榴种入汉考辨[J].学理论,2010(21):164－166.
【207】李玉,王晨,夏如兵,曹尚银.中国石榴栽培史[J].中国农史,2014(1):30－37.
【208】夏如兵,徐暄淇.中国石榴栽培历史考述[J].南京林业大学学报(人文社会科学版),2014 (2):85－97.
【209】夏燕,郭风平,徐金鹏.浅论石榴的中国化[J].丝绸之路,2011(8):40－41.
【210】王军,段长青.欧亚种葡萄(Vitis vinifera L.)的驯化及分类研究进展[J].中国农业科学,2010(8):1643－1654.
【211】龚珍.汉移民对秦汉西北文化的影响:以蔬菜传播为例[J].历史地理,2015(2):207－213.
【212】刘英英,朱宏斌.胡荽的传入及其本土化[J].农业考古,2014(6):244－248.
【213】陈竺同.南洋输入生产品史考[J].南洋研究,1936(6).
【214】林更生.古代从海路引进福建的植物[J].海交史研究,1982(2).
【215】马雍.东汉后期中亚人来华考[J].新疆大学学报,1984(2):18－28.
【216】陆庆夫.唐宋间敦煌粟特人之汉化[J].历史研究,1996(6):25－34.
【217】张波,张伦.中国绿洲——东西亚古代农事交流的纽带[J].中国农史,1993(4):11－16.
【218】朱宏斌.两汉西域屯田及其在中西农业科技文化交流中的作用[J].中国农史,2003(2):21－27.
【219】余华青.略论秦汉时期的园圃业[J].历史研究,1983 (3):21－32.
【220】闵宗殿.海外农作物的传入对我国农业生产的影响[J].古今农业,1991(1):1－11.
【221】王思明.美洲原产作物的引种栽培及其对中国农业生产结构的影响[J].中国农史,2004(2):16－27.

【222】蓝勇. 明清美洲农作物引进对亚热带山区结构性贫困形成的影响[J]. 中国农史,2001 (4):3 - 14.

【223】王宝卿. 明清以来山东种植结构变迁及其影响研究——以美洲作物引种推广为中心(1368 - 1949)[J]. 中国农史,2006(3):48 - 61.

【224】丁晓蕾. 美洲原产蔬菜作物在中国的传播及其本土化发展[J]. 中国农史,2013(5):26 - 36.

【225】赵凌侠、李景富. 番茄起源、传播及分类的回顾[J]. 中国种业,1999(3):29 - 31.

【226】西北大学外国语学院课题组. 国外关于丝绸之路的研究. 中国西部发展报告(2014). 北京:社会科学文献出版社,2014:374 - 390.

【227】耿昇. 法国汉学界对丝绸之路的研究[J]. 北方民族大学学报,2002(2):5 - 13.

【228】李平,孙杰,邢建军. 论苜蓿的起源与传播[J]. 内蒙古草业,2012(3):5 - 8.

【229】孙启忠,柳茜,陶雅,徐丽君. 张骞与汉代苜蓿引入考述[J]. 草业学报,2016(10): 180 - 190.

【230】范延臣,朱宏斌. 苜蓿的引种及其在中国的功能性开发[J]. 家畜生态学报,2013(4):86 - 90.

【231】邓啟刚,朱宏斌. 苜蓿的引种及其在农耕地区的本土化[J]. 农业考古,2014(3):26 - 30.

【232】夏如兵,徐暄淇. 中国石榴栽培历史考述[J]. 南京林业大学学报(人文社会科学版),2014(2):85 - 97.

【233】郭慧珍. 中国古代文学石榴题材与意象研究[J]. 南京师范大学,2012.

【234】李玉,王晨,夏如兵,等. 中国石榴栽培史[J]. 中国农史,2014(1):30 - 37.

【235】楚艳芳. “安石榴”正名[J]. 西域研究,2010(4):108 - 114.

【236】乌丙安. 民俗学,从多子的石榴说起[J]. 神州民俗,2015(13):4 - 9.

【237】王军,段长青. 欧亚种葡萄(Vitis vinifera L.)的驯化及分类研究进展[J]. 中国农业科学, 2010(8):1643 - 1654.

【238】吕庆峰,张波. 先秦时期中国本土葡萄与葡萄酒历史积淀[J]. 西北农林科技大学学报(社会科学版),2013(3):157 - 162.

【239】曾芸. 向日葵在中国的传播及其动因分析[J]. 古今农业,2005(1):

191－201；
【240】郭声波，张明. 历史上中国花生种植的区域特点与商业流通[J]. 中国农史，2011(1)：15－22.
【241】秦和平. 鸦片在西南地区的传播及其种植面积考订[J]. 中国农史，2003(2)：13－20；
【242】邓啟刚，朱宏斌. 明清时期烟草的本土化改造与适应[J]. 农业考古，2013(3)：135－139.
【243】马雪芹. 明清时期河南省部分经济作物的种植与分布[J]. 史学月刊，2003(7)：36－41.
【244】曾芸，王思明. 向日葵在中国的传播及其影响[J]. 农业考古，2006(4)：71－79.
【245】吴朋飞，侯甬坚. 鸦片在清代山西的种植、分布及对农业环境的影响[J]. 中国农史，2007(3)：37－46.
【246】郭夏云. 罂粟种植与清末山西农民生计问题——以"文交事件"为中心的区域经济社会考察[J]. 社会科学战线，2011(12)：114－120.
【247】王保宁. 花生与番薯：民国年间山东低山丘陵区的耕作制度[J]. 中国农史，2012(3)：54－68.
【348】王传堂. 美国大花生传入山东的考证[J]. 中国农史，2015(2)：24－30.
【249】王宝卿，王思明. 花生的传入、传播及其影响研究[J]. 中国农史，2005 年(1)：35－44.
【250】张箭，论美洲花生、葵花的传播和对中国饮食、文化的影响[J]. 农业考古，2004(2)：85－91.
【251】吴晗. 谈烟草[J]. 光明日报，1959. 10. 28.
【252】万国鼎. 花生史话[J]. 中国农报，1962(6)：17.
【253】陶卫宁. 论烟草传入我国的时间及其路线[J]. 中国历史地理论丛，1998(03)：157－164.
【254】吴启纲. 明清之际烟草在中国快速传播的内在历史动因[J]. 社会科学论坛，2010(9)：165－171.
【255】吴志斌，王宏斌. 中国鸦片源流考[J]. 河南大学学报(社会科学版)，1995(5)：29－33.
【256】王纪潮. 底也伽考——含鸦片合方始传中国的问题[J]. 自然科学史研究，2006 年(2)：139－148.

【257】叶静渊.“葵”辨——兼及向日葵引种栽培史略[J].中国农史,1999(2):66-73.

【258】郑超雄.从广西合浦明代窑址内发现瓷烟斗谈及烟草传入我国的时间问题[J].农业考古》1986(2):383-387.

【259】吴玉娴.从明清文献看外来植物的引进与传播[J].暨南大学,2007.

【260】佟屏亚.棉花的传播史[J].中国棉花,1978(5):37-38.

【261】刘咸,陈渭坤.中国植棉史考略[J].中国农史,1987(1):35-44.

【262】羌建,王思明,王红谊.美洲陆地棉的引种、推广及其影响研究[J].中国农史,2009(2):23-31.

【263】汪银生,张翔.明清时期福建烟草的传入与发展[J].农业考古,2006(1):179-182.

【264】游修龄.说不清的花生问题[J].中国农史,1997(4).

【265】张箭.论美洲花生、葵花的传播和对中国饮食文化的影响[J].农业考古,2004(2);85-91.

【266】郑超雄.从广西合浦明代窑址内发现瓷烟斗谈及烟草传入我国的时间问题[J].农业考古,1986(2):383-391.

【267】[美]拉塞尔·伍德.五个世纪的交流与变化:葡萄牙人在全球范围内进行的植物传播.//黄邦和通向现代世界的500年:哥伦布以来东西两半球汇合的世界影响.北京:北京大学出版社,1994.

【268】李荣华.魏晋南北朝时期张骞形象考述[J].中华文化论坛,2014(2):100-103.

【269】赵凌侠,李景富.番茄起源、传播及分类的回顾[J].中国种业,1999(3):29-31.

【270】侯灿.楼兰新发现木简纸文书考释[J].文物,1988(7):40-55.

【271】周泓.从考古资料看汉唐两朝对古代新疆的管辖经营[J].新疆师范大学学报(哲社版),2000(4):40-49.

【272】包琰,冯广平,等.秦汉上林苑栽培树木初考[J].农业考古,2011(4):273-292.

【273】冯广平,包琰,刘海明,等.秦汉上林苑栽培植物再考[J].中国植物园,2011(14).

【274】李健超.上林苑生态环境的变迁[J].生态学杂志,1984(6):41-43.

【275】郭建新,朱宏斌.秦汉时期上林苑农业功能之探析[J].农业考古,2014

(6):15 - 18.

【276】Balazs, Etienne. Chinese civilization and bureaucracy. New Haven: Yale university Press, 1964.

【277】Bielenstein, Hans. The bureaucracy of Han times. New York: Cambridge University Press, 1980.

【278】MULLER M. H, PONCET C, PROSPERI JM etal, Domestication history in the Medicago Sativa species complex: Inferences from nuclear sequence ploymor. Molecular Ecology, 2005 15:1589 - 1602.

【279】GARY R BAUCHAN, AUSSTIN CT, and AZHARHOSSAIN M. chromosomal Polymorphism as Detected by C - Banding Patterns in Chilean Alfalfa Germpasm Crop Scieence, 2002, 42:1291 - 1297.

【280】Mullins M G, Bouquet A, Williams L E. Biology of the Grapevine. Cambridge: Cambridge University Press, 1992: 4 - 36.

后 记

1995 年从西北大学历史系毕业后，即入西北农林科技大学工作，最初承担了《中国革命史》的教学工作，工作中迫切感觉学识之不逮，故于 1997 年考取了古农学研究室科技史专业的硕士研究生，师从樊志民先生，亦缘此初识农史，亦开始了我的学术之路，在樊志民先生的指导下，利用地域优势和前辈的学术积累，先后涉猎了战国秦汉农业科技文化交流、秦汉区域农业开发等流域，并断断续续完成了硕士、博士的学习，这次所承担的教育部人文社科一般项目"历史时期域外农业科技文化的引进及其本土化历程"即是前期工作的延续。

感谢樊志民、张波、邹德秀等前辈在研究过程中的悉心指导，每每遇到困难，诸位先生耳提面命，既对研究提出了诸多建设性建议，也给我莫大的鼓励，在此向他们表示衷心的感谢。感谢郑州大学的王星光教授、陕西师范大学的王双怀、南京农业大学的惠富平教授，西北农林科技大学的张磊教授和中国农展馆胡泽学研究员对本书的批评指正；感谢中国农业历史文化研究所杨乙丹、安鲁、李荣华、卫丽、齐文涛等年轻同事的支持和理解，余忝列所长之职，但具体的事务他们分担甚多，潜心聚力于杨凌弹丸之地和农史这一小小学科，甚为感动。感谢邓啟刚、郭建新、张艺凡、范延臣、贺茹、刘英英、张凤岐、史新星、王鹏福、刘欣等同学在资料搜集、编辑整理等方面的辛勤付出。此外，也特别感谢在这一领域奋战的各位学界同仁，在本书写作过程中，引用了他们的诸多成果，虽然不敢掠美，亦尽量注明出处，但在资料、思路、方法方面的帮助启发莫大，不能不重点言谢。

最后需要进一步说明的是，域外农业科技的引进和本土化是一个颇为宏大的命题，研究初旨意图进行全面梳理，但囿于时间、资料和学术水平，最终只能浅尝辄止，仅仅表达了一种思路，许多内容诸如园艺仅仅列举了 5 种，与庞大的域外引进体系差之甚远，尤其在中国传统社会经济中具有近乎半壁江山的畜牧科技，则几乎没有涉及，实为憾事。这些遗憾，也只能寄望在以后的研究中渐次弥补和完善。

朱宏斌

2017 年 3 月 19 日于后稷小区